实用注塑模设计与制造

第 2 版

洪慎章　编著

机械工业出版社

U0345591

本书系统地介绍了注塑成型模具的设计与制造技术。全书内容包括：概述、注塑件的设计、注塑成型工艺、注塑机与注塑模的关系、注塑模的设计、注塑模的制造、注塑模的装配及试模、注塑模设计及制造应用实例、注塑件缺陷分析及对策、特种注塑模。本书以注塑成型工艺分析、模具结构设计与制造技术为重点，结构体系合理，技术内容全面。书中配有丰富的图表和应用实例，实用性强，能开拓思路，便于自学。

本书可供从事注塑模具设计与制造的工程技术人员、工人使用，也可作为相关专业在校师生的参考书和模具培训教材。

图书在版编目（CIP）数据

实用注塑模设计与制造/洪慎章编著. —2版.
—北京：机械工业出版社，2016.2
（实用模具设计与制造丛书）
ISBN 978 – 7 – 111 – 52892 – 0

Ⅰ.①实… Ⅱ.①洪… Ⅲ.①注塑 – 塑料模具 – 设计
②注塑 – 塑料模具 – 制造 Ⅳ.①TQ320. 66

中国版本图书馆 CIP 数据核字（2016）第 024724 号

机械工业出版社（北京市百万庄大街22 号 邮政编码100037）
策划编辑：陈保华 责任编辑：陈保华 崔滋恩
封面设计：马精明 责任校对：程俊巧 胡艳萍
责任印制：乔 宇
北京京丰印刷厂印刷
2016 年 2 月第 2 版·第 1 次印刷
184mm×260mm·21. 25 印张·527 千字
0 001—3 000 册
标准书号：ISBN 978 – 7 – 111 – 52892 – 0
定价：66. 00 元

凡购本书，如有缺页、倒页、脱页，由本社发行部调换

电话服务　　　　　　　　　　网络服务
服务咨询热线：010-88361066　机 工 官 网：www. cmpbook. com
读者购书热线：010-68326294　机 工 官 博：weibo. com/cmp1952
　　　　　　　010-88379203
策 划 编 辑：010-88379734　金 书 网：www. golden-book. com
封面无防伪标均为盗版　　　教育服务网：www. cmpedu. com

前　言

随着国民经济的快速发展，人们对塑料产品的需求越来越多，特别是注塑产品，已成为工业、农业、国防、科技和人们日常生活不可缺少的制品。当前，世界上塑料的体积产量已经大大超过了钢铁材料。2013年，塑料制品的年产量约为6200万t，塑料成为当前社会使用较多的一类材料。只有迅速地发展塑料加工业，才可能把各种性能优良的高分子材料变成功能各异的塑料产品，才能使其在国民经济各领域充分地发挥作用。

根据中国塑料工业协会资料统计，我国2014年汽车产量达2400万辆，而生产1辆汽车需用上1500副模具，其中注塑模具数量原来只有100余副，现在已超过200副。塑料的不断开发及更新，将使注塑技术的应用需要进一步扩大及发展。

为了与时俱进，适应注塑工艺发展和读者需求，决定对《实用注塑模设计与制造》进行修订，出版第2版。第2版仍坚持第1版的特点：在选材上，力求既延续传统的注塑工艺内容体系，又反映当今注塑与模具技术的最新成果和先进经验，在编写上，注重理论与实践相结合，文字阐述与图形相结合，突出模具设计与制造重点和典型结构实例，以方便读者使用。本书从注塑工艺生产全面考虑，在系统全面的前提下，突出重点而实用的技术；同时，尽量多地编入常用的技术数据和图表，以满足不同读者的需要。

修订时，全面贯彻了注塑技术的相关最新标准，更新了相关内容；修正了第1版中的错误；从注塑工艺、模具设计与制造步骤考虑，调整了章节结构，以方便读者阅读使用；增加了第9章注塑件缺陷分析及对策和第10章特种注塑模等内容。

本书共10章，内容包括：概述、注塑件的设计、注塑成型工艺、注塑机与注塑模的关系、注塑模的设计、注塑模的制造、注塑模的装配及试模、注塑模设计及制造应用实例、注塑件缺陷分析及对策、特种注塑模。本书以注塑成型工艺分析、模具结构设计与制造为重点，结构体系合理，技术内容全面；书中配有丰富的技术数据及图表，实用性强，能开拓思路，便于自学。

在本书编写过程中，刘薇、洪永刚、丁惠珍等工程师们参加了书稿的整理工作，在此表示衷心的感谢。

由于作者水平有限，书中不妥和错误之处在所难免，恳请广大读者不吝赐教，以便修正，以臻完善。

洪慎章
于上海交通大学

目　　录

第1章 概 述

1.1 注塑模设计与制造涉及的内容

随着塑料工业的发展，注塑成型已经成为制造塑料制品的主要手段之一，注塑模已发展成为最有前景的模具之一。实际上，塑料制品是目标，注塑模是实现目标的一种手段，所以不能孤立地为模具而只考虑模具，应从系统工程角度出发，把注塑模作为注塑成型加工系统中的一个环节，这样在设计与制造注塑模时，就应把这个系统中的其他环节作为注塑模设计与制造的考虑因素。因此，注塑模设计与制造所涉及的内容有：塑料制品的结构工艺性、塑料的成型工艺特性、注塑机的匹配、注塑成型工艺及控制、注塑模的设计及模具材料、注塑模的制造装备和制造工艺等。

实际上模具在设计与制造过程中经常有很多反复过程，所以注塑模的设计与制造流程实际上是一种动态的流程。

图 1-1 所示为注塑成型加工系统，其中涉及注塑模设计与制造的所有因素和内容。一般来说，注塑成型加工有两条主线：一是以塑件（以塑料为原料的零件）的使用，即塑件市场的需求、用途、目的为中心主线，其需要由塑件设计、注塑机（使用）、注塑模（使用）、注塑工艺等共同保证；二是以注塑模的使用为中心的主线，其需要由注塑模设计、注塑模制造（机床的使用、工装的使用、加工工艺等）等共同保证。图 1-1 所用的系统遵循以下的一些原则。

（1）前后交互 塑件的使用是最终目标，要由塑件设计、注塑机使用、注塑模使用、注塑工艺等共同保证。即前端的目标要由后端的所有环节保证，相当于前端对后端提出要求，后端要根据前端的要求进行合理安排；但后端要求前端的目标要合理，不能高得让后端无法实现，这就对前端目标有一个限度。这种前后端之间的交互关系称为"前后交互"。同理，注塑模使用与其后端的所有保证环节之间的交互关系也是"前后交互"。

（2）平级协同 在保证塑件使用的所有后端环节中，塑件设计、注塑机使用、注塑模使用、注射工艺等之间也存在交互关系，如塑件设计对注塑模提出一定要求，所以注塑模使用要满足这一要求；但塑件设计不是任意没有限度的，否则注塑模使用无法实现，即注塑要对塑件设计有一限度。它们之间的交互关系都是为保证它们的共同前端——塑件使用而进行的，且它们处于同一级别之上，故这种平级交互关系称为"平级协同"。同理，注塑模设计、注塑模加工机床、注塑模加工工装等之间的交互关系也是"平级协同"。

当要实现图 1-1 所示系统中的任意一个环节时，通过前后交互、平级协同一边确定了本身，一边确定了其他环节，这就是从事注塑模设计与制造的关键。例如，为了设计注塑模，要考虑塑件使用、塑件设计、注塑机使用、注塑工艺、注塑模制造等方面的因素。注塑模设计与制造的动态流程就包含于其中。

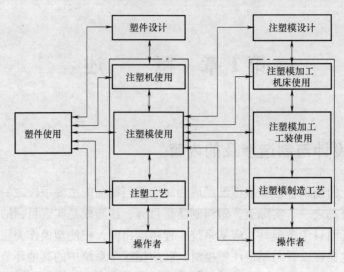

图 1-1　注塑成型加工系统

1.2　注塑模的结构组成及分类

注塑成型生产中使用的模具简称注塑模，它是实现注塑成型生产的工艺装备。注塑模、塑料原材料和注塑机通过成型工艺联系在一起，形成注塑成型生产单元。注塑模具主要用来成型热塑性塑料制品，但近年来越来越广泛地用于成型热固性塑料制品。

1.2.1　注塑模的结构组成

注塑模的结构是根据选用的注塑机种类、规格和塑件本身的形状结构特点所决定的。注塑机的种类和规格是很多的，而塑件的形状结构根据使用要求不同更是千变万化，从而导致注塑模的结构形式也是十分繁多的。那么，其中有没有规律可循呢？经过归纳分析后发现，不管模具结构如何变化，每一副注塑模都可分成两大部分，即定模部分和动模部分。成型时动模与定模闭合构成型腔和浇注系统，开模时动模与定模分离取出塑件。

定模部分安装在注塑机的固定模板上，闭模后注塑机机筒里的熔融塑料在高压作用下通过喷嘴和浇注系统进入模具型腔。

动模部分安装在注塑机的移动模板上，随着动模板一起运动完成模具的开闭。塑件定型后一般要求其留在动模上，开模时借助设在动模上的推出装置，可以实现塑件的脱模或自动坠落。

图 1-2 所示为卧式多型单分型面注塑模为注塑模典型结构。根据模具上各个部件的不同作用，可细分为以下几个部分：

1）成型零部件。主要用来决定塑件的几何形状和尺寸，它通常由凸模（成型塑件内部形状），凹模（成型塑件外部形状），型芯或成型杆、镶块，以及螺纹型芯或型环等组成。模具的型腔由动模和定模有关部分联合构成。图 1-2 中所示的模具型腔是由凸模 4 及凹模 5 组成的。

2）浇注系统。将塑料熔体由注塑机喷嘴引向型腔的一组流动通道称为浇注系统，它由主流道 9、分流道 8、浇口 7 和冷料穴 10 组成。浇注系统设计得好或不好直接关系到塑料制件的质量和注塑成型的效率。

3）导向部件。为了确保动模与定模在合模时能准确对中，在模具中必须设置导向部件。通常导向部件由导柱 3 和导向孔组成，有时还在动模和定模上分别设置互相吻合的内、外锥面。有的注塑模的推出装置为避免在推出过程中推板歪斜，还设有导向零件，使推板保持水平运动。

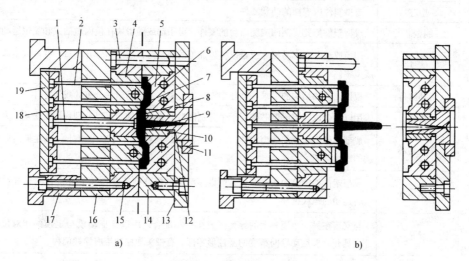

图 1-2 卧式多型单分型面注塑模

a）合模成型 b）分模推出

1—拉料杆 2—推杆 3—导柱 4—凸模 5—凹模 6—冷却水通道 7—浇口 8—分流道
9—主流道 10—冷料穴 11—定位圈 12—浇口套 13—定模座板 14—定模板（凹模固定板）
15—动模板（凸模固定板） 16—支承板（动模垫板） 17—动模座板 18—推杆固定板 19—推板

4）脱模机构。脱模机构是指在开模过程的后期，将塑件从模具中脱出的机构。图 1-2 中所示脱模机构由拉料杆 1、推杆 2、推杆固定板 18 及推板 19 组成。有些注塑模结构中还有复位杆、推管、推杆及推板等。

5）侧向分型抽芯机构。对于有些带外侧凹或侧孔的塑件，在被推出模具之前，模具必须先进行侧向分型，拔出侧向凸模或抽出侧向凸模或侧向型芯，然后才能顺利脱模，此时需要设置侧向分型抽芯机构。

6）温度调节系统。为了满足塑料成型工艺对模具温度的要求，需要有温度调节系统对模具的温度进行调节。模具冷却一般在模板内开设冷却水通道，如图 1-2 中所示的冷却水通道 6。加热则在模具内或周围安装电加热元件。有的注塑模须配备模温自动调节装置。

7）排气系统。注塑模中设置排气结构是为了在塑料熔体充模过程中排除型腔中的空气和塑料本身挥发出的各种气体，以避免它们造成各种成型的缺陷。对于小型塑料制件，因其排气量不大，可直接利用分型面排气，也可利用模具的推杆或型芯与模具的配合孔之间的间隙排气。大型注塑件须设置专用排气槽。

8）其他零部件。这类零部件在注塑模中用来安装固定或支承成型零部件等上述七种功能结构，并组装在一起，可以构成模具的基本骨架。

注塑模常用零件的名称及作用见表 1-1。

表 1-1　注塑模常用零件名称及作用

零件类别	零件名称	作　　用
成型零件	凹模（型腔）	成型塑件外表面的凹状零件
	凹模板（型腔）	板状零件，其上有成型塑件外表面的凹状轮廓。置于定模部分称作定模型腔板，置于动模部分称作动模型腔板
	型芯	成型塑件内表面的凸状零件
	侧型芯	成型塑件侧孔、侧凹或侧凸台的零件，可手动或随滑块在模内做抽拔和复位运动的型芯
	镶件	凹模或型芯有容易损坏或难以整体加工的部位时，与主体分开制造，并嵌入主体的局部成型零件
	活动镶件	根据工艺和结构的要求，须随塑件一起出模，才能与塑件分离的成型零件
	拼件	用以拼合成凹模或型芯的若干个分别制造的成型零件，可以分别称凹模拼块、型芯拼块
	螺纹型芯	成型塑件内螺纹的成型零件，可以是活动的螺纹型芯（取出模外）或在模内做旋转运动的螺纹型芯
	螺纹型环	成型塑件外螺纹的成型零件，可以是活动的螺纹型环（整体的或拼合的）或在模内做旋转运动的螺纹型环
导向零件	导柱	与安装在另一半模具上的导套（或孔）相配合，用以保证动模与定模的相对位置，保证模具开合模运动导向精度的圆柱形零件。有带头导柱和带肩导柱两种
	推板导柱	与推板导套（或孔）呈滑配合，用于脱模机构运动导向的圆柱零件
	导套	与安装在另一半模具上的导柱相配合，用以保证动模与定模相对位置，保证模具开合模运动导向精度的圆套形零件。有直导套和带头导套两种
	推板导套	固定于推板上，与推板导柱呈间隙配合，用于脱模机构运动导向的圆套形零件
推出零件	推杆	直接推出塑件或浇注系统凝料的杆件，有圆柱头推杆、带肩推杆和扁头推杆等。圆柱头推杆可用来推顶推件板，亦称顶杆
	推管	直接推出塑件的管状零件
	推（件）板	直接推出塑件的板状零件
	推（件）环	局部或整体推出塑件的环状或盘形零件，也称顶环
	推杆固定板	固定推出或复位零件以及推板导套的板状零件
	推板	支承推出和复位零件，直接传递机器推力的板件
	连接推杆	连接推件板与推杆固定板，传递推力的杆件
	拉料杆	设置在主流道的正对面，头部形状特殊，能拉出主流道凝料的杆件。头部形状有 Z 形、球头形、倒推形及圆锥形
	推流道板	随着开模运动，推出浇注系统凝料的板件，也称推料板
抽芯（分型）零件	斜销（斜导柱）	倾斜于分型面装配，随着模具的开闭使滑块（或凹模拼块）在模具内产生往复运动的圆柱形零件
	滑块	沿导向结构运动，带动侧抽芯（或凹模拼块）完成抽芯和复位动作的零件
	侧型芯滑块	由整体材料制成的侧型芯或滑块。有时几个滑块构成凹模拼块，需先将其分开后，塑件才能顺利脱出
	滑块导板	与滑块的导滑面配合，起导滑作用的板件

（续）

零件类别	零件名称	作 用
抽芯（分型）零件	楔紧块	带有斜角，用于合模时锁紧滑块或侧型芯的零件
	弯销	随着模具的开闭，使滑块做抽芯和复位运动的矩形或方形截面的弯折零件
	斜滑块	利用斜面与模套的配合产生滑动，兼有成型、推出和抽芯（分型）作用的凹模拼块
	斜槽导板	具有斜导槽，随着模具的开闭，使滑块随槽做抽芯和复位运动的板状零件
支承固定零件	定模座板	使定模固定在注塑机的固定工作台面上的板件
	动模座板	使动模固定在注塑机的移动工作台面上的板件
	凹模固定板	固定凹模（型腔）的板状零件，也可称型腔固定板
	型芯固定板	固定型芯的板状零件
	模套	使镶件或拼块定位并紧固在一起的框套形结构零件，或固定凹模或型芯的框套形零件
	支承板	防止成型零件（凹模、型芯或镶件）和导向零件轴向位移，并承受成型压力的板件
	垫块	调节模具闭合高度，形成脱模机构所需的推出行程空间的块状零件
	支架	调节模具闭合高度，形成脱模机构所需的推出行程空间，并使动模固定在注塑机上的L形块状零件，也称模脚
	支承柱	为增强动模支承板的刚度而设置在动模支承板和动模座板之间，起支承作用的圆柱形状零件
定位和限位零件	定位圈	使模具主流道与注塑机喷嘴对中，决定模具在注塑机上的安装位置的圆环形或圆板形零件
	锥形定位件	合模时，利用相应配合的锥面，使动、定模精确定位的零件
	复位杆	固定于推杆固定板上，借助模具的闭合动作，使脱模机构复位的杆件
	限位钉	对脱模机构起支承和调整作用，并防止脱模机构在复位时受异物障碍的零件，或限定滑块抽芯后最终位置的杆件
	定距拉板	在开模分型时，用来限制某一模板仅在限定的距离内作拉开或停止动作的板件
	定距拉杆	在开模分型时，用来限制某一模板仅在限定的距离内作拉开或停止动作的杆件
	定位销	使两个或几个模板相互位置固定，防止其产生位移的圆柱形杆件
冷却和加热零件	冷却水嘴	用于连接橡胶管，向模内通入冷却水的管件
	隔板	为改变冷却水的流向而设置在模具冷却水通道内的金属条或板
	加热板	设置由热水（油）、蒸汽或电热元件等具有加热结构的板件，用以确保模温满足塑料成型工艺要求
	隔热板	防止热量传递扩散的板件

1.2.2 注塑模的分类

注塑模的分类方法很多，按照不同的划分依据，通常有以下几类：

1）按塑料材料类别分为热塑性注塑模、热固性塑料注塑模。

2）按模具型腔数目分为单型腔注塑模、多型腔注塑模。

3）按模具安装方式分为移动式注塑模、固定式注塑模。

4）按注塑机类型分为卧式注塑模（见图1-2）、立式注塑模（见图1-3）和直角式注塑模（见图 1-4）。

5）按塑件尺寸精度分为一般注塑模、精密注塑模。

6）按模具浇注系统分为冷流道模、绝热流道模、热流道模、温流道模。

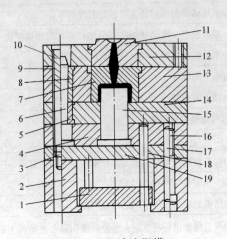

图 1-3　立式注塑模

1—推板　2—动模座板　3—螺母　4—动模固
定板　5—下导套　6—导柱　7—凹模　8—上
导套　9—弹簧　10—连接杆　11—浇口套
12—定模座板　13—定模固定板　14—脱模板
15—凸模　16—内六角圆柱头螺钉　17—圆柱销
18—推杆　19—垫板

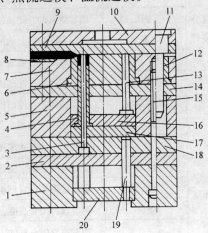

图 1-4　直角式注塑模

1—动模座板　2、9、14、17—垫板　3—型芯
4—推管　5—支承块　6—动模拼块　7—动模
固定板　8—拼块　10—定模座板　11—导柱
12—导套　13—复位杆　15—内六角圆柱头螺钉
16—推管固定板　18—型芯固定板
19—推杆　20—推板

7）按注塑模的总体结构特征，可分为以下几种：

①单分型面注塑模（两板式注塑模）。单分型面注塑模具也叫双板式注塑模具，它是注塑模具中最简单的一种，构成型腔的一部分在动模上，另一部分在定模上。卧式或立式注塑机用的单分型面注塑模具，主流道设在定模一侧，分流道设在分型面上，开模后制件连同流道凝料一起留在动模一侧。动模上设有推出装置，用以推出制件和流道凝料（料把）。图 1-2 所示为一典型的单分型面注塑模具。

②双分型面注塑模（三板式注塑模）。双分型面注塑模具特指浇注系统凝料和制件由不同的分型面取出者，也叫三板式注塑模。与单分型面模具相比，增加了一个可移动的中间板（又名浇口板），它用于针点浇口进料的单型腔或多型腔模具。开模时，中间板与固定模板作定距离分离，以便取出这两块板间的浇注系统凝料，如图 1-5 所示。

③带活动成型零部件的注塑模。由于塑料制件的特殊要求，在模具中设置可以活动的成型零件，如活动凸模、活动凹模、活动成型杆、活动成型镶块等，以便开模时方便取出制件。图 1-6 所示为带有活动凸模的注塑模，图 1-7 所示为带有活动凹模的注塑模，图 1-8 所示为带有活动成型杆的注塑模。

④带侧向分型抽芯的注塑模。当塑料制件有侧孔或侧凹时，在自动操作的模具里设有斜导柱或斜滑块等侧向分型抽芯机构。在开模的时候，利用开模力带动侧型芯作横向移动，使其与制件脱离。也有在模具上装设液压缸或气缸带动侧型芯作横向分型抽芯的。图 1-9 所示为带侧向分型抽芯的注塑模。

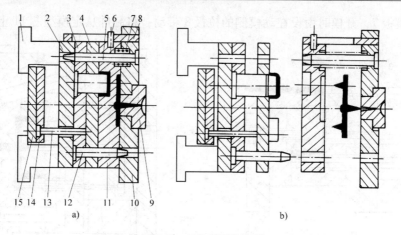

图1-5 双分型面注塑模

a）闭合充模 b）开模取出塑件和凝料

1—动模座板 2—动模垫板 3—型芯固定板 4—脱模板 5、12—导柱 6—限位钉 7—螺旋弹簧
8—定距拉板 9—浇口套 10—定模座板 11—型腔板 13—推杆 14—推杆固定板 15—推板

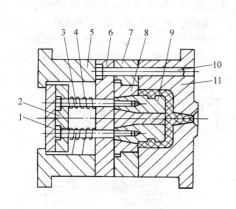

图1-6 带有活动凸模的注塑模

1—推板 2—推杆固定板 3—推杆 4—弹簧
5—动模座板 6—动模垫板 7—动模板
8—型芯 9—活动镶件 10—导柱
11—定模座板

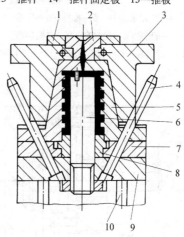

图1-7 带有活动凹模的注塑模

1—定位圈 2—浇口套 3—定模座板
4—斜导柱 5—瓣合式活动凹模
6—凸模 7—托板 8—镶套 9—斜
导柱固定板 10—推杆

⑤自动卸螺纹注塑模。对带有内螺纹或外螺纹的塑件要求自动脱模时，在模具上设有可转动的螺纹型芯或型环。利用机床的旋转运动或往复运动，或者装置专门的原动机件（如电动机、液动马达等）和传动装置，带动螺纹型芯或型环转动，使制件脱出。图1-10所示为自动卸螺纹注塑模。该模具用于直角式注塑机，主螺纹型芯由注塑机开合模的丝杆带动旋转，使其与制件相脱离。

⑥定模设推出装置的注塑模。一般注塑模具开模后，制件均留在动模一侧，故推出装置也设在动模一侧。但有时由于制件的特殊要求或形状的限制，将制件留在定模上（或有可能留在定模上），则在定模一侧设置推出装置。开模时，由拉板或链条带动推出装置推出制件。如图1-11所示的塑料衣刷注塑模，由于制件的特殊形状，开模后制件留在定模上。定

模侧设有脱模板7, 开模时由设在动模侧的拉板8带动, 将制件从定模型芯11上强制脱下。

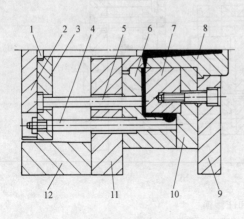

图1-8 带有活动成型杆的注塑模

1—拉料杆 2—推板 3—推杆固定板
4—活动成型杆 5—推杆 6—凹模
7—凸模 8—浇口套 9—定模座板
10—定模板 11—动模垫板 12—支承块

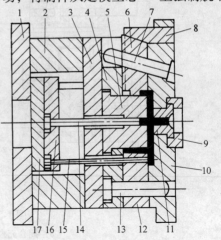

图1-9 带侧向分型抽芯的注塑模

1—动模座板 2—支承块 3—动模垫板 4—型芯
固定板 5—型芯 6—侧型芯滑块 7—斜导柱
8—锁紧块 9—定位圈 10—定模座板 11—浇
口套 12—动模板 13—导柱 14—拉料杆
15—推杆 16—推杆固定板 17—推板

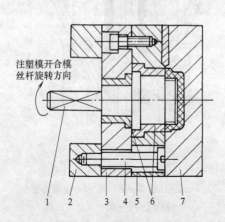

图1-10 自动卸螺纹注塑模

1—螺纹型芯 2—动模座板 3—动模垫板
4—定距螺钉 5—动模板 6—衬套
7—定模座板

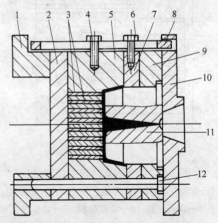

图1-11 定模设推出装置的注塑模

1—动模座板 2—动模垫板 3—成型镶片
4—螺钉 5—动模 6—销钉 7—脱模板
8—拉板 9—定模板 10—定模座板
11—凸模（型芯） 12—导柱

⑦无流道注塑模。无流道注塑模包括热流道或绝热流道注塑模, 它们采用对流道进行加热或绝热（流道中冷凝的塑料外层对流道中心的熔融塑料起绝热作用）的办法, 来保持从注射喷嘴到型腔浇口之间的塑料呈熔融状态。在每次注射以后, 只需取出制件而没有浇注系统回头料, 这就大大提高了劳动生产率, 同时也保证了压力在流道中的传递。这样的模具容易达到全自动操作。图1-12所示的热流道注塑模为一热流道两腔注塑模。

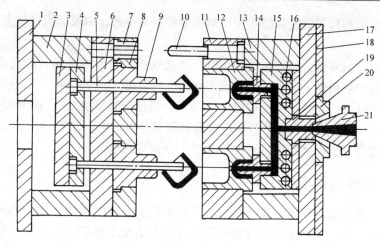

图 1-12　热流道注塑模

1—动模座板　2—支承块　3—推板　4—推杆固定板　5—推杆　6—动模垫板　7—导套　8—动模板
9—凸模　10—导柱　11—定模板　12—凹模　13—定模垫块　14—喷嘴　15—热流道板　16—加热
器孔道　17—定模座板　18—绝热层　19—浇口衬套　20—定位圈　21—注塑机喷嘴

1.3　注塑模的现状及发展趋势

塑料工业是当今极具活力的一门产业。塑料是现代主要的工业结构材料之一，广泛应用于汽车、宇航、电子通信、仪器仪表、文体用品、化工、纺织、医药卫生、建筑五金、家用电器等各个领域。至 2013 年，我国塑料制件的年产量已突破 6200 万 t。今后，高分子合成材料将进入质的飞跃发展时期。

1.3.1　注塑模的现状

从 2012 年我国模具进口的海关统计资料可知，塑料模具占了模具进口总量的 55%，而注塑成型模具在整个塑料模具中占据很大的比例。注塑成型模具设计得好坏，决定着注塑成型制件的质量优劣及成品率高低，也就是说，是否能加工出优质价廉的塑料制件，在很大程度上要靠注塑成型模具设计的合理性和先进性来保证。

现代塑料制件生产中，合理的注塑成型工艺、先进的注塑成型模具及高精度、高效率的注塑设备是当代塑料成型加工中必不可少的三个重要因素，缺一将一事无成。尤其是注塑成型模具对完成塑料加工工艺要求、塑料制件使用要求和造型设计起着重要作用。高效的、全自动的设备也只有装上能自动化生产的模具才有可能发挥其效能，产品的生产和更新都是以模具制造和创新为前提的。

近年来，我国注塑模具产品水平已取得了长足的进步。在大型注塑模具方面，可以生产 1600mm（63in）电视机的塑料外壳模具、6.5kg 大容量洗衣机洗衣桶的模具以及汽车保险杠、整体仪表板等塑料模具；在精密注塑模具方面，已能生产照相机塑料模具、多型腔小模数齿轮模具等。这也显示了目前我国注塑模技术已达到了较高水平，并在国民经济发展过程中将发挥越来越重要的作用。

现在考察某个国家的科学与生产技术水平，塑料的生产与应用情况是重要标志之一。塑料的加工与应用和塑料工业发展的快慢，对国家科技与生产，以及国民经济发展的巨大影响是不言而喻的。

纵观世界经济的发展，经济发展较快时，产品畅销；自然要求模具的制造技术能跟上。目前，世界模具市场仍供不应求，可见研究和提高模具技术水平，对于促进国民经济的发展具有特别重要的意义。在日本模具被誉为"进入富裕社会的原动力"，在德国则冠之为"金属加工业中的帝王"，在罗马尼亚视为"模具就是黄金"。可以断言，随着现代化技术的迅速发展，注塑模在国民经济发展过程中将处于十分重要的地位。

1.3.2　注塑模的发展趋势

我国塑料模具工业起步晚，底子薄，与工业发达国家相比存在很大的差距。但在国家产业政策和与之配套的一系列国家经济政策的支持和改革及开放方针引导下，我国注塑模得到迅速发展，高效率、自动化、大型、微型、精密、无流道、气体辅助、高寿命模具在整个塑料模具产量中所占的比重越来越大。

注塑模具的发展受到两个方面的制约：一方面是模具的设计与制造技术，另一方面是注塑成型的工艺条件。前者影响模具的加工制造水平，后者影响模具的使用性能。因此，讨论注塑模具的发展趋势，必然要考虑到模具制造水平和注塑成型工艺水平的进步。

1. 先进制造技术对注塑模具的影响

质量、成本（价格）、时间（工期）已成为现代工程设计和产品开发的核心因素，现代企业大都以高质量、低价格、短周期为宗旨来参与市场竞争。先进制造技术的出现正急剧改变着制造业的产品结构和生产过程，对模具行业也是如此。模具行业必须在设计技术、制造工艺、生产模式等诸方面加以调整，以适应这种要求。

（1）注塑模具的可视化设计　现在我们对产品设计的要求是快速、准确。随着软件技术的发展，三维设计（3D）的诞生使模具实现了可视化、面向装配的设计。模具由二维设计（2D）到三维设计（3D）实现了模具设计技术的重大突破。

1）模具三维设计直观再现了未来加工出的模具本体，设计资料可以直接用于加工，真正实现了 CAD/CAM 一体化和少、无图样加工。

2）模具三维设计解决了二维设计难以解决的一系列问题，如干涉检查、模拟装配、CAE 等。

3）模具三维设计能对模具的可制造性加以评价，大大减少了设计失误。

（2）注塑模具的快速制造

1）基于并行工程的模具快速制造。近些年来，为满足工期的要求，模具企业大都在自觉与不自觉中应用"并行"的概念来组织生产、销售工作。并行工程应用的明确提出是对现有模具制造生产模式的总结与提高。并行工程、分散化网络制造系统为模具快速制造提供了有效的实施平台。

并行工程的基础是模具的标准化设计。标准化设计由三方面要素组成，即统一数据库和文件传输格式是基础；实现信息集成和数据资源共享是关键；高速加工等先进制造工艺是必备的条件。

2）应用快速原型技术制造快速模具（RP + RT）。在快速原型（Rapid Prototyping, RP）技术领域中，目前发展最迅速、产值增长最明显的就是快速模具（Rapid Tooling, RT）技术。2000 年 5 月，在法国巴黎举行的全球 RP 协会联盟（GARPA）最高峰会议上，这一点得到了普遍的认同。应用快速原型技术制造快速模具（RP + RT），在最终生产模具之前进行新产品试制与小批量生产，可以大大提高产品开发的一次成功率，有效地缩短开发时间、降低成本。这就是 RP + RT 技术产生的根本原因，也是其赖以发展的动因，目前它已成为 RP 技术的一个新的研究热点，也是 RP 技术最重要的应用领域之一。

3）高速切削技术的应用。高速切削（High Speed Machining，HSM）在模具领域的应用主要是在加工复杂曲面方面。其中高速铣削［也称为硬铣削（Hard Milling，HM）］可以把复杂形面加工得非常光滑，几乎或者根本不再需要精加工，从而大大节约了电火花（EDM）加工和抛光时间及有关材料的消耗，极大地提高了生产率，并且形面的精度不会遭到破坏。

（3）制造模式的改变——信息流驱动的模具制造　模具行业是一个高技术密集的行业，模具产品同其他机械产品相比，一个重要的特点就是技术含量比较高，材料消耗少，净产值比重大，为此国家相关部门还制定了模具产品增值税返还优惠政策，以对这种情况予以补偿。先进制造生产模式对模具工业的影响主要体现在信息的流动。与制造活动有关的信息包括产品信息和制造信息，现代制造过程可以看作是原材料或毛坯所含信息量的增值过程，信息流驱动将成为制造业的主流。目前，面向模具开发的 CAD/CAPP/CAM/CAE、DNC、PDM、网络集成等均是围绕如何实现信息的提取、传输与物化，即使信息流得以畅通为宗旨。

2. 新兴注塑成型技术对注塑模具的影响

注塑成型作为塑料加工中重要的成型方法之一，已发展和运用得相当成熟，且应用得非常普遍，但随着塑料制品应用得日益广泛，人们对塑料制品在精度、形状、功能和成本等方面提出了更高的要求。因而在传统注塑成型技术的基础上，又发展出了一些新的注塑成型工艺，如气体辅助注射、多点进料注射、层状注射、熔芯注射、低压注射等，以满足不同领域的需求。所有这些均需要注塑模具设计与制造体系做出相应的调整以满足成型要求。

另外，在微机电系统（Micro Electro Mechanical Systems，MEMS）有着巨大应用潜力的微成型技术，也促使人们开展有关微型注塑模具设计与制造技术的研究。近年来，微成型技术已成为模具技术一个新的分支，正在得到快速的发展。

第 2 章 注塑件的设计

塑件设计是一项系统性、综合性的工作。首先要考虑满足使用功能，然后进行材料选择，再确定成型方法（尤其要注意塑件的分型、脱模、排气等），最后才是结构尺寸和技术要求的确定，这时还要顾及品质控制和外表造型及工艺性。整个过程要与生产成本和效率紧密结合。

2.1 设计的准备和程序

2.1.1 设计前的准备

由于塑料品种繁多、性能优异、用途广泛，塑件的设计更具有丰富的工程内容。通常，准备工作从以下两方面着手。

1. 设计的总体思想

塑件与任何工业产品一样，结构和造型的设计应是相继性和创造性的对立与统一，并且要符合工程设计的原理。相继是经验的运用，创造是追求目标的体现。新的产品应满足更全、更新、更方便使用的要求，在这个基础上而具有新颖性和独特性。随着工业技术的进展和人们生活水平的提高，精密、小巧、雅致的产品更有市场，更符合人们的要求。

2. 信息收集与方案确定

信息收集主要是了解市场和生产技术两方面的情况。市场情况不仅是单纯的销售经营情况，而且还包含应用前景。例如，采用轻盈的塑料结构交通工具，可降低能耗，带来巨大的社会效益和经济效益，其前景不可估量。

生产技术方面的信息是指技术性的详细资料，如照片、实物样品、说明书、技术文件（图样、工艺、成本、技术指标等）、原材料品种和价格、生产设备的配置和能力、模具和各类辅助工装的设计以及制造条件等。设计时，对各种资料进行收集、分析、研究之后，提出结构合理、现有生产条件胜任、切实可行的方案。

设计方案的确定可按照对所绘制的各种简图分析、对比、评价等程序进行，即主要是从基本结构、材质与加工、造型与价格、生产与使用以及现有生产条件等方面着手，筛选出较为理想的简图，然后再作进一步完善和修改，形成最优秀的设计方案。

2.1.2 设计的程序

塑件的设计大致包括如下几个步骤。

1. 功能设计

功能设计是要求塑件应具有满足使用目的之功能，并达到一定的技术性指标。例如，结构件是用来构造某一整机的；传动件是用来传递运动的；光学件是用于成像的等。这些功能的考虑要与物质条件和使用环境结合起来。物质条件包括塑件的几何形状与结构、材质、成型方法和设备等。使用环境指使用状态下客观现场的情况，如力、热、化学物质等的影响。通常，塑件性能指标有以下三方面的要求：

1）承受外力的要求。它包括静态、动态、冲击载荷、振动、摩擦、磨损、剪切、弯曲等状态下的强度。

2）对工作环境的要求。这是由于塑料的热性能较差，塑件的工作温度不能过高，脆化温度、热变形温度、分解温度等都要认真掌握（分解温度为塑件成型时的极限温度）。此外，对耐化学药物和溶剂，对耐阳光和其他辐射，对环境气候的作用都提出要求。

3）其他的要求。例如成本方面、使用年限和电气性能方面的专门要求。

上述的各项性能指标均有各种国家、行业等制定的标准，并可以由专用仪器加以测定。这些标准在设计的过程中均应予以遵循和合理标注，并有利于制造和验收。此外，有时企业也可自行制定技术标准。

2. 材料选择

通常，选择塑件材料的依据是它所处的工作环境及使用性能的要求，以及原材料厂家提供的材料性能数据。通过对它们进行分析、对比、评价，筛选出综合性能比较理想的材料。

对于常温工作状态下的结构件来说，要考核的数据主要是材料的力学性能。这可以通过下述的塑料应力-应变曲线来说明。将玻璃态高聚物制成适当形状和尺寸的试件（一般为哑铃形），在拉伸试验机上，以一定的速度拉伸，直到断裂。典型的高聚物拉伸应力-应变曲线如图2-1所示。起始段曲线的斜率是弹性常数，一般称为弹性模量。A点称为比例极限点。过A点之后，应力增大，应变也增加，但不再为比例关系。当到达B点，如果继续拉伸，应力保持不变甚至下降的情况下，应变可以在相当大的范围内增加。B点称为屈服强度。当到达

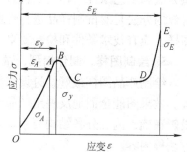

图2-1 典型的高聚物拉伸应力-
应变曲线

D点后，应力再次增大，应变也增加，一直到E点断裂为止。E点称为断裂点，又称拉伸强度。图2-1中用σ_y表示屈服强度，σ_E表示拉伸强度。

然而，塑料还具有特殊的力学性能，在长期静载荷作用下，其应变和断裂对时间和温度有明显的依赖性。尤其是在恒应力下，应变为时间的函数——蠕变。蠕变模量是塑料考核的关键数据。图2-2所示为塑料的应力-应变-时间三维图，它形象地把应力、应变、时间、温度（三维体的上表面即特定温度面）因素都表征出来。

换言之，塑料的工程特性参数可由特定温度面上的等时应力-应变曲线和蠕变曲线描述。有关数据可由塑料材料手册查阅。

下面提供的参数对结构件设计时的力学计算是有用的：

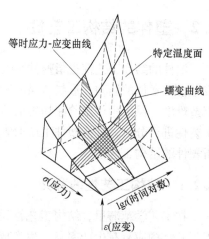

图2-2 应力-应变-时间三维图

1）从短时慢速的拉伸曲线上，可知屈服应力、极限强度、弹性模量，以及试验速度下的断裂伸长率。

2）常温下各种应力值的蠕变曲线族和使用期内最高温度下的蠕变曲线。

3）玻璃化温度（无定型聚合物）或熔化温度（结晶型聚合物）、热变形温度和线胀系数。

4）其他力学性能，如冲击强度、弯曲强度、剪切强度、表面硬度等。

3. 结构设计

塑件的结构要考虑功能、工艺性及造型三项因素。在满足功能的基础上，尽量使结构工艺性良好，造型新颖美观。

结构设计具体要完成的工作有：规划出几何形状；标注出应有的尺寸、公差和表面粗糙度数值等。

4. 品质评价和性能估算

塑件的质量是生产过程的核心目标，在设计阶段就要考虑到最终质量的评估。首先，由材料的性能大致可预计到其使用性能；其次，塑件的性能不仅受到几何结构制约，而且与成型方法和工艺条件（压力、温度、冷却）以及模具因素关系甚大。因此，比较可靠和行之有效的办法是对试制样品进行性能测试，从而达到品质控制的目的。就这一点来说，产品的图样上应有技术条件和检验要求。

5. 绘制图样、制作模型、试生产及定型

绘制产品图样最好经过设想简图→草图→立体图→模型→立体效果图→正式产品图的过程。效果图能全面地反映出产品形状、颜色和材质。正式图样应该是视图完整，布局合理，投影正确，内、外各结构要素表达清楚，尺寸和技术条件齐全，还要说明材料、件数和检验方法等内容。

对样品性能测试、试验的数据，可作为正式图样试生产过程中品质控制的指标。试生产是在对原材料进行严格的性能检验和预处理之后，按照预定的成型方法和设备及模具，采用一定的工艺而实施的，从而建立起完整的工艺流程和性能检验标准。必要时还需对产品进行实际使用的考验。

2.2　塑件的结构工艺性

塑件的结构工艺性是指塑件结构对成型工艺方法的适应性。在塑料生产过程中，一方面成型会对塑件的结构、形状、尺寸精度等诸方面提出要求，以便降低模具结构的复杂程度和制造难度，保证生产出价廉物美的塑料制件；另一方面，模具设计者通过对给定塑件的结构工艺性进行分析，弄清塑件生产的难点，为模具设计和制造提供依据。下面从几个方面来分析塑件的结构工艺性。

2.2.1　结构工艺性的意义

在工艺学范畴里，结构工艺性是指产品在某种生产规模时，完全满足使用性能的前提下，其结构应具有生产率高、生产成本低的工艺过程（方法）的适应性。对塑件说来，其形状结构、尺寸大小、精度和表面质量要求，与成型工艺和模具结构要相适应。

通常，评价一个产品的结构工艺性可主要从以下几个方面进行：

1）要素的数目。要素是指组成某整机、部件的塑件或构成某塑件的各形面和尺寸。要素数目多的产品一般不容易生产，当然工艺性也就差。

2）结构的相似性（继承性）。新设计的产品在满足使用性能的前提下，采用经过生产实践和实际使用考验的结构要素越多，越容易生产，质量也容易保证，工艺性也就好。

3）原材料的选择和利用率。在满足强度的条件下，尽量采用便于采购、价格便宜的材料。原材料的利用率是指热塑性聚合物回头料再次掺和使用的问题。这一点不仅区别于金属材料，也不同于热固性聚合物。这样的做法主要能使生产成本大幅度地降下来。要特别注意，有色泽要求的慎用回头料。

4）塑件应易于成型制造。这是结构工艺性最主要的要求，这一点在后面将详细论述。对于塑件来说，特别是由于成型方法（需用模具）的原因，要充分注意到脱模、分型和排气等问题。要考虑到补缩和冷却问题。除非有特殊要求，应避免出现明显的各向异性问题发生，这对光学塑件尤其重要，而一般结构件会因各个方向的收缩差异而产生变形。

塑件工艺性的优劣主要取决于设计人员考虑是否周全。它对成型工艺和模具结构都有重大的影响。当塑件工艺性较差时，成型工艺条件必须严格控制，否则容易产生各种缺陷。另一方面对模具设计也提出苛刻的要求，往往需要模具本身具有非常复杂的结构以及很高的制造精度，有时甚至无法设计出合适的模具。实践证明，塑件结构的工艺性是与生产经验相关的，因此，必须在长期生产实践中仔细观察、精心研究和不断地积累。

2. 2. 2　塑件的几何形状结构

塑件主要是根据使用要求进行设计的。由于塑料有其特殊的物理力学性能，因此设计塑件时必须充分发挥其性能上的优点，避免或补偿其缺点。在满足使用要求的前提下，塑件形状应尽可能地做到简化模具结构，符合成型工艺特点。在设计塑件时必须考虑以下几方面的因素：

1）塑料的物理力学性能，如强度、刚度、韧性、弹性、吸水性以及对应力的敏感性。

2）塑料的成型工艺性，如流动性等。

3）塑料形状应有利于充模流动、排气、补缩，同时能适应高效冷却硬化（热塑性塑料制件）或快速受热固化（热固性塑料制件）。

4）塑件在成型后收缩情况及各向收缩率的差异。

5）模具的总体结构，特别是抽芯与脱出塑件的复杂程度。

6）模具零件的形状及其制造工艺。

以上前四条主要是指塑料性能特点，后两条主要是考虑模具结构特点。塑件设计的主要内容包括塑件的形状、尺寸、精度、表面粗糙度、壁厚、斜度，以及塑件上加强肋、支承面、孔、圆角、螺纹、嵌件等的设置。

1. 壁厚

各种塑件，不论是结构件还是板壁，根据使用要求都应具有一定的厚度，以保证其力学强度。一般来说，在满足力学性能的条件下厚度不宜过大，这样不仅可以节约原材料，降低生产成本，而且使塑件在模具内冷却或固化时间缩短，提高生产率；其次可避免因过厚易产生的凹陷、缩孔、夹心等质量上的缺陷。但是过薄会使熔融塑料在模具型腔内的流动阻力增大，造成成型困难，相应地对加工设备的能力（如压力、锁模力等）和模具的设计制造提出更高的要求。另外，当厚度和表面积尺寸相差较大时，会使塑件翘曲，影响质量。

（1）制件壁厚的作用

1）使制件具有确定的结构和一定的强度、刚度，以满足制件的使用要求。

2）成型时具有良好的流动状态（如壁不能过薄）以及充填和冷却效果（如壁不能太厚）。

3）合理的壁厚使制件能顺利地从模具中推出。

4）满足嵌件固定及零件装配等强度的要求。

5）防止制件翘曲变形。

（2）制件壁厚的设计　基本原则——均匀壁厚。要求充模、冷却收缩均匀，形状性好，尺寸精度高，生产率高。

1）在满足制件结构和使用要求的条件下，尽可能采用较小的壁厚。

2）制件壁厚的设计，要能承受顶出装置等的冲击和振动。

3）在制件的连接固紧处、嵌件埋入处、塑料熔体在孔窗的汇合（熔接痕）处，要具有足够的厚度。

4）保证贮存、搬运过程中强度所需的壁厚。

5）满足成型时熔体充模所需壁厚，既要避免充料不足或易烧焦的薄壁，又要避免熔体破裂或易产生凹陷的厚壁。

塑件的壁厚应尽量均匀，壁与壁连接处的厚薄不应相差太大，并且应尽量用圆弧过渡；否则连接处由于冷却收缩得不均匀，产生内应力而使塑件开裂。热塑性塑件的壁厚，常在 1 ~5mm 范围内选取；热固性塑件的壁厚，小件常在 1.5 ~ 2.5mm 范围内选取，大件常在 3 ~ 10mm 范围内选取。精密塑件的壁厚可以不受上述范围限制，例如，轻巧的"随身听"壁厚就小于 1mm，与幅跨的比例小于 1/100。

此外，壁厚的取值范围还因选用的聚合物而异。对于流动性比较好的材料，如聚乙烯、聚丙烯和聚酰胺等，壁厚可以小一些，一般塑件可以小于 1mm，甚至可达 0.6mm。

热塑性塑料制件的壁厚推荐值见表 2-1，热固性塑料制件的壁厚推荐值见表 2-2。

表 2-1　热塑性塑料制件的壁厚推荐值　　　　　　（单位：mm）

塑 料 材 料	最小壁厚	小型制件壁厚	中型制件壁厚	大型制件壁厚
尼龙	0.45	0.76	1.5	2.4 ~ 3.2
聚乙烯	0.6	1.25	1.6	2.4 ~ 3.2
聚苯乙烯	0.75	1.25	1.6	3.2 ~ 5.4
高抗冲聚苯乙烯	0.75	1.25	1.6	3.2 ~ 5.4
聚氯乙烯	1.2	1.6	1.8	3.2 ~ 5.8
有机玻璃	0.8	1.5	2.2	4.0 ~ 6.5
聚丙烯	0.85	1.45	1.75	2.4 ~ 3.2
氯化聚醚	0.9	1.35	1.8	2.5 ~ 3.4
聚碳酸酯	0.95	1.80	2.3	3.0 ~ 4.5
聚苯醚	1.2	1.75	2.5	3.5 ~ 6.4

（续）

塑 料 材 料	最小壁厚	小型制件壁厚	中型制件壁厚	大型制件壁厚
醋酸纤维素	0.7	1.25	1.9	3.2~4.8
乙基纤维素	0.9	1.25	1.6	2.4~3.2
丙烯酸类	0.7	0.9	2.4	3.0~6.0
聚甲醛	0.8	1.40	1.6	3.2~5.4
聚砜	0.95	1.80	2.3	3.0~4.5

表2-2 热固性塑料制件的壁厚推荐值 （单位：mm）

塑 料	最小壁厚	推荐壁厚	最大壁厚
醇酸树脂-玻璃纤维填充	1.0	3.0	12.7
醇酸树脂-矿物填充	1.0	4.7	9.5
酞酸二烯丙酯(DAP)	1.0	4.7	9.5
环氧树脂-玻璃纤维填充	0.76	3.2	25.4
三聚氰胺甲醛树脂-纤维素填充	0.9	2.5	4.7
氨基塑料-纤维填充	0.9	2.5	4.7
酚醛塑料(通用型)	1.3	3.0	25.4
酚醛-棉短纤维填充	1.3	3.0	25.4
酚醛-玻璃纤维填充	0.76	2.4	19.0
酚醛-织物填充	1.6	4.7	9.5
酚醛-矿物填充	3.0	4.7	25.4
硅酮-玻璃纤维填充	1.3	3.0	6.4
聚酯预混物	1.0	1.8	25.4

　　制件的壁厚太大，塑料在模具中需要冷却的时间越长，产品的生产周期也会延长。制件的壁厚太小，刚性差，不耐压，在脱模、装配、使用中容易发生损伤及变形。另外，壁厚太小，型腔中流道狭窄，流动阻力加大，造成填充不满，成型困难。壁厚与流程的关系见表2-3。

表2-3 壁厚（t）与流程（L）的关系

塑 料 品 种	计 算 公 式
流动性好（PE、PA 等）	$t = \left(\dfrac{L}{100} + 0.5\right) \times 0.6$
流动性中等（PMMA、POM 等）	$t = \left(\dfrac{L}{100} + 0.8\right) \times 0.7$
流动性差（PC、PSF 等）	$t = \left(\dfrac{L}{100} + 1.2\right) \times 0.9$

　　注：壁厚 t 与流程 L 的单位均为 mm。

　　制件的壁厚原则上要求一致。壁厚不均匀，成型时收缩会不均匀，产生缩孔和内部应力，以致发生变形或者开裂。图 2-3a、图 2-4a 所示为不良设计；图 2-3b 所示为以掏空的方式达到底厚均匀，图 2-4b 所示为改进制件壁厚的设计。

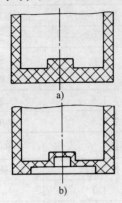

图 2-3　底厚改进设计
a）不良设计　b）改进设计

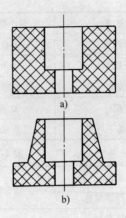

图 2-4　壁厚改进设计
a）不良设计　b）改进设计

　　图 2-5 所示为采用掏空的方式尽量使壁厚均匀，消除翘曲、凹痕和应力。图 2-6 示出当不同的壁厚无法避免时，应采用倾斜方式使壁厚逐渐变化。图 2-6a 所示为不良设计，图 2-6b 所示为改进设计。

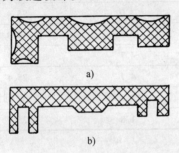

图 2-5　防止变形的壁厚设计
a）不良设计　b）改进设计

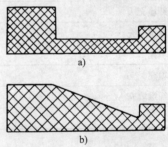

图 2-6　不同壁厚的设计
a）不良设计　b）改进设计

　　图 2-7b 所示为用空心形状来减轻塑料质量的设计，图 2-7a 所示为不良设计。图 2-8b 所示为用掏空方式达到壁厚均匀的设计，图 2-8a 所示为不良设计。

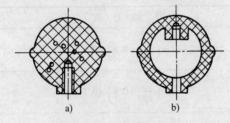

图 2-7　手柄壁厚改进
a）不良设计　b）改进设计

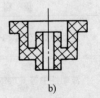

图 2-8　塑料轴承壁厚改进
a）不良设计　b）改进设计

　　图 2-9b 所示为改进圆柱部分壁厚的设计，图 2-9a 所示为不良设计。

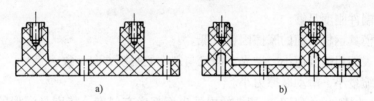

图 2-9 塑件圆柱部分壁厚改进
a）不良设计 b）改进设计

2. 脱模斜度

由于塑件成型时冷却过程中产生收缩，使其紧箍在凸模或成型芯上。为了便于脱模，防止因脱模力过大而拉坏塑件或使其表面受损，与脱模方向平行的塑件内、外表面都应具有合理的斜度，如图 2-10 所示。

脱模斜度的大小与下列因素有关：

1）制件精度要求越高，脱模斜度应越小。

2）尺寸大的制件，应采用较小的脱模斜度。

3）制件形状复杂不易脱模的，应选用较大的斜度。

4）制件收缩率大，斜度也应加大。

5）增强塑料宜选大斜度，含有自润滑剂的塑料可用小斜度。

6）制件壁厚大，斜度也应大。

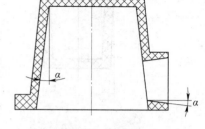

图 2-10 塑件的斜度

7）斜度的方向。内孔以小端为准，满足图样尺寸要求，斜度向扩大方向取得；外形则以大端为准，满足图样要求，斜度向偏小方向取得。一般情况下，脱模斜角 α 可不受制件公差带的限制，高精度塑料制件的脱模斜度则应当在公差带内。

脱模斜角 α 值可按表 2-4、表 2-5 选取。

表 2-4 热塑性塑料制件脱模斜角

塑料品种	脱模斜角	
	制件外表面	制件内表面
PA（通用）	20′~40′	25′~40′
PA（增强）	20′~50′	20′~40′
PE	20′~45′	25′~45′
PMMA	30′~50′	35′~60′
PC	35′~60′	30′~50′
PS	35′~80′	30′~60′
ABS	40′~72′	35′~60′

表 2-5 热固性塑料制件外表面脱模斜度

制件高度/mm	<10	10~30	>30
脱模斜角	25′~30′	30′~35′	35′~40′

具备以下条件的型芯，可采用较小的脱模斜度：

1）推出时制件刚度足够。

2）制件与模具钢材表面的摩擦因数较低。

3）型芯的表面粗糙度值小，抛光方向又与制件的脱模方向一致。

4）制件收缩量小，滑动摩擦力小。

在不影响尺寸精度的情况下，塑件的内外表面都应有斜度，特别是深形的容器类制件，塑件内侧的斜度可以比外侧的斜度大 1°，如图 2-11 所示。

当只在塑件的内表面有斜度时，塑件会留在凹模内，凹模一边应设有推出装置，如图 2-12 所示。

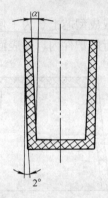

图 2-11　内外表面斜度

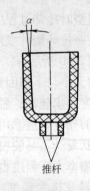

图 2-12　外表面无斜度

箱形或盖状制件的脱模斜度随制件高度略有不同：高度在 50mm 以下，取 1/50 ~ 1/30；高度超过 100mm，取 1/60；在两者之间的取 1/60 ~ 1/30。格子状制件的脱模斜度与格子部分的面积有关，一般取 1/14 ~ 1/12。

3. 加强肋、凸台及支承面

加强肋可定义为塑件上长的突起物，在不增加壁厚的条件下，可提高塑件的强度和刚度。凸台是塑件上用来增强孔或供装配附件用的凸起部分，如图 2-13 所示。

（1）加强肋　塑件上适当设置的加强肋可以防止塑件的翘曲变形；沿着物料流动方向的加强肋还能降低充模阻力，提高熔体流动性，避免气泡、缩孔和凹陷等现象的产生。

典型的加强肋形状和比例关系如图 2-14 所示。加强肋的高度 $h \leq 3t$（t 为塑件壁厚），脱模斜度 $\alpha = 2° ~ 5°$。加强肋的顶部应为圆角，底部以半径为 R 的圆角向周围过渡，$R \geq 0.25t$；加强肋宽度 $b < t$，常取 $b = 0.5t$。通常，加强肋以高度低（过高时容易在弯曲和冲击负荷作用下受

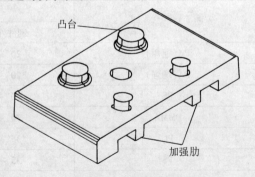

图 2-13　加强肋与凸台

损）、宽度小且数量多（塑件形状所允许的条件下）为好。图 2-15 所示为加强肋宽度 b 过大引起了塑件表面缩瘪缺陷的发生。图 2-16a 所示为把大的加强肋改为多条小的加强肋；而图 2-16b 所示为把加强肋连结成格子形状。这样，既可提高制件强度，又可防止缩瘪缺陷产生。

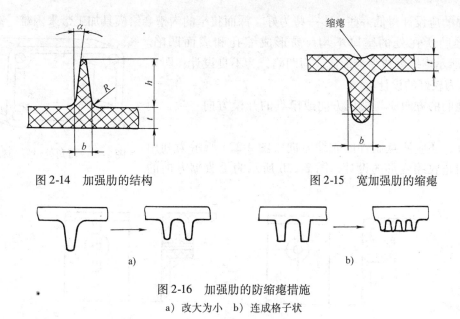

图 2-14　加强肋的结构　　　　　　图 2-15　宽加强肋的缩瘪

图 2-16　加强肋的防缩瘪措施
a）改大为小　b）连成格子状

加强肋位置的布局应注意以下几点：

1）加强肋的方向应尽量与物料充模时熔体流动的方向保持一致，以避免因流动受阻出现的成型缺陷或造成塑件的强度和刚度下降。

2）加强肋应位于塑件受力位置上；在有多条肋的情况下，应使各肋的排列互相错开，防止因收缩不均匀而引起开裂。图 2-17 所示为加强肋的两种布排情况。图 2-17a 所示为不合理的布排，可能因为肋厚集中而出现缩瘪或气泡，宜改为图 2-17b 所示的布排。

3）较大表面积或外观要求较高的情况下，应避免把加强肋设置在大表面的中部，以防止熔体流动缺陷产生的流纹和凹陷等。为了掩盖凹陷，可在肋所对应的外壁处设置楞沟或流纹，如图 2-18 所示。图中的侧向表面，因无楞沟而出现流纹，影响塑件的外观。

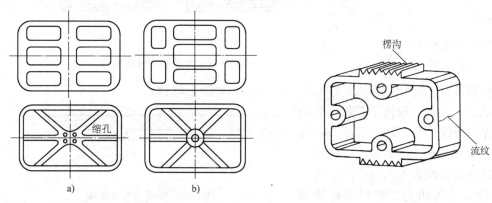

图 2-17　加强肋的布局　　　　　　图 2-18　楞沟结构的作用
a）不合理　b）合理

如图 2-19 所示，在长形或深形箱体的转角处设置加强肋，能有效地克服翘曲变形现象。

加强肋还可起辅助流道的作用，改善熔体的流动充模状态。图 2-20a 所示制件强度低，易变形，成型充模困难；图 2-20b 所示为改进后的状态。

加强肋应设计得低一些、多一些为好。深而狭窄的沟槽会给模具加工带来困难。高而厚会使加强肋所在处的壁厚不均，易形成缩孔和表面凹陷。图 2-21a 所示虚线处成型会形成表面凹陷，为不良设计；图 2-21b 所示为较好的设计。

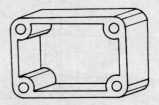

图 2-19　转角处设置加强肋

加强肋的方向应与模压方向或模具的开模方向一致，便于脱模。

另外，还应注意制件的收缩方向。图 2-22a 所示为利用加强肋阻止收缩变形的设计；图 2-22b 所示为沿收缩方向的设计。

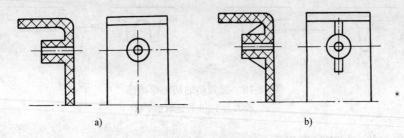

a)　　　　　　　　　　　　　　b)

图 2-20　加强肋改善流动的设计
a）不良设计　b）改进设计

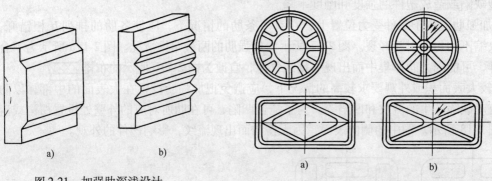

a)　　　　　　　　　　　　　　a)　　　　　　b)

图 2-21　加强肋深浅设计
a）不良设计　b）改进设计

图 2-22　加强肋的收缩方向

加强肋的端面应低于塑料制件支承面 0.5 ~ 1mm，如图 2-23 所示。

（2）凸台　凸台一般位于有加强肋的部位或制件的边缘。图 2-24a、图 2-24b 所示为在肋上设置凸台，图 2-24c、图 2-24d 所示为在制件的边缘设置凸台。凸台处一般能承受较大的推出力，有利于布置推杆。

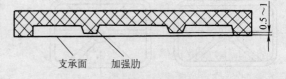

支承面　　加强肋

图 2-23　加强肋与支承面

太接近制件的角落或侧壁会增加模具制造的困难。图 2-25a 所示为不好的设计，图 2-25b 所示为较好的设计。

凸台处于平面或远离壁面时，应用加强肋加强，提高其强度并使制件成型容易，如图 2-26a、图 2-26b 所示。

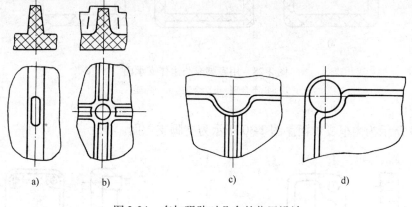

图 2-24　有加强肋时凸台的位置设计

图 2-25　凸台的位置设计
a) 不好的设计　b) 较好的设计

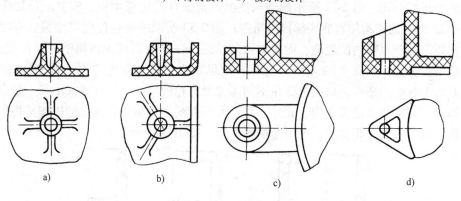

图 2-26　凸台处增设加强肋的设计

　　安装紧固凸台时，台阶支承面不宜太小，在转折处不要突然变化，应当平缓地过渡。图 2-26c 所示为不好的设计，图 2-26d 所示为较好的设计。

　　凸台应尽量设计成圆形断面，非圆形断面会增加模具制造的困难。图 2-27a 所示为不好的设计，图 2-27b 所示为较好的设计。

　　（3）支承面　以塑件的整个底面作支承面是不合理的，因为塑件稍许翘曲或变形就会使底面不平。常以凸出的底脚（三点或四点）或凸边来做支承面，如图 2-28 所示。

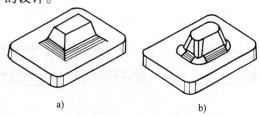

图 2-27　凸台的形状设计
a) 不好的设计　b) 较好的设计

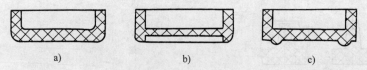

图 2-28　用底脚或凸边作支承面

a）不合理　b）合理　c）合理

图 2-29 所示为内框支承面。图 2-30 所示为支脚支承面。

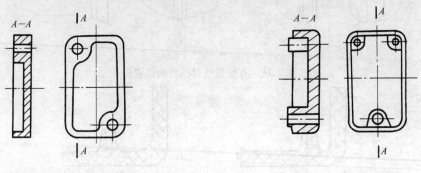

图 2-29　内框支承面　　　　　　图 2-30　支脚支承面

（4）其他结构　除了上述的加强肋、凸台及支承面外，以下结构都能起到增加强度、防止翘曲变形的作用。图 2-31 所示的结构使器皿类塑件的边缘增强，实质上是加强肋的变异；图 2-32 所示的结构使容器底部得以增强；图 2-33 所示的结构使侧壁增强。有时为了防止软塑料矩形薄壁容器内凹翘曲，而采用预防措施——有意识地先将侧壁设计得稍微外凸，待内凹后恰好平直，如图 2-34 所示。这种补偿思维方式能有效地应用于精密塑件的设计，对于不是均匀收缩的塑件，则应考虑在不同部位形态轮廓尺寸上增加或减小某一数值，使成型后的塑件正好在公差范围之内。此外，对于大平面塑件，防止其变形的措施是将形状改为圆弧曲面，若考虑到外观优美，可用抛物面外形，如图 2-35 所示。

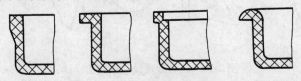

图 2-31　器皿边缘的增强

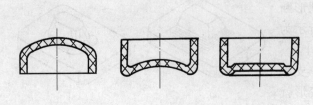

图 2-32　器皿底部的增强

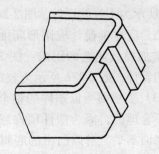

图 2-33　侧壁的增强

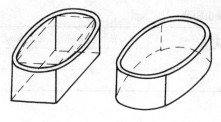

图 2-34 预防内凹的方法

图 2-35 防变形的大抛物面

4. 圆角

塑件上各处的轮廓过渡和壁厚连接处，一般采用圆角连接，有特殊要求时才采用尖角结构。尖角容易产生应力集中，在受力或受冲击振动时会发生破裂。圆角不仅有利于物料充模，同时也有利于熔融料在模具型腔内的流动和塑件的脱模。图 2-36 给出了过渡圆角的取值范围。图 2-37 给出了塑件壁厚过渡处的半径与周围壁厚的比值 R/t 与应力集中系数的关系，曲线显示在 $R/t=0.6$ 以后就变得比较平缓了。转折处圆弧过渡可以减小塑料流动的阻力，改善制件的外观。图 2-38a 所示为不好的设计，图 2-38b 所示为较好的设计。

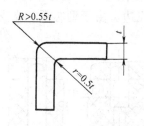

图 2-36 塑件的圆角

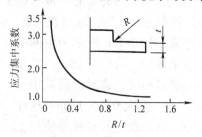

图 2-37 应力集中系数与径厚比关系

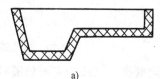

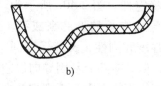

a)   b)

图 2-38 转折处圆弧过渡设计
a）不好的设计 b）较好的设计

加强肋的顶端及根部等处也应设计成圆弧。加强肋的高度与圆角半径的关系见表 2-6。

表 2-6 加强肋的圆角半径值

肋的高度/mm	≤6.5	>6.5~13	>13~19	>19
圆角半径/mm	0.8~1.5	1.5~3.0	2.5~5.0	3.0~6.5

5. 孔

塑件上常见的孔有通孔、不通孔、形状复杂的孔、螺纹孔等。螺纹孔将在后面讨论。这些孔均应设置在不易削弱塑件强度的地方。在孔之间和孔与边壁之间均应有足够的距离。孔的直径和孔与边壁最小距离之间的关系见表 2-7。孔与孔边缘之间的距离应大于孔径，塑件上固定用孔和其他受力孔的周围可设计一凸边来加强，如图 2-39 所示。

表 2-7　孔与边壁最小距离

孔径/mm	孔与边壁间最小距离/mm	孔径/mm	孔与边壁间最小距离/mm
2	1.6	5.6	3.2
3.2	2.4	12.7	4.8

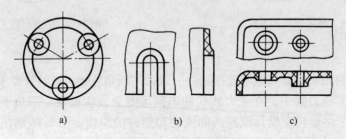

图 2-39　孔的加强

（1）通孔　成型通孔用的型芯一般有以下几种安装办法，如图 2-40 所示。图 2-40a 所示为由一端固定的型芯来成型，这时在孔的一端有不易修整的飞边。由于型芯系一端支承，孔深时型芯易弯曲。图 2-40b 所示为由两个两端固定的型芯来成型，同样有飞边。由于不易保证两型芯的同轴度，这时应将其中一个型芯设计成比另一个大 0.5 ~ 1mm。这样即使稍有不同心，也不致引起安装和使用上的困难。该设计的优点是型芯长度缩短了一半，增加了型芯的稳定性。图 2-40c 所示为由一端固定、一端导向支承的型芯来成型。这种型芯有较好的强度和刚性，又能保证同

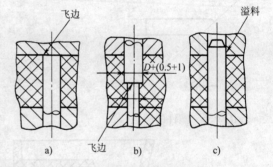

图 2-40　通孔的成型

心。此法较为常用，但导向部分易因导向误差而磨损，以致产生圆角溢料。型芯无论用何种固定方法，孔的深度均不能太大，否则型芯会弯曲。

（2）不通孔　不通孔只能用一端固定的型芯来成型，因此其深度应小于通孔。根据生产经验，注塑成型时，孔深应小于 4d。当孔径较小而深度又较大时，会在成型时使型芯因受熔体冲击而弯曲或折断。故对不通孔的深度和孔径有一定的要求，如图 2-41 所示。

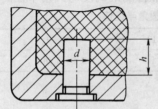

d/mm	h/mm
<1.5	2d
1.5 ~ 5.0	3d
5.0 ~ 10.0	4d

图 2-41　不通孔的深度与直径的关系

（3）形状复杂的孔　形状比较复杂时，可用拼合型芯成型形状复杂的孔，如图 2-42 所示。

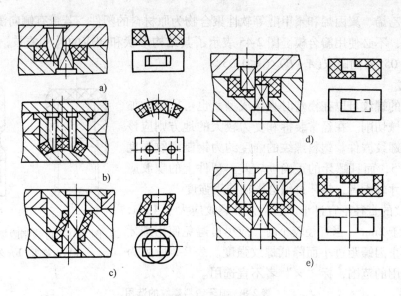

图 2-42 用拼合型芯成型复杂孔

（4）侧向孔（或凹槽） 对于侧向孔（或凹槽）来说，必须采用较为复杂的模具成型。通常，侧向孔要用侧向的分型和抽芯机构来实现，而侧凹要用瓣合式（习惯上称哈夫式）模具。复杂结构模具制造比较困难，难以保证精度，并且容易引起脱模问题。模具的制造成本也急剧增加，每采用一个侧向抽芯机构，几乎要多五成的费用。所以，只有在不得已的情况下（为了保证使用性能）才采用侧孔和侧凹的结构形式。或者考虑通过改善结构形式，用与脱模方向一致的抽芯方式来成型侧向孔。图 2-43 所示为避免侧向抽芯的几种结构形状的设计方案；图 2-44 所示为避免侧向分型的结构形状设计。一般说来，这些变化并不影响塑件使用性能。

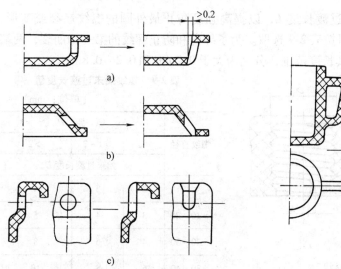

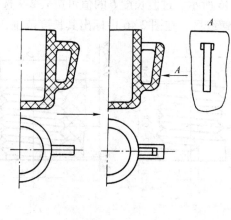

图 2-43 避免侧向抽芯的设计   图 2-44 避免侧向分型的设计

采用聚乙烯、聚丙烯和聚甲醛等软性聚合物为原材料的塑件,若带有侧向浅凹槽,可实现强制脱模,不必使用瓣合模。图 2-45 表示了其结构形状和相应的尺寸关系,内侧凹取 $(A - B)/B \leqslant 0.05$,外侧凹取 $(A - B)/C \leqslant 0.05$。

6. 螺纹

塑件上的螺纹可以在模塑时直接成型,也可以用后加工的办法机械切削。在经常装拆和受力较大的地方则应该采用金属的螺纹嵌件。塑料螺纹的强度约为钢制螺纹强度的 $1/10 \sim 1/5$,而且螺牙的正确性较差。塑件上的螺纹应选用螺牙尺寸较大者,螺牙过细会影响使用强度。

1) 螺纹的直径不宜过小。通常,外螺纹应大于 4mm,内螺纹应大于 2mm。当直径较小时,应尽量避免使用细牙螺纹,以防止因螺距过小而降低螺纹强度。表 2-8 所列为细牙螺纹选用的范围,标"×"者不宜选用。

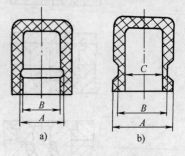

图 2-45　可强制脱模的浅侧凹
a) 内侧凹　b) 外侧凹

表 2-8　细牙塑料螺纹的选用

螺纹直径/mm	螺纹类别			
	1 级	2 级	3 级	4 级
≤3	×	×	×	×
>3 ~ 6	×	×	×	×
>6 ~ 10	○	×	×	×
>10 ~ 18	○	○	×	×
>18 ~ 30	○	○	○	×
>30 ~ 50	○	○	○	○

2) 螺纹的始末端应有一定的过渡长度 L,以提高强度防止最外圈的螺纹崩裂或变形,如图 2-46 所示。过渡长度 L 的值可按表 2-9 选取。为了导向和防止螺纹的第一扣崩裂,两端留有无螺纹区,在图 2-46 中标出其长度范围,分别为大于 0.2mm 和 0.2 ~ 0.8mm。

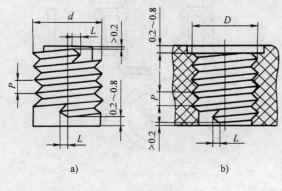

图 2-46　螺纹的结构形状
a) 外螺纹　b) 内螺纹

表 2-9　螺纹始末过渡长度值

（单位：mm）

螺纹直径	螺 距 P		
	≤1	>1 ~ 2	>2
	始末过渡长度 L		
≤10	2	3	4
>10 ~ 20	3	4	5
>20 ~ 30	4	6	8
>30 ~ 40	6	8	10

3）软性塑料的螺纹牙型可以是圆弧形或梯形，螺牙高度也应尽量取低值，便于采用强制脱模方式脱模。图 2-47 所示为可强制脱模的圆牙螺纹。

在同一螺纹型芯（或型环）上有前后两段螺纹时，应使两段螺纹旋转方向相同，螺距相等，如图 2-48a 所示，否则无法将塑件从螺纹型芯（或型环）上拧下来。当螺距不等或旋转方向不同时，就要采用两段型芯（或型环）组合在一起，成型后分段拧下，如 2-48b 图所示。

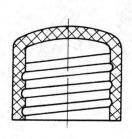

图 2-47　可强制脱模的圆牙螺纹

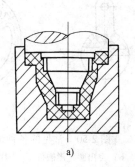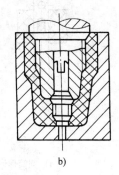

a)　　　　　　　b)

图 2-48　两段同轴螺纹的设计

7. 嵌件

为了满足连接、装配、使用强度以及保证塑件的精度和尺寸稳定性等要求，在塑件内部镶嵌的金属件称为嵌件。有时嵌件是为了达到某些特殊功能（如导电、导磁、抗磨损等）而设置。但是，嵌件结构一般都会使模具结构变得复杂，并给成型工艺带来麻烦，不易实现自动化，也使生产周期延长。

根据使用的要求，常用的嵌件有圆柱形、管套形、板片形等结构形状。例如，圆柱形嵌件可用做螺杆、接线柱；板片形嵌件可用做导电片、接触片等。为了使嵌件能在塑件内部牢固地嵌定而

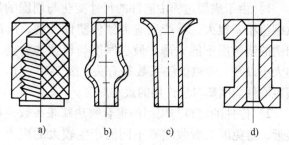

图 2-49　嵌件的形状

a）螺孔式　b）管套式　c）羊眼式　d）通孔式

不至于被拔脱，嵌件的表面必须做出沟槽或滚花，或者把它制成各种特殊的形状，如图 2-49 所示。

多数嵌件由各种有色或黑色金属制成，也有用玻璃木材或已成型的塑件等非金属材料作嵌件的。图 2-50 所示为几种常见的金属嵌件。

图 2-50a 为圆筒形嵌件，有通孔和不通孔的、光孔和螺纹孔的。带螺纹孔的嵌件是最常见的，它用于经常拆卸或受力较大的场合或导电部位的螺纹连接。

图 2-50b 为突出圆柱形嵌件，有光杆、丝杆、阶梯杆和针状的。

图 2-50c 为片状嵌件，常用做塑件内的导体、焊片等。

图 2-50d 为细杆状贯穿嵌件，汽车转向盘即为特殊的例子。

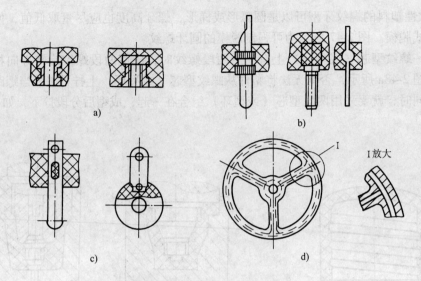

图 2-50　常见的各种金属嵌件
a）圆筒形嵌件　b）突出圆柱形嵌件　c）片状嵌件　d）细杆状贯穿嵌件

其他特种用途的嵌件，式样很多，如冲制的薄壁嵌件、薄壁管状嵌件等。非金属嵌件如图 2-51 所示，它是用黑色 ABS 塑料作嵌件的改性有机玻璃仪表壳。

嵌件设计时要注意以下几点：

1）由于成型过程中嵌件的尺寸变化与周围的聚合物收缩值相差很大，易产生应力致使塑件开裂，所以嵌件周围的塑料层不能太薄，最小厚度与聚合物种类、嵌件的大小以及二者热膨胀系数等有关。表 2-10 列出了软性塑料嵌件周围塑料层许用的最小厚度。

2）嵌件的材料与周围的聚合物热膨胀系数应尽可能接近，避免因二者收缩率不同而产生较大的应力，致使塑件开裂。

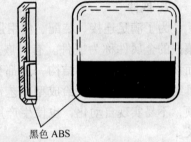

黑色 ABS

图 2-51　以黑色 ABS 塑料作嵌件的透明仪表壳

表 2-10　嵌件周围塑料层许用的最小厚度　（单位：mm）

嵌件直径 d	≤4	>4~8	>8~12	>12~16	>16~25
周围塑料层最小厚度 c	1.5	2.0	3.0	4.0	5.0
顶部塑料层最小厚度 h	0.8	1.5	2.0	2.5	3.0

3）嵌件不应带有尖角，避免由此产生的应力集中。

4）防止嵌件在成型时受物料熔体流动压力（或者充模冲力）作用产生变形或位移，嵌件应尽量与料流方向一致，并且要在模具中牢固地定位。例如，图 2-52 所示的螺纹嵌件是利用其凸肩定位的几种形式，当与模具上定位孔压紧后，不仅能牢固定位，并且可防止熔体流入螺纹。图 2-53 所示为管套形嵌件定位的几种例子。

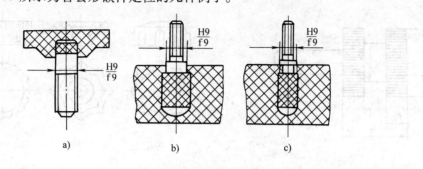

图 2-52　圆柱形嵌件的定位结构

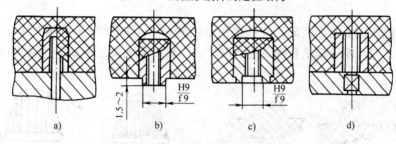

图 2-53　管套形嵌件的定位结构
a）定位杆　b）外侧台阶　c）内侧台阶　d）螺纹杆

图 2-54 所示为支柱对细长薄片嵌件的支承，支柱留在塑件上的孔要不影响塑件的使用性能和外观。对于薄片嵌件则可在熔体流动方向上钻孔以改善受力状态。

5）嵌件埋入塑件中的深度视具体情况而定，如图 2-55 所示。图 2-55a 所示为将嵌件深埋以使其牢固；图 2-55b 所示结构可防止模具闭合时嵌件损坏。

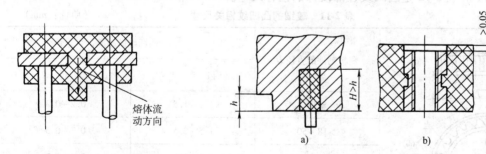

图 2-54　细长薄片嵌件的支承

图 2-55　嵌件在塑件中的深度
a）嵌件深埋　b）防止嵌件损坏

6）为防止圆柱形或管套形嵌件在塑件中转动或脱落，直纹滚花嵌件应在中间开槽，采用如图 2-56 所示结构，图中 $h = d_2$、$h_1 = 0.3h$、$h_2 = 0.3h$、$d_1 = 0.75d_2$。特殊情况下，可使 $h > d_2$，但最大不能超过 $2d_2$。

8. 凹凸纹（滚花）

为使操作方便，或者出于装饰性美观的考虑，各种旋钮、手柄、调制手轮等塑件常带一些凸凹纹，如图2-57所示。凸凹纹的设置应尽量使它们的方向与脱模方向一致，以便于模具的设计和制造，不必采用瓣合式或侧向分型抽芯机构。此外，条纹间距尽量大，便于模具制造。

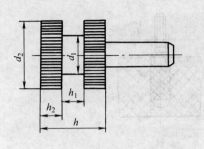

图2-56　圆柱形嵌件的结构尺寸

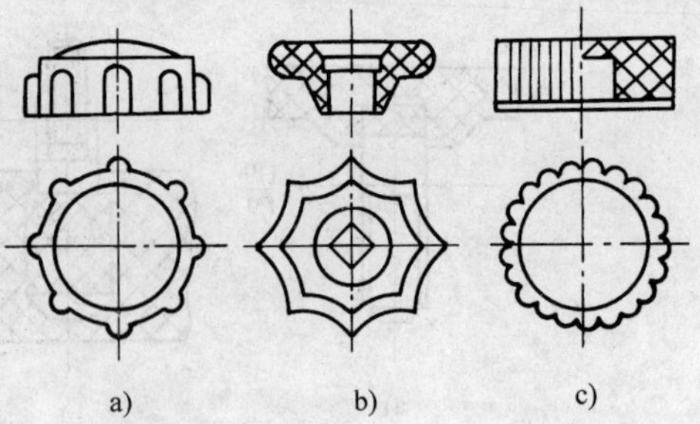

图2-57　塑料制件的凸凹纹

凸凹纹截面形状多为半圆形，少数采用平顶的梯形，如图2-58所示。为了不削弱模具分型面的强度，以及便于修整制件飞边，设计凸凹纹时需要留出图2-59所示的0.8mm宽的平直部分。

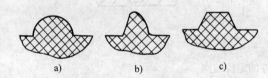

图2-58　凸凹纹截面形状

a）半圆形　b）三角形　c）梯形

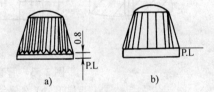

图2-59　旋钮凸凹纹设计

a）正确　b）不正确

注：P.L为分型面代号。

表2-11和表2-12是凸凹纹各部设计的推荐尺寸。

表2-11　较细的凸凹纹相关尺寸　　　　　　　　　　（单位：mm）

塑料制件的直径 D	凸凹纹的距离	
	齿距 S	半径 R
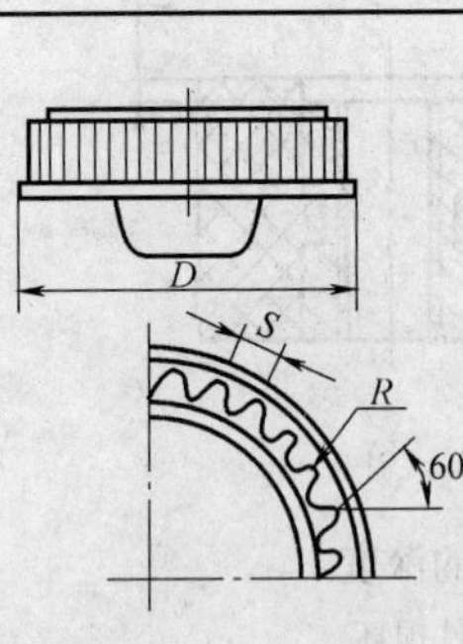 ≤18	1.2 ~ 1.5	0.2 ~ 0.3
>18 ~ 50	1.5 ~ 2.5	0.3 ~ 0.5
>50 ~ 80	2.5 ~ 3.5	0.5 ~ 0.7
>80 ~ 120	3.5 ~ 4.5	0.7 ~ 1

9. 铰链

利用塑料的良好弹性、柔软可塑性或优良抗弯折疲劳特性，可设计出轻巧实用的塑料连接件，在电子、仪表、日常用品和玩具等产品中得到广泛应用。其中铰链与搭扣是最常用的两种连接方式。

表 2-12　较粗的凸凹纹相关尺寸

	制件的直径 D /mm	凸凹纹的距离		
		半径 R/mm	齿距 S	高度 h
	≤18	0.3 ~ 1		
	>18 ~ 50	0.5 ~ 4	4R	0.8R
	>50 ~ 80	1 ~ 5		
	>80 ~ 120	2 ~ 6		

　　铰链的结构有多种形式。图 2-60 所示为组合式铰链，组装时将垂片加热扳弯，把销固定其中。图 2-61 所示为整体式铰链，一般由注塑成型一次得到。

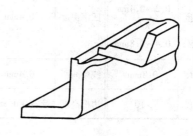

图 2-60　组合式铰链　　　　　　　　　图 2-61　整体式铰链

　　注塑成型得到的整体式铰链具有较高的弯曲寿命，但耐横向撕裂能力较强。注塑成型利用塑料熔体在铰链部位沿弯曲方向的分子定向，使铰链的抗弯折疲劳性能增强，弯曲使用寿命可达到数十万次。

　　整体式铰链的结构尺寸对能否产生分子定向十分重要。图 2-62 所示为常见尺寸，带铰链的塑件从模具中取出后，立即趁热将铰链弯折若干次，弯折角为 90° ~ 180°。

　　聚丙烯、尼龙、聚乙烯最常用于生产含有铰链结构的塑件。

10. 文字、标记符号及表面装饰花纹

　　塑件的凸起或凹入的标记，如图 2-63 所示，其成型的模具是有一定的差别的。图 2-63a 所示为凹的文字，其模具为凸形，便于制造，但标记本身易磨损；图 2-63b 为凸的文字，其模具应为凹形，不易制造，标记的本身却难以损坏。较为理想的方式是：将凸起的标记刻制成镶块，嵌入模具，成型出如图 2-63c 所示的结构形状。这样既能避免模具制造困难，又使标记不容易磨损。文字、符号的尺寸参数见表 2-13。

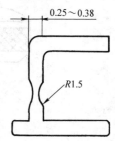

图 2-62　整体式铰链的结构尺寸

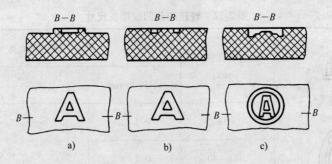

图 2-63　制件上标记和符号的设计

a）凹的文字　b）凸的文字　c）镶入的文字

　　透明制件上有凹入的文字时，塑料熔体流经模具上相应的凸出文字后会产生影响制件外观的熔接痕，如图 2-64 所示。消除措施是控制文字的深度，即

$$字深:制件壁厚 = 1:3$$

表 2-13　文字、符号的尺寸参数

凸字高度	小字 0.2 ~ 0.4mm 大字 0.4 ~ 0.8mm	凹字深度	0.4mm
线条宽度	0.8mm	线条间距	0.4mm
脱模斜度	>10°	边框高度	字高 +0.3mm

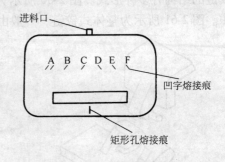

图 2-64　凹字形成的熔接痕

　　为了改善制件表面质量，使制件外形美观，常对制件表面加以装饰。例如，在轿车内的装饰面板表面上做出凹槽纹、皮革纹、橘皮纹、木纹等装饰花纹，可遮掩成型过程中在制件表面上形成的疵点、波纹等缺陷；在手柄、旋钮等制件表面设置花纹，便于使用中增大摩擦力。

　　花纹不得影响制件脱模，如图 2-65 所示。图 2-65a 所示为菱形花纹，会影响制件脱模；图 2-65b 所示为穿通式花纹，去除飞边费事；图 2-65c 所示为最常用的花纹形式。

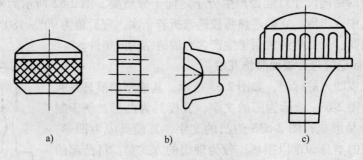

图 2-65　塑件上的花纹

　　花纹的纹路应顺着脱模方向，并且沿脱模方向应有斜度。条纹高度不小于 0.3mm，高度不超过其宽度。花纹不得太细，否则难以加工。

11. 飞边

塑件的形状决定模具的分型面，而飞边即指在分型面上及模具内活动成型零件的间隙中溢出的多余塑料。此飞边的存在除直接影响塑件的尺寸精度外，当去除飞边后也难免使塑件表面质量有所降低，故飞边位置的选择也就显得很重要。通常，既应考虑飞边易于去除，又要考虑飞边位置勿露于塑件表面，以避免飞边痕迹损坏塑件外观质量。

注塑成型时，一般塑件上产生较小的飞边。

12. 举例比较

上面简单介绍了塑件结构设计的基本知识。设计模具时，要根据塑件使用要求，进行具体分析运用。表 2-14 为某些塑件工艺性能比较示例。

表 2-14　塑件工艺性能比较

不合理	合理	备注
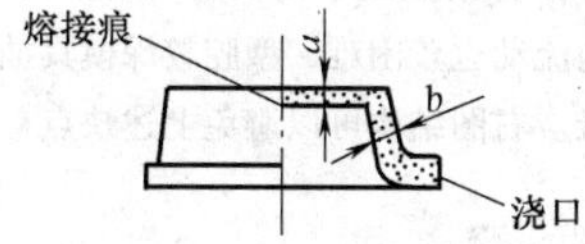	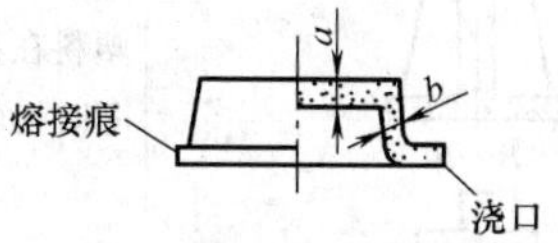	对于平底形制件，采用侧浇口进料时，为了避免平面上留有熔接痕，必须保证平面进料通畅，故 $a > b$
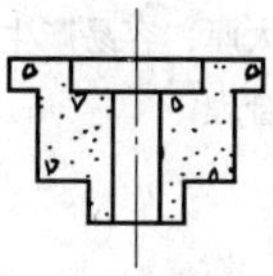	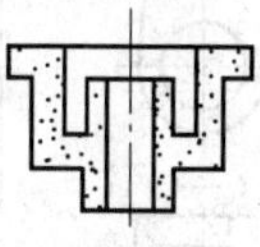	
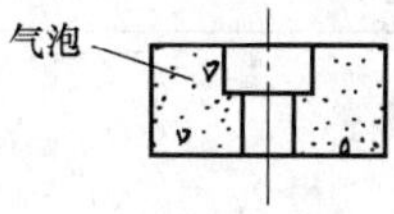 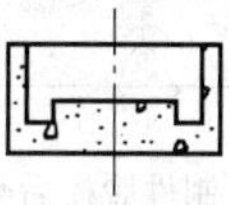	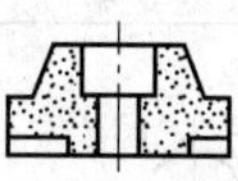 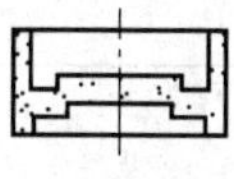	左图壁厚不均匀，容易产生气泡及造成制件变形；右图壁厚均匀，改善了注射工艺条件，提高了质量
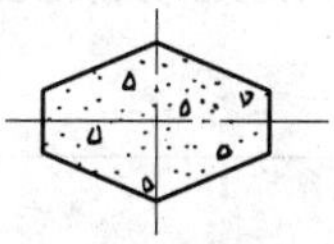	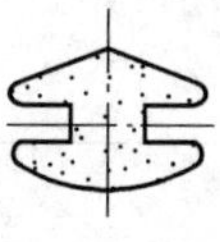	
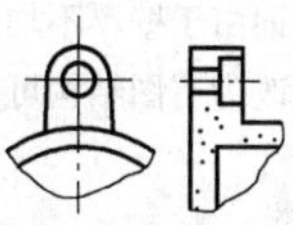	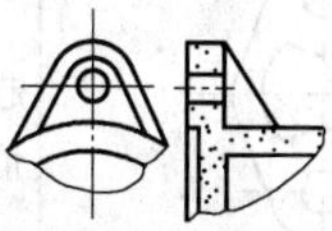	
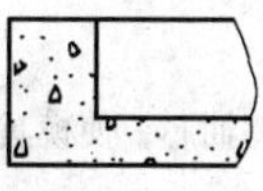	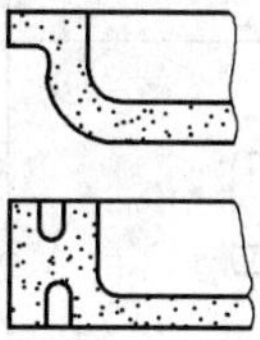	

（续）

不　合　理	合　理	备　注
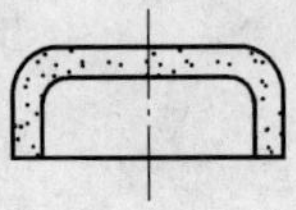	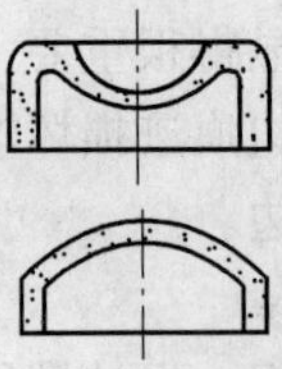	薄壁制件，可做成右图所示的曲面形或球面，这样既增加了制件美观度，又提高了强度，并且减小了变形
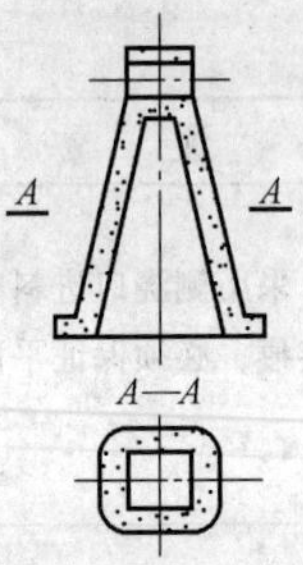 A　　　　A $A—A$	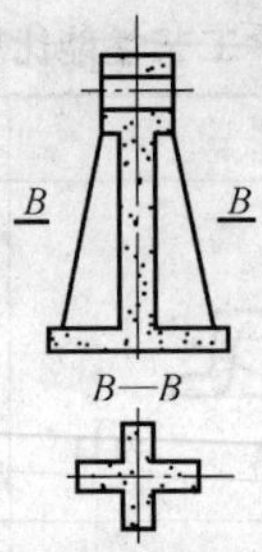 B　　　　B $B—B$	支承架制件，若按左图结构，塑料用量大，塑料在型腔内流动也较困难，型腔较深模具抽芯时也较困难。右图结构可以避免上述缺点
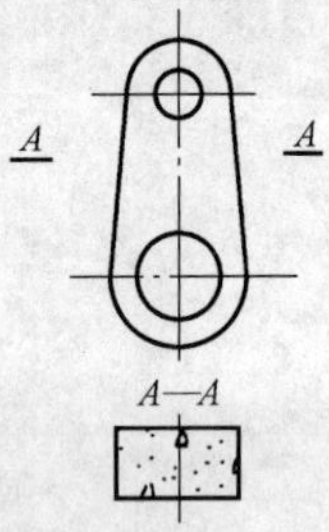 A　　　A $A—A$	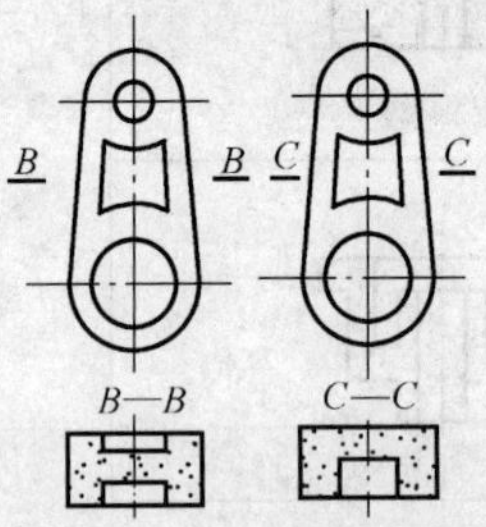 B　　B　　C　　　C $B—B$　　　$C—C$	左图结构中间断面太厚，容易产生缩孔等缺陷，改为右图结构较合理
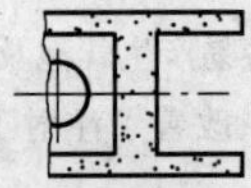	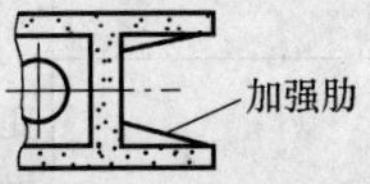 加强肋	由于制件形状复杂，制件脱模后会产生收缩变形。右图改用加强肋就能大大改善变形的情形
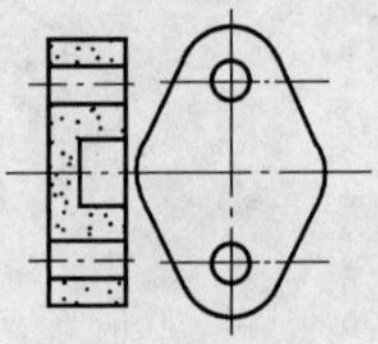	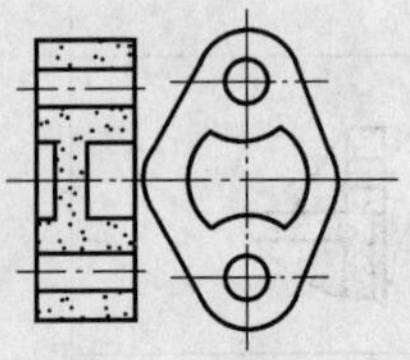	左图支架制件，基面由于壁厚不均匀，易引起变形，影响基准。改为右图结构可改善变形情况
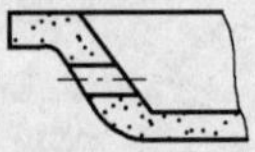	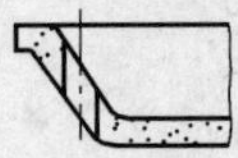	右图结构可以避免侧抽芯，使模具结构简化

2.3　塑件的尺寸精度及表面质量

塑件尺寸的大小受到塑料材料流动性好坏的制约。塑件尺寸越大，要求材料的流动性越好。流动性差的材料在模具型腔未充满前就已经固化或熔接不牢，导致制件缺陷和强度下降。

由于材料和加工方法的差异，塑料制件的尺寸精度与金属制件有一定的区别。因此，选择塑料制件的尺寸精度时，不能盲目套用金属件的精度等级表和公差表。

2.3.1　塑件的尺寸精度

塑件的尺寸精度是决定塑件制造质量的首要标准。然而，在满足塑件使用要求的前提下，设计时总是尽量将其尺寸精度放得低一些，以便降低模具的加工难度和制造成本。在我国，最初被公认并广泛采用的塑件的尺寸公差标准是由原第四机械工业部制定的，见表 2-15。该标准规定了 8 个精度等级，其中 1 级和 2 级两级属于精度技术级，只在特殊要求下使用。每种塑件可选用其中 3 个等级，即高精度、一般精度和低精度。

表 2-15　塑料制件尺寸公差　　　　（单位：mm）

公称尺寸	精 度 等 级							
	1	2	3	4	5	6	7	8
	公 差 数 值							
≤3	0.04	0.06	0.08	0.12	0.16	0.24	0.32	0.48
>3~6	0.05	0.07	0.08	0.14	0.18	0.28	0.36	0.56
>6~10	0.06	0.08	0.10	0.16	0.20	0.32	0.40	0.64
>10~14	0.07	0.09	0.12	0.18	0.22	0.36	0.44	0.72
>14~18	0.08	0.10	0.12	0.20	0.26	0.40	0.48	0.80
>18~24	0.09	0.11	0.14	0.22	0.28	0.44	0.56	0.88
>24~30	0.10	0.12	0.16	0.24	0.32	0.48	0.64	0.96
>30~40	0.11	0.13	0.18	0.26	0.36	0.52	0.72	1.00
>40~50	0.12	0.14	0.20	0.28	0.40	0.56	0.80	1.20
>50~65	0.13	0.16	0.22	0.32	0.46	0.64	0.92	1.40
>65~80	0.14	0.19	0.26	0.38	0.52	0.76	1.00	1.60
>80~100	0.16	0.22	0.30	0.44	0.60	0.88	1.20	1.80
>100~120	0.18	0.25	0.34	0.50	0.68	1.00	1.40	2.00
>120~140	—	0.28	0.38	0.56	0.76	1.10	1.50	2.20
>140~160	—	0.31	0.42	0.62	0.84	1.20	1.70	2.40
>160~180	—	0.34	0.46	0.68	0.92	1.40	1.80	2.70
>180~200	—	0.37	0.50	0.74	1.00	1.50	2.00	3.00
>200~225	—	0.41	0.56	0.82	1.10	1.60	2.20	3.30
>225~250	—	0.45	0.62	0.90	1.20	1.80	2.40	3.60
>250~280	—	0.50	0.68	1.00	1.30	2.00	2.60	4.00
>280~315	—	0.55	0.74	1.10	1.40	2.20	2.80	4.40
>315~355	—	0.60	0.82	1.20	1.60	2.40	3.20	4.80
>355~400	—	0.65	0.90	1.30	1.80	2.60	3.60	5.20
>400~450	—	0.70	1.00	1.40	2.00	2.80	4.00	5.60
>450~500	—	0.80	1.10	1.60	2.20	3.20	4.40	6.40

注：1. 表中公差数值用于基准孔的上极限偏差取正（＋）号，用于基准轴下极限偏差取负（－）号。表中公差数值用于非配合孔的上极限偏差取正（＋）号，用于非配合轴下极限偏差取负（－）号，用于非配合长度取极限偏差正负（±）号。

2. 表中规定的数值以塑件成型后或经必要的后处理后，在相对湿度为 65%、温度为 20℃ 环境放置 24h 后，以塑件和量具温度为 20℃ 时进行测量为准。

表 2-15 中只列出公差值，而具体的上、下极限偏差可根据塑件的配合性质进行分配。对于受模具活动部分影响甚大的尺寸，如注塑件的高度尺寸，受水平分型面溢边厚薄影响，其公差值取表中值再加上附加值。2 级精度的附加值为 0.05mm，3 ~ 5 级精度的附加值为 0.1mm，6 ~ 8 级精度的附加值为 0.2mm。

此外，对于塑件图上无公差要求的自由尺寸，建议采用标准中的 8 级精度。

由于塑料收缩偏差的存在，提高塑件公差，必然使塑件的废品率增加，成本提高。一般较小尺寸易达到高精度。

对塑件的精度要求，要具体分析，根据装配情况来确定尺寸公差。一般配合部分尺寸精度高于非配合部分尺寸精度。产品质量第一，但不是所有零件或塑件上所有部位的尺寸精度越高越好。对于塑件，当材料和工艺条件一定的情况下，很大程度上取决于模具的制造公差。而精度越高，模具制造工序就越多，加工时间越长，从而模具的制造成本增高。表 2-16 是通常选用精度等级的参考值。

表 2-16　精度等级的选用

类别	塑料品种	建议采用的精度等级		
		高精度	一般精度	低精度
1	聚苯乙烯 苯乙烯-丁二烯-丙烯腈共聚体（ABS） 聚甲基丙烯酸甲酯 聚碳酸酯 聚砜 聚苯醚 酚醛塑料 氨基塑料 30% 玻璃纤维增强塑料	3	4	5
2	聚酰胺 6、66、610、9、10、10 氯化聚醚 聚氯乙烯（硬）	4	5	6
3	聚甲醛 聚丙烯 聚乙烯（高密度）	5	6	7
4	聚氯乙烯（软） 聚乙烯（低密度）	6	7	8

注：1. 其他材料可按加工尺寸稳定性，参照上表选择精度等级。

　　2. 1、2 级精度为精密技术级，只有在特殊条件下采用。

　　3. 选用精度等级时，应考虑脱模斜度对尺寸公差的影响。

目前，国际上尚无统一的塑料制件尺寸公差标准，但各国有自行制定的公差标准，如德国的标准为 DIN 16901，瑞士的标准为 VSM 77012。我国颁布的 SJ/T 10628—1995 公差标准，可作为选用塑件精度等级和公差的主要依据，其具体数据见表 2-17 和表 2-18。

表 2-17　不受模具活动部分影响的尺寸公差　　　　　　（单位：mm）

基本尺寸	精 度 等 级						
	1	2	3	4	5	6	7
≤3	0.07	0.10	0.13	0.16	0.22	0.28	0.38
>3 ~6	0.08	0.12	0.15	0.20	0.26	0.34	0.48
>6 ~13	0.10	0.14	0.18	0.23	0.30	0.40	0.58
>13 ~14	0.11	0.16	0.20	0.27	0.34	0.48	0.68
>14 ~18	0.12	0.18	0.22	0.31	0.38	0.54	0.78
>18 ~24	0.13	0.22	0.24	0.34	0.42	0.60	0.88
>24 ~30	0.14	0.24	0.26	0.38	0.48	0.72	1.08
>30 ~40	0.16	0.25	0.30	0.42	0.56	0.80	1.014
>40 ~50	0.18	0.26	0.34	0.48	0.64	0.94	1.32
>50 ~65	0.20	0.30	0.36	0.54	0.74	1.10	1.54
>65 ~80	0.23	0.34	0.44	0.62	0.86	1.28	1.80
>80 ~100	0.26	0.36	0.50	0.72	1.00	1.48	2.10
>100 ~120	0.29	0.42	0.58	0.82	1.16	1.72	2.40
>120 ~140	0.32	0.46	0.64	0.92	1.30	1.96	2.80
>140 ~160	0.36	0.50	0.72	1.04	1.46	2.20	3.10
>160 ~180	0.40	0.54	0.78	1.14	1.60	2.40	3.40
>180 ~200	0.44	0.60	0.84	1.24	1.80	2.60	3.70
>200 ~220	0.48	0.66	0.92	1.36	2.00	2.94	4.10
>220 ~250	0.52	0.72	1.00	1.48	2.10	3.20	4.50
>250 ~280	0.56	0.78	1.10	1.60	2.30	3.50	4.90
>280 ~315	0.60	0.84	1.20	1.80	2.60	3.80	5.40
>315 ~355	0.66	0.92	1.30	2.00	2.80	4.30	6.00
>355 ~400	0.72	1.00	1.44	2.20	3.10	4.76	6.70
>400 ~450	0.78	1.13	1.60	2.40	3.50	5.30	7.40
>450 ~500	0.86	1.20	1.74	2.60	3.90	5.80	8.20

表 2-18　受模具活动部分影响的尺寸公差　　　　　　（单位：mm）

基本尺寸	精 度 等 级						
	1	2	3	4	5	6	7
≤3	0.14	0.20	0.33	0.36	0.42	0.40	0.58
>3 ~6	0.16	0.22	0.35	0.40	0.46	0.54	0.68
>6 ~10	0.20	0.24	0.38	0.43	0.50	0.60	0.78
>10 ~14	0.21	0.26	0.40	0.47	0.54	0.68	0.88
>14 ~18	0.22	0.28	0.42	0.44	0.58	0.74	0.98
>18 ~24	0.23	0.30	0.44	0.50	0.62	0.80	1.08
>24 ~30	0.24	0.32	0.46	0.58	0.68	0.90	1.20

（续）

基本尺寸	精 度 等 级						
	1	2	3	4	5	6	7
>30 ~40	0.26	0.34	0.50	0.62	0.76	1.00	1.34
>40 ~50	0.28	0.36	0.54	0.68	0.84	1.14	1.52
>50 ~65	0.30	0.40	0.58	0.74	0.94	1.30	1.74
>65 ~80	0.33	0.44	0.64	0.82	1.06	1.48	2.00
>80 ~100	0.36	0.48	0.70	0.92	1.20	1.68	2.30
>100 ~120	0.39	0.52	0.78	1.02	1.36	1.92	2.60
>120 ~140	0.42	0.56	0.84	1.12	1.50	2.16	3.00
>140 ~160	0.46	0.60	0.92	1.34	1.66	2.40	3.30
>160 ~180	0.50	0.64	0.98	1.34	1.80	2.60	3.60
>180 ~200	0.54	0.70	1.04	1.44	2.00	2.80	3.90
>200 ~225	0.58	0.76	1.12	1.56	2.20	3.14	4.30
>225 ~250	0.62	0.82	1.20	1.68	2.30	3.40	4.70
>250 ~280	0.66	0.88	1.30	1.80	2.50	3.70	5.10
>280 ~315	0.70	0.94	1.40	2.20	2.80	4.00	5.60
>315 ~355	0.76	1.02	1.50	2.80	3.00	4.50	6.20
>355 ~400	0.82	1.10	1.64	2.40	3.30	4.90	6.90
>400 ~450	0.88	1.20	1.80	2.60	3.70	5.50	7.60
>450 ~500	0.96	1.30	1.94	2.80	4.10	6.00	8.40

　　精密塑件公差数值，有资料建议应是基本尺寸的 0.1% ~0.5%。虽然目前尚未制定标准，但可从日刊文献中得以佐证，大致与表 2-17 所列 1 级精度相当。表 2-19 列出了该文献提供的数据。

表 2-19　精密塑件公差　　　　　（单位：mm）

基本尺寸	聚碳酸酯、ABS 等		聚酰胺、聚缩醛	
	最小限度	实用限度	最小限度	实用限度
≤0.5	0.003	0.008	0.005	0.01
>0.5 ~1.3	0.005	0.01	0.008	0.025
>1.3 ~2.5	0.008	0.02	0.012	0.04
>2.5 ~7.5	0.01	0.03	0.02	0.06
>7.5 ~12.5	0.015	0.04	0.03	0.06
>12.5 ~25.0	0.022	0.06	0.04	0.10
>25.0 ~50.0	0.03	0.08	0.05	0.15
>50.0 ~75.0	0.04	0.10	0.06	0.20
>75.0 ~100.0	0.05	0.15	0.08	0.25

2.3.2 尺寸精度的组成及影响因素

制件尺寸误差构成为

$$\delta = \delta_s + \delta_z + \delta_c + \delta_a \tag{2-1}$$

式中 δ——制件总的成型误差;

δ_s——塑料收缩率波动所引起的制件误差;

δ_z——模具成型零件制造精度所引起的制件误差;

δ_c——模具磨损后所引起的制件误差;

δ_a——模具安装、配合间隙所引起的制件误差。

一般有 $\delta_s = \dfrac{1}{3}\delta, \ \delta_z = \dfrac{1}{3}\delta, \ \delta_c = \dfrac{1}{6}\delta \tag{2-2}$

影响塑料制件尺寸精度的因素是比较复杂的,归纳起来有以下三个方面:

1)模具。模具各部分的制造精度是影响制件尺寸精度最重要的因素。此外,长期使用后的模具往往由于成型压力(注射压力、锁模力)等原因而产生变形或松动,也是造成制件误差的原因之一。

模具的结构也会影响塑件的尺寸精度。塑件上一些尺寸可以由模具尺寸直接控制,不受模具活动部分影响,如注塑制件的横向尺寸等;而另一些尺寸不能由模具尺寸直接决定,要受到模具活动部分的影响,如位于开模方向横跨模具分型面的尺寸、侧孔尺寸等。

2)塑料材料。不同的塑料材料有其固有的标准收缩率,收缩率小的材料(如聚碳酸酯),产品的尺寸误差就很小,容易保证尺寸精度。同一种材料,生产批号不同,收缩率也会出现误差,影响产品的尺寸精度。

3)成型工艺。成型工艺条件(如温度、压力、时间、速度等)的变化直接造成材料的收缩,最终影响塑件尺寸精度。

鉴于以上的原因,应该合理地确定塑件的尺寸精度,尽可能选用较低的精度等级。区别对待塑件上不同部位的尺寸,对于塑件图上无公差要求的自由尺寸,建议采用标准中的 7 级精度等级。

模具的加工表面质量是影响塑件表面质量的主要因素。一般模具的成型表面质量比塑件的表面质量高 1~2 个等级,透明塑件要求型芯和型腔的加工表面质量相同。但是,成型工艺条件有时也会对塑件表面质量产生影响,例如,成型树脂的温度太低,可能使塑料熔体流动时产生振纹和流动纹,最终导致塑件表面出现疵斑。因此,在实际操作时,也可通过调整树脂的温度和模具温度来提高塑件表面质量。

2.3.3 塑件的表面质量

表面质量是一个相当大的概念,包括微观的几何形状和表面层的物理-力学性质两方面技术指标,而不是单纯的表面粗糙度问题。塑件表面层的相变、残余应力都属于物理-力学性质范畴的指标。然而,一方面因为我国尚无统一的塑件表面质量的标准,另一方面塑件因其原材料、成型工艺和模具等因素的影响,故有的资料建议用表面粗糙度和表观缺陷两个指标来评定塑件的表面质量。

一般来说,原材料的质量、成型工艺(各种参数的设定、控制等人为因素)和模具的表面粗糙度等都会影响到塑件的表面粗糙度，而尤其以型腔壁上的表面粗糙度影响最大。因此，模具的腔壁表面粗糙度实际上成为塑件表面粗糙度的决定性因素，通常要求比塑件高出一个等级。例如，塑件的表面粗糙度 Ra 为 $0.02 \sim 1.25\mu m$，则模具腔壁的表面粗糙度 Ra 应为 $0.01 \sim 0.63\mu m$。对于透明塑件，特别是光学元件，与模具腔壁的要求应相一致。例如，塑件表面粗糙度 Ra 为 $0.005\mu m$，腔壁表面粗糙度 Ra 只能为极限值 $0.005\mu m$ 了。这么低的表面粗糙度值其获得是很不容易的，其中还需要精湛的手工技艺。表 2-20 列出了模具表面粗糙度对注塑件表面粗糙度的影响情况。

表 2-20　模具表面粗糙度对注塑件表面粗糙度的影响

注塑模工作表面			注射塑件表面粗糙度 $Ra/\mu m$				
加工方法	纹路方向	表面粗糙度 Ra/mm	苯乙烯聚合物	丁二烯聚合物	低密度聚乙烯	高密度聚乙烯	聚丙烯
精磨	顺纹路	0.12	0.024	0.13	0.18	0.25	0.20
	垂直纹路	0.21	0.05	0.17	0.22	0.26	0.26
抛光	顺纹路	0.18	0.02	0.29	0.28	0.20	0.26
	垂直纹路	0.46	0.26	0.36	0.34	0.26	0.55
铣	顺纹路	$Rz3.4$	1.2	1.6	0.4	0.72	1.9
	垂直纹路	$Rz4.6$	$Rz3.7$	1.9	$Rz4.1$	$Rz3.0$	$Rz3.5$
刨	顺纹路	$Rz4.2$	1.5	0.85	1.1	1.6	1.35
	垂直纹路	$Rz8.0$	$Rz6.2$	$Rz7.2$	$Rz5.0$	$Rz7.4$	$Rz7.4$

注：表中 Rz 为 10 点断面不平整高度的平均算术绝对偏差的总值。

　　塑件的表观缺陷是其特有的质量指标，包括缺料、溢料与飞边、凹陷与缩瘪、气孔、翘曲、熔接痕、变色、银（斑）纹、粘模、脆裂、降解等。

第 3 章　注塑成型工艺

我国的塑料工业近几十年来得到迅猛发展，取得了举世瞩目的成就。据统计，2014 年我国塑料制件产量已超过 7300 万 t，我国已步入世界塑料大国行列。

注塑成型也称注射成型，可用来生产空间几何形状非常复杂的塑料制件。由于它具有应用面广，成型周期短，生产率高，模具工作条件可以得到改善，制件精度高，生产条件较好，生产操作容易实现机械化和自动化等优点，因此在整个塑料制件生产行业中，占有非常重要的地位。目前，除了少数几种塑料外，几乎所有的塑料都可采用注塑成型。据统计，注塑制件约占所有塑料制件总产量的 30%，全世界每年生产的注塑模数量约占所有塑料成型模具数量的 50%。

早期的注塑成型方法主要用于生产热塑性塑料制件。随着塑料工业的发展及塑料制件应用范围的不断扩大，目前注塑成型方法已推广应用到热固性塑料制件和一些塑料复合材料制件的生产中。例如，日本的酚醛制件，过去基本上都采用压缩和压注方法成型，但现在已有 70% 被注塑成型所替代。注塑成型方法不仅用于通用塑料制件的生产，而且就工程塑料而言，也是一种十分重要的成型方法。据统计，目前工程塑料制件中，80% 以上都采用注塑成型方法生产。

3.1　注塑成型工艺过程

注塑成型是利用塑料的可挤压性与可模塑性，首先将松散的粒状或粉状成型物料从注塑机的料斗送入高温的机筒内加热熔融塑化，使之成为黏流状态熔体，然后在柱塞或螺杆的高压推动下，以很大的流速通过机筒前端的喷嘴注射进入温度较低的闭合模具中，经过一段保压冷却定型时间后，开启模具便可从型腔中脱出具有一定形状和尺寸的塑料制件。其生产工艺过程如图 3-1 和图 3-2 所示。

1. 成型前的准备

为了使注塑成型生产顺利进行，确保制件质量，成型前应对塑料原料的外观色泽、颗粒情况、有无杂质等进行检验，并测试其热稳定性、流动性和收缩率等指标。如果不满足要求，应及时采取措施解决。对于吸湿性或黏水性强的塑料，如聚酰胺（尼龙）、聚碳酸酯、ABS 等，应根据注塑成型工艺允许的含水量进行适当的预热干燥，以避免制件表面出现银纹、斑纹和气泡等缺陷。部分塑料成型前允许的含水量见表 3-1。

生产中如需改变塑料品种、更换塑料、调换颜色，或发现成型过程中出现了热分解或降解反应，均应对注塑机的机筒进行清洗或拆换。对于有金属嵌件的塑料制件，由于金属与塑料两者收缩率不同，嵌件周围的塑料容易出现收缩应力和裂纹。为了防止这种现象，成型前可对嵌件预热，以减小成型时与塑料熔体的温差。若塑料分子链柔顺性大，且嵌件较小时，可以不预热。为了使塑料制件易于从型腔内脱出，有的注塑模还需涂上脱模剂。常用的脱模剂有硬脂酸锌、液状石蜡和硅油等。除了硬脂酸锌不能用于聚酰胺之外，上述三种脱模剂对于一般塑料均可使用，其中尤以硅油脱模效果最好，只要对模具施用一次，即可长效脱模，但价格很贵。硬脂酸锌多用于高温模具，而液状石蜡多用于中低温模具。

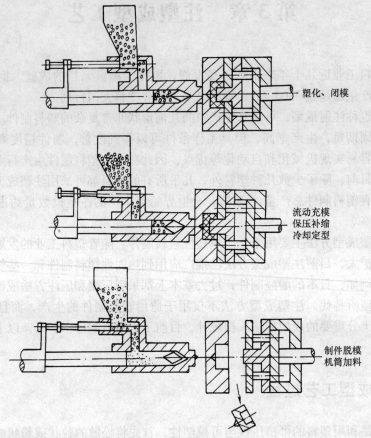

塑化、闭模

流动充模
保压补缩
冷却定型

制件脱模
机筒加料

图 3-1　注塑成型工艺过程

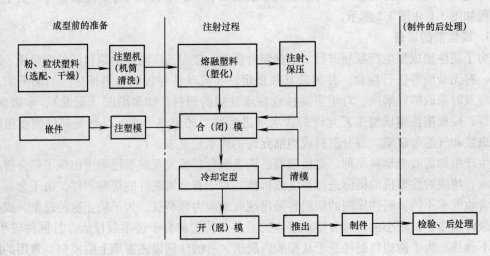

成型前的准备　　　　　　注射过程　　　　　　　　　（制件的后处理）

图 3-2　注塑成型工艺过程循环图

表 3-1　部分塑料成型前允许的含水量

塑　　料		允许含水量（%）	塑　　料	允许含水量（%）
聚酰胺	PA6	0.10	聚碳酸酯	0.01 ~ 0.02
	PA66	0.10	聚苯醚	0.10
	PA9	0.05	酸砜	0.05
	PA11	0.10	ABS（电镀级）	0.05
	PA610	0.05	ABS（通用级）	0.10
	PA1010	0.05	纤维素塑料	0.20 ~ 0.50
聚甲基丙烯酸甲酯		0.05	聚苯乙烯	0.10
聚对苯二甲酸乙二醇酯		0.05 ~ 0.10	高冲击强度聚苯乙烯	0.10
聚对苯二甲酸丁二醇酯		0.01	聚乙烯	0.05
硬聚氯乙烯		0.08 ~ 0.10	聚丙烯	0.05
软聚氯乙烯		0.08 ~ 0.10	聚四氟乙烯	0.05

2. 注塑过程

塑料在机筒内经加热达到流动状态后，进入型腔内的流动可分为充模、压实、倒流和冷却四个阶段。在连续的四个阶段中，熔体温度将不断下降，而压力则按图 3-3 所示的曲线变化。图 3-3 中 t_0 代表螺杆或柱塞开始注射熔体的时刻。由图可见，当型腔充满熔体（$t = t_1$）时，熔体压力迅速上升，达到最大值 p_0。从时间 t_1 到 t_2，塑料仍处于螺杆（或柱塞）的压力下，熔体会继续流入型腔内以弥补因冷却收缩而产生的空隙。由于塑料仍在流动，而温度又在不断下降，定向分子（分子链的一端在型腔壁固化，另一端沿流动方向排列）容易被凝结，所以这一阶段是大分子定向形成的主要阶段。这一阶段的时间越长，

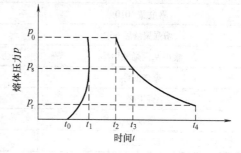

图 3-3　注塑成型周期中塑料压力-时间曲线

分子定向的程度越高。从螺杆开始后退到结束（时间从 t_2 到 t_3），由于型腔内的压力比流道内高，会发生熔体倒流，从而使型腔内的压力迅速下降。倒流一直进行到浇口处熔体凝结时为止。

若螺杆后退一开始浇口处熔体就已凝结，或注塑机喷嘴中装有单向阀，则倒流阶段就不复存在，也就不会出现 t_2 到 t_3 段压力迅速下降的情况。塑料凝结时的压力和温度是决定塑料制件平均收缩率的重要因素，而压实阶段的时间又直接影响着这些因素。从浇口处的塑料完全凝结到顶出制件（时间从 t_3 到 t_4），为凝结后的制件冷却阶段，这一阶段的冷却情况对制件的脱模、表面质量和挠曲变形有很大影响。

3. 制件后处理

由于成型过程中塑料熔体在温度和压力作用下的变形流动行为非常复杂，再加上流动前塑化不均以及充模后冷却速度不同，制件内经常出现不均匀的结晶、取向和收缩，导致制件

内产生相应的结晶、取向和收缩应力，脱模后除引起时效变形外，还会使制件的力学性能、光学性能及表观质量变坏，严重时还会开裂。为了解决这些问题，可对制件进行适当的后处理。常用的后处理方法有退火和调湿两种。

退火是为了消除或降低制件成型后的残余应力。对于结晶型塑料制件，利用退火能对它们的结晶度大小进行调整，或加速二次结晶和后结晶的过程。此外，退火还可以对制件解除取向，并降低制件硬度和提高韧性。生产中的退火温度一般都在制件的使用温度以上 10~20℃ 至热变形温度以下 10~20℃ 之间进行选择和控制。保温时间与塑料品种和制件厚度有关，如无数据资料，也可按每毫米厚度约需 0.5h 的原则估算。退火冷却时，冷却速度不宜过快，否则还有可能重新产生热应力。

调湿处理是一种调整制件含水量的后处理工序，主要用于吸湿性很强且又容易氧化的聚酰胺等塑料制件。调湿处理所用的加热介质一般为沸水或醋酸钾溶液（沸点为121℃），加热温度为 100~121℃，保温时间与制件厚度有关，通常取 2~9h。

表3-2列出了部分热塑性塑料后处理工艺条件。但应指出，并非所有塑料制件都要进行后处理，通常，只用于带有金属嵌件、使用温度变化较大、尺寸精度要求高和壁厚大的制件。

表 3-2　部分热塑性塑料的后处理工艺条件

塑　　料	加热温度/℃	保温时间/h
ABS	70	2~4
聚酰胺 1010	90~100	4~10
增强聚酰胺 66	100~110	4~10
聚甲基丙烯酸甲酯	70	4~6
聚碳酸酯	100~130	2~8（或按 1~2h/mm 取）
聚甲醛	90~145	4
聚苯醚	150	4
聚苯乙烯	70	2~4
聚酰亚胺	150	4
增强聚对苯二甲酸乙二醇酯	130~140	0.33~0.5
聚砜	110~130	2~8（空气）
聚砜	160~165	2~4（空气）、1~5min（甘油）

3.2　注塑成型工艺条件

注塑成型具有三大工艺条件，即温度、压力和时间，此外，还有用料量与锁模力等工艺条件。

3.2.1　温度

注塑成型过程中需要控制的温度有机筒温度、喷嘴温度和模具温度等。塑化物料的温度（塑化温度）和从喷嘴注射出来的熔体温度（注射温度）主要取决于机筒和喷嘴两部分的温度。热塑性塑料在受热时的变形曲线如图3-4所示，图3-4中 A、B、C、D 四区分别对应于塑料的玻璃态、高弹性态、可塑态和分解态，机筒温度应参照 C 区的流动温度 t_b 和分解温度 t_c 来确定。喷嘴温度通常略低于机筒的最高温度，以防止熔料在直通式喷嘴口发生"流延现象"。模具温度一般通过冷却系统来控制。部分塑料适用的机筒和喷嘴温度范围见表3-3。部分塑料的注射温度与模具温度见表3-4。为了保证制件有较高的形状和尺寸精度，应避免制件脱模后发生较大的翘曲变形，模具温度必须低于塑料的热变形温度。常用热塑性塑料的热变形温度见表3-5。

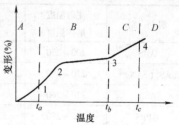

图3-4 恒压下热塑性塑料的温度-变形曲线

表3-3 部分塑料适用的机筒和喷嘴温度　　　　　　（单位：℃）

塑　料	机 筒 温 度			喷嘴温度
	后段	中段	前段	
PE	160 ~ 170	180 ~ 190	200 ~ 220	220 ~ 240
HDPE	200 ~ 220	220 ~ 240	240 ~ 280	240 ~ 280
PP	150 ~ 210	170 ~ 230	190 ~ 250	240 ~ 250
PS				
ABS	150 ~ 180	180 ~ 230	210 ~ 240	220 ~ 240
SAN				
SPVC	125 ~ 150	140 ~ 170	160 ~ 180	150 ~ 180
RPVC	140 ~ 160	160 ~ 180	180 ~ 200	180 ~ 200
PCTFE	250 ~ 280	270 ~ 300	290 ~ 330	340 ~ 370
PMMA	150 ~ 180	170 ~ 200	190 ~ 220	200 ~ 220
POM	150 ~ 180	180 ~ 205	195 ~ 215	190 ~ 215
PC	220 ~ 230	240 ~ 250	260 ~ 270	260 ~ 270
PA6	210	220	230	230
PA66	220	240	250	240
PUR	175 ~ 200	180 ~ 210	205 ~ 240	205 ~ 240
CAB	130 ~ 140	150 ~ 175	160 ~ 190	165 ~ 200
CA	130 ~ 140	150 ~ 160	165 ~ 175	165 ~ 180
CP	160 ~ 190	180 ~ 210	190 ~ 220	190 ~ 220
PPO	260 ~ 280	300 ~ 310	320 ~ 340	320 ~ 340
PSF	250 ~ 270	270 ~ 290	290 ~ 320	300 ~ 340
TPX	240 ~ 270	250 ~ 280	250 ~ 290	250 ~ 300
线型聚酯	70 ~ 100	70 ~ 100	70 ~ 100	70 ~ 100
醇酸树脂	70	70	70	70

表 3-4　部分塑料的注射温度与模具温度　　　　　　（单位：℃）

塑　料	注射温度（熔体温度）	型腔表壁温度	塑　料	注射温度（熔体温度）	型腔表壁温度
ABS	200 ~ 270	50 ~ 90	GRPA66	280 ~ 310	70 ~ 120
AS（SAN）	220 ~ 280	40 ~ 80	矿纤维 PA66	280 ~ 305	90 ~ 120
ASA	230 ~ 260	40 ~ 90	PA11、PA12	210 ~ 250	40 ~ 80
GPPS	180 ~ 280	10 ~ 70	PA610	230 ~ 290	30 ~ 60
HIPS	170 ~ 260	5 ~ 75	POM	180 ~ 220	60 ~ 120
LDPE	190 ~ 240	20 ~ 60	PPO	220 ~ 300	80 ~ 110
HDPE	210 ~ 270	30 ~ 70	GRPPO	250 ~ 345	80 ~ 110
PP	250 ~ 270	20 ~ 60	PC	280 ~ 320	80 ~ 100
GRPP	260 ~ 280	50 ~ 80	GRPC	300 ~ 330	100 ~ 120
TPX	280 ~ 320	20 ~ 60	PSF	340 ~ 400	95 ~ 160
CA	170 ~ 250	40 ~ 70	GRPBT	245 ~ 270	65 ~ 110
PMMA	170 ~ 270	20 ~ 90	GRPET	260 ~ 310	95 ~ 140
聚芳酯	300 ~ 360	80 ~ 130	PBT	330 ~ 360	约 200
软 PVC	170 ~ 190	15 ~ 50	PET	340 ~ 425	65 ~ 175
硬 PVC	190 ~ 215	20 ~ 60	PES	330 ~ 370	110 ~ 150
PA6	230 ~ 260	40 ~ 60	PEEK	360 ~ 400	160 ~ 180
GRPA6	270 ~ 290	70 ~ 120	PPS	300 ~ 360	35 ~ 80、120 ~ 150
PA66	260 ~ 290	40 ~ 80			

表 3-5　常用热塑性塑料的热变形温度　　　　　　（单位：℃）

塑　料	热变形温度		塑　料	热变形温度	
	1.82MPa	0.45MPa		1.82MPa	0.45MPa
聚酰胺 66（PA66）	82 ~ 121	149 ~ 176	聚酰胺 6（PA6）	80 ~ 120	140 ~ 176
30% 玻璃纤维增强 PA66	245 ~ 262	292 ~ 265	30% 玻璃纤维增强 PA6	204 ~ 259	216 ~ 264
聚酰胺 610（PA610）	57 ~ 100	149 ~ 185	聚酰胺 1010（PA1010）	55	148
40% 玻璃纤维增强 PA610	200 ~ 225	215 ~ 226	PMMA 和 PS 共聚物	85 ~ 99	—
聚碳酸酯（PC）	130 ~ 135	132 ~ 141	聚甲基丙烯酸甲酯（PMMA）	68 ~ 99	74 ~ 109
20% ~ 30% 长玻璃纤维增强 PC	143 ~ 149	146 ~ 157	聚苯醚（PPO）	175 ~ 193	180 ~ 204
20% ~ 30% 短玻璃纤维增强 PC	140 ~ 145	146 ~ 149	硬聚氯乙烯（HPVC）	54	67 ~ 82
聚苯乙烯 PS（一般型）	65 ~ 96	—	聚丙烯（PP）	56 ~ 67	102 ~ 115
聚苯乙烯 PS（抗冲型）	64 ~ 92.5	—	聚砜（PSF）	174	182
20% ~ 30% 玻璃纤维增强 PS	82 ~ 112	—	30% 玻璃纤维增强 PSF	185	191
丙烯腈-氯化聚乙烯-苯乙烯（ACS）	85 ~ 100	—	聚四氟乙烯（PTFE）填充 PSF	100	160 ~ 165
丙烯腈-丁二烯-苯乙烯共聚物（ABS）	83 ~ 103	90 ~ 108	丙烯腈-丙烯酸酯-苯乙烯（AAS）	80 ~ 102	106 ~ 108
高密度聚乙烯（HDPE）	48	60 ~ 82	乙基纤维素（EC）	46 ~ 88	—
聚甲醛（POM）	110 ~ 157	168 ~ 174	醋酸纤维素（CA）	44 ~ 88	49 ~ 76
氯化聚醚	100	141	聚对苯二甲酸丁二醇酯（PBTP）	70 ~ 200	150

注：塑料中的百分数为质量分数。

3.2.2 压力

注射成型过程中的压力包括注射压力、保压力和背压力。

1. 注射压力

注射压力用以克服熔体从机筒向型腔流动的阻力，提供充模速度及对熔料进行压实等。它是螺杆（或柱塞）轴向移动时其头部对塑料熔体施加的压力。若忽略熔体流动阻力，注射压力可用式（3-1）表示：

$$p_i = \frac{4F}{\pi D^2} \qquad (3\text{-}1)$$

式中 p_i——注射压力（MPa）；

F——注射力（N）；

D——螺杆基本直径（mm）。

注射压力的大小与塑料品种、注塑机类型、制件复杂程度、模具结构以及其他工艺条件等有关，通常取 40～200MPa。部分塑料的注射压力见表 3-6。

表 3-6　部分塑料的注射压力　　　　　（单位：MPa）

塑　料	注　射　条　件		
	易流动的厚壁制件	中等流动程度的一般制件	难流动的薄壁窄浇口制件
聚乙烯	70～100	100～120	120～150
聚氯乙烯	100～120	120～150	>150
聚苯乙烯	80～100	100～120	120～150
ABS	80～110	100～130	130～150
聚甲醛	85～100	100～120	120～150
聚酰胺	90～101	101～140	>140
聚碳酸酯	100～120	120～150	>150
聚甲基丙烯酸甲酯	100～120	210～150	>150

注射压力还与制件的流动比有关。所谓流动比，是指熔体自喷嘴出口处开始能够在模具中流至最远的距离与制件厚度之比值。不同塑料具有不同的流动比范围，并受注射压力大小的影响，见表 3-7。

注射压力 p_i 与注射速度 v_i 相辅相成。其他工艺条件和塑料制件一定时，注射压力越大，注射速度也越快。表达式为

$$v_i = \frac{4q_V}{\pi D^2} \qquad (3\text{-}2)$$

式中 D——螺杆基本直径（cm）；

q_V——体积流量（cm³/s）；

v_i——注射速度（cm/s）。

$$q_V = \frac{cbh^3}{12\eta L}(p_i - p_M) \qquad (3\text{-}3)$$

式中　p_i——注射压力（Pa）；

　　　p_M——型腔压力（Pa），一般 $p_M = kp_i$，$k = 0.2 \sim 0.4$；

　　　b——流道截面的最大尺寸（宽度）（cm）；

　　　h——流道截面的最小尺寸（高度）（cm）；

　　　L——流道长度（cm）；

　　　η——熔体在工作温度和许用切变速率下的动力黏度（Pa·s）；

　　　c——体积流量系数，量纲为1，其数值按图3-5选取。

表3-7　部分塑料的注射压力与流动比

塑　　料	注射压力/MPa	流动比	塑　　料	注射压力/MPa	流动比
聚酰胺6	88.2	320～200	聚碳酸酯	117.6	150～120
聚酰胺66	88.2	130～90		127.4	160～120
	127.4	160～130	聚苯乙烯	88.2	300～260
聚乙烯	49	140～100	聚甲醛	98	210～110
	68.6	240～200	软聚氯乙烯	88.2	280～200
	147	280～250		68.6	240～160
聚丙烯	49	140～100	硬聚氯乙烯	68.6	110～70
	68.6	240～200		88.2	140～100
	117.6	280～240		117.6	160～120
聚碳酸酯	88.2	130～90		127.4	170～130

2. 保压力和保压时间

保压力的大小取决于模具对熔体的静水压力，与制件的形状、壁厚有关。一般来说，形状复杂和薄壁制件，由于采用的注射压力大，保压力可略低于注射压力。对于厚壁制件的保压力的选择比较复杂，保压力大时容易加大分子取向，使制件出现较为明显的各向异向性。在保压力与注射压力相等时，制件的收缩率可降低，批量产品中的尺寸波动小，但会使制件出现较大的应力。

保压时间与物料温度、模具温度、制件壁厚、模具的流道和浇口大小有关，一般为 $20 \sim 120s$。保压力或保压时间选择的原则是保证成型质量（其具体数据可参考表3-13）。

3. 背压力与螺杆转速

背压力是指注塑机螺杆顶部的熔体在螺杆转动后退时所受到的压力，简称为背压。背压主要体现对物料的塑化效果及其塑化能力，故也称为塑化压力。增大背压除了可驱除物料中的空气，提高熔体密实程度之外，还可使熔体内压力增大，螺杆后退速度减小，塑化时的剪切作用增强，摩

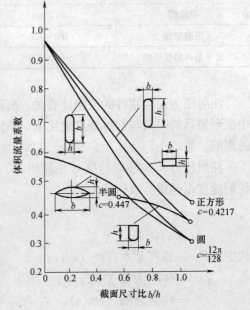

图3-5　体积流量系数 c 与料流通道
　　　　　截面尺寸比的关系

擦热量增大，塑化效果提高。但是，背压增大后若不提高螺杆转速，熔体在螺杆槽中将会产生较大的逆流和漏流，使塑化能力降低。在实际生产中需将背压的大小与螺杆转速综合考虑。根据生产经验，背压的使用范围为 3.4 ~ 27.5MPa，其中下限值适用于大多数塑料，特别是热敏性塑料。表 3-8 列出了部分塑料使用的背压与螺杆转速。表 3-9 列出了五种常用热塑性塑料的成型条件。

表 3-8　部分塑料使用的背压与螺杆转速

塑　料	背压/MPa	螺杆转速/(r/min)	喷嘴类型
硬聚氯乙烯	尽量小	15 ~ 25	△
聚苯乙烯	3.4 ~ 10.3	50 ~ 200	△
20%玻璃纤维填充聚苯乙烯	3.4	50	△
聚丙烯	3.4 ~ 6.9	50 ~ 150	△
30%玻璃纤维填充聚丙烯	3.4	50 ~ 75	△
高密度聚乙烯	3.4 ~ 10.3	40 ~ 120	△
30%玻璃纤维填充高密度聚乙烯	3.4	40 ~ 60	△
聚砜	0.34	30 ~ 50	△
聚碳酸酯	3.4①	30 ~ 50①	△
聚丙烯酸酯	10.3 ~ 20.6	60 ~ 100	△
聚酰胺 66	3.4	30 ~ 50	PA 型
玻璃纤维增强聚酰胺 66	3.4	30 ~ 50	PA 型（喉部 ϕ4.8mm）
改性聚苯醚（PPO）	3.4	25 ~ 75	△
20%玻璃纤维填充聚苯醚	3.4	25 ~ 50	△
可注射氟塑料	3.4	50 ~ 80	△
纤维素塑料	3.4 ~ 13.8	50 ~ 300	△
丙烯酸类塑料	2.8 ~ 5.5	40 ~ 60	△
25%玻璃纤维增强聚甲醛	0.34	40 ~ 50	△
聚甲醛	0.34	40 ~ 50	△
ABC 通用级（高冲击）	3.4 ~ 6.9	75 ~ 120	ABS 型
热塑性聚酯	1.7	20 ~ 60	△
15% ~ 30%玻璃纤维填充热塑性聚酯	1.7	20 ~ 60	△

注：1. △表示通用型喷嘴。

　　2. 塑料名称中百分数表示质量分数。

① 数值随塑料品级发生变化。

表 3-9　五种常用热塑性塑料的成型条件

塑料名称	聚乙烯（低压）	聚氯乙烯（硬质）	丙烯腈-丁二烯-苯乙烯	聚苯乙烯	聚酰胺·（尼龙）
塑料代号	PE	PVC	ABS	PS	PA
适用注塑机类型	螺杆、柱塞均可	螺杆式	螺杆、柱塞均可	螺杆、柱塞均可	宜用螺杆式
计算收缩率（%）	1.5 ~ 3.6	0.6 ~ 1.5	0.3 ~ 0.8	0.6 ~ 0.8	0.5 ~ 4.0
预热　温度/℃	70 ~ 80	70 ~ 90	80 ~ 85	60 ~ 75	100 ~ 110
预热　时间/h	1 ~ 2	4 ~ 6	2 ~ 3	2	12 ~ 16

（续）

塑料名称		聚乙烯（低压）	聚氯乙烯（硬质）	丙烯腈-丁二烯-苯乙烯	聚苯乙烯	聚酰胺（尼龙）
机筒温度/℃	后段	140~160	160~170	150~170	140~160	190~210
	中段	—	165~180	165~180	—	200~220
	前段	170~200	170~190	180~200	170~190	210~230
模具温度/℃		60~70	30~60	50~80	32~65	40~80
注射压力/MPa		60~100	80~130	60~100	60~110	40~100
成型时间/s	注射	15~60	15~60	20~90	15~45	20~90
	保压	0~3	0~5	0~5	0~3	0~5
	冷却	15~60	15~60	20~120	15~60	20~120
	总周期	40~130	40~130	50~220	40~120	45~220
螺杆转速/(r/min)		—	28	30	48	48
压缩比		1.84~2.3	2.3	1.8~2.0	1.9~2.15	2.0~2.1

3.2.3　时间

完成一次注塑成型过程所需的时间称为成型周期。它包括以下几个部分：

$$成型周期 \begin{cases} 充模时间（螺杆前进时间），即注射时间 \\ 压实时间（螺杆停留时间），即保压时间 \\ 闭模冷却时间（螺杆后退时间也包括在这段时间内） \\ 其他时间（开模、脱模、涂脱模剂、安放嵌件和闭模等） \end{cases} \Big\} 总冷却时间$$

在保证塑料制件质量的前提下，应尽量缩短成型周期中的各段时间，以提高生产率。其中，最重要的是注射时间和冷却时间，它们对产品的质量有着决定性的影响。在生产中，充模时间一般为3~5s，压实时间一般为20~120s，冷却时间一般为30~120s。可参考表3-10或表3-13，确定注射时间、保压时间。

表3-10　部分塑料的注射时间 　　　　　　（单位：s）

塑料	注射时间	塑料	注射时间
低密度聚乙烯	15~60	聚甲基丙烯酸甲酯	20~60
聚丙烯	20~60	聚碳酸酯	20~90
聚苯乙烯	15~45	聚砜	30~90
硬聚氯乙烯	15~60	聚苯醚	30~90
聚酰胺1010	20~90	醋酸纤维素	15~45
玻璃纤维增强聚酰胺66	20~60	聚三氟氯乙烯	20~60
ABS	20~90	聚酰亚胺	30~60

根据生产经验，注塑成型周期与制件平均壁厚有关。成型周期的经验值见表3-11，可在生产中参考使用。

表3-11 成型周期的经验值

制件壁厚/mm	成型周期/s	制件壁厚/mm	成型周期/s
0.5	10	2.5	35
1.0	15	3.0	45
1.5	22	3.5	65
2.0	28	4.0	85

3.3 典型注塑件的工艺参数

典型注塑制件的主要工艺条件见表3-12，各种塑料的注塑工艺参数见表3-13。从表中可看出，注塑机的规格大小、性能参数的范围应尽可能与注塑工艺参数相接近，以最低的能源和原材料消耗，获得最高的生产率和经济效益。

表3-12 典型注塑制件的主要工艺条件

名称	材料	形状及尺寸	注塑工艺
汽车保险杠	PP+填充	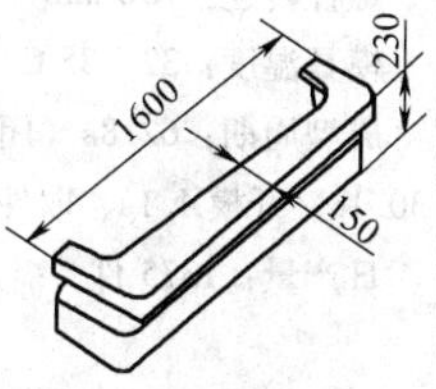 1600 230 150 t=7.5mm	注塑机：J1250-8000S 型腔数：1 螺杆形式：标准型，φ140mm 螺杆转速：43r/min 模具温度：31~35℃ 成型周期：117s（闭模5s、注射20s、塑化+冷却80s、开模6s、取件6s） 日产量：738件
汽车挡泥板	PP	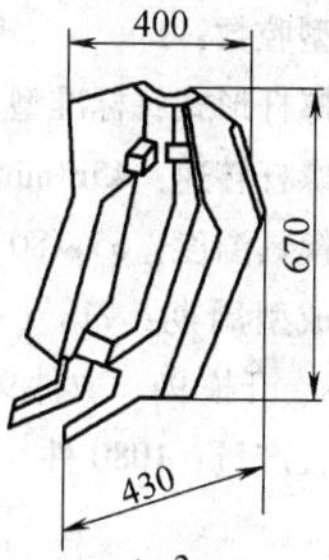 400 670 430 t=3mm	注塑机：J1250-5400S 型腔数：1 螺杆形式：标准型 螺杆转速：60r/min 模具温度：45℃ 成型周期：47s（闭模4s、注射18s、塑化+冷却18s、开模4s、取件3s） 日产量：1838件
转向盘	PP	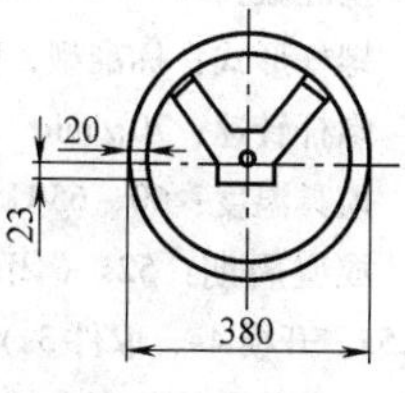 20 23 380	注塑机：N300BⅡ 型腔数：1 螺杆形式：标准型，B 螺杆转速：70r/min 模具温度：42℃ 成型周期：70s（闭模4s、注射25s、塑化+冷却30s、开模4s、取件7s） 日产量：1234件

（续）

名称	材料	形状及尺寸	注塑工艺
风扇叶	SAN	130 290 $t=2mm$	注塑机：N200B Ⅱ 型腔数：1 螺杆形式：标准型，A 螺杆转速：37r/min 模具温度：42℃ 成型周期：38s（闭模2s、注射10s、塑化＋冷却22s、开模3s、取件1s） 日产量：2273件
运输箱	HDPE	525 368 305 $t=3.2mm$	注塑机：J800-5400S 型腔数：1 螺杆形式：HDPE用螺杆RSP 螺杆转速：70r/min 模具温度：32～35℃ 成型周期：62.8s（闭模6s、注射13.6s、塑化＋冷却30.1s、开模4.1s、取件9s） 日产量：1375件
汽车仪表板	PPO	100 1270 20 350 $t=3.2mm$	注塑机：M1600S/1080-DM 型腔数：1 螺杆形式：标准型，φ140mm 螺杆转速：45r/min 模具温度：65～80℃ 成型周期：71s（闭模7s、注射16s、塑化＋冷却30s、开模9s、取件9s） 日产量：1080件
电视机前框	HIPS	210 280 350 68 480 $t=2.5mm$	注塑机：N550B Ⅱ 型腔数：1 螺杆形式：标准型，B 螺杆转速：70r/min 模具温度：60～65℃ 成型周期：52s（闭模4s、注射16s、塑化＋冷却25s、开模4s、取件3s） 日产量：1661件

（续）

名称	材料	形状及尺寸	注塑工艺
箱盖	HDPE	320 65 435 t=2mm	注塑机：N400BⅡ 型腔数：1 螺杆形式：HDPE 用螺杆 A 型 螺杆转速：60r/min 模具温度：30℃ 成型周期：37s（闭模 3s、注射 9s、塑化 + 冷却 19s、开模 4s、取件 2s） 日产量：2335 件
磁带盒	ABS	90 155 15.5 t=1.5mm	注塑机：N300BⅡ 型腔数：1 螺杆形式：标准型，A 螺杆转速：80r/min 模具温度：45～50℃ 成型周期：23s（闭模 2s、注射 9s、塑化 + 冷却 9s、开模 2s、取件 1s） 日产量：15026 件
挡板	SAN	480 420 290 70 t=2.5mm	注塑机：N200BⅡ 型腔数：2 螺杆形式：标准型，A 螺杆转速：50r/min 模具温度：50～60℃ 成型周期：37s（闭模 3s、注射 7s、塑化 + 冷却 20s、开模 3s、取件 4s） 日产量：4760 件
笔套	PS	135	注塑机：N200BⅡ 型腔数：44 螺杆形式：标准型，B 螺杆转速：100r/min 模具温度：35℃ 成型周期：30s（闭模 2.5s、注射 7s、塑化 + 冷却 15s、开模 3s、取件 2.5s） 日产量：126720 件

注：注射时间在这里包括充填时间与保压时间。

表 3-13　各种塑料的注塑工艺参数

项　目		LDPE	HDPE	乙丙共聚PP	PP	玻璃纤维增强PP	软PVC	硬PVC	PS
注塑机类型		柱塞式	螺杆式	柱塞式	螺杆式	螺杆式	柱塞式	螺杆式	柱塞式
螺杆转速/(r/min)		—	30~60	—	30~60	30~60	—	20~30	—
喷嘴	形式	直通式	直通式	直通式	直通式	直通式	直通式	直通式	直通式
	温度/℃	150~170	150~180	170~190	170~190	180~190	140~150	150~170	160~170
机筒温度/℃	前段	170~200	180~190	180~200	180~200	190~200	160~190	170~190	170~190
	中段	—	180~200	190~220	200~220	210~220	—	165~180	—
	后段	140~160	140~160	150~170	160~170	160~170	140~150	160~170	140~160
模具温度/℃		30~45	30~60	50~70	40~80	70~90	30~40	30~60	20~60
注射压力/MPa		60~100	70~100	70~100	70~120	90~130	40~80	80~130	60~100
保压力/MPa		40~50	40~50	40~50	50~60	40~50	20~30	40~60	30~40
注射时间/s		0~5	0~5	0~5	0~5	2~5	0~3	2~5	0~3
保压时间/s		15~60	15~60	15~60	20~60	15~40	15~40	15~40	15~40
冷却时间/s		15~60	15~60	15~50	15~50	15~40	15~30	15~40	15~30
成型周期/s		40~140	40~140	40~120	40~120	40~100	40~80	40~90	40~90

项　目		HIPS	ABS	高抗冲ABS	耐热ABS	电镀级ABS	阻燃ABS	透明ABS	ACS
注塑机类型		螺杆式	螺杆式	螺杆式	螺杆式	螺杆式	螺杆式	螺杆式	螺杆式
螺杆转速/(r/min)		30~60	30~60	30~60	30~60	20~60	20~50	30~60	20~30
喷嘴	形式	直通式	直通式	直通式	直通式	直通式	直通式	直通式	直通式
	温度/℃	160~170	180~190	190~200	190~200	190~210	180~190	190~200	160~170
机筒温度/℃	前段	170~190	200~210	200~210	200~220	210~230	190~200	200~220	170~180
	中段	170~190	210~230	210~230	220~240	230~250	200~220	220~240	180~190
	后段	140~160	180~200	180~200	190~200	200~220	170~190	190~200	160~170
模具温度/℃		20~50	50~70	50~80	60~85	40~80	50~70	50~70	50~60
注射压力/MPa		60~100	70~90	70~120	85~120	70~120	60~100	70~100	80~120
保压力/MPa		30~40	50~70	50~70	50~80	50~70	30~60	50~60	40~50
注射时间/s		0~3	3~5	3~5	3~5	0~4	3~5	0~4	0~5
保压时间/s		15~40	15~30	15~30	15~30	20~50	15~30	15~40	15~30
冷却时间/s		10~40	15~30	15~30	15~30	15~30	10~30	10~30	15~30
成型周期/s		40~90	40~70	40~70	40~70	40~90	30~70	30~80	40~70

（续）

项　目		SAN（AS）	PMMA		PMMA/PC	氯化聚醚	均聚 POM	共聚 POM	PET
注塑机类型		螺杆式	螺杆式	螺杆式	螺杆式	螺杆式	螺杆式	螺杆式	螺杆式
螺杆转速/(r/min)		20~50	20~30	—	20~30	20~40	20~40	20~40	20~40
喷嘴	形式	直通式	直通式	直通式	直通式	直通式	直通式	直通式	直通式
	温度/℃	180~190	180~200	180~200	220~240	170~180	170~180	170~180	250~260
机筒温度/℃	前段	200~210	180~210	210~240	230~250	180~200	170~190	170~190	260~270
	中段	210~230	190~230	—	240~260	180~200	170~190	180~200	260~280
	后段	170~180	180~200	180~200	210~230	180~190	170~180	170~190	240~260
模具温度/℃		50~70	40~80	40~80	60~80	80~110	90~120	90~100	100~140
注射压力/MPa		80~120	50~120	80~130	80~130	80~110	80~130	80~120	80~120
保压力/MPa		40~50	40~60	40~60	40~60	30~40	30~50	30~50	30~50
注射时间/s		0~5	0~5	0~5	0~5	0~5	2~5	2~5	0~5
保压时间/s		15~30	20~40	20~40	20~40	15~50	20~80	20~90	20~50
冷却时间/s		15~30	20~40	20~40	20~40	20~50	20~60	20~60	20~30
成型周期/s		40~70	50~90	50~90	50~90	40~110	50~150	50~160	50~90

项　目		PBT	玻璃纤维增强 PBT	PA6	玻璃纤维增强 PA6	PA11	玻璃纤维增强 PA11	PA12	PA66
注塑机类型		螺杆式	螺杆式	螺杆式	螺杆式	螺杆式	螺杆式	螺杆式	螺杆式
螺杆转速/(r/min)		20~40	20~40	20~50	20~40	20~50	20~40	20~50	20~50
喷嘴	形式	直通式	直通式	直通式	直通式	直通式	直通式	直通式	直通式
	温度/℃	200~220	210~230	200~210	200~210	180~190	190~200	170~180	250~260
机筒温度/℃	前段	230~240	230~240	220~230	220~240	185~200	200~220	185~220	255~265
	中段	230~250	240~260	230~240	230~250	190~220	220~250	190~240	260~280
	后段	200~220	210~220	200~210	200~210	170~180	180~190	160~170	240~250
模具温度/℃		60~70	65~75	60~100	80~120	60~90	60~90	70~110	60~120
注射压力/MPa		60~90	80~100	80~110	90~130	90~120	90~130	90~130	80~130
保压力/MPa		30~40	40~50	30~50	30~50	30~50	40~50	50~60	40~50
注射时间/s		0~3	2~5	0~4	2~5	0~4	2~5	2~5	0~5
保压时间/s		10~30	10~20	15~50	15~40	15~50	15~40	20~60	20~50
冷却时间/s		15~30	15~30	20~40	20~40	20~40	20~40	20~40	20~40
成型周期/s		30~70	30~60	40~100	40~90	40~100	40~90	50~110	50~100

（续）

项　　目		玻璃纤维增强 PA66	PA610	PA612	PA1010		玻璃纤维增强 PA1010		透明 PA
注塑机类型		螺杆式	螺杆式	螺杆式	螺杆式	柱塞式	螺杆式	柱塞式	螺杆式
螺杆转速/(r/min)		20~40	20~50	20~50	20~50	—	20~40	—	20~50
喷嘴	形式	直通式	自锁式	自锁式	自锁式	自锁式	直通式	直通式	直通式
	温度/℃	250~260	200~210	200~210	190~200	190~210	180~190	180~190	220~240
机筒温度/℃	前段	260~270	220~230	210~220	200~210	230~250	210~230	240~260	240~250
	中段	260~290	230~250	210~230	220~240	—	230~260	—	250~270
	后段	230~260	200~210	200~205	190~200	180~200	190~200	190~200	220~240
模具温度/℃		100~120	60~90	40~70	40~80	40~80	40~80	40~80	40~60
注射压力/MPa		80~130	70~110	70~120	70~100	70~120	90~130	100~130	80~130
保压力/MPa		40~50	20~40	30~50	20~40	30~40	40~50	40~50	40~50
注射时间/s		3~5	0~5	0~5	0~5	0~5	2~5	2~5	0~5
保压时间/s		20~50	20~50	20~50	20~50	20~50	20~40	20~40	20~60
冷却时间/s		20~40	20~40	20~50	20~40	20~40	20~40	20~40	20~40
成型周期/s		50~100	50~100	50~110	50~100	50~100	50~90	50~90	50~110

项　　目		PC		PC/PE		玻璃纤维增强 PC	PSF	改性 PSF	玻璃纤维增强 PSF
注塑机类型		螺杆式	柱塞式	螺杆式	柱塞式	螺杆式	螺杆式	螺杆式	螺杆式
螺杆转速/(r/min)		20~40	—	20~40	—	20~30	20~30	20~30	20~30
喷嘴	形式	直通式	直通式	直通式	直通式	直通式	直通式	直通式	直通式
	温度/℃	230~250	240~250	220~230	230~240	240~260	280~290	250~260	280~300
机筒温度/℃	前段	240~280	270~300	230~250	250~280	260~290	290~310	260~280	300~320
	中段	260~290	—	240~260	—	270~310	300~330	280~300	310~330
	后段	240~270	260~290	230~240	240~260	260~280	280~300	260~270	290~300
模具温度/℃		90~110	90~110	80~100	80~100	90~110	130~150	80~100	130~150
注射压力/MPa		80~130	110~140	80~120	80~130	100~140	100~140	100~140	100~140
保压力/MPa		40~50	40~50	40~50	40~50	40~50	40~50	40~50	40~50
注射时间/s		0~5	0~5	0~5	0~5	2~5	0~5	0~5	2~7
保压时间/s		20~80	20~80	20~80	20~80	20~60	20~80	20~70	20~50
冷却时间/s		20~50	20~50	20~50	20~50	20~50	20~50	20~50	20~50
成型周期/s		50~130	50~130	50~140	50~140	50~110	50~140	50~130	50~110

（续）

项　目		聚芳砜	聚醚砜	PPO	改性 PPO	聚芳酯	聚氨酯	聚苯硫醚
注塑机类型		螺杆式	螺杆式	螺杆式	螺杆式	螺杆式	螺杆式	螺杆式
螺杆转速/(r/min)		20～30	20～30	20～30	20～50	20～50	20～70	20～30
喷嘴	形式	直通式	直通式	直通式	直通式	直通式	直通式	直通式
	温度/℃	380～410	240～270	250～280	220～240	230～250	170～180	280～300
机筒温度 /℃	前段	385～420	260～290	260～280	230～250	240～260	175～185	300～310
	中段	345～385	280～310	260～290	240～270	250～280	180～200	320～340
	后段	320～370	260～290	230～240	230～240	230～240	150～170	260～280
模具温度/℃		230～260	90～120	110～150	60～80	100～130	20～40	120～150
注射压力/MPa		100～200	100～140	100～140	70～110	100～130	80～100	80～130
保压力/MPa		50～70	50～70	50～70	40～60	50～60	30～40	40～50
注射时间/s		0～5	0～5	0～5	0～5	2～8	2～6	0～5
保压时间/s		15～40	15～40	30～70	30～70	15～40	30～40	10～30
冷却时间/s		15～20	15～30	20～60	20～50	15～40	30～60	20～50
成型周期/s		40～50	40～80	60～140	60～130	40～90	70～110	40～90

项　目		聚酰亚胺	醋酸 纤维素	醋酸丁酸 纤维素	醋酸丙酸 纤维素	乙基 纤维素	F46
注塑机类型		螺杆式	柱塞式	柱塞式	柱塞式	柱塞式	螺杆式
螺杆转速/(r/min)		20～30	—	—	—	—	20～30
喷嘴	形式	直通式	直通式	直通式	直通式	直通式	直通式
	温度/℃	290～300	150～180	150～170	160～180	160～180	290～300
机筒温度 /℃	前段	290～310	170～200	170～200	180～210	180～220	300～330
	中段	300～330	—	—	—	—	270～290
	后段	280～300	150～170	150～170	150～170	150～170	170～200
模具温度/℃		120～150	40～70	40～70	40～70	40～70	110～130
注射压力/MPa		100～150	60～130	80～130	80～120	80～130	80～130
保压力/MPa		40～50	40～50	40～50	40～50	40～50	50～60
注射时间/s		0～5	0～3	0～5	0～5	0～5	0～3
保压时间/s		20～60	15～40	15～40	15～40	15～40	20～60
冷却时间/s		30～60	15～40	15～40	15～40	15～40	20～60
成型周期/s		60～130	40～90	40～90	40～90	40～90	50～130

第4章　注塑机与注塑模的关系

4.1　注塑机的基本参数

注塑机的主要参数有公称注塑量、注射压力、注射速率、塑化能力、锁模力、合模装置的基本尺寸、开合模速度、空循环时间等。

这些参数是设计、制造、购置和使用注塑机的主要依据。

1. 公称注塑量

公称注塑量是指在对空注射的条件下，注射螺杆或柱塞做一次最大注射行程时，注射装置所能达到的最大注塑量。公称注塑量在一定程度上反映了注塑机的加工能力，标志着能成型的最大塑料制件，因而经常被用来表征机器规格的参数。注塑量一般有两种表示方法：一种是以聚苯乙烯为标准，用注射出熔料的质量（单位：g）表示；另一种是用注射出熔料的容量（单位：cm³）表示。我国注塑机系列标准采用后一种表示方法。系列标准规定有 30cm³、60cm³、125cm³、250cm³、350cm³、500cm³、1000cm³、2000cm³、3000cm³、4000cm³、6000cm³、8000cm³、12000cm³、16000cm³、24000cm³、32000cm³、48000cm³、64000cm³ 等规格的注塑机。我国注塑机的表示方法：如 XS-ZY-500，即表示公称注塑量为 500cm³ 的螺杆式（Y）塑料（S）注塑成型（X）机。

公称注塑量即实际最大注塑量。还有一个理论最大注塑量，其表达式为

$$Q_{理} = \frac{\pi}{4} D^2 S \qquad (4-1)$$

式中　　$Q_{理}$——理论最大注塑量（cm³）；

D——螺杆或柱塞的直径（cm）；

S——螺杆或柱塞的最大行程（cm）。

该式说明，理论上直径为 D 的螺杆移动 S，应当射出 $Q_{理}$ 的注塑量。但是，在注射时有少部分熔料在压力作用下回流，以及为了保证塑化质量和在注射完毕后保压时补缩的需要，故实际注塑量要小于理论注塑量。为描述二者的差别，引入射出系数 α，即

$$Q_{公称} = \alpha Q_{理} = \frac{\pi}{4} D^2 S \alpha \qquad (4-2)$$

影响射出系数的因素很多，如螺杆的结构和参数、注射压力和注射速度、背压的大小、模具的结构、制件的形状和塑料的特性等。对采用止回环的螺杆头，射出系数 α 一般为 0.75~0.85，通常多取 0.8。对那些热扩散系数小的塑料，α 取小值；反之取大值。

2. 注射压力

为了克服熔料流经喷嘴、流道和型腔时的流动阻力，螺杆（或柱塞）对熔料必须施加足够的压力，我们将这种压力称为注射压力。注射压力的大小与流动阻力、制件的形状、塑料的性能、塑化方式、塑化温度、模具温度及对制件精度要求等因素有关。

注射压力的选取很重要。注射压力过高，制件可能产生飞边，脱模困难，影响制件的表面粗糙度，使制件产生较大的内应力，甚至成为废品，同时还会影响到注射装置及传动系统的设计。注射压力过低，则易产生物料充不满型腔，甚至根本不能成型等现象。注射压力的大小要根据实际情况选用。例如，加工黏度低、流动性好的低密度聚乙烯、聚酰胺之类的塑料，其注射压力可选为 35~55MPa；加工中等黏度的塑料（如改性聚苯乙烯、聚碳酸酯等），形状一般，但有一定的精度要求的制件，注射压力可选为 100~140MPa；对聚砜、聚苯醚之类高黏度工程塑料的注射成型，又属于薄壁长流程、厚度不均和精度要求严格的制件，其注射压力可选为 140~170MPa；加工优质精密微型制件时，注射压力可用到 230~250MPa。

为了满足加工不同塑料对注射压力的要求，一般注塑机都配备三种不同直径的螺杆（或用一根螺杆而更换螺杆头）。采用中间直径的螺杆，其注射压力范围为 100~130MPa；采用大直径的螺杆，注射压力为 65~90MPa；采用小直径的螺杆，其注射压力为 120~180MPa。

注射压力的计算公式为

$$p = \frac{\frac{\pi}{4}D_0^2 p_0}{\frac{\pi}{4}D^2} = \left(\frac{D_0}{D}\right)^2 \times p_0 \tag{4-3}$$

式中　　p_0——液压（MPa）；
　　　　D_0——注射液压缸内径（cm）；
　　　　D——螺杆（柱塞）直径（cm）。

由于注射液压缸活塞施加给螺杆的最大推力是一定的，故改变螺杆直径时，便可相应改变注射压力。不同直径的螺杆和注射压力的关系为

$$D_n = D_1 \sqrt{\frac{p_1}{p_n}} \tag{4-4}$$

式中　　D_1——第一根螺杆的直径（一般指中间螺杆即加工聚苯乙烯的螺杆的直径）（mm）；
　　　　p_1——第一根螺杆的注射压力（MPa）；
　　　　p_n——所换用螺杆取用的注射压力（MPa）；
　　　　D_n——所换用螺杆的直径（mm）。

3. 注射速率（注射时间、注射速度）

注射时，为了使熔料及时充满型腔，除了必须有足够的注射压力外，熔料还必须有一定的流动速度。描写这一参数的为注射速率或注射时间或注射速度。

注射速率、注射速度、注射时间可用式（4-5）和式（4-6）定义。

$$q_{注} = \frac{Q_公}{\tau_注} \tag{4-5}$$

$$v_{注} = \frac{S}{\tau_注} \tag{4-6}$$

式中　　$q_注$——注射速率（cm³/s）；

$Q_公$——公称注塑量（cm^3）;

$\tau_注$——注射时间（s）;

$v_注$——注射速度（mm/s）;

S——注射行程，即螺杆移动距离（mm）。

可见，注射速率是将公称注塑量的熔料在注射时间内注射出去，单位时间内所达到的体积流率；注射速度是指螺杆或柱塞的移动速度；而注射时间，即螺杆（或柱塞）射出一次公称注塑量所需要的时间。

注射速率或注射速度或注射时间的选定很重要，直接影响制件的质量和生产率。注射速率过低（即注射时间过长），制件易形成冷接缝，不易充满复杂的型腔。合理地提高注射速率，能缩短生产周期，减少制件的尺寸公差，能在较低的模温下顺利地获得优良的制件。特别是在成型薄壁、长流程制件及低发泡制件时，采用高的注射速率，能获得优良的制件。因此，目前有提高注射速率的趋势。1000cm^3 以下的中小型螺杆式注塑机注射时间通常为 3 ~ 5s，大型或超大型注塑机的注射时间也很少超过 10s。表 4-1 列出了目前常用注射速率的数值。但是，注射速率也不能过高，否则塑料高速流经喷嘴时，易产生大量的摩擦热，使物料发生热解和变色，型腔中的空气由于被急剧压缩产生热量，在排气口处有可能出现制件烧伤现象。一般说来，注射速率应根据工艺要求、塑料的性能、制件的形状及壁厚、浇口设计以及模具的冷却情况来选定。

表 4-1　目前常用的注射速率

公称注塑量/cm^3	125	250	500	1000	2000	4000	6000	10000
注射速率/（cm^3/s）	125	200	333	570	890	1330	1600	2000
注射时间/s	1	1.25	1.5	1.75	2.25	3	3.75	5

为了提高注射制件的质量，尤其对形状复杂制件的成型，近年来发展了变速注射，即注射速度是变化的，其变化规律根据制件的结构形状和塑料的性能决定。

4. 塑化能力

塑化能力是指单位时间内所能塑化的物料量。显然，注塑机的塑化装置应该在规定的时间内，保证能够提供足够量的塑化均匀的熔料。塑化能力应与注塑机的整个成型周期配合协调，若塑化能力高而机器的空循环时间太长，则不能发挥塑化装置的能力；反之，则会加长成型周期。目前注塑机的塑化能力有了较大的提高。

由挤出理论知，提高螺杆转速、增大驱动功率，改进螺杆的结构形式等都可以提高塑化能力和改进塑化质量。

螺杆预塑式塑化装置的塑化能力，可用挤出理论中所介绍的熔体输送量的计算公式计算，亦可用经验公式估算。

5. 锁模力

锁模力是指注塑机的合模装置对模具所能施加的最大夹紧力。在此力的作用下，模具不应被熔融的塑料所顶开。锁模力同公称注塑量一样，也在一定程度上反映出机器所能加工制件的大小，是一个重要参数，所以有的国家采用最大锁模力作为注塑机的规格标称。

为使注射时模具不被熔融的塑料顶开，则锁模力（见图 4-1）应为

$$F > KpA \tag{4-7}$$

式中　　F——锁模力（N）；

　　　　p——注射压力（MPa）；

　　　　A——制件在模具分型面上的投影面积（cm^2）；

　　　　K——考虑到压力损失的折算系数，一般在 0.4～0.7 之间选取，对黏度小的塑料（如尼龙），取 0.7；对黏度大的塑料（如聚氯乙烯），取 0.4；模具温度高时取大值，模具温度低时取小值。

　　有的资料把式（4-7）中 p 理解为模具型腔内熔料的平均压力，它是由实验测得的型腔内熔料总的作用力和制件在模具分型面上投影面积的比值，而把 K 称为安全系数，一般取 1～2。

　　型腔内熔料的平均压力是一个比较难取的数值，这是因为它受各种因素的影响。这些因素是注射压力、塑料黏度、成型工艺条件、制件形状和精度要求、喷嘴和流道形式，以及模具的温度等。

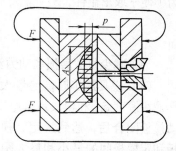

图 4-1　型腔压力和锁模力

　　对一般用途的螺杆式注塑机，平均型腔压力为 20MPa 左右，对柱塞式注塑机要高些。加工黏度高的塑料、精度要求高的制件，型腔压力可达 30～45MPa。表 4-2 列出了加工不同制件、不同塑料时，通常所选用的平均型腔压力的数值。

表 4-2　通常所选用的平均型腔压力

制件要求及物料特性	平均型腔压力/MPa	举　　例
易于成型的制件	25	聚乙烯、聚苯乙烯等厚壁均匀的日用品、容器类等
普通制件	30	薄壁容器类
高黏度料，制件精度高	35	ABS、聚甲醛等工业机械零件，精度高的制件
物料黏度特别高，制件精度高	40	高精度的机械零件

　　平均型腔压力的大小，涉及对锁模力的要求，也影响合模装置的设计。我国注塑机系列标准是根据平均型腔压力为 25MPa 确定锁模力的。

　　近年来国外注塑机的锁模力有普遍降低的趋势，这是由于改进了注射螺杆的结构设计，从而提高了塑化质量，对注塑量施行了精确控制，提高了注射速度并对其实现了程序控制，改进了合模装置，提高了螺杆和模具的制造精度和表面质量等。

6. 合模装置的基本尺寸

　　合模装置的基本尺寸包括模板尺寸、拉杆空间、模板间最大开距、动模板的行程、模具最大厚度与最小厚度等。这些参数规定了机器加工制件所使用的模具尺寸范围，也是衡量合模装置好坏的参数。

　　（1）模板尺寸及拉杆间距　我国注塑机系列标准规定以装模方向的拉杆中心距代表模板的尺寸，而规定垂直方向两拉杆之间的距离与水平方向两拉杆之间的距离的乘积为拉杆间距。显然这两个尺寸都涉及所用模具的大小。因此，模板尺寸及拉杆间距应满足机器规格范围内常用模具尺寸的要求。模板尺寸与成型面积有关。

　　目前有增大模板面积的趋势（特别是中小型机器），以适应加工投影面积较大的制件及自动化模具的安装要求。

　　（2）模板间最大开距　模板间最大开距是指定模板与动模板之间能达到的最大距离

（包括调模行程在内），如图 4-2 所示。为使成型后的制件顺利取出，模板最大开距 L 一般为成型制件最大高度 h 的 $3 \sim 4$ 倍。据统计，模板最大开距 L（单位为 cm）与公称注射量 Q（单位为 cm^3）常有如下关系：

$$L = 125Q^{\frac{1}{3}} \qquad\qquad (4\text{-}8)$$

（3）动模板行程　动模板行程是指动模板行程的最大值，一般用 S 表示（见图 4-2）。为了便于取出制件，S 一般大于制件最大高度 h 的两倍，即

$$S > 2h$$

而

$$L > (1.5 \sim 2)S$$

为了减少机械磨损和动力消耗，成型时尽量使用最短的模板行程。

（4）模具最小厚度与最大厚度　模具最小厚度 δ_{min} 和模具最大厚度 δ_{max} 系指动模板闭合后，达到规定锁模力时动模板和定模板间的最小和最大距离（见图 4-2）。如果模具的厚度小于规定的 δ_{min}，装模时应加垫板，否则不能实现最大锁模力，或损坏机件；如果模具的厚度大于 δ_{max}，装模后也不可能达到最大的锁模力。

δ_{max} 和 δ_{min} 之差即为调模装置的最大可调行程。

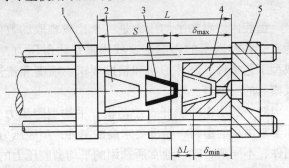

图 4-2　模板间最大开距

1—动模板　2—凸模　3—制件　4—凹模　5—定模板

7. 开合模速度

为使模具闭合时平稳，以及开模、推出制件时不使塑料制件损坏，要求模板慢行，但模板又不能在全行程中都慢速运行，这样会降低生产率。因此，在每一个成型周期中，模板的运行速度是变化的。即在合模时从快到慢，开模时则由慢到快再慢。

目前国产注塑机的动模板移动速度，高速为 $12 \sim 22 m/min$，低速为 $0.24 \sim 3m/min$。随着生产的高速化，动模板的移动速度，高速已达 $25 \sim 35m/min$，有的甚至可达 $60 \sim 90m/min$。

8. 空循环时间

空循环时间是在没有塑化、注射、保压、冷却、取出制件等动作的情况下，完成一次循环所需要的时间（单位为 s）。它由合模、注射座前进和后退、开模以及动作间的切换时间所组成。

空循环时间是表征机器综合性能的参数，它反映了注塑机机械结构的好坏、动作灵敏度、液压系统和电气系统性能的优劣（如灵敏度、重复性、稳定性等）。空循环时间也是衡量注塑机生产能力的指标。

近年来，由于注射、移模速度的提高和采用了先进的液压电系统，空循环时间已大为缩短，即空循环次数大为提高。

4.2　注塑工艺参数的校核

为了使注塑成型过程顺利进行，须对以下工艺参数进行校核。

1. 最大注塑量的校核

为确保塑件质量，注塑模一次成型的塑料质量（塑件和流道凝料质量之和）应为公称注塑量的 35%～75%，最大可达 80%，最小应不小于 10%。为了保证塑件质量，充分发挥设备的能力，选择范围通常为 50%～80%。

2. 注射压力的校核

所选用注塑机的注射压力须大于成型塑件所需的注射压力。成型所需的注射压力与塑料品种、塑件形状及尺寸、注塑机类型、喷嘴及模具流道的阻力等因素有关。根据经验，成型所需注射压力大致如下：

1）塑料熔体流动性好，塑件形状简单、壁厚，所需注射压力一般小于 70MPa。

2）塑料熔体黏度较低，塑件形状复杂度一般，精度要求一般，所需注射压力通常选为 70～100MPa。

3）塑料熔体具有中等黏度（改性 PS、PE 等），塑件形状复杂度一般，有一定精度要求，所需注射压力选为 100～140MPa。

4）塑料熔体具有较高黏度（PMMA、PPO、PC、PSF 等），塑件壁薄、尺寸大，或壁厚不均匀，尺寸精度要求严格，所需注射压力为 140～180MPa。

实际上，热塑性塑料注塑成型所需注射压力可通过理论分析来确定，如用澳大利亚的 Moldflow 软件、美国的 C-mold 软件及国内郑州大学的 Z-MOLD 软件、华中科技大学的 HS-FLOW 软件等，进行流动模拟分析确定更为合理、准确。

3. 锁模力的校核

高压塑料熔体充满型腔时，会产生使模具沿分型面分开的胀模力，此胀模力的大小等于塑件和流道系统在分型面上的投影面积与型腔内压力的乘积。胀模力必须小于注塑机额定锁模力。型腔压力 p_c 可按式（4-9）粗略计算：

$$p_c = \kappa p \tag{4-9}$$

式中　p_c——型腔压力（MPa）；

　　　p——注射压力（MPa）；

　　　κ——压力损耗系数，随塑料品种、浇注系统结构、尺寸、塑件形状、成型工艺条件以及塑件复杂程度不同而异，通常在 0.25～0.5 范围内选取。

根据经验，型腔压力 p_c 常取 20～40MPa。

通常根据塑料品种及塑件复杂程度，或精度的不同，选用的型腔压力可从相关的工程手册中查得。

型腔平均压力 p_c 决定后，可以按式（4-10）校核注塑机的额定锁模力。

$$F > K p_c A \tag{4-10}$$

式中　F——注塑机额定锁模力（kN）；

　　　A——制件和流道系统在分型面上的总投影面积（mm^2）；

　　　K——安全系数，通常取 1.1～1.2。

于是，注塑机的最大成型（投影）面积为

$$A < F/(K p_c) \tag{4-11}$$

4.3　模具安装尺寸的校核

模具安装尺寸的主要校核项目有：喷嘴尺寸、定位圈尺寸、模具外形尺寸及模具厚度等。

1. 喷嘴尺寸的校核

如图 4-3 所示，注塑模浇口套始端凹坑的球面半径 R_2 应大于注塑机喷嘴球头半径 R_1，以利于同心和紧密接触，通常取 $R_2 = R_1 + (0.5 \sim 1)\,mm$ 为宜，否则主流道内凝料无法脱出。主流道的始端直径 d_2 应大于注塑机喷嘴孔直径 d_1，通常取 $d_2 = d_1 + (0.5 \sim 1)\,mm$，以利于塑料熔体流动。

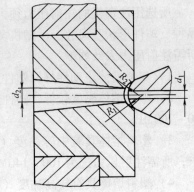

图 4-3　喷嘴尺寸的校核

2. 定位圈尺寸的校核

注塑机固定模板台面的中心有一规定尺寸的孔，称之为定位孔。注塑模端面凸台径向尺寸须与定位孔成间隙配合，便于模具安装，并使主流道的中心线与喷嘴的中心线相重合。模具端面凸台高度应小于定位孔深度。

3. 模具外形尺寸的校核

注塑模外形尺寸应小于注塑机工作台面的有效尺寸。模具长宽方向的尺寸要与注塑机拉杆间距相适应，模具至少有一个方向的尺寸能穿过拉杆间的空间装在注塑机工作台面上。

图 4-4 所示为模具与注塑机座尺寸关系，注塑机模座尺寸为 $H \times B$，拉杆间距为 $H_0 \times B_0$，它们是表示模具安装面积的主要参数。注塑模的最长边应小于 $\min\{H, B\}$，最短边应小于 $\min\{H_0, B_0\}$，如图 4-5 所示。

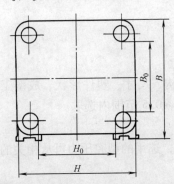

图 4-4　模具与注塑机模座尺寸关系

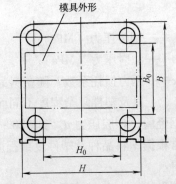

图 4-5　模具外形尺寸与拉杆位置

4. 模具厚度的校核

模具厚度（闭合高度）必须满足式（4-12）：

$$H_{min} \leqslant H_m \leqslant H_{max} \tag{4-12}$$

式中　H_m——所设计的模具厚度（mm）；

　　　H_{min}——注塑机允许的最小模具厚度（mm）；

　　　H_{max}——注塑机允许的最大模具厚度（mm）。

5. 模具安装尺寸的校核

注塑机的动模板、定模板台面上有许多不同间距的螺钉孔或"T"形槽,用于安装固定模具。模具安装固定方法有两种:螺钉固定、压板固定。采用螺钉直接固定时(大型注塑模多用此法),模具动、定模板上的螺孔及其间距,必须与注塑机模板台面上对应的螺孔一致;采用压板固定时(中、小模具多用此法),只要在模具的固定板附近有螺孔就行,有较大的灵活性。

4.4　开模行程的校核

注塑机模座间距是指注塑机动模座和定模座之间的间距,S_k 是注塑机动模座与定模座之间的最大模座间距;注塑机模座行程 S 是指动模座在开闭模中实际移动的距离,模具闭合高度 H_m 是指模具合拢时的高度,如图 4-6 所示。

对于所选用的注塑机,模具的闭合高度必须满足:

$$H_{min} \leqslant H_m \leqslant H_{max} \qquad (4-13)$$

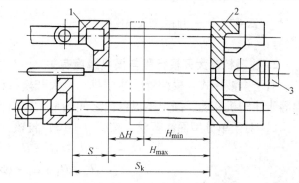

图 4-6　注塑机动、定模座之间的间距
1—动模座　2—定模座　3—喷嘴

式中　H_{min}——注塑机允许的最小模具闭合高度,也就是最小模座间距(mm);

　　　H_{max}——最大模具闭合高度(mm);

　　　H_m——模具的实际闭合高度(mm)。

对液压式合模装置,注塑机模座最大间距 S_k 是个固定值,注塑机最大模座行程 S_{max} 在 ΔH 范围内可调;对液压机械式合模装置,注塑机最大模座行程 S_{max} 是个定值,模座最大间距 S_k 在 ΔH 范围内可调。

开模取出塑件所需的开模距离必须小于注塑机的最大开模行程。开模行程的校核有以下几种情况。

1. 注塑机最大开模行程与模具厚度无关

液压-机械式合模装置注塑机的最大开模行程由曲柄机构的最大行程决定,与模具厚度无关。

1)对于单分型面注塑模具(见图 4-7),其开模行程按式(4-14)校核:

$$S \geqslant H_1 + H_2 + (5 \sim 10)\,\text{mm} \qquad (4-14)$$

式中　S——注塑机最大开模行程(移动模板台面行程)(mm);

　　　H_1——塑件脱模距离(mm);

　　　H_2——包括流道凝料在内的塑件高度(mm)。

2)对于双分型面注塑模(见图 4-8),开模行程按式(4-15)校核:

$$S \geqslant H_1 + H_2 + a + (5 \sim 10)\,\text{mm} \qquad (4-15)$$

式中　a——定模座板与定模型腔板分开的距离(应足以取出流道凝料)(mm)。

塑件脱模距离 H_1 通常等于模具型芯高度,但对于内表面有阶梯状的塑件时,H_1 不必等于型芯高度，以能顺利取出塑件为准，如图4-9所示。

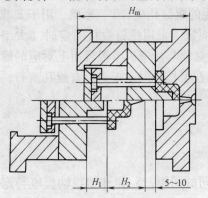

图4-7　单分型面注塑模模座行程

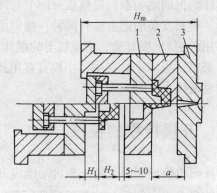

图4-8　双分型面注塑模模座行程
1—动模板　2—浇口板　3—定模板

2. 注塑机最大开模行程与模具厚度有关

对于全液压式合模装置的注塑机，最大开模行程受到模具厚度的影响。此时最大开模行程等于注塑机移动、固定模板台面之间的最大距离 S_k 减去模具闭合高度 H_m。

1）对于单分型面注塑模，按式（4-16）校核：

$$S = S_k - H_m \geqslant H_1 + H_2 + (5 \sim 10)\,\text{mm} \tag{4-16}$$

$$S_k \geqslant H_m + H_1 + H_2 + (5 \sim 10)\,\text{mm} \tag{4-17}$$

2）对于双分型面注塑模，按式（4-18）校核：

$$S = S_k - H_m \geqslant H_1 + H_2 + a + (5 \sim 10)\,\text{mm} \tag{4-18}$$

$$S_k \geqslant H_m + H_1 + H_2 + a + (5 \sim 10)\,\text{mm} \tag{4-19}$$

3. 有侧向抽芯的开模行程校核

当利用开模行程完成侧向抽芯时，开模行程的校核还应考虑完成抽拔距 L 而所需的开模行程 H_c，如图4-10所示。

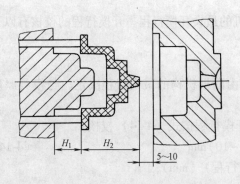

图4-9　H_1 不等于型芯高度的情况

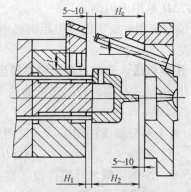

图4-10　有侧向抽芯机构模具模座行程

当 $H_c > H_1 + H_2$ 时，开模行程应按式（4-20）校核：

$$S \geqslant H_c + (5 \sim 10)\,\text{mm} \tag{4-20}$$

当 $H_c \leqslant H_1 + H_2$ 时，仍按式（4-14）～式（4-19）校核。

此外，各种型号注塑机的推出装置、推出形式和最大推出距离等各不相同，设计模具时应该与之相适应。

4. 推出行程的校核

注塑机动模座推杆大小、位置与模具推出装置相适应，注塑机推出装置的推出距离 D 应大于或等于塑件推出距离 H_1，如图 4-11 所示。

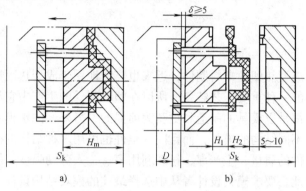

图 4-11　模具开模推出情况

a）开模前　b）开模后

第 5 章　注塑模的设计

5.1　概述

注塑模主要用于成型热塑性塑料制件，近来也广泛地用于成型热固性塑料制件。由于注塑模是成型塑料制件的一种重要工艺装备，所以在塑料制件的生产中它起着关键的作用，而且塑件的生产与更新都是以模具的制造和更新为前提的。另外，注塑模具种类繁多，不仅不同塑件注塑成型可用不同结构的模具，而且同一塑件也可用多种结构的模具注塑。模具设计的好坏直接影响着塑件的质量、生产率、材料利用率、工人劳动强度、模具的使用寿命以及模具制造成本等，因此，要求模具设计者从中选择最佳的模具结构设计方案，以达到最佳效益。

设计注塑模时，既要考虑塑料熔体流动行为等塑料加工工艺要求方面的问题，又要考虑模具制造装配等结构方面的问题，归纳起来大致有以下几个方面：

1）了解塑料熔体的流动行为，考虑塑料在流道和型腔各处流动的阻力、流动速度，校验最大流动长度。根据塑料在模具内流动方向（即充模顺序），考虑塑料在模具内重新熔合和型腔内原有空气导出的问题。

2）考虑冷却过程中塑料收缩及补缩问题。

3）通过模具设计来控制在模具内的结晶和取向，以及改善塑件的内应力。

4）进浇点和分型面的选择问题。

5）塑件的横向分型抽芯及推出问题。

6）模具的冷却加热问题。

7）模具有关尺寸与所用注塑机的关系，包括与注塑机的最大注塑量、锁模力、装模部分的尺寸等的关系。

8）模具总体结构和零件形状要简单合理，模具应具有适当的精度、表面粗糙度、强度和刚度，易于制造和装配。

以上这些问题并非孤立存在，而是相互影响的，根据具体情况，应综合加以考虑。

5.2　分型面的选择

塑料在模具型腔凝固形成塑件，为了将塑件取出来，必须将模具型腔打开，也就是必须将模具分成两部分，即定模和动模两大部分。简单地说，分型面就是动模和定模或瓣合模的接触面，模具分开后由此可取出塑件或浇注系统。

1. 分型面与型腔的相对位置

分型面与成型塑件型腔的相对位置一般有四种基本形式，如图 5-1 所示。

具体采用哪种形式要根据塑件的几何形状，浇注系统的合理安排，是否便于推出，是否利于排气，以及对塑件同轴度和外观质量要求的高低等因素综合加以考虑。

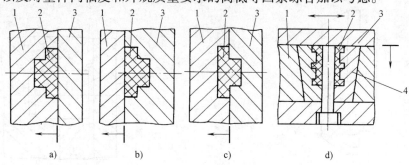

图 5-1　分型面与型腔的相对位置

a) 塑件全部在动模内成型　b) 塑件全部在定模内成型

c) 塑件在动、定模内同时成型　d) 塑件在多个瓣合模内成型

1—动模　2—塑件　3—定模　4—瓣合模

2. 分型面的选择

常见的分型面形状有平面、斜面、阶梯面、曲面，如图 5-2 所示。

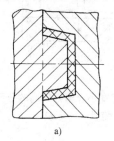 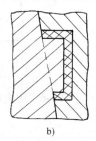 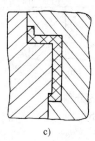 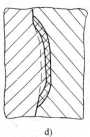

图 5-2　分型面的形状

a) 平面　b) 斜面　c) 阶梯面　d) 曲面

分型面的选择好坏对塑件质量、操作难易、模具结构及制造都有很大的影响。通常遵循以下原则：

（1）有利于脱模

1）分型面应取在塑件尺寸最大处。如图 5-3 所示，在 A—A 处设置分型面可顺利脱模，若将分型面设在 B—B 处则取不出塑件。

2）分型面应使塑件留在动模部分。由于推出机构通常设置在动模一侧，将型芯设置在动模部分，塑件冷却收缩后包紧型芯，使塑件留在动模，这样有利于脱模，如图 5-4 所示。如果塑件的壁厚较大，内孔较小或者有嵌件时，为使塑件留在动模，一般应将凹模（型腔）也设在动模一侧，如图 5-5 所示。

3）脱模斜度小或塑件较高时，为了便于脱模，可将分型面选在塑件的中间部位，如图 5-6 所示，但此时塑件外形有分型的痕迹。

（2）有利于保证塑件的外观质量和精度要求　采用图 5-7a 所示的分型面方案较合理；如果用图 5-7b 所示的形式在圆弧处分型会影响外观，应尽量避免。

塑件有同轴度要求时，为防止两部分错型，一般将型腔放在模具的同一侧，如图 5-7c 所示；应避免采用图 5-7d 所示的形式。

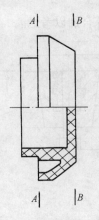

图5-3　分型面取在尺寸最大处

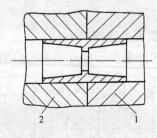

图5-4　分型面应使塑件留在动模
1—型芯　2—动模　3—定模

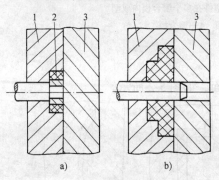

a)　　　　　　　　　b)

图5-5　有嵌件或小孔的分型面
a) 有嵌件　b) 有小孔
1—动模　2—嵌件　3—定模

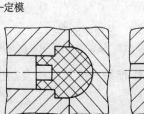

图5-6　脱模斜度小、塑件较高的分型面
1—定模　2—动模

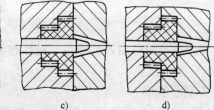

a)　　　　b)　　　　c)　　　　d)

图5-7　分型面应保证塑件的外观质量和精度要求
a)、c) 合理　b)、d) 不合理

（3）有利于成型零件的加工制造　如图5-8a所示的斜分型面，凸模与凹模的倾斜角度一致，加工已成型的零件较方便，而图5-8b所示的形式较难加工。

（4）有利于侧向抽芯　塑件有侧凹或侧孔时，侧向滑块型芯宜放在动模一侧，这样模具结构较简单。由于侧向抽芯机构的抽拔距离都较小（除液压抽芯机构外），选择分型面时应将抽芯距离小的方向放在侧向，如图5-9a所示。图5-9b所示的分型面不妥。但是，对于投影面积较大而又需侧向分型抽芯时，由于

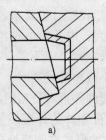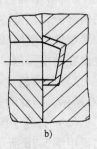

a)　　　　　　b)

图5-8　分型面应有利于成型零件加工
a) 易加工　b) 难加工

侧向滑块合模时的锁紧力较小，这时应将投影面积较大的分型面设在垂直于合模方向上，如图 5-9c 所示。如采用图 5-9d 所示的形式会由于侧滑块锁不紧而产生溢料。

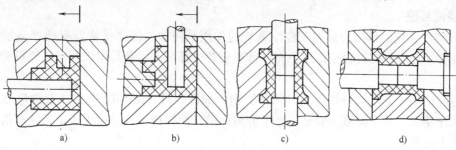

图 5-9　分型面应有利侧向抽芯

a)、c) 合理　b)、d) 不合理

（5）有利于排气　分型面应尽量与最后才能充填熔体的型腔表壁重合，这样对注塑成型过程中的排气有利。分型面对排气的影响如图 5-10 所示。

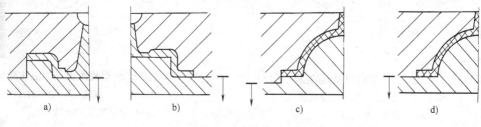

图 5-10　分型面对排气的影响

a)、c) 排气性较差　b)、d) 排气性好

5.3　浇注系统

　　注塑模的浇注系统是指模具中从注塑机喷嘴开始到型腔入口为止的塑料熔体的流动通道。它的作用是将塑料熔体顺利地充满型腔的各个部位，并在填充及保压过程中，将注射压力传递到型腔的各个部位，以获得外形清晰、内在质量优良的塑件。它向型腔中的传质、传热、传压情况决定着塑件的内在和外表质量，它的布置和安排影响着成型的难易程度和模具设计及加工的复杂程度，所以浇注系统设计的好坏是影响生产的一个关键问题，也是注塑模设计中的主要内容之一。

　　正确设计浇注系统首先应了解塑料及其流动特性。热塑性塑料熔体属于非牛顿流体，在流动过程中，其表观黏度随剪切速率的变化而发生变化。多数热塑性塑料属于假塑性体，当剪切速率增加时，表观黏度降低。另外，当温度变化时，表观黏度也会发生显著变化。

　　由于塑料熔体在模具浇注系统中和型腔内的温度、压力和剪切速率都是随时随处变化的，在设计浇注系统时，应综合加以考虑。以期在充模阶段，熔体以尽可能低的表观黏度和较快的速度充满整个型腔；在保压阶段，又能通过浇注系统使压力充分地传递到型腔内的各处，同时通过浇口的适时凝固来控制补料时间，以获得外形清晰、尺寸稳定、内应力小且无气泡、缩孔和凹陷的塑料制件。

5.3.1 浇注系统及其设计原则

1. 浇注系统

（1）浇注系统的作用与分类　浇注系统的作用是使塑料熔体平稳且有顺序地填充到型腔中，并在填充和凝固过程中把压力充分传递到各个部位，以获得组织紧密、外形清晰的塑料制件。

普通浇注系统分直浇口和横浇口两种类型，如图5-11、图5-12所示。直浇口适用于立式或卧式注塑机，其主流道一般是垂直于分型面的，而横浇口只适用于直角式注塑机，其主流道平行于分型面。

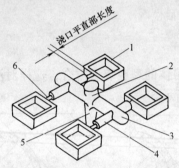

图5-11　卧（立）式注塑机用模具的浇注系统
1—塑件　2—冷料穴　3、4—分流道
5—主流道　6—浇口

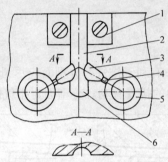

图5-12　直角式注塑机用模具的浇注系统
1—镶块　2—主流道　3—分流道
4—浇口　5—型腔　6—冷料穴

（2）浇注系统的组成　普通浇注系统一般由主流道、分流道、浇口和冷料穴四个部分组成（见图5-11）。

2. 浇注系统的设计原则

1）排气良好。能顺利地引导熔融塑料填充到型腔的各个深度，不产生涡流和紊流，并能使型腔内的气体顺利排出。

2）流程短。在满足成型和排气良好的前提下，要选取短的流程来充填型腔；且应尽量减少弯折，以降低压力损失，缩短填充时间。

3）防止型芯和嵌件变形，应尽量避免熔融塑料正面冲击直径较小的型芯和金属嵌件，防止型芯弯曲变形和嵌件移位。

4）整修方便。浇口位置和形式应结合塑件形状考虑，做到整修方便并无损塑件的外观和使用。

5）防止塑件翘曲变形。在流程较长或需开设两个以上浇口时更应注意这一点。

6）合理设计冷料穴或溢料槽。冷料穴或溢料槽设计是否合理，直接影响塑件的质量。

7）浇注系统的断面积和长度。除满足以上各点外，浇注系统的断面积和长度应尽量取小值，以减少浇注系统占用的塑料量，从而减少回收料。

5.3.2 浇注系统的设计

1. 主流道

主流道是连接注塑机的喷嘴与分流道的一段通道，通常和注塑机的喷嘴在同一轴线上，断面为圆形，带有一定的锥度。主流道设计如图 5-13 所示。

主流道的设计要点如下：

1）为便于从主流道中拉出浇注系统的凝料，以及考虑塑料熔体的膨胀，主流道设计成圆锥形。其锥角 α 为 2°~4°，对流动性差的塑料，锥角也可取 3°~6°。锥角过大会造成流速减慢，易成涡流。内壁表面粗糙度 Ra 为 0.63μm。

2）主流道大端呈圆角，其半径常取 $r = 1 ~ 3mm$，以减小料流转向过渡时的阻力。

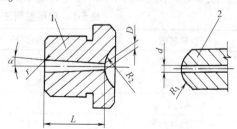

3）在保证塑件成型良好的情况下，主流道的长度尽量短，否则将会使主流道的凝料增多，且增加压力损失，使塑料熔体降温过多而影响注塑成型。

4）为了使熔融塑料从喷嘴完全进入主流道而不溢出，应使主流道与注塑机的喷嘴紧密对接。主流道对接处设计成半球形凹坑，其半径 $R_2 = R_1 + (0.5 ~ 1)mm$，其小端直径 $D = d + (0.5 ~ 1)mm$，凹坑深度常取 3~4mm。

图 5-13　主流道设计
1—浇口套　2—注塑机喷嘴

5）由于主流道要与高温的塑料熔体和喷嘴反复接触和碰撞，所以主流道部分常设计成可拆卸的主流道浇口套，以便选用优质钢材单独加工和热处理。如其大端兼做定位环，则圆盘凸出定模端面的长度为 5~10mm（参见注塑机模板尺寸），也常有将模具定位环与主流道浇口套分开设计的。主流道浇口套的形式如图 5-14 所示。

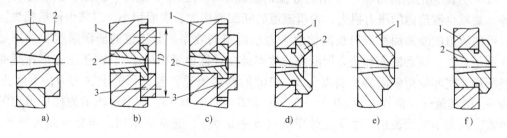

图 5-14　主流道浇口套形式
a）小圆形　b）平面形　c）凸面形　d）大锥形　e）大圆形　f）圆锥形
1—定模座板　2—主流道浇口套　3—定位圈

2. 分流道设计

分流道是主流道与浇口之间的通道，一般开设在分型面上，起分流和转向的作用。多型腔的模具一定设置分流道。单腔模成型大型塑件，若使用多浇口进料也需设置分流道。

（1）分流道的长度和断面尺寸　分流道的长度取决于模具型腔的总体布置方案和浇口位置，从输送熔体时的减少压力损失、热量损失和减少流道凝料的要求出发，应力求缩短。

分流道的断面尺寸应根据塑件的成型体积、塑件壁厚、塑件形状、所用塑料的工艺性能、注射速率和分流道的长度等因素来确定。对于壁厚小于 3mm，质量在 200g 以下的塑件，可用经验公式（5-1）确定分流道的直径：

$$D = 0.2654 \sqrt{W} \sqrt[4]{L} \tag{5-1}$$

式中　W——流经分流道的塑料质量（g）；

　　　　L——分流道长度（mm）；

　　　　D——分流道直径（mm）。

　　对于黏度较大的塑料，按式（5-1）算出的 D 值乘以 1.20～1.25 的系数来计算分流道直径。表 5-1 列出了常用塑料注塑件分流道断面尺寸推荐范围。

表 5-1　常用塑料注塑件分流道断面尺寸推荐范围　　　　（单位：mm）

塑料名称	分流道断面直径	塑料名称	分流道断面直径
ABS、AS	4.8～9.5	聚苯乙烯	3.5～10
聚乙烯	1.6～9.5	软聚氯乙烯	3.5～10
尼龙类	1.6～9.5	硬聚氯乙烯	6.5～16
聚甲醛	3.5～10	聚氨酯	6.5～8.0
丙烯酸塑料	8～10	热塑性聚酯	3.5～8.0
抗冲击丙烯酸塑料	8～12.5	聚苯醚	6.5～10
醋酸纤维素	5～10	聚砜	6.5～10
聚丙烯	5～10	离子聚合物	2.4～10
异质同晶体	8～10	聚苯硫醚	6.5～13

　　注：本表所列数据，对于非圆形分流道，可作为当量半径，并乘以比 1 稍大的系数。

　　（2）分流道的断面形状　常用的分流道断面形状有圆形、矩形、梯形、U 字形和六角形等。要减少流道内的压力损失，希望流道的断面面积大、表面积小，以减少传热损失。因此，可用流道的断面面积与周长的比值来表示流道的效率。分流道的断面形状和效率如图5-15 所示，其中圆形断面和正方形断面的效率最高（即比表面最小）。由于正方形流道凝料脱模困难，实际使用侧面具有斜度为 5°～10° 的梯形流道。若梯形的上底为 D，下底为 x，高为 h，则其最佳比例为 $h/D = 0.84～0.92$，$x/D = 0.7～0.83$。U 字形流道为梯形流道的变异形式。六角形断面流道，由于其效率低（比表面大），通常不采用。当分型面为平面时，可采用圆形或六角形断面流道，但加工时对中困难，常采用梯形或 U 字形断面的分流道。塑料熔体在流道中流动时，表层冷凝冻结，起绝热作用，熔体仅在流道中心流动。因此，分流道的理想状态应是其中心线与浇口的中心线位于同一直线上，圆形截面流道可以实现这一点，而梯形截面流道就难以实现，如图 5-16 所示。

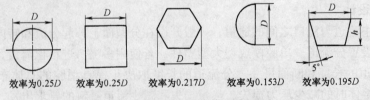

效率为0.25D　　效率为0.25D　　效率为0.217D　　效率为0.153D　　效率为0.195D

图 5-15　分流道的断面形状和效率

　　（3）分流道的布置　分流道的布置取决于型腔的布局，两者相互影响。分流道的布置形式分平衡式布置和非平衡式布置两种。

　　1）平衡式布置。平衡式布置要求从主流道至各个型腔的分流道，其长度、形状、断面尺寸等都必须对应相等，达到各个型腔的热平衡和塑料流动平衡。因此，各个型腔的浇口尺寸可以相同，达到各个型腔同时均衡地进料，均衡进料可保证各型腔成型出的塑件在强度、性能、质量上的一致性。图5-17所示为平衡式布置。四个型腔以下的H形和圆形排列均能达到最佳的热平衡和塑料的流动平衡。多于四个型腔的H形排列，虽然也能获得塑料流动平衡，但不能达到热平衡。H形排列分流道弯折较多，流程又长，压力损失也大，同时加工也较困难。对于精密塑件的成型，最好采用圆形排列。

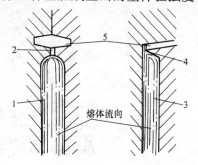

图5-16 圆形和梯形截面流道的比较
1—圆形截面分流道 2—圆形截面浇口
3—梯形截面分流道 4—矩形截面浇口
5—塑件

2）非平衡式布置。非平衡式布置的主要特点是主流道至各个型腔的分流道长度各不相同（或型腔大小不同）。为了使各个型腔同时均衡进料，各个型腔的浇口尺寸必定不相同。图5-18所示为分流道的非平衡式布置。非平衡式布置主要采用H形和一字形排列（见图5-18a～图5-18d、图5-18f），也有采用圆形排列的（见图5-18e）。当型腔数目相同时，采用H形或一字形排列，可使模板尺寸减小。

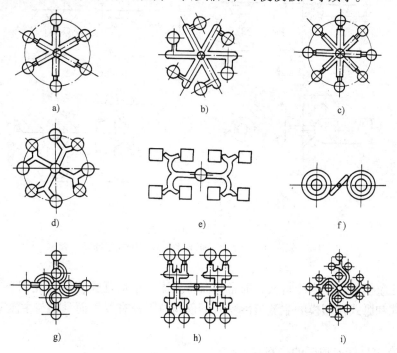

图5-17 分流道的平衡式布置
a）～d）圆形排列 e）～g）H形排列 h）、i）其他排列形式

（4）分流道与浇口的连接 分流道与浇口的连接处应加工成斜面，并用圆弧过渡，有利于塑料熔体的流动及填充，如图5-19所示。

3. 冷料穴

冷料穴一般位于主流道对面的动模板上，或处于分流道的末端。其作用就是存放料流前端的冷料，防止冷料进入型腔而形成冷接缝；开模时又能将主流道中的凝料拉出。冷料穴的尺寸宜稍大于主流道大端的直径，长度约为主流道大端直径。下面主要介绍与主流道有关的冷料穴设计问题。

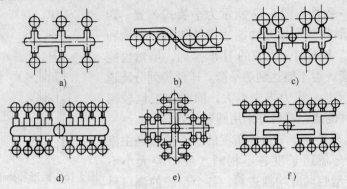

图 5-18　分流道的非平衡式布置

a)、c)、d)、f) H 形排列　b) 一字形排列　e) 圆形排列

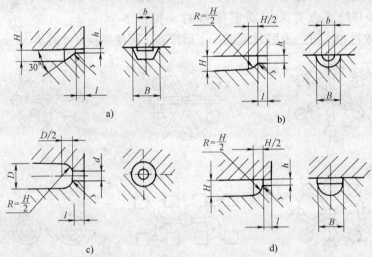

图 5-19　分流道与浇口的连接

a) 梯形　b) 半圆形　c) 圆形　d) 矩形 + 半圆形

直角式注塑模的主流道冷料穴，通常只需将主流道稍加延长即可（见图 5-12），设计比较简单。立式和卧式注塑模的主流道冷料穴不仅与拉料杆有关，而且还与主流道中的凝料脱模问题有关。

（1）带有拉料杆或顶杆的冷料穴

1）带有钩头（Z 形头）拉料杆的冷料穴。这是一种比较常用的冷料穴，其形状如钩头，尺寸如图 5-20a 所示。制件成型后，穴内冷料与拉料杆的钩头搭接在一起，拉料杆底部固定在注塑模的推杆固定板上。开模时，拉料杆首先通过钩头拉住穴内冷料，使主流道凝料脱出定模，然后又随推出机构运动将凝料与制件一起推出动模。

2）与推杆配用兼起拉料作用的冷料穴。如果制件被推出后不能朝侧向移动，那么使用钩头拉料杆便无法使制件脱模（见图 5-21），这时可采用图 5-20b 和图 5-20c 所示的倒锥形和环槽形冷料穴，它们常常与推杆配用。开模时，倒锥形或环槽形的冷料穴通过其内部的冷料先将主流道凝料拉出定模，然后在推杆作用下冷料和主流道凝料随制件一起被推出动模。由于冷料被推出时带有强制性，所以这两种冷料穴主要适于弹性较好的塑料品种。此外，采用这两种冷料穴时，主流道脱模不需侧向移动，比较容易实现自动化操作。

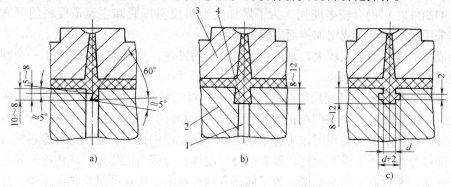

图 5-20　带有拉料杆或推杆的冷料穴

a) 钩头冷料穴　b) 倒锥形冷料穴　c) 环槽形冷料穴

1—拉料杆或推杆　2—动模　3—定模　4—冷料穴

3）带有球头或菌形头拉料杆的冷料穴。这两种冷料穴如图 5-22 所示，它们专用于制件以脱模板（推板）脱模的注塑模（有关这种脱模机构的内容见后面内容）。开模时，这两种冷料穴利用穴内冷料对拉料杆头部的包紧力，将主流道凝料拉出定模，但由于拉料杆底部固定在凸模固定板上不能运动，所以穴内冷料和主流道凝料只能在脱模板推出制件时随脱模板运动，因此，它们必须靠脱模板强行将其从拉料杆上刮下后才能脱模。通常，这两种冷料穴和拉料杆也主要适用于弹性较好的塑料品种。

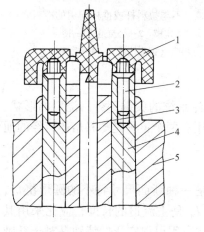

图 5-21　不宜使用钩头
拉料杆的情况

1—制件　2—螺纹型芯　3—拉料杆

4—推杆　5—动模

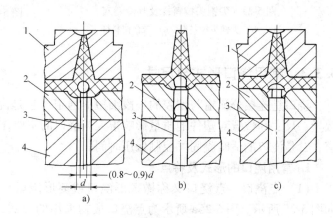

图 5-22　带有球头或菌形头拉料杆的冷料穴

a)、b) 带球头拉料杆　c) 带菌形头拉料杆

1—定模　2—脱模板　3—拉料杆

4—凸模（拉料杆）固定板

4）尖锥头或锥台拉料杆及其冷料穴。尖锥头或锥台拉料杆可视为球头或菌形头拉料杆的变异形式。成型小制件时，这类拉料杆一般不配用冷料穴，如图 5-23a 和图 5-23b 所示。

这类拉料杆必须依靠塑料冷凝收缩时对其锥形头部的包紧力，才能把主流道凝料拉出定模，然后再靠脱模板把凝料从拉料杆上刮下。很显然，主流道凝料依靠这类拉料杆进行脱卸时，不如用前面三种拉料杆可靠。但由于尖锥头具有较好的分流作用，生产中（如成型齿轮等中心带孔的制件时）仍有较多使用。为了增加尖锥头拉料杆脱卸主流道凝料的可靠性，可对其头部采用较小的锥度或增加锥面的表面粗糙度。

如果成型的制件中心孔较大，则可将尖锥头改为锥台，然后在其端部加工一个圆窝作为冷料穴使用，如图 5-23c 所示。

（2）不与拉料杆或推杆配用的冷料穴　这种冷料穴如图 5-24 所示。其结构是在主流道末端开设一个锥形凹坑，并在凹坑的锥壁上平行于相对的锥边加工一个深度不大的小不通孔。开模时，靠小不通孔的固定作用将主流道凝料从定模中拉出。使用这种冷料穴时，还需在制件下部或分流道下部设置推杆，随着推杆对制件或分流道的作用，穴内冷料先沿着小不通孔轴线移动，然后向上运动脱模。为了能让穴内冷料沿小不通孔进行斜向运动，分流道必须设计成 S 形或类似的带有挠性的形状。

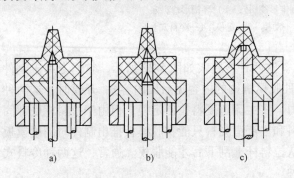

图 5-23　尖锥头拉料杆及其冷料穴
a）、b）尖锥头拉料杆　c）锥台拉料杆

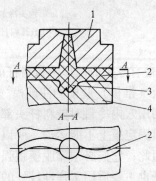

图 5-24　不与拉料杆或推杆配用的冷料穴
1—定模　2—分流道　3—冷料穴（锥形凹坑）　4—动模

5.3.3　常用浇口形式与尺寸

浇口是连接分流道与型腔的一段细短的通道，它是浇注系统的关键部分。浇口的形状、数量、尺寸和位置对塑件的质量影响很大。浇口的主要作用有两个：一是塑料熔体流经的通道；二是浇口的适时凝固可控制保压时间。

1. 常用浇口的形式及特点

（1）点浇口　点浇口又称橄榄形浇口或菱形浇口，是一种断面尺寸特小的圆形浇口，如图 5-25 所示。图 5-25a 所示为点浇口最初采用的形式，L_1 是主流道的长度，应比采用其他浇口时稍短些。图 5-25b 所示为点浇口的改进形式，现在应用得很广泛，特别是对于纤维增强的塑料，浇口断开时不会损伤塑件的表面。图 5-25c 所示点浇口的限制性断面前加工出圆弧，有利于延缓浇口处熔体冻结，对向型腔中补料有利。图 5-25d 所示为一模多腔或单腔多浇口时的点浇口形式。

点浇口适用于低黏度塑料和黏度对剪切速率敏感的塑料，如聚乙烯、聚丙烯、尼龙类塑料、聚苯乙烯、ABS 等。由于采用点浇口，为脱出流道凝料，模具需多开一次模，即模具需采用三板式结构。

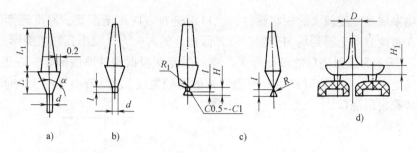

图 5-25 点浇口

（2）潜伏浇口 潜伏浇口又称隧道式浇口，是由点浇口演变来的。它既吸收了点浇口的优点，也克服了由点浇口带给模具的复杂性。图 5-26a 所示的潜伏浇口分流道开设在分型面上，浇口潜入分型面的下面，沿斜向进入型腔。图 5-26b 所示的潜伏浇口在推杆上设置一辅助流道，压力损失较大。图 5-26c 所示为钩式潜伏浇口。潜伏浇口除了具备点浇口的特点外，其进料浇口一般都在塑件的内表面或侧面隐蔽处，因此不影响塑件的外观。塑件和流道分别设置顶出机构，开模时浇口即被自动顶断，流道凝料自动脱落。由于脱出时有较强的冲击力，因此这种浇口不适用于脆性塑料（如 PS），以免流道断裂，堵塞浇口。

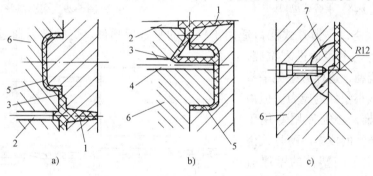

图 5-26 潜伏浇口
1—主流道 2、4—推杆 3—浇口 5—塑件 6—动模板 7—镶件

（3）侧浇口 侧浇口又称边缘浇口，一般开设在分型面上，从塑件的外侧面进料，如图 5-27 所示。侧浇口是典型的矩形断面浇口，能方便地调整充模时的剪切速率和浇口封闭时间，因此也称之为标准浇口。侧浇口的特点：浇口断面形状简单，加工方便；能对浇口尺寸进行精密加工；浇口位置选择比较灵活，以便改善充模状况；去除浇口方便，痕迹小。侧浇口特别适用于两板式多型腔模具，但是塑件容易形成熔接痕、缩孔、凹陷等缺陷，注射压力损失较大，对于壳体塑件会排气不良。

（4）重叠式浇口 重叠式浇口又称搭接浇口，它基本与侧浇口相同，但浇口不是在塑件的侧边，而是在塑件的一个侧面，如图 5-28 所示。它是典型的冲击型浇口，可有效地防止塑料熔体的喷射流动。如果成型条件不当，则会在浇口处产生表面凹坑，导致切除浇口比较困难，在塑件表面留下明显的浇口痕迹。

（5）扇形浇口 扇形浇口是逐渐展开的浇口，是侧浇口的变

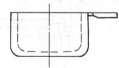
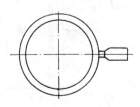

图 5-27 侧浇口

异形式，常用来成型宽度较大的板状塑件，浇口沿进料方向逐渐变宽，厚度逐渐减至最薄。塑料熔体可在宽度方向上得到均匀分配，可降低塑件的内应力，减小其翘曲变形，型腔排气良好。图 5-29 所示为扇形浇口的设计形式。浇口深度 h 根据塑件厚度确定，一般取 0.25 ~ 1.5mm。浇口宽度 b 一般等于 $L/4$（L 为浇口处的型腔宽度），但最小不小于 8mm。图 5-30 所示为两种特殊扇形浇口。

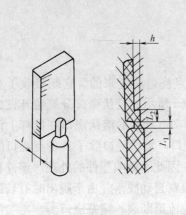

图 5-28　重叠式浇口

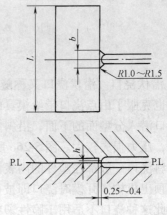

图 5-29　扇形浇口

（6）薄片式浇口　薄片式浇口适用于较大的平板形塑件。熔融塑料通过薄片式浇口，以较低的速度均匀平稳地进入型腔，其料流呈平行流动，这样可避免平板塑件的变形，减小塑件内应力。但由于去除浇口困难，必须使用专用工具，从而增加塑件的成本。薄片式浇口的设计参数主要与塑件的壁厚有关，具体设计参数参照图 5-31 来选取。图 5-32 所示为分流道为扇形的薄片式浇口。图 5-33 所示为分流道为 X 形的薄片式浇口。

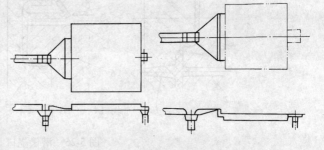

图 5-30　特殊扇形浇口

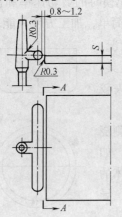
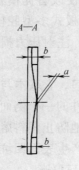

S/mm	a/mm	b/mm
1	0.3	0.7
3	0.6	2.0
5	1.5	3.0

图 5-31　薄片浇口的形式及设计参数

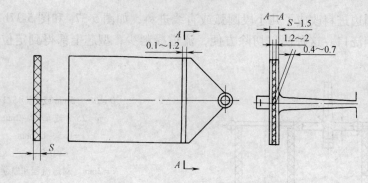

图 5-32　分流道为扇形的薄片式浇口

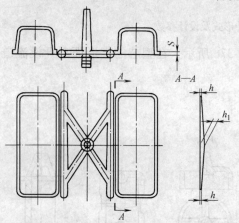

S/mm	h/mm	h_1/mm
1	0.3	0.7
3	0.6	2.0
5	1.5	3.0

图 5-33　分流道为 X 形的薄片式浇口

（7）盘形浇口　盘形浇口又称为薄板浇口，适用于内孔较大的圆筒形塑件。浇口在整个内孔周边上，塑料熔体由内孔周边以大致相同的速度进入型腔，塑件不会产生熔接痕，型芯受力均匀，空气能够顺利排出；缺点是浇口去除困难。盘形浇口一般形式如图 5-34a 和图 5-34b 所示。图 5-34c 和图 5-34d 所示为盘形浇口的变异形式，又称分流浇口，即型芯起分流锥的作用。

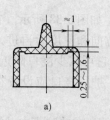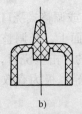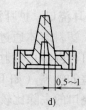

a)　　　　b)　　　　c)　　　　d)

图 5-34　盘形浇口

a)、b) 一般形式　c)、d) 变异形式

（8）环形浇口　环形浇口适用于较长的管形塑件，一般情况采用此种浇口时，型芯的两端都可以定位，所以制件壁厚比较均匀。图 5-35 所示为外环形浇口的设计形式及设计参数。图 5-36 所示为内环形浇口的设计形式。

（9）轮辐浇口　轮辐浇口的适用范围类似于盘形浇口，带有矩形内孔的塑件也适用，

但是它将整个周边进料改成了几小段圆弧或直线进料，如图5-37a和图5-37b所示。因此可以把它视为内侧浇口。这种浇口切除方便，流道凝料少，型芯上部得到定位而增加了稳定性。

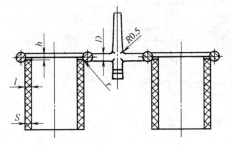

$$D = S + 1.5\text{mm} \text{ 或 } D = 4S/3 + K$$
$$h = 2S/3 \text{ 或 } h = 1 \sim 2\text{mm}$$
$$l = 0.5 \sim 1.5\text{mm}$$
$$r = 0.2S$$
$$K = 2\text{mm}（对短流程和厚断面）$$
$$K = 4\text{mm}（对长流程和薄断面）$$

图5-35　外环形浇口的设计形式及设计参数

爪形浇口是轮辐浇口的一种变异形式，如图5-37c所示，在型芯的锥形面上开设流道。其主要用于长管形塑件和同轴度要求高的塑件。

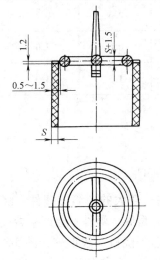

图5-36　内环形浇口的设计形式

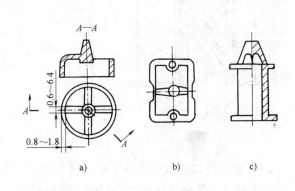

图5-37　轮辐浇口和爪形浇口
a)、b) 轮辐浇口　c) 爪形浇口

（10）护耳浇口　护耳浇口又称分接式浇口或调整式浇口，如图5-38所示。它在型腔侧面开设耳槽，塑料熔体通过浇口冲击在耳槽侧面上，经调整方向和速度后再进入型腔。因此，这种浇口可以防止喷射现象，是一种典型的冲击型浇口，它可减少浇口附近的内应力，对于流动性差的塑料（如PC、HPVC、PMMA等）极为有效。护耳浇口应设置在塑件的厚壁处。这种浇口的去除比较困难，痕迹大。

（11）直浇口　直浇口又称为主流道型浇口，如图5-39所示。在单腔模中，塑料熔体直接流入型腔，因而压力损失小，进料速度快，成型比较容易，对各种塑料都能适用。它传递压力好，保压补缩作用强，模具结构简单紧凑，制造方便。但去除浇口困难，浇口痕迹明显。它特别适合于大型、厚壁塑件和熔体黏度特别高的塑料品种的成型。

2. 各种浇口尺寸的计算

各种浇口尺寸的经验数据及计算公式见表5-2。常用塑料的直浇口尺寸见表5-3。侧浇口和点浇口的推荐尺寸见表5-4。

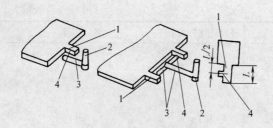

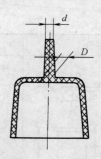

图 5-38 护耳浇口

1—护耳 2—主流道 3—分流道 4—浇口

图 5-39 直浇口

表 5-2 各种浇口尺寸的经验数据及计算公式

浇口形式	经验数据	经验计算公式	备　注
直浇口	$D = d_1 + (0.5 \sim 1.0)\,\text{mm}$ $\alpha = 2° \sim 6°$ $D \leqslant 2t$ $L < 60\,\text{mm}$ 为佳 $r = 1 \sim 3\,\text{mm}$	—	d_1—注塑机喷孔直径 α—流动性差的塑料取 $3° \sim 6°$ t—塑件壁厚
侧浇口	$\alpha = 2° \sim 6°$ $\alpha_1 = 2° \sim 3°$ $b = 1.5 \sim 5.0\,\text{mm}$ $h = 0.5 \sim 2.0\,\text{mm}$ $l = 0.5 \sim 0.75\,\text{mm}$ $r = 1 \sim 3\,\text{mm}$ $c = R0.3\,\text{mm}$ 或 $0.3\,\text{mm} \times 45°$	$h = nt$ $b = \dfrac{n \times \sqrt{A}}{30}$	n—塑料系数,由塑料性质决定,见表注 l—为了去浇口方便,也可取 $l = 0.7 \sim 2.5\,\text{mm}$
搭接浇口	$l_1 = 0.5 \sim 0.75\,\text{mm}$	$h = nt$ $b = \dfrac{n \times \sqrt{A}}{30}$ $l_2 = h + b/2$	l_1—为了去浇口方便,也可取 $l_1 = 0.7 \sim 2.0\,\text{mm}$ 此种浇口对 PVC 不适用

（续）

浇口形式	经验数据	经验计算公式	备 注
薄片式浇口	$l = 0.65 \sim 1.5mm$ $b = (0.75 \sim 1.0)B$ $h = 0.25 \sim 0.65mm$ $c = R0.3mm$ 或 $0.3mm \times 45°$	$h = 0.7nt$	—
扇形浇口	$l = 1.3mm$ $h_1 = 0.25 \sim 1.6mm$ $b = 6mm \sim B/4$ $c = R0.3mm$ 或 $0.3mm \times 45°$	$h_1 = nt$ $h_2 = \dfrac{bh_1}{D}$ $b = \dfrac{n \times \sqrt{A}}{30}$	浇口断面积不能大于流道断面积
环形浇口	$l = 0.75 \sim 1.0mm$	$h = 0.7nt$	—
盘形浇口	$l = 0.75 \sim 1.0mm$ $h = 0.25 \sim 1.6mm$	$h = 0.7nt$ $h_1 = nt$ $l_1 \geqslant h_1$	—
护耳浇口	$L \geqslant 1.5D$ $B = D$ $B = (1.5 \sim 2)h_1$ $h_1 = 0.9t$ $h = 0.7t = 0.78h_1$ $l \geqslant 15mm$	$h = nt$ $b = \dfrac{n \times \sqrt{A}}{30}$	—

（续）

浇口形式	经验数据	经验计算公式	备 注
潜伏浇口	$l=0.7\sim1.3$mm $L=2\sim3$mm $\alpha=25°\sim45°$ $\beta=15°\sim20°$ $d=0.3\sim2$mm L_1 保持最小值	$d=nK\sqrt[4]{A}$	α—软质塑料，$\alpha=30°\sim45°$；硬质塑料，$\alpha=25°\sim30°$ L—允许条件下尽量取大值，当 $L<2$mm 时采用二次浇口
点浇口	$l_1=0.5\sim0.75$mm 有倒角 c 时取 $l=0.75\sim2$mm $c=R0.3$mm 或 $0.3\times(30\times45°)$ $d=0.3\sim2$mm $\alpha=2°\sim4°$ $\alpha_1=6°\sim15°$ $L<\dfrac{2}{3}L_0$ $\delta=0.3$mm $D_1\leqslant D$	$d=nK\sqrt[4]{A}$	K—系数，为塑件壁厚的函数，见本表注。为了去浇口方便，可取 $l=0.5\sim2$mm

注：1. 表中公式未注符号含义：h——浇口深度（mm）；l——浇口长度（mm）；b——浇口宽度（mm）；d——浇口直径（mm）；t——塑件壁厚（mm）；A——型腔表面积（mm）。

2. 塑料系数 n 由塑料性质决定：对 PE、PS 来说 $n=0.6$；对 POM、PC、PP 来说 $n=0.7$PA；对 PMMA 来说 $n=0.8$；对 PVC 来说 $n=0.9$。

3. K——系数，塑件壁厚的函数，$K=0.206\sqrt{t}$。K 值适用于 $t=0.75\sim2.5$mm。

表 5-3 常用塑料的直浇口尺寸 （单位：mm）

塑件质量/g	<35		<340		≥340	
主流道直径	d	D	d	D	d	D
PS	2.5	4	3	6	3	8
PE	2.5	4	3	6	3	7
ABS	2.5	5	3	7	4	8
PC	3	5	3	8	5	10

表 5-4 侧浇口和点浇口的推荐尺寸 （单位：mm）

塑件壁厚	侧浇口断面尺寸		点浇口直径 d	浇口长度 l
	深度 h	宽度 b		
≤0.8	≤0.5	≤1.0	0.8~1.3	1.0
>0.8~2.4	>0.5~1.5	>0.8~2.4		
>2.4~3.2	>1.5~2.2	>2.4~3.3		
>3.2~6.4	>2.2~2.4	>3.3~6.4	1.0~3.0	

5.4　成型零部件

　　直接与塑料接触构成塑件形状的零件称为成型零件，其中构成塑件外形的成型零件称为凹模，构成塑件内部形状的成型零件称为凸模（或型芯）。由于凹、凸模件直接与高温、高压的塑料接触，并且脱模时反复与塑件摩擦，因此，要求凹、凸模件具有足够的强度、刚度、硬度、耐磨性、耐蚀性，以及足够低的表面粗糙度。

5.4.1　成型零件的结构设计

1. 凹模结构

　　（1）整体式凹模　　直接在选购的模架板上开挖型腔，如图5-40所示。其优点是加工成本低。但是，通常模架的模板材料为普通的中碳钢，用作凹模，使用寿命短。若选用好材料的模板制作整体式凹模，则制造成本高。

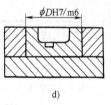

图5-40　整体式凹模

　　通常，成型1万次以下塑件的模具或塑件精度要求低、形状简单的模具可采用整体式凹模。

　　（2）整体嵌入式凹模　　将稍大于塑件外形（大一个足够强度的壁厚）的较好的材料（高碳钢或合金工具钢）制成凹模，再将此凹模嵌入模板中固定，如图5-41所示。

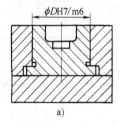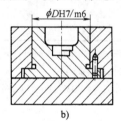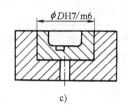

a)　　　　　　　　b)　　　　　　　　c)　　　　　　　　d)

图5-41　整体嵌入式凹模

a）台肩固定　　b）台肩、销钉固定　　c）有推出孔　　d）无推出孔

　　其优点是"好钢用在了刀刃上"。既保证了凹模使用寿命，又不浪费价格昂贵的材料；并且凹模损坏后，维修、更换方便。

　　（3）局部镶拼式凹模　　对于形状复杂或局部易损坏的凹模，将难以加工或易损坏的部分设计成镶件形式，嵌入型腔主体中，如图5-42所示。

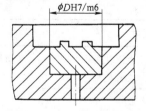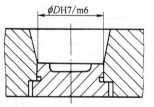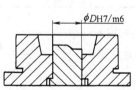

图5-42　局部镶拼式凹模

　　（4）四壁拼合式凹模　　对于大型的复杂凹模，可以将凹模四壁单独加工后镶入模套，

然后再和底板组合，如图 5-43 所示。

（5）螺纹型环　螺纹型环是用来成型塑件外螺纹的一类活动镶件，成型后随塑件一起脱模，在模外卸下。图 5-44a 所示为整体式螺纹型环，配合长度为 5~8mm，为了便于安装，其余部分制成 3°~5°斜度，下端加工出四侧平面，便于用工具将其从塑件上拧下来。图 5-44b 所示为对开组合式螺纹型环，用于成型精度不高的粗牙螺纹。对开两半之间用销子定位，上部制出撬口，便于成型后在模外用工具将两对开块分开。

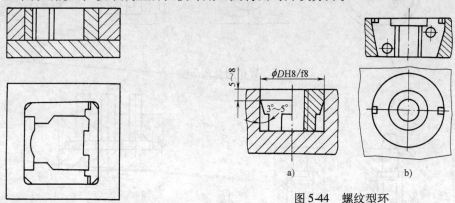

图 5-43　四壁拼合式凹模

图 5-44　螺纹型环
a）整体式　b）组合式

综上所述，凹模结构用得最多的是整体嵌入式和局部镶拼式。

2. 凸模结构

整体式凸模浪费材料太大且切削加工量大，在当今的模具结构中几乎没有这种结构。凸模结构主要是整体嵌入式凸模（见图 5-45）和镶拼组合式凸模（见图 5-46）。

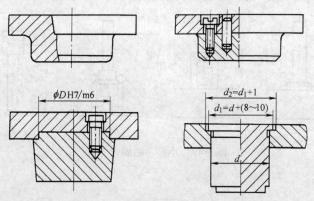

图 5-45　整体嵌入式凸模

3. 小型芯

细小的凸模通常称为型芯，用于塑件孔或凹槽的成型。小型芯组合如图 5-47 所示。中心距相近时多型小孔如图 5-48 所示。小型芯的固定方法如图 5-49 所示。

4. 活动型芯

有时为了使模具简单，将螺纹型芯或安放螺纹型环嵌件用的型芯做成活动的镶件。这种形式的型芯成型前在模具中常以 H8/f8 配合活动放置，成型后随塑件一起在模外取出，如图 5-50 所示。

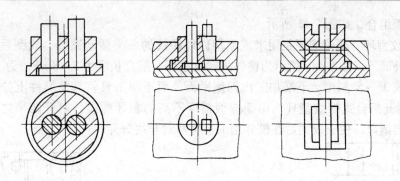

图 5-46　镶拼组合式凸模

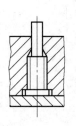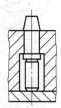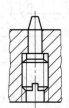

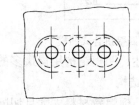

图 5-47　小型芯组合

图 5-48　中心距相近时多型小孔

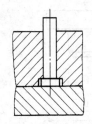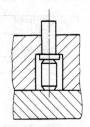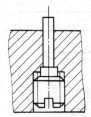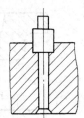

图 5-49　小型芯的固定方法

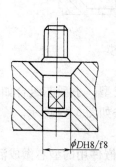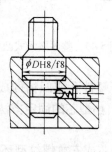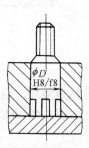

图 5-50　活动型芯的安装形式

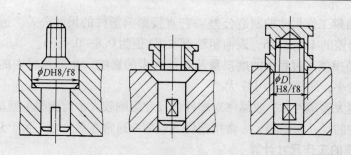

图 5-50　活动型芯的安装形式（续）

5.4.2　成型零件工作尺寸的计算

成型零件的工作尺寸是指凹模和凸模直接构成塑件的尺寸。凹、凸模工作尺寸的精度直接影响塑件的精度。

1. 影响工作尺寸的因素

（1）塑件收缩率的影响　由于塑料热胀冷缩的原因，成型冷却后的塑件尺寸小于模具型腔的尺寸。部分热塑性塑料的标准成型收缩率见表 5-5。

表 5-5　部分热塑性塑料的标准成型收缩率

成 型 物 料		线胀系数/$10^{-5}°C^{-1}$	成型收缩率（%）
塑料名称	填充材料（增强材料,质量分数）		
结晶型 聚乙烯（低密度）	—	10.0~20.0	1.5~5.0
聚乙烯（中密度）	—	14.0~16.0	1.5~5.0
聚乙烯（高密度）	—	11.0~13.0	2.0~5.0
聚丙烯	—	5.8~10.0	1.0~2.5
聚丙烯	玻璃纤维	2.9~5.2	0.4~0.8
聚酰胺 6（PA6）	—	8.3	0.6~1.4
聚酰胺 610（PA610）	—	9.0	1.0
聚酰胺	20%~40%玻璃纤维	1.2~3.2	0.3~1.4
聚甲醛	—	8.1	2.0~2.5
聚甲醛	20%玻璃纤维	3.6~8.1	1.3~2.8
非结晶型 聚苯乙烯（通用）	—	6.0~8.0	0.2~0.6
聚苯乙烯（抗冲击型）	—	3.4~21.0	0.2~0.6
聚苯乙烯	20%~30%玻璃纤维	1.8~4.5	0.1~0.2
AS	—	3.6~3.8	0.2~0.7
AS	20%~33%玻璃纤维	2.7~3.8	0.1~0.2
ABS（抗冲击型）	—	9.5~13.0	0.3~0.8
ABS	20%~40%玻璃纤维	2.9~3.6	0.1~0.2
聚丙烯酸类树脂	—	5.0~9.0	0.2~0.8
聚碳酸酯	—	6.6	0.5~0.7
聚碳酸酯	10%~40%玻璃纤维	1.7~4.0	0.1~0.3
聚氯乙烯（硬质）	—	5.0~18.5	0.1~0.5
醋酸纤维素	—	8.0~18.0	0.3~0.8

（2）凹、凸模工作尺寸的制造公差　它直接影响塑件的尺寸公差。通常凹、凸模的制造公差取塑件公差的 1/3 ~ 1/6，表面粗糙度取 Ra 值为 0.8 ~ 0.4μm。

（3）凹、凸模使用过程中的磨损量及其他因素的影响　生产过程中的磨损以及修复会使得凸模尺寸变小，凹模的尺寸变大。

因此，成型大型塑件时，收缩率对塑件的尺寸影响较大；而成型小型塑件时，制造公差与磨损量对塑件的尺寸影响较大。常用塑件的收缩率通常在百分之几到千分之几之间。

2. 凹、凸模的工作尺寸计算

通常，凹、凸模的工作尺寸根据塑料的收缩率，凹、凸模零件的制造公差和磨损量三个因素确定。

（1）凹模的工作尺寸　凹模是成型塑件外形的模具零件，其工作尺寸属包容尺寸，在使用过程中凹模的磨损会使包容尺寸逐渐的增大。因此，为了使得模具的磨损留有修模的余地，以及装配的需要，在设计模具时，包容尺寸尽量取下限尺寸，尺寸允许误差取上极限偏差。具体计算公式如下：

凹模的径向尺寸计算公式为

$$L = \left[L_{塑}(1 + k) - (3/4)\Delta \right]_0^{+\delta} \tag{5-2}$$

式中　$L_{塑}$——塑件外形公称尺寸（mm）；

　　　k——塑料的平均收缩率（%）；

　　　Δ——塑件的尺寸公差（mm）；

　　　δ——模具制造公差（mm），取塑件相应尺寸公差的 1/3 ~ 1/6。

凹模的深度尺寸计算公式为

$$H = \left[H_{塑}(1 + k) - (2/3)\Delta \right]_0^{+\delta} \tag{5-3}$$

式中　$H_{塑}$——塑件高度方向的公称尺寸（mm）。

（2）凸模的工作尺寸　凸模是成型塑件内形的，其工作尺寸属被包容尺寸，在使用过程中凸模的磨损会使被包容尺寸逐渐减小。因此，为了使得模具的磨损留有修模的余地，以及装配的需要，在设计模具时，被包容尺寸尽量取上限尺寸，尺寸允许误差取下极限偏差。具体计算公式如下：

凸模的径向尺寸计算公式为

$$l = \left[l_{塑}(1 + k) + (3/4)\Delta \right]_{-\delta}^0 \tag{5-4}$$

式中　$l_{塑}$——塑件内形径向公称尺寸（mm）。

凸模的高度尺寸计算公式为

$$h = \left[h_{塑}(1 + k) + (2/3)\Delta \right]_{-\delta}^0 \tag{5-5}$$

式中　$h_{塑}$——塑件深度方向的公称尺寸（mm）。

（3）模具中的位置尺寸（如孔的中心距尺寸）　计算公式为

$$C = C_{塑}(1 + k) \pm \delta/2 \tag{5-6}$$

式中　$C_{塑}$——塑件位置尺寸（mm）。

（4）计算实例　如图 5-51 所示塑件结构尺寸及相应的模具型腔结构，塑件材料为聚丙烯，计算收缩率为 1% ~ 3%，求凹、凸模构成型腔的尺寸。

解：塑料的平均收缩率为 2%。

1）凹模有关尺寸的计算：

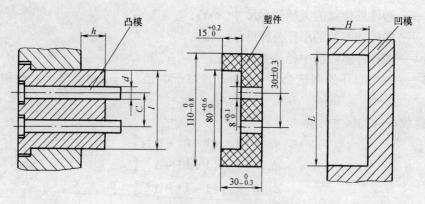

图 5-51　塑件及相应的凹、凸模

径向尺寸为

$$L = \left[L_{塑}(1+k) - (3/4)\Delta \right]_{0}^{+\delta}$$
$$= \left[110 \times (1+0.02) - (3/4) \times 0.8 \right]_{0}^{0.8 \times 1/6} \text{mm} = 111.6_{0}^{+0.13} \text{mm}$$

深度尺寸为

$$H = \left[H_{塑}(1+k) - (2/3)\Delta \right]_{0}^{+\delta}$$
$$= \left[30 \times (1+0.02) - (2/3) \times 0.3 \right]_{0}^{0.3 \times 1/6} \text{mm} = 30.4_{0}^{+0.05} \text{mm}$$

2）凸模有关尺寸的计算：

径向尺寸为

$$l = \left[l_{塑}(1+k) + (3/4)\Delta \right]_{-\delta}^{0}$$
$$= \left[80 \times (1+0.02) + (3/4) \times 0.6 \right]_{-0.6 \times 1/6}^{0} \text{mm} = 82.05_{-0.1}^{0} \text{mm}$$

高度尺寸为

$$h = \left[h_{塑}(1+k) + (2/3)\Delta \right]_{-\delta}^{0}$$
$$= \left[15 \times (1+0.02) + (2/3) \times 0.2 \right]_{-0.2 \times 1/5}^{0} \text{mm} = 15.43_{-0.04}^{0} \text{mm}$$

型芯直径为

$$d = \left[d_{塑}(1+k) + (3/4)\Delta \right]_{-\delta}^{0}$$
$$= \left[8 \times (1+0.02) + (3/4) \times 0.1 \right]_{-0.1 \times 1/5}^{0} \text{mm} = 8.24_{-0.02}^{0} \text{mm}$$

3）模具型芯位置尺寸计算：

$$C = C_{塑}(1+k) \pm \delta/2 = 30 \times (1+0.02) \text{mm} \pm (0.3 \times 1/6)/2 \text{mm} = 30.6 \text{mm} \pm 0.025 \text{mm}$$

3. 螺纹型环和螺纹型芯的尺寸计算

（1）螺纹型环的尺寸计算

$$D_{中} = \left[D_{塑中}(1+k) - \Delta \right]_{0}^{+\delta} \tag{5-7}$$

$$D_{大} = \left[D_{塑大}(1+k) - \Delta \right]_{0}^{+\delta} \tag{5-8}$$

$$D_{小} = \left[D_{塑小}(1+k) - \Delta \right]_{0}^{+\delta} \tag{5-9}$$

式中　$D_{中}$——螺纹型环的中径尺寸（mm）；

$D_{大}$——螺纹型环的大径尺寸（mm）；

$D_{小}$——螺纹型环的小径尺寸（mm）；

$D_{塑中}$——塑件外螺纹的中径公称尺寸（mm）；

$D_{塑大}$——塑件外螺纹的大径公称尺寸(mm);

$D_{塑小}$——塑件外螺纹的小径公称尺寸(mm);

Δ——塑件外螺纹的中径公差(mm);

δ——螺纹型环的制造公差值(mm),对于中径,$\delta=\Delta/5$,对于大径和小径,$\delta=\Delta/4$。

(2) 螺纹型芯的尺寸计算

$$d_{中}=\left[d_{塑中}(1+k)-\Delta\right]_{-\delta}^{0} \tag{5-10}$$

$$d_{大}=\left[d_{塑大}(1+k)-\Delta\right]_{-\delta}^{0} \tag{5-11}$$

$$d_{小}=\left[d_{塑小}(1+k)-\Delta\right]_{-\delta}^{0} \tag{5-12}$$

式中　$d_{中}$——螺纹型芯的中径尺寸(mm);

$d_{大}$——螺纹型芯的大径尺寸(mm);

$d_{小}$——螺纹型芯的小径尺寸(mm);

$d_{塑中}$——塑件内螺纹的中径公称尺寸(mm);

$d_{塑大}$——塑件内螺纹的大径公称尺寸(mm);

$d_{塑小}$——塑件内螺纹的小径公称尺寸(mm);

Δ——塑件内螺纹的中径公差(mm);

δ——螺纹型芯的制造公差值(mm),对于中径,$\delta=\Delta/5$,对于大径和小径,$\delta=\Delta/4$。

(3) 螺距工作尺寸计算

$$P=P_{塑}(1+k)\pm\delta/2 \tag{5-13}$$

式中　$P_{塑}$——塑料螺纹制件螺距的公称尺寸(mm);

δ——螺距的制造公差值(mm),见表5-6;

P——螺纹型环或螺纹型芯的螺距尺寸(mm)。

一般情况下,当螺纹牙数少于7~8牙时,可不进行螺距工作尺寸计算,而是靠螺纹的旋合间隙补偿。

表5-6　螺纹型芯或型环螺距的制造公差　　　　　　　　(单位:mm)

螺纹直径	配合长度	制造公差 δ
3~10	≤12	0.01~0.03
12~22	>12~20	0.02~0.04
24~66	>20	0.03~0.05

5.4.3　型腔侧壁及底板厚度的计算

在注塑成型过程中,型腔承受塑料熔体的高压作用。因此,凹模与凹、凸模的底板必须具有足够的强度和刚度。如果凹模和底板的厚度过小。则强度、刚度会不足。强度不足会导致型腔产生塑性变形,甚至破裂;刚度不足将产生过大的弹性变形,并产生溢料间隙。常用塑料的刚度条件[δ]值的允许范围见表5-7。

模具型腔受力状况如图5-52所示。

1. 型腔侧壁的厚度计算

对型腔厚度分别作强度和刚度计算,图5-52a、图5-52c所示结构的强度、刚度为最差,

取计算所得数值大者作为厚度设计依据，则这个厚度值也能够满足后两种情况。

表 5-7　常用塑料的刚度条件[δ]值的允许范围

黏度特性	塑料品种	[δ]值允许范围/mm
高黏度	PC、PPO、PSF、HPVC	0.06 ~ 0.08
中黏度	PS、ABS、PMMA	0.04 ~ 0.05
低黏度	PA、PE、PP	0.025 ~ 0.04

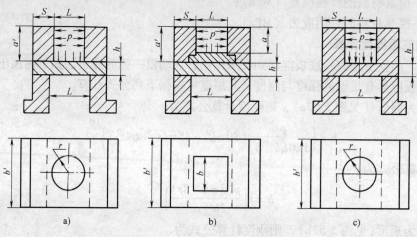

图 5-52　各种形式模具型腔受力分析

a）圆形型腔　b）矩形型腔　c）圆形型腔

若型腔为圆形，则刚度计算公式为

$$S = r\left[\left(\frac{E[\delta]/rp - \mu + 1}{E[\delta]/rp - \mu - 1}\right)^{1/2} - 1\right] = \left[\left(\frac{E(\delta) + 0.75rp}{E(\delta) - 1.25rp}\right)^{1/2} - 1\right] \tag{5-14}$$

强度计算公式为

$$S = \left[\left(\frac{[\sigma]}{[\sigma] - 2p}\right)^{1/2} - 1\right] \tag{5-15}$$

式中　S——型腔侧壁厚度（mm）；

　　　r——型腔半径（mm）；

　[σ]——模具材料的许用应力（MPa）；

　　　p——型腔所受压力（MPa）；

　　　E——模具材料的弹性模量（MPa），碳钢的弹性模量为 2.1×10^5 MPa；

　[δ]——刚度条件，即允许变形量（mm），由表 5-7 选取；

　　　μ——模具材料的泊松比，碳钢为 0.25。

若型腔为矩形（如图 5-52b 所示），则刚度计算公式为

$$S = \left(\frac{apL^4}{32Ea'[\delta]}\right)^{1/3} = 0.31L\left(\frac{apL}{Ea'[\delta]}\right)^{1/3} \tag{5-16}$$

强度计算公式为

$$S = \left(\frac{apL^2}{2a'[\sigma]}\right)^{1/2} = 0.71L\left(\frac{ap}{a'[\sigma]}\right)^{1/2} \tag{5-17}$$

式中　S——矩形型腔长边侧壁厚度（mm）；

　　　p——型腔所受压力（MPa）；

　　　L——型腔长边长度（mm）；

　　　a——型腔侧壁受压高度（mm）；

　　　a'——型腔侧壁全高度（mm）；

　　$[\delta]$——刚度条件，即允许变形量（mm），由表5-7查得；

　　　E——模具材料的弹性模量（MPa）；

　　$[\sigma]$——模具材料的许用应力（MPa）。

2. 型腔底板厚度计算

通常凹、凸模下面有一底板能起到支承作用，在动模一侧的底板因其下面顶出机构的空间，故此底板应具有足够的强度与刚度，其厚度可根据下列公式计算。

若型腔为圆形（见图5-52a），则刚度计算公式为

$$h = \left[\frac{pr^2}{120Eb'[\delta]} (30\pi L^3 - 45\pi Lr^2 + 64r^3) \right]^{1/3} \qquad (5\text{-}18)$$

强度计算公式为

$$h = r \left[\frac{p(3\pi L - 8r)}{2b'[\sigma]} \right]^{1/2} \qquad (5\text{-}19)$$

若型腔为矩形（见图5-52b），则刚度计算公式为

$$h = \left[\frac{pbl}{32Eb'[\delta]} (8L^3 - 4Ll^2 + l^3) \right]^{1/3} \qquad (5\text{-}20)$$

强度计算公式为

$$h = \left[\frac{3pbl}{4b'[\sigma]} (2L - l) \right]^{1/2} \qquad (5\text{-}21)$$

若型腔压力通过型芯或型腔镶块传递到支承板上，如图5-53所示。

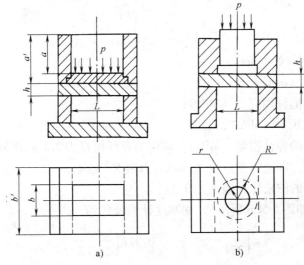

图5-53　支承板受力情况

a）矩形型腔　b）圆形型腔

在利用以上公式时将型腔压力换算成支承板上的压力 p_1，即

$$p_1 = (A/A_1)p \qquad (5\text{-}22)$$

式中　p——型腔压力（MPa）；

　　　p_1——支承板承受压力（MPa）；

　　　A——型芯或镶块受压面积（mm^2）；

　　　A_1——型芯或镶块底面面积（mm^2）。

由于注塑成型受温度、压力、塑料特性及塑件形状复杂程度等因素的影响，所以以上计算并不能完全真实地反映结果。通常模具设计中，型腔壁厚及支承板厚度不通过计算确定，而是凭经验确定的。表 5-8、表 5-9 列举了一些经验数据，供设计时参考。

表 5-8　型腔侧壁厚度 S 的经验数据

型腔压力/MPa	型腔侧壁厚度 S/mm	
<29（压塑）	$0.14L + 12$	
<49（压塑）	$0.16L + 15$	
<49（压塑）	$0.20L + 17$	

注：型腔为整体式，$L > 100$mm 时，表中值需乘以 $0.85 \sim 0.9$。

表 5-9　支承板厚度 h 的经验数据

b/mm	$b \approx L$	$b \approx 1.5L$	$b \approx 2L$	
$\leqslant 102$	$(0.12 \sim 0.13)b$	$(0.10 \sim 0.11)b$	$0.08b$	
$>102 \sim 300$	$(0.13 \sim 0.15)b$	$(0.11 \sim 0.12)b$	$(0.08 \sim 0.09)b$	
$>300 \sim 500$	$(0.15 \sim 0.17)b$	$(0.12 \sim 0.13)b$	$(0.09 \sim 0.10)b$	

注：当压力 $p < 29$MPa，$L \geqslant 1.5b$ 时，取表中数值乘以 $1.25 \sim 1.35$；当 29MPa $\leqslant p < 49$MPa，$L \geqslant 1.5b$ 时，取表中数值乘以 $1.5 \sim 1.6$。

5.5　合模导向及定位机构

合模导向机构对于注塑模具是不可少的部件，因为模具闭合时要求有一定的方向和位置，必须导向。导柱安装在动模或者定模一边均可。有细长型芯时，以安在细长型芯一侧为宜。通常导柱设在模板四角。

导向机构主要有定位、导向、承受一定侧压力三个作用。定位作用是为了避免模具装配时方位搞错而损坏模具，并且在模具闭合后使型腔保持正确的形状，不至因为位置的偏移而引起塑件壁厚不均，或者模塑失败；导向作用则是在动定模合模时，首先导向机构接触，引导动模、定模正确闭合，避免凸模或型芯撞击型腔，损坏零件。承受一定侧压力指塑料注入

型腔过程中会产生单向侧压力，或由于注塑机精度的限制，使导柱在工作中承受了一定的侧压力。当侧压力很大时，不能单靠导柱来承担，需要增设锥面定位装置。对于三板模、脱模板脱模等，导柱还要承受悬浮模板的重力。

合模导向机构主要有导柱导向和锥面定位两种形式，下面就这两种机构的设计分别进行介绍。

5.5.1　导柱导向机构

导柱导向设计包括对导柱、导向孔的要求和典型结构导柱在模具上的布置等内容。

1. 导柱典型结构及要求

（1）导柱的典型结构　如图5-54所示，塑料模上导柱可不要油槽。A型用于简单模具的小批量生产，可不需要导套，导柱直接与模板中导向孔配合，但是孔易磨损。如果在模板中设导套，导向孔磨损后，只要更换导套即可。B型用于精度要求高，生产批量大的模具，要有导套配合，导套的外径与导柱的 d_1 相等，也就是导柱的固定孔与导套的固定孔同径，两孔可以一刀加工，以保证位置精度。另有一种C型是在B型的尾部有一和 d_1 等直径的定位长度，在国外标准模架上大量采用，可省去定位销。

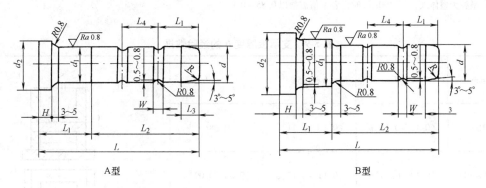

图5-54　导柱典型结构

（2）对导柱结构和材料等的要求　导柱的长度必须比凸模端面的高度要高出 6～8mm，凸模进入型腔前用导柱导正，避免型芯型腔相碰而损坏。

1）形状。导柱的端部做成锥形或半球形的先导部分，使导柱能顺利进入导向孔。

2）材料。导柱应具有硬而耐磨的表面，坚韧而不易折断的内芯，因此多采用低碳钢（20钢）经渗碳淬火处理，或碳素工具钢（T8A、T10）经淬火处理，硬度为 50～55HRC。

3）配合精度。导柱同导套的配合都是间隙配合，中小模具间隙小于0.04mm，大模具可略大，导柱装入模板多用过渡配合，如图5-55所示。此外，还有其他固定形式，如图5-56所示。图5-56a所示为导柱以过渡配合装入固定板，采用铆接固定的装配形式，这种形式多用于小直径的导柱。图5-56b所示的形式是为了便于加工，使导柱固定部分直径与导向孔直径相同。图5-56c所示为用螺钉固定导柱的形式，这三种目前很少采用。

4）表面粗糙度。配合部分表面粗糙度要求 $Ra = 0.8\mu m$，或者更小。

为了提高生产率，导柱一般做成标准件，因而推荐使用图5-54所示的两种典型结构。

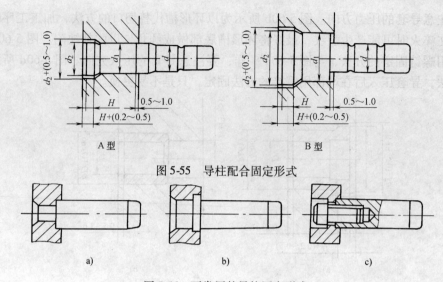

A 型　　　　　　　　　　　　B 型

图 5-55　导柱配合固定形式

a)　　　　　　b)　　　　　　c)

图 5-56　不常用的导柱固定形式

a) 铆接固定　b) 导柱固定部分与导向孔直径相同　c) 螺钉固定

2. 导向孔、导套的典型结构及要求

（1）导向孔的典型结构　导向孔可以直接设在模板上，这种形式加工简单，但热处理困难，损坏后不易修理，适用于生产批量小、精度要求不高的场合。为了检修更换方便，保证导向机构的精度，导向孔一般采用镶入导套的形式。典型结构如图 5-57 所示，两种结构同导柱 A 型一样，也有一种是在尾部加一定位部分，可省去定位销，并能提高导向的精度。

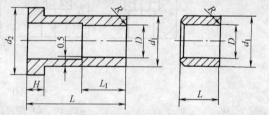

图 5-57　导套典型结构

（2）对导向孔结构的要求

1）形状。为了使导柱进入导套比较顺利，在导套的前面倒一圆角 R，内孔有一定锥度。为了装配方便，外圆头部也有锥度。导柱孔最好打通，否则，导柱进入未打通的导柱孔（不通孔）时，孔内空气无法逸出，而产生反压力，给导柱的进入造成阻力，合模时有较大噪声。当结构需要开不通孔时，就要在不通孔的侧面增加通气孔（见图 5-58a），或者在导柱上磨出排出槽（见图 5-58b）。

2）材料。可用淬火钢等耐磨材料制造，但其硬度应低于导柱硬度。这样可以改善摩擦，以防止导柱与导套拉毛。多用 20 钢渗碳后淬火或 T8A、T10 淬火。

3）导套精度与配合。同模板的装配一般 A 型用过渡配合，B 型用过盈配合，如图 5-59 所示。为了可靠起见，可以再用止动螺钉紧固。图 5-60a 所示为导套的侧面加工一平面切口或小坑，用螺钉固定的

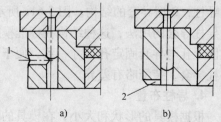

图 5-58　通气位置

a) 增加通气孔　b) 磨出排出槽

1、2—排气槽

方法，要注意导套的压力方向。图 5-60b 所示为以环形槽代替切口的方法，加工工序略为简单。导套在淬火时可能产生裂纹，最好将环形槽底部做成圆角，以弥补缺陷。图 5-60c 是侧面开孔，用螺钉固定的方法，与图 5-60a 一样，要注意导套的压入方向。图 5-60d 所示为最简单的方法，导套压入后在端部用铆接的方法固定，只是不易更换。

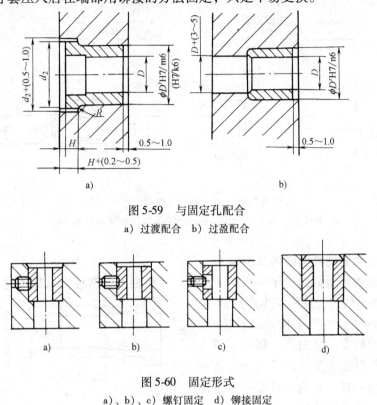

图 5-59　与固定孔配合

a) 过渡配合　b) 过盈配合

图 5-60　固定形式

a)、b)、c) 螺钉固定　d) 铆接固定

4）表面粗糙度。配合部分表面粗糙度要求为 $Ra = 0.8\mu m$，或者更低。

3. 导柱与导套配合实例

由于模具的结构不同，选用的导柱和导套的结构也不同，常见的配合形式如图 5-61 所示。图 5-61a 所示配合形式直接在型板上加工导向孔，容易磨损；导柱固定部分用过渡配合，伸入导向孔部分用间隙配合；用于小批量低精度塑件的模具。图 5-61b 所示配合形式是比较常见的一种结构。图 5-61c 所示为用 A 型导柱，B 型导套的结构。图 5-61d 所示为用 B 型导柱，B 型导套的结构。图 5-61e 所示为用 B 型导柱，A 型导套的结构。还有上述改良型的导柱导套的用法，这种结构在标准模架上很常见。图 5-61d 和图 5-61e 所示的两种结构导柱固定孔与导套固定孔尺寸一致，便于配合加工，保证了同轴度。有些标准模架采用带定位导柱导套，装配略有差异。

4. 导柱布置

根据模具的形状和大小，在模具的空余位置设导柱和导套孔。导柱一般为 2～4 根，其布置原则是必须保证动、定模只能按一个方向合模，不要在装配时或合模时因为方位搞错使模具损坏。同时，长导柱不要妨碍取件和浇注系统的取出。导柱布置形式如图 5-62 所示。图 5-62a 所示为两根直径不同的导柱，对称布置。图 5-62b 所示的形式适用于外形为圆形的

模架。图5-62d 所示为四根直径不同的导柱,对称布置。标准模架上,一般是用图5-62c 所示的形式。对于大型模具,导柱导套的数目可能用得更多,可用粗导向和精确导向两组。

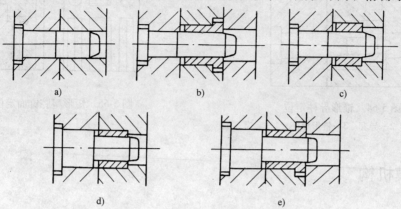

图5-61 导柱与导套的配合形式

a) A型导柱,无导套　b) A型导柱,A型导套　c) A型导柱,B型导套
d) B型导柱,B型导套　e) B型导柱,A型导套

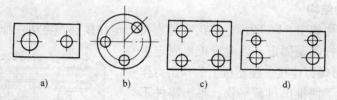

图5-62 导柱布置形式

5.5.2 锥面定位机构

锥面定位用于成型大型、深腔、精度要求高的塑件,特别是薄壁容器、偏心塑件。由于制件大,成型压力就有可能引起型芯或型腔偏移,如果这个力完全由导柱来承受,会发生导柱卡住或损坏的现象,因此可采用图5-63 所示的锥面定位。锥面配合有两种形式,一种是两锥面之间有间隙,将淬火的零件(见图5-63 中的右上图)装于模具上,使之和锥面配合,以制止偏移;另一种是两锥面都要淬火处理,角度为5°20′,高度为15mm 以上。还可采用锥形导柱定位,如图5-64所示。

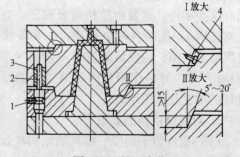

图5-63 锥面定位

1—止动螺钉　2—导柱　3—导套　4—耐磨镶件

对于矩形型腔,也可以采用锥面定位,在型腔四周利用几条凸起来的斜边定位,如图5-65 所示。

模具上无论有无锥面定位,为了在注塑机上装拆方便,以及工作安全等原因,通常导柱导套导向机构在模具上还是不可缺省的。在有锥面导向时,导柱导套可作初始导向,锥面作精确对中导向,并加固型腔。

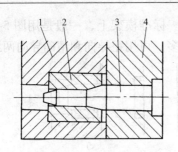

图 5-64　锥形导柱定位

1—动模　2—导套　3—锥形导柱　4—定模

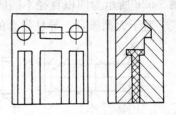

图 5-65　矩形型腔锥面定位

5.6　脱模机构

5.6.1　简介

在注塑成型的每一循环中，塑件必须由模具型腔中脱出，脱出塑件的机构称为脱模机构，或推出机构。

1. 脱模机构的结构

脱模机构的结构如图 5-66 所示。推出零件直接与塑件接触，将塑件推出型腔，在图 5-66 中为推杆 1；推杆需要固定，因此设推出固定板 2 和推板 5，两板由螺钉连接，注塑机上的顶出力作用在推出板上；为了使推出过程平稳，推出零件不至于弯曲或卡死，常设有推出系统的导柱 4 和导套 3；推板的回程是靠复位杆 7 实现的；最后一个零件就是拉料杆，它的作用是勾着浇注系统的冷料，使其随同塑件一起留在动模。并不是所有的模具都必须有这些零件，这要由结构需要确定。有的模具还设有挡销 8。挡销有两个作用，一是使推板与底板之间形成间隙，以便清除废料及杂物（多用于压制模结构中）；另一作用是由调节挡销的厚度来控制推杆的位置及推出距离。

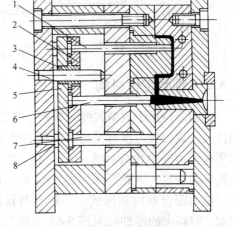

图 5-66　脱模机构

1—推杆　2—推出固定板　3—导套　4—导柱
5—推板　6—拉料杆　7—复位杆　8—挡销

2. 对脱模机构的要求

（1）塑件留于动模　模具的结构应保证塑件在开模过程中留在具有脱模装置的半模上，即动模上。若因塑件几何形状的关系，不便留在动模时，应考虑对塑件的外形进行修改或在模具结构上采取强制留模措施，若实在不易处理时，应在另半模上，即定模上设脱模装置。

（2）塑件不变形损坏　要保证塑件在脱模过程中不变形，这是脱模机构应当达到的基本要求。要做到这一点，首先必须正确地分析塑件对型腔的附着力的大小和所在部位，以便选择合适的脱模方式和脱模位置，使脱模力得以均匀合理的分布。

由于塑件收缩时包紧型芯，因此顶出力作用点应尽可能靠近型芯。同时推出力应施于塑

件刚度强度最大的部位，如肋部、壳体侧壁等处，作用面积也应尽可能大一些。

塑件与型腔的附着力，多由塑件收缩引起，它与塑料的性能、塑件的几何形状、模具温度、冷却时间、脱模斜度以及型腔的表面粗糙度有关。由于影响因素较多，精确计算异形制件的脱模力比较困难，常用与类似制件比较的方法，即收缩率大、壁厚、型芯形状复杂、脱模斜度小以及型腔表面粗糙度值高时，脱模阻力就大；反之则小。应综合上述因素来确定脱模零件的结构尺寸。

（3）良好的塑件外观　推出塑件的位置应尽量设在塑件内部，以免损伤塑件的外观。

（4）结构可靠　脱模机构要工作可靠、运动灵活、制造方便、配换容易。

3. 脱模机构的分类

脱模机构可以按动力来源分类，也可以按模具结构分类。

（1）按动力来源分类　动力来源是指以什么作为动力使塑件脱出，常见的有手动脱模、机动脱模、液压脱模和气压脱模。

1）手动脱模。当模具分模后，用人工操纵脱模机构，脱出塑件，多用于注塑机不设脱模装置的定模一方。

2）机动脱模。靠注塑机的开模动作脱出塑件。开模时塑件先随动模一起移动，到一定位置时，脱模机构被注塑机上固定不动的顶杆顶住而不能随动模移动。动模继续移动时，塑件由脱模机构推出型腔。

当定模部分也设脱模机构时，可以通过拉杆或链条等装置，在动模开到一定位置时，拉动定模脱模机构，实现机动脱模。

带螺纹的塑件可用手动或机动实现旋转运动，脱出塑件。

3）液压脱模。注塑机上设有专用的顶出液压缸，当开模到一定距离后，活塞动作，实现脱模。

4）气动脱模。利用压缩空气将塑件由型腔中吹出。

（2）按模具结构的分类　由于塑件形状的不同，脱模机构可分为简单脱模机构、双脱模机构、顺序脱模机构、二级脱模机构、浇注系统脱模机构，以及带螺纹塑件的脱模机构等。

5.6.2　脱模力的计算

塑件在模具中冷却定型时，由于体积收缩，其尺寸逐渐缩小，而将型芯或凸模包紧，在塑件脱模时必须克服这一包紧力。对于不带通孔的壳体类塑件，脱模时还要克服大气压力。此外，尚需克服机构本身运动的摩擦阻力及塑料和钢材之间的黏附力。

开始脱模时的瞬间所要克服的阻力最大，称为初始脱模力，以后脱模所需的力称为相继脱模力，后者要比前者小，所以计算脱模力的时候，总是计算初始脱模力。

所需的推出脱模力可按图 5-67 和式（5-23）估算，即

$$F_2 = F_1 \cos\alpha$$
$$F_3 = F_3' = F_1 \sin\alpha$$
$$F_4 = \mu F_2 = \mu F_1 \cos\alpha$$

于是
$$F_{脱} = (F_4 - F_3')\cos\alpha$$
$$= (\mu F_1 \cos\alpha - F_1 \sin\alpha)\cos\alpha$$
$$= F_1 \cos\alpha(\mu\cos\alpha - \sin\alpha) \tag{5-23}$$

式中　F_1——制件对凸模的包紧力（N）；

　F_2、F_3——F_1 的垂直和水平分量（N）；

　　　F_3'——凸模表面对 F_3 产生的反作用力（N）；

　　　F_4——沿凸模表面的脱模力（N）；

　　　$F_脱$——沿制件出模方向所需的脱模力（N）；

　　　α——脱模斜度或凸模侧壁斜角（°）；

　　　μ——塑料在热塑状态下对钢的摩擦因数，约取 0.2 左右。

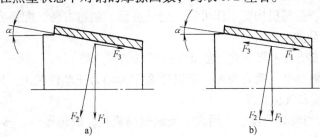

图 5-67　塑件脱模时的受力情况

a）静止状态　　b）脱模状态

其中　　　　　　　　　　　　　　　$F_1 = L_c h p_包$

式中　L_c——凸模成型部分的截面周长（mm）；

　　　h——凸模被制件包紧部分的高度（mm）；

　　　$p_包$——制件对凸模的单位包紧力（MPa），其数值与制件的几何特点及塑料性质有关，一般可取 8～12MPa。

5.6.3　简单脱模机构

简单脱模机构是最常见的结构形式，包括推杆脱模机构、推管脱模机构、推板脱模机构、活动镶件或凹模脱模机构、多元件综合脱模机构和气动脱模机构等种类。

1. 推杆脱模机构

推杆是推出机构中最简单最常见的一种形式。由于推杆加工简单，更换方便，脱模效果好，因此在生产中广泛应用。但是，因为推出面积一般比较小，易引起应力集中而顶穿塑件或使塑件变形，所以很少用于脱模斜度小和脱模阻力大的管件或箱类塑件。

（1）推杆设计注意事项

1）推出位置。推杆的推出位置应设在脱模阻力大的地方，如图 5-68 所示。盖或箱类塑件，侧面是阻力最大的地方，因此在端面设置推杆是理想的，而在里面设置推杆时，以靠近侧壁的地方为好。如果只在中心部分推出，可能会出现裂纹或顶透塑件的现象。当塑件各处脱模阻力相同时，推杆应均等设置，使塑件脱模时受力均匀，以免塑件变形。局部有细而深的凸台或肋时，如果仅以推杆推侧壁，会产生裂纹，甚至使塑件局部留于模具内，所以必须在凸台或肋的底部设推杆（见图 5-69），以便可靠地脱模。

推杆不宜设在塑件最薄处，以免塑件变形或损坏，当结构需要设在薄壁处时，可增大推出面积来改善塑件受力状况。图 5-70 所示为采用推出盘推出的形式。

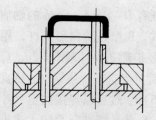

图 5-68 推杆推出形式

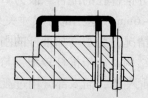

图 5-69 肋部增设推杆结构

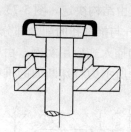

图 5-70 推出盘推出

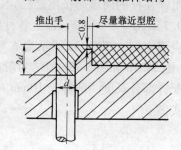

图 5-71 推出耳形式

2）直径。推杆直径不宜过细，应有足够的刚度承受推出力，当结构限制推出面积较小时，为了避免细长杆变形，可设计成阶梯形推杆，如图 5-69 中顶肋部的推杆。

3）装置位置。推杆端面应和型腔在同一平面或比型腔的平面高出 0.05～1mm，否则会影响塑件使用。

4）数量。在保证塑件质量，能够顺利脱模的情况下，推杆的数量不宜过多。当塑件不允许有推出痕迹，可用推出耳的形式，如图 5-71 所示，脱模后将推出耳剪掉。

按照塑件的形状，推杆的端面形状除了最常用的圆形外，还有各种特殊的断面形状。这些特殊断面形状的推杆，其本身的加工和热处理并不太困难，但是孔的加工则很困难，必须用电火花等特殊加工方法，因此应尽量少采用。

（2）推杆形状与尺寸 推杆的材料多用 45 钢、T8 或 T10。推杆头部要淬火处理达 50HRC 以上，表面粗糙度值 Ra 要求在 0.8μm 以下，推杆的滑动配合部分 Ra 为 0.8μm 即可，其他部位的表面粗糙度值还可以大些。图 5-72 所示为各种推杆形式。A 型是最简单的结构形式，应用最广，直径 d

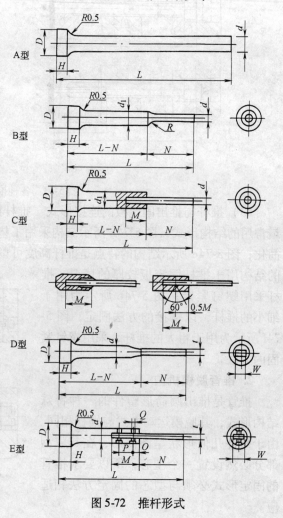

图 5-72 推杆形式

与型腔部分推杆孔的配合一般为 H7/f8，装配部分应保证有 $D-d=4 \sim 6mm$ 的轴肩固定，轴肩厚约 $4 \sim 6mm$。这三部分尺寸关系也适用以下几种形式。B 型是阶梯形推杆，用于推杆直径较小的情况，为了增加推杆的刚度，将非推出部分直径扩到 d_1，一般 $d_1=2d$。C 型为阶梯式插入杆结构，由于推杆较细，与塑料接触的滑动配合部分要选用优质钢材。因此，直径为 d 的部分插入 d_1，插入部分用过渡配合，长度 $M=(4 \sim 6)d$，然后以焊接固定（C 型下面两图所示）。D 型是特殊断面形状的直接切削加工的推杆。E 型是特殊断面插入式推杆，为了防止拔出，在杆的两端铆接使之固定，插入部分长度 $M=(1 \sim 2)d, O=(0.3 \sim 0.5)d, P=(0.4 \sim 0.7)d, Q=3 \sim 4mm$。以上各种形式推杆的 L 和 N 值由结构决定。图 5-73 所示为各种推杆的应用实例，图 5-73a 所示为 A 型推杆应用实例，推杆与推杆孔的配合部分长度 $S=(2 \sim 3)d$；图 5-73b 和图 5-73c 所示为阶梯形推杆的整体式和插入式应用实例，由于推杆直径较小，配合部分长度一般等于 10mm。图 5-73d 和图 5-73e 所示为特殊断面的推杆整体式和插入式实例。

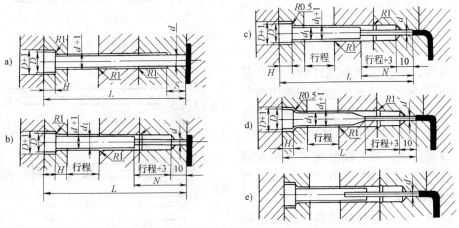

图 5-73　各种推杆应用实例

（3）推杆与推出固定板的连接形式　推杆的固定形式如图 5-74 所示，图 5-74a 所示为最常用的结构形式；图 5-74b 所示结构采用了垫块或垫圈来代替固定板上的凹坑，使之加工简化；图 5-74c 所示结构的特点是推杆高度可以调节，螺母起固定锁紧作用；图 5-74d 所示的结构用于推杆固定板较厚的情况，推杆采用螺钉紧定；图 5-74e 所示为用于细小的推杆，以铆接的方法固定；图 5-74f 所示为用于粗大的推杆，采用螺钉紧固的方法。

2. 推管脱模机构

推管是推出圆筒形塑件的一种特殊结构形式，其脱模运动方式与推杆相同。由于塑件几何形状呈圆筒形，在其成型部分必然设置一个型芯，所以要求推管的固定形式必须与型芯的固定方法相适应。

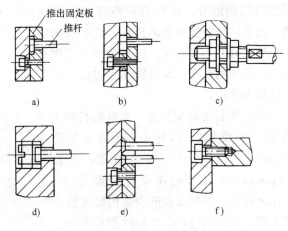

图 5-74　推杆的固定形式

图 5-75a 所示为型芯用圆销中键固定的方式，要求推管在轴向开槽，容纳与圆销（或键）相干涉部分，槽的位置与长短依模具结构和推出距离而定，这种形式型芯的紧固力较小；图 5-75b 所示为型芯固定在模具底板上的形式，型芯较长，但结构可靠，多用于脱模距离不大的场合；图 5-75c 所示推管在型板内滑动，可以缩短推管和型芯的长度，但型板的厚度增加。

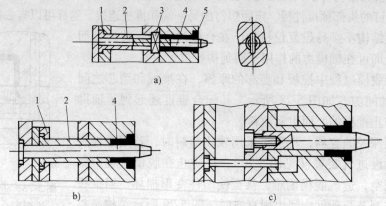

a)

b)　　　　　　　　　　　　　　c)

图 5-75　推管推出结构

1—推板　2—推管　3—方销　4—型芯　5—塑件

推管的材料和推杆一样，多用 45 钢、T8 或 T10 等。端部要淬火，硬度达 50HRC 以上，表面粗糙度值 Ra 要求在 $0.8\mu m$ 以下，滑动配合部分 Ra 为 $0.8\mu m$，其他部分的表面粗糙度值还可以大些。

推管的形状如图 5-76 所示。推管的内径与型芯配合，外径与模板配合，一般均为间隙配合。对于小直径推管取三级精度，大直径推管取二级精度。推管与型芯的配合长度为推出行程加 $3\sim5mm$，推管与模板的配合长度一般等于$(0.8\sim2)D$，其余部分扩孔，扩管扩孔直径为 $d+0.5mm$，模板扩孔直径为 $D+1mm$。

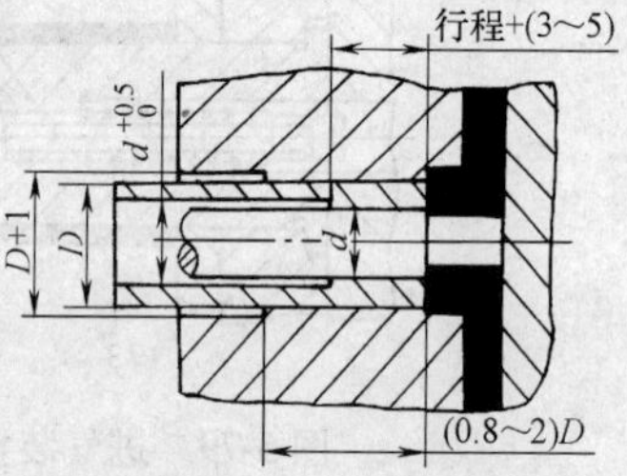

图 5-76　推管的形状

3. 推板脱模机构（推板推出机构）

凡是薄壁容器、壳体形塑件以及不允许在塑件表面留有推出痕迹的塑件，可采用推板脱模。推板推出的特点是推出力均匀，运动平稳，且推出力大。但是对于非圆外形的塑件，其配合部分加工较困难，图 5-77 中介绍了 5 种推板脱模结构。其中，图 5-77a 和图 5-77b 所示

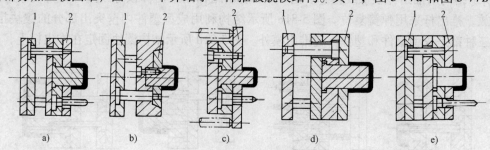

a)　　　　　　b)　　　　　　c)　　　　　　d)　　　　　　e)

图 5-77　推板脱模结构

1—推板　2—推件板

推板与推件板之间采用了固定连接，以防止推板在推出过程中脱落。在生产实践中也经常见到推板和推件板之间无固定连接的形式，如图5-77c～图5-77e所示，只要严格控制推出距离，导柱有足够的长度，推件板也不会脱落。图5-77a和图5-77e所示结构应用最广；图5-77b所示结构推板镶入动模板内，结构比较紧凑，图5-77c所示的结构适用于两侧具有推出杆的注塑机，模具结构可以大为简化，但推板要适当增大和加厚，以增加刚度；图5-77d所示结构用定距螺钉的头部顶推件板，定距螺钉的另一端和推板连接，这样可以省去推出固定板。

推板脱模结构不必另设复位机构。在合模过程中，待分型面一接触，推板即可在锁模力的作用下回到初始位置。

为了减少脱模过程中推板和型芯的摩擦，在推板和型芯之间留有0.2mm的间隙，如图5-78所示。其配合锥度还起到了辅助定位作用，防止推板偏心而引起溢料。

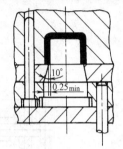

图5-78　带周边间隙和
锥形配合面推件板

对于大型深腔的容器，特别是采用软质塑料时，若用推板脱模，应考虑附设进气装置（见图5-79），以防止在脱模过程中塑件内腔形成真空，造成脱模困难，甚至使塑件变形损坏。当推板推出塑件，在型芯与塑件中间出现真空时，图5-79所示结构是靠大气压力使中间进气阀进气的。还可以采用进气阀连接在推件板上的结构，如图5-80所示。

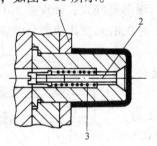

图5-79　进气装置
1—推件板　2—推杆　3—弹簧

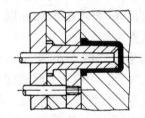

图5-80　进气阀连接在
推件板上的结构

4. 活动镶件或凹模脱模机构

有一些塑件由于结构形状和所用材料的关系，不能采用推杆、推管、推板等推出机构脱模时，可用成型镶件或凹模带出塑件。图5-81所示为利用活动镶件带出塑件的结构。图5-81a所示结构用推出杆顶螺纹型芯。图5-81b所示结构用推出杆顶螺纹型环，为便于螺纹型环安放，推出杆采用弹簧复位。图5-81c所示结构利用成型塑件内壁突出部分的镶块推出。以上三种都是成型镶件和塑件一起推出模外。图5-81d所示结构镶块固定在推出杆上，塑件

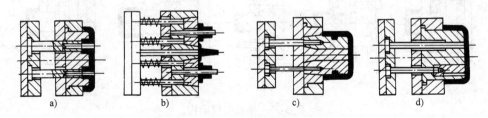

a)　　　　　　b)　　　　　　c)　　　　　　d)

图5-81　利用活动镶件带出塑件的结构

脱模时，镶块不与模体分离，故在推出动作完成后，尚需将塑件用手取下。图5-82所示为利用型腔脱模结构，塑件脱离型芯后还要用手将塑件从型腔中取出，因此型腔数不能太多，否则取出塑件困难。

5. 多元件综合脱模机构

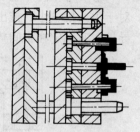

在实际生产中往往遇到一些复杂塑件，如果采用单一的脱模形式，不能保证塑件的质量，这时就要采用两种或两种以上的多元件脱模结构，如图5-83所示。图5-83a所示为推杆、推板并用的例子，因为在型芯内有脱模阻力大的部分，若仅用推板脱模，可能产生断裂或残留的现象，因此增加推杆，可保证塑件顺利脱模，但是由于推杆在型芯内部，所以给型芯的冷却带来了困难；图5-83b所示结构局部有脱模斜度小且深的管状

图 5-82　利用型腔脱膜结构

凸起，在其周边和里面脱模阻力大，因此采用推管和推杆并用机构；图5-83c所示塑件与图5-83b所示塑件相同，是采用推板和推管并用的机构。

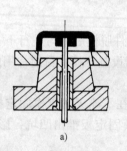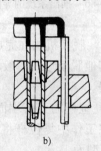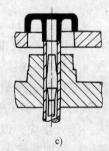

a)　　　　　　　　　b)　　　　　　　　　c)

图 5-83　多元件联合脱模
a）推杆＋推板　b）推杆＋推管　c）推管＋推板

6. 气压脱模机构

使用气压脱模（见图5-84）虽然要设置通过压缩空气的通路和气门等，但加工比较简单，对于深腔塑件，特别是软性塑料的脱模是有效的。塑件固化后开模，通入0.1～0.4MPa压缩空气，使阀门打开，空气进入型芯与塑件之间，使塑件脱模。

图5-85所示的结构用于深腔薄壁的塑件。为了保证塑件质量，除了采用推板推出外，还在这个板和型芯间吹入空气，使脱模顺利，可靠。

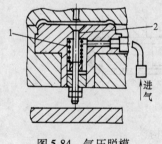

图 5-84　气压脱模
1—弹簧　2—阀杆

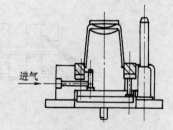

图 5-85　推板与气动联合脱模

7. 脱模系统辅助零件

为了保证塑件的顺利脱模和各个推出部分运动灵活，以及推出元件的可靠复位，必须有以下辅助零件的配合使用。

（1）导向零件 大面积的推出板在推出过程中，防止其歪斜和扭曲是很重要的，否则会造成推杆变形、折断或使推板与型芯磨损研伤。因此，要求在脱模机构中设置导向装置，如图5-86所示。图5-86a和图5-86b所示结构中的导柱还起支承作用，以减少中间垫板的弯曲。对于生产批量小、推出杆数量少的模具，推出导向系统可以不用导向套，如图5-86a所示；导柱也有固定在中间垫板上的，如图5-86c所示。

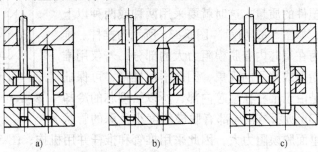

a)　　　　　　　b)　　　　　　　c)

图 5-86　推出系统的导向装置

（2）复位杆（回程杆、反推杆） 脱模机构在完成塑件脱模后，为进行下一个循环，必须回到初始位置，除推板脱模外，其他脱模形式一般均需设复位杆。目前常用的回程形式有复位杆、推出杆兼复位杆、弹簧回程。

1）复位杆回程。图5-87a所示复位杆的工作端面顶在不淬火的定模固定板上，为此须在固定板上镶入一淬火垫块，以免在工作中复位杆将定模固定板推出凹坑，影响准确复位；图5-87b所示复位杆是顶在淬火的分型面上。

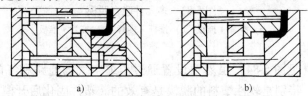

a)　　　　　　　　　　b)

图 5-87　复位杆

2）推杆兼复位杆回程。在塑件的几何形状和模具结构允许的情况下，推杆兼复位杆的形式如图5-88所示。

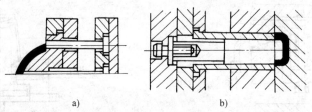

a)　　　　　　　　　b)

图 5-88　推杆兼复位杆结构
a）简单式　b）复杂式

3）弹簧回程。利用弹簧的弹力使脱模系统复位，即弹簧回程。图5-89a所示为在弹簧的内孔装一定位杆，以免工作时弹簧扭斜；图5-89b所示为当推出板的空位不够时，将弹簧套在推出元件上的形式。使用弹簧回程结构简单，但须注意弹力要足够。因弹簧易失效，要

按时更换。

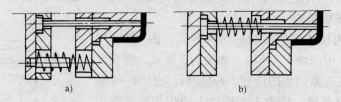

图 5-89　弹簧回程

5.6.4　双脱模机构

在设计模具时，原则上应力求使塑件留在动模一边。但有时由于塑件形状比较特殊，会使塑件留于定模一边或者留于动定模的可能性都存在时，这样就应考虑在定模上设置脱模机构。图 5-90 所示为两种常见的结构形式。图 5-90a 所示结构利用弹簧的弹力使塑件首先从定模内脱出，留在动模上，然后再利用动模上的推出机构使塑件脱模。这种形式结构紧凑、简单，适用于塑件对定模黏附力不大、脱模距离不长的塑件，要注意弹簧的失效问题；图 5-90b 所示结构利用杠杆的作用实现定模脱模的结构，开模时固定于动模上的滚轮压动杠杆，使定模推出装置动作，迫使塑件留于动模上，然后再利用动模上的推出机构使塑件脱模。

图 5-91 所示为气动双脱模机构，动定模均有进气口与气阀。开模时，首先定模的电磁阀开启，使塑件脱离定模而留在动模型芯上，定模电磁阀关闭。开模终止时，动模电磁阀开启把塑件吹落。

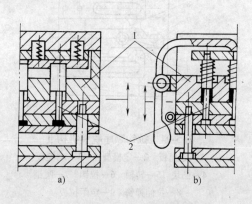

图 5-90　双脱模机构

1—型腔　2—型芯

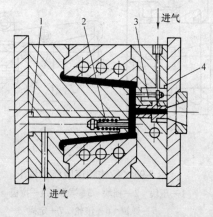

图 5-91　气动双脱模机构

1、4—密封圈　2、3—空动阀门

5.6.5　顺序脱模机构

根据塑件外形需要，模具在分型时须先使定模分型，然后再使动、定模分型，这样的装置叫顺序脱模机构，又叫定距分型拉紧机构。例如，塑件的结构需要先脱开定模内的一些成型部分，或者是为了取出点浇口的浇注系统凝料，以及活动侧型芯设置在定模上时都需要首先使定模分开一定距离后模具再分型。

1. 弹簧顺序脱模机构

如图 5-92 所示，在闭模时弹簧受压缩，开模过程中借助弹簧的恢复力使 A—A 面首先分

型。分到一定距离后，限位螺钉限制定模移动，模具从 $B—B$ 面分型脱模。

2. 拉钩顺序脱模机构

图 5-93 所示为拉钩顺序脱模的两种形式。图 5-93a 中设置了拉紧装置，由压块 1、挡块 2 和拉钩 3 组成，弹簧的作用是使拉钩处在拉紧挡块的位置。开模时首先从 $A—A$ 面分型，开到一定距离后，拉钩 3 在压块 1 的作用下，产生摆动而脱钩，定模在拉板 4 的限制下停止运动，从 $B—B$ 面分型。图 5-93b 所示结构的动作原理与图 5-93a 相同，所不同的是用滚轮 6 代替了压块 1 的作用，为了便于脱模，拉钩拉住动模上挡块的角度 α 取 $1° \sim 3°$ 为宜。图 5-94 所示为拉钩顺序脱模的另一种形式，动作原理同上。

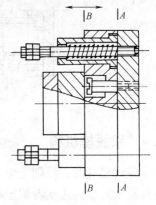

图 5-92　弹簧顺序脱模机构

3. 滑块顺序脱模机构

图 5-95 所示为滑块顺序脱模机构。固定于动模 2 上的拉钩 4 紧钩住能在定模 3 内移动的滑块 5，开模时动模通过拉钩 4 带动定模 3，使 A 面首先分型，分开一定距离后，滑块 5 受到限距压块 8 斜面的作用向模内移动而脱离拉钩 4，由于定距螺钉的作用，在动模继续移动时，分型面 B 分开。闭模时滑板 5 在拉钩斜面的作用下向模内移动，当模具完全闭合后，滑块在弹簧 9 的作用下复位，使拉钩 4 钩住滑块 5，恢复拉紧位置。

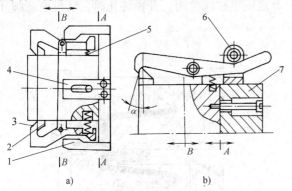

a)　　　　　　　　　　b)

图 5-93　拉钩顺序脱模机构 I

1—压块　2—挡块　3—拉钩　4—拉板

5—弹簧　6—滚轮　7—定模

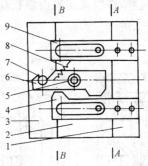

图 5-94　拉钩顺序脱模机构 II

1—定模板　2—定模型腔　3—动模板

4—凸块　5—转轴　6—拉钩　7—圆销

8—拉伸弹簧　9—定距拉板

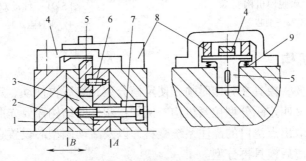

图 5-95　滑块顺序脱模机构

1—垫板　2—动模　3—定模　4—拉钩　5—滑块　6—定距销钉　7—定距螺钉　8—限距压块　9—弹簧

4. 导柱顺序脱模机构

图 5-96 所示为导柱顺序脱模机构。开模时，由于弹簧 8 的作用，使定位钉 7 紧压在导柱 1 的半圆槽内，以使模具从 A 面分型。当导柱拉杆 3 上的凹槽与限距钉 4 相碰时，定模型腔 2 停止运动，强制定位钉 7 退出导柱 1 的半圆槽，模具从 B 面分型。继续开模时，在推杆的作用下，推板 5 将塑件推出。这种机构简单，但是拉紧力小，只能用于塑料黏附力小的场合。

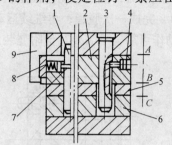

图 5-96 导柱顺序脱模机构
1—导柱 2—定模型腔 3—导柱拉杆
4—限距钉 5—推板 6—动模固定板
7—定位钉 8—弹簧 9—锁紧楔

5.6.6 二级脱模机构

一般塑件从模具型腔中脱出，无论是采用单一的或多元件的推出机构，其脱模动作都是一次完成的。但有时由于塑件的特殊形状或生产自动化的需要，在一次脱模动作完成后，塑件仍然难于从型腔中取出或不能自动脱落，此时就必须再增加一次脱模动作才能使塑件脱落。有时为了避免一次脱模塑件受力过大，也采用二次脱模。如薄壁深腔塑件或形状复杂的塑件，由于塑件和模具的接触面积很大，若一次推出易使塑件破裂或变形，因此采用二次脱模，以分散脱模力，保证塑件质量。这类二级脱模机构又称为二次推出机构。

1. 气动二级脱模机构

气动脱模可以单独使用，也可以与其他脱模形式配合使用，如图 5-97 所示。塑件脱离型芯是靠推板推出，实现一次脱模，然后气阀打开将塑件吹离推板，自动脱模。也可以一次脱模采用气动或液压驱动推板实现，二次脱模靠推出系统完成，如图 5-98 所示。这种方法动作可靠，计时准确，但是需要动力源液压泵或压缩空气机，还需要控制系统，模具装配后占据空间大，因此适用于大型模具大批量生产的场合。对于深腔塑件，由于塑件收缩紧固在型芯上的力比较大，一般单纯使用气动脱模是有困难的，应配合其他形式一起使用。

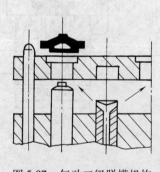

图 5-97 气动二级脱模机构

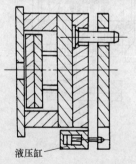

液压缸

图 5-98 液（气）动二级脱模

2. 单推出板二级脱模机构

单推出板二级脱模机构的特点是只有一个推出板，下面介绍六种结构形式。

（1）弹簧式 采用弹簧实现一次脱模，然后用推出装置实现二次脱模，如图 5-99 所示。这种方法结构简单，装配后所占面积小，缺点是动作不可靠，弹簧容易失效，需要及时更换。

（2）拉杆式　如图5-100所示，分型一段距离后，拉杆3拉住推板4，开始一次脱模；继续运动时，固定在动模固定板上的凸块1接触到拉杆3上的长销2，使拉杆转动而脱离推板4，完成一次脱膜；再继续运动，由推出系统实现二次脱模，弹簧5起复位作用。这种结构动作可靠，不需要其他附属装置，但由于在定模上装置了拉杆，使模具尺寸增大。

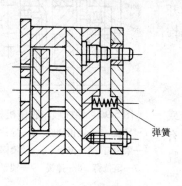

图5-99　弹簧式

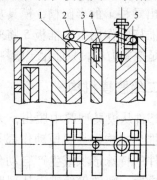

图5-100　拉杆式
1—凸块　2—长销　3—拉杆　4—推板　5—弹簧

（3）摆块拉板式　图5-101所示摆块拉板式结构是用活动摆块推动型腔实现一次脱模，由推出系统完成二次脱模的结构。图5-101a所示为闭模状态，活动摆块5固定在型腔下面的动模固定板上。开模时固定在定模上的拉板7带动活动摆块5，由活动摆块5将型腔推起，完成一次脱模，如图5-101b所示。继续开模时，由于限位螺钉2的作用，阻止了型腔1继续向前运动，当推出系统碰到注塑机上顶出杆4时，通过推杆3将塑件从型腔中推出，弹簧6的作用是使活动摆块始终靠紧型腔，如图5-101c所示。

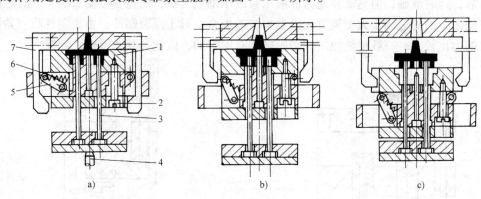

a)　　　　　　　　　b)　　　　　　　　　c)

图5-101　摆块拉板式
1—型腔　2—限位螺钉　3—推杆　4—注塑机顶出杆　5—活动摆块　6—弹簧　7—拉板

（4）U形限制架式　图5-102所示是通过U形限制架和摆杆来完成二级脱模的。图5-102a所示为闭模状态。U形限制架4固定在动模底板上，摆杆3的一端固定在推出固定板上，夹在U形限制架内，圆柱销1固定在型腔上。开模时注塑机顶杆5推动推出板，推出开始时由于限制架的限制，摆杆只能向前运动，推动圆拉销1使型腔和推杆7同时起推出塑件的作用，塑件脱离型芯8，完成一次脱模。当推出到图5-102b所示位置时，摆杆脱离了限制

架，限位螺钉9阻止型腔继续向前移动，同时圆柱销1将两个摆杆3分开，弹簧2拉住摆杆紧靠在圆柱销1上。当注塑机顶杆继续顶出时，推杆7推动塑件脱离型腔，如图5-102c所示。

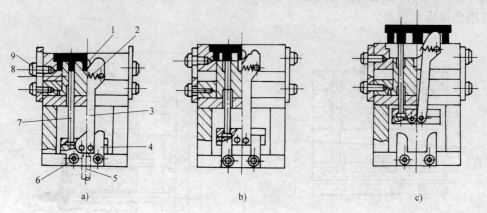

图 5-102　U 形限制架式

1—圆柱销　2—弹簧　3—摆杆　4—U 形限制架　5—注塑机顶杆
6—转动销　7—推杆　8—型芯　9—限位螺钉

（5）滑块式　图 5-103 所示为通过滑块实现二次脱模的一种结构形式。图 5-103a 所示为闭模状态。当注塑机顶杆推动推出板时，推板 3 和推出杆 2 一起运动，使塑件脱离型芯 1，与此同时，滑块 6 在斜导柱 5 的作用下，向中心方向移动，如图 5-103b 所示。再继续运动时，由于斜导柱的作用，使推杆 4 移动的距离大于推板 3 移动的距离，塑件脱离推板（如图 5-103c 所示），完成二次脱模。

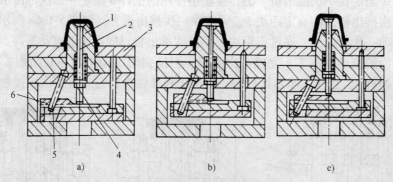

图 5-103　滑块式二次脱模机构 I

1—型芯　2—推出杆　3—推板　4—推杆　5—斜导柱　6—滑块

图 5-104 所示为通过滑块实现二次脱模的另一种结构形式。滑块 1 的移动是靠固定在动模板 5 上的锁紧块 2 实现的。一次脱模后，滑块 1 接触锁紧块 2 使之向中心移动，移动一定距离后，推杆 3 落于推杆固定板 7 的孔中；再继续推出，中心推杆 6 使塑件脱离推板 4，实现二次脱模。

（6）钢球式　钢球式二次脱模机构如图 5-105 所示。一次脱模靠推出系统推动推板 9，使塑件脱离型芯 10，此时塑件还有一部分留于推板内，因此设特殊结构的推杆 7 实现二次

脱模。内套3与推板9用卡紧圈连在一起，一次脱模时，钢球6卧在内套筒3与推杆7之间，推杆一运动，则带动内套筒及推板运动，实现一次脱模。当钢球移动外套筒2的凹槽处时，钢球被挤到内外套之间，使内套筒不随推杆7运动，则推板9停止运动，这时推杆11将塑件推出推板而脱落。

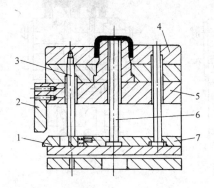

图 5-104　滑块式二次脱模机构Ⅱ

1—滑块　2—锁紧块　3—推杆　4—推板
5—动模板　6—中心推杆　7—推杆固定板

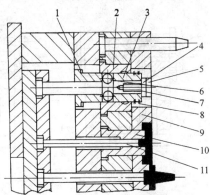

图 5-105　钢球式二次脱膜机构

1、4—聚氨酯垫圈　2—外套筒　3—内套筒
5—盖子　6—钢球　7、11—推杆　8—卡紧圈
9—推板　10—型芯

3. 双推出板二级脱模机构

采用双推出板的二级脱模机构的特点是有两块推出板。下面介绍三种结构形式。

（1）八字形摆杆式二级脱模机构　图 5-106 所示为八字形摆杆式二级脱模机构。推动型腔 1 用的推杆 2 固定在一次推出板 7 上，推动塑件用的推杆 3 固定在二次推出板 8 上，在一次推出板和二次推出板之间有定距块 5，固定在一次推出板上，如图 5-106a 所示。开模时注塑机顶杆 6 推动一次推出板，通过定距块 5 使二次推出板以同样速度推动塑件，这时型腔和塑件一起运动而脱离动模型芯，完成一次脱模。当推到图 5-106b 所示位置时，一次推出板接触到八字形摆杆 4，由于八字形摆杆与一次推出板接触点比与二次推出板接触点距支点的

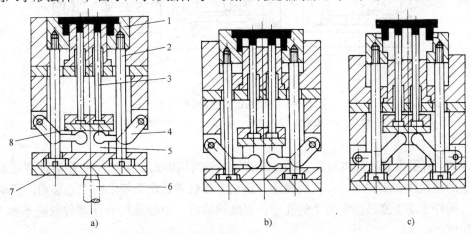

a)　　　　　　　　　　b)　　　　　　　　　　c)

图 5-106　八字形摆杆式二级脱模机构

1—型腔　2、3—推杆　4—八字形摆杆　5—定距块　6—注塑机顶杆　7—一次推出板　8—二次推出板

距离小，使二次推出板向前运动的距离大于一次推出板向前运动的距离，因而塑件从型腔中脱出，如图 5-106c 所示。

（2）拉钩式二级脱模机构 图 5-107 所示为拉钩式二级脱模机构。具有成型塑件一部分形状的推杆 7 固定在一次推出板 9 上，中心推杆 6 固定在二次推出板 10 上，在二次推出板上还固定有拉钩 1。一次推出板上固定有拉钩拉住的圆柱销 5，在闭模时由于拉簧 2 的作用，拉钩始终拉住圆柱销，如图 5-107a 所示状态。开模时，注塑机顶出杆 8 推在二次推出板上，由于拉钩的作用，一、二次推出板同时推动塑件，使塑件脱离型芯，完成一次脱模。继续运动时由于斜楔 3 的作用，伸长拉簧 2，使拉钩 1 脱离圆柱销 5，固定在一次推出板上的限距柱 4 也推住动模固定板，使一次推出板停止向前运动，如图 5-107 所示状态。注塑机顶出杆继续向前运动时，推杆 6 推动塑件，使之脱离成型推杆 7，完成二次脱模，如图 5-107c 所示。

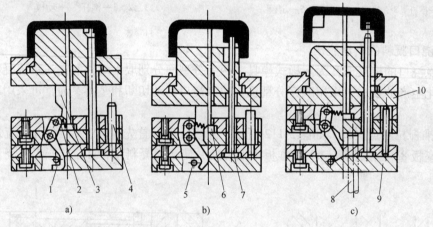

图 5-107 拉钩式二级脱模机构

1—拉钩 2—拉簧 3—斜楔 4—限距柱 5—圆柱销 6—中心推杆
7—成型推杆 8—注塑机顶出杆 9——次推出板 10—二次推出板

（3）卡爪式二级脱模机构 图 5-108 所示为卡爪式二级脱模机构。推动型腔推板 1 的推杆 2 固定在一次推出板 4 上，中心推杆 8 固定在二次推出板 3 上，卡爪 6 连接在一次推出板上，可以绕轴转动。开模时注塑机顶出杆推动二次推出板 3，由于弹簧 5 拉住卡爪 6 使一次推出板 4 随之运动，使塑件脱离型芯，完成一次脱模。再继续运动时，卡爪 6 接触动模固定板 7 的斜面，迫使卡爪转动而完成二次脱模。

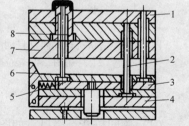

图 5-108 卡爪式二级脱模机构

1—推板 2—推杆 3—二次推出板
4——次推出板 5—弹簧 6—卡爪
7—动模固定板 8—中心推杆

5.6.7 浇注系统凝料的自动脱出

自动化生产要求模具的操作也能全部自动化。除塑件能实现自动化脱出外，浇注系统凝料也应该能自动脱出。

1. 潜伏浇口凝料的自动脱出

采用潜伏浇口的模具，其脱模装置必须分别设置塑件和流道凝料的推出零件，在推出过程中，浇口被剪断，塑件与浇注系统凝料各自自动脱出。如图 5-109 所示，推出过程中，推杆 1 和推杆 2 分别推动

浇口和塑件，借动模 3 将浇口切断与塑件分离，浇注系统凝料和塑件分别被推出。图 5-110 所示为推杆上开设附加浇口的潜伏浇口的脱出。图 5-111 所示为潜伏浇口差动自动脱出。顶出时，推杆 2 首先推动塑件并将落口切断，随后当推杆固定板接触限位圈 4 时，推杆 3 推动浇注系统凝料自动脱出。

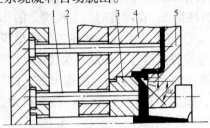

图 5-109　潜伏浇口的自动脱出
1、2—推杆　3—动模　4—型芯　5—定模

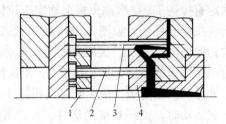

图 5-110　推杆上开设附加浇口的潜伏浇口的脱出
1、2、3—推杆　4—动模

2. 点浇口凝料的自动脱出

采用点浇口的模具通常为三板式模具，两个分型面分别取出塑件和浇注系统凝料。为了适应自动化生产的要求，采用顺序分型机构使点浇口自动切断和坠落，通常可采用以下几种形式。

（1）推杆拉断点浇口　如图 5-112 所示，开模时模具首先沿 A—A 面分开，流道凝料被带出定模座板 8，当限位螺钉 1 对推板 2 限位后，使流道凝料推杆 4、推杆 5 将浇注系统凝料推出。

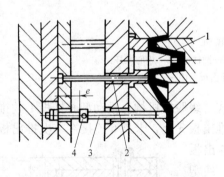

图 5-111　潜伏浇口的差动自动脱出
1—型芯　2、3—推杆　4—限位圈

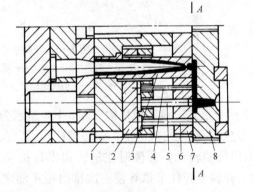

图 5-112　推杆拉断点浇口
1—限位螺钉　2—推板　3—镶件　4、5—推杆
6—复位杆　7—流道板　8—定模座板

（2）侧凹拉断点浇口　如图 5-113 所示，分流道尽头有一小斜孔，开模时确保模具先由 A—A 面分开，点浇口被拉断，流道凝料被中心拉料杆拉向定模一侧，当限位螺钉起作用后，动模与定模型腔板分开，中心拉料杆随之失去作用，流道凝料自动坠落。图 5-114 所示为另一种机构形式。分流道尽头做成斜面，开模时首先由 A—A 面分型，点浇口被拉断，同时拉料杆相对于动模移动 L 距离；继续开模，型芯固定板 1 碰到拉料杆 2 的台阶，拉料杆 2 将主流道凝料脱出，随后定模型腔板 3 将流道凝料从拉料杆 2 上推出并自动坠落。

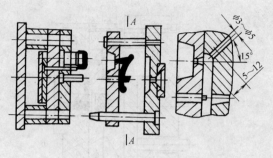

图 5-113　侧凹拉断点浇口 Ⅰ

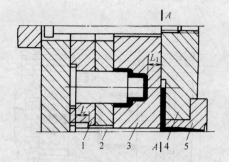

图 5-114　侧凹拉断点浇口 Ⅱ
1—型芯固定板　2—拉料杆　3—定模型腔板
4—定模座板　5—浇口套

（3）拉料杆拉断点浇口　如图 5-115 所示，其定模座板内设有拉料杆 8，开模时模具由 A—A 面分型，浇口被拉断，凝料留于推料板 7 上；继续开模，定模型腔板 5 碰到拉杆 4 的台阶，拉杆 4 带动推料板 7 将浇注系统凝料从拉料杆 8 和浇口套 10 中脱出并自动坠落；随后拉杆 2 起限位作用，模具沿 C—C 面分型取出塑件。图 5-116 所示为浮动拉钩式自动脱落流道凝料结构。开模时，模具首先由 A—A 面分型，拉料杆 3 将主流道拉出，浮动拉钩 4 随之移动；随后定模座板 5 碰到浮动拉钩 4 的台阶时，浮动拉钩 4 将浇口拉断，并拉出定模型腔板 2；当限位螺钉 1 起作用后，模具沿 B—B 面分开，定模型腔板 2 将浇注系统凝料从拉料杆 3 上刮落，流道凝料自动坠落。

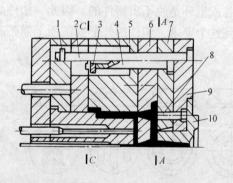

图 5-115　拉料杆拉断点浇口
1—垫圈　2、4—拉杆　3—垫圈
5—定模型腔板　6—浇口板　7—推料板
8—拉料杆　9—定模座板　10—浇口套

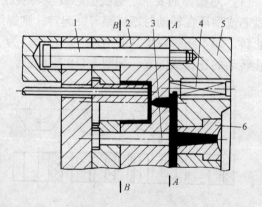

图 5-116　浮动拉钩式自动脱落流道凝料结构
1—限位螺钉　2—定模型腔板　3—拉料杆
4—浮动拉钩　5—定模座板　6—浇口套

（4）推料板拉断点浇口　如图 5-117 所示，开模时模具首先沿 A—A 面分开，主流道脱出浇口套；当限位螺钉 4 起限位作用时，模具沿 B—B 面分开，推料板 3 将浇口拉断，并将凝料从定模型腔板 1 中拉出自动坠落。图 5-118 所示为杠杆式推料板拉断点浇口结构。开模时模具首先沿 A—A 面分型，拉出主流道凝料，继续开模当拉钩 9 和杠杆 7 接触时，迫使推料板 5 拉断浇口，并将流道凝料推离定模型腔板 1，使之自动坠落。

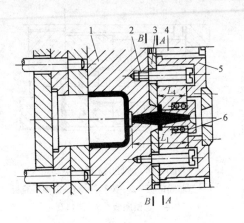 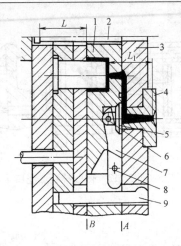

图 5-117　推料板拉断点浇口
1—定模型腔板　2、4—限位螺钉　3—推料板
5—定模座板　6—浇口套

图 5-118　杠杆式推料板拉断点浇口结构
1—定模型腔板　2—限位螺钉　3—定模座板
4—浇口套　5—推料板　6、8—轴　7—杠杆　9—拉钩

5.6.8　脱螺纹机构

带螺纹的塑件，其形状有特殊的要求，其模具结构也与一般模具不同。其塑件的脱落方式有很多种，旋转部分的驱动方式也不同。

1. 设计带螺纹塑件脱模机构应注意的问题

（1）对塑件的要求　螺纹型芯或型环要脱离塑件，必须相对塑件做旋转运动。如果螺纹型芯或型环在转动时塑件跟着一起转，则螺纹型芯或型环是脱不出塑件的。因此，塑件必须止转，即不随螺纹型芯或型环一起转动。为了达到这个要求，塑件的外形或端面上需带有防止转动的花纹或图案，如图 5-119 所示。

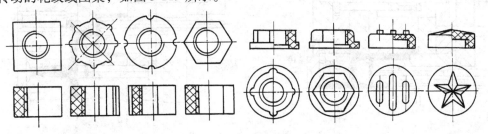

图 5-119　塑件止转设计

（2）对模具的要求　塑件要求止转，模具就要有相应防转的机构来保证。当塑件的型腔（凹模）与螺纹型芯同时设计在动模上时，型腔就可以保证不使塑件转动。但是当型腔不可能与螺纹型芯同时设计在动模上时，如型腔在定模，螺纹型芯在动模，动、定模一分型，塑件就脱离定模型腔，即使塑件外形有防转的花纹，这时也不起作用了，塑件留在螺纹型芯上和它一起转动，不能脱模。因此，在设计模具时要考虑止转机构。

2. 脱螺纹方式

带螺纹塑件的脱落方式可分为强制脱螺纹、活动的螺纹型芯与螺纹型环的形式、塑件或模具的螺纹部分回转的方式三种。

（1）强制脱螺纹　这种模具结构比较简单，用于精度要求不高的塑件。可以利用塑件的弹性脱螺纹，也可以采用硅橡胶螺纹型芯。

1）利用塑件的弹性脱螺纹。这种结构是利用塑件本身的弹性（如聚乙烯和聚丙烯塑料），用推板将塑件从型芯上强制脱出。塑件的推出面应该注意，避免图 5-120 所示的圆弧形端面作为推出面，因为这种情况塑件脱模困难。

2）利用硅橡胶螺纹型芯脱螺纹。这种结构是利用具有弹性的硅橡胶制造螺纹型芯，如图 5-121 所示。开模分型时，在弹簧 5 的压力作用下，首

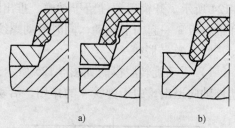

图 5-120　利用塑件的弹性强制脱螺纹
a）合理　b）不合理

先退出橡胶型芯中的芯杆 6，使橡胶螺纹型芯 4 产生收缩，再在推杆 1 的作用下将塑件 2 推出。这种模具的结构简单，但是硅橡胶螺纹型芯的寿命低，只用于小批量生产。

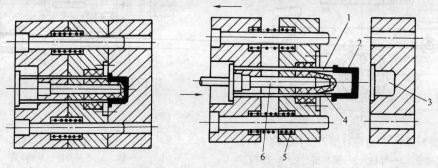

图 5-121　硅橡胶螺纹型芯
1—推杆　2—塑件　3—型腔　4—橡胶型芯　5—弹簧　6—芯杆

（2）活动的螺纹型芯或型环的形式　将螺纹型芯或型环与塑件一起脱模，在机床外与塑件分离，如图 5-122 所示。开模后，注塑机顶杆推动推板 1、楔板 2 向顶出方向移动，在楔板 2 及活动板 5 的作用下，将卡销 6 从螺纹型芯 9 的环形槽内抽出，随后推杆 4 将螺纹型芯 9 从动模中推出，最后在模外手工将螺纹型芯从塑件中脱出。

对于精度要求不高的外螺纹塑件，可采用两块拼合的螺纹型环成型，如图 5-123 所示。开模时，在斜导柱 2 的作用下，螺纹型环 3 左右分开，推件板推出塑件 1。

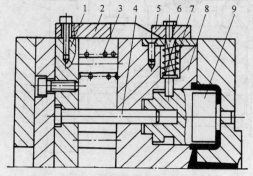

图 5-122　活动螺纹型芯带出塑件脱模
1—推板　2—楔板　3、7—弹簧　4—推杆　5—活动板
6—卡销　8—动模　9—螺纹型芯

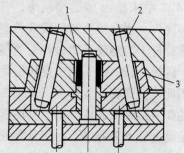

图 5-123　拼合的螺纹型环成型
外螺纹的模具结构
1—塑件　2—斜导柱　3—螺纹型环

对于精度要求不高的内螺纹塑件，可设计成间断内螺纹，由拼合的螺纹型芯成型，如图5-124所示。开模后塑件留于动模，推出时推杆8带动推板4，推板4带动滑动螺纹型芯10和推料板3一起向上运动，同时滑动螺纹型芯10向内收缩，使塑件脱模。

（3）旋转脱模

1）手动旋转脱模。如图5-125所示，开模后通过手轮转动轴1，驱使螺纹型芯7旋转，塑件轴向退出，由于弹簧4的作用，活动型芯6与塑件同步运动并将塑件推离螺纹型芯7。

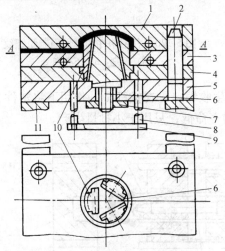

图5-124　拼合螺纹型芯模具结构

1—定模板　2—导柱　3—推料板　4、9—推板
5—动模板　6—中心型芯　7—固定托板
8—推杆　10—滑动螺纹型芯　11—动模座板

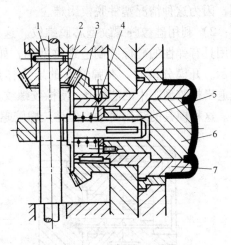

图5-125　手动旋转脱螺纹

1—轴　2、3—齿轮　4—弹簧
5—花键轴　6—活动型芯　7—螺纹型芯

2）开模力脱螺纹。如图5-126所示，开模时，齿条1带动齿轮2，通过轴3及齿轮4、5、6、7的传动，使螺纹型芯按旋出方向旋转，拉料杆9随之转动，从而使塑件与浇口同时脱出。

图5-127所示为螺旋杆、齿轮脱螺纹机构。开模时，在二次分型机构（图5-127中未绘出）的控制下，首先脱掉浇口。当推板7与凹模8分型时，螺旋杆1与螺旋套2做相对直线运动，因螺旋杆1的一端由定位键固定，因此迫使螺旋套2转动，从而带动齿轮3及螺纹型芯4转动，同时弹簧5推动推管6及推板7，使其始终推牢制件，防止制件随螺纹型芯转动，从而顺利脱模。

图5-128所示为斜导柱、螺旋杆脱螺纹机构。开模时，斜导柱1抽动

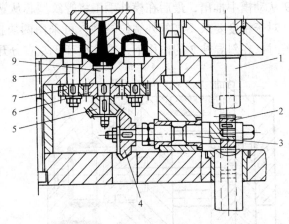

图5-126　齿轮齿条脱螺纹机构

1—齿条　2、4、5、6、7—齿轮　3—轴
8—螺纹型芯　9—拉料杆

螺旋杆 2,由于滚珠 3 的作用使齿轮 5 转动,通过齿轮 4 使带有齿轮的螺纹型芯 6 按旋出方向旋转,而从制件中脱出。螺旋杆 2 带有大导程螺旋槽,其螺旋方向由成型螺纹的螺旋方向及传动级数决定。

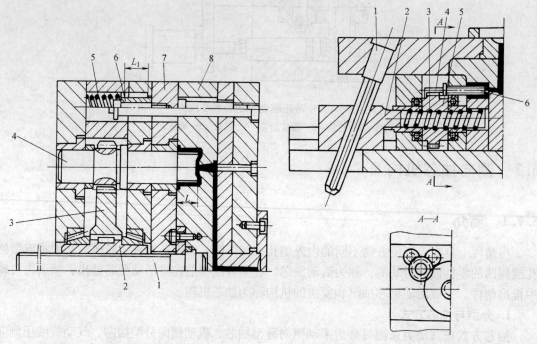

图 5-127 螺旋杆、齿轮脱螺纹机构
1—螺旋杆 2—螺旋套 3—齿轮 4—螺纹型芯
5—弹簧 6—推管 7—推板 8—凹模

图 5-128 斜导柱、螺旋杆脱螺纹机构
1—斜导柱 2—螺旋杆 3—滚珠
4、5—齿轮 6—螺纹型芯

3)推出力脱螺纹。如图 5-129 所示,开模后由推出力推动螺旋杆 2 转动,由于滚珠 4 及止动键 5 的作用迫使内齿轮 3 旋转,从而带动螺纹型环 7 转动,塑件靠其内肋止转并轴向退出。

4)其他动力驱动脱螺纹。用液压缸和气缸的平动带动齿条是自动脱螺纹常用方法之一,其驱动的方法和普通侧抽芯也是类似的,但是最后目的是要得到转动运动。电动机以及液压马达有时也用于自动脱螺纹机构。图 5-130 所示为液压驱动自动脱螺纹机构。

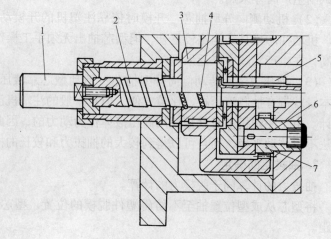

图 5-129 推出力脱螺纹机构
1—推杆 2—螺旋杆 3—内齿轮 4—滚珠
5—止动键 6—型芯 7—螺纹型环

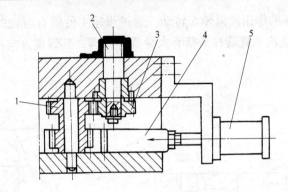

图 5-130　液压驱动自动脱螺纹机构

1、3—齿轮　2—螺纹型芯　4—齿条　5—液压缸

5.7　侧向抽芯机构

5.7.1　简介

当塑件上具有与开模方向不同的内外侧孔或侧凹时，塑件不能直接脱模，必须将成型侧孔或侧凹的零件做成可动的，称为活动型芯。在塑件脱模前先将活动型芯抽出，然后再自模中推出塑件。完成活动型芯抽出和复位的机构称为抽芯机构。

1. 分型与抽芯方式

抽芯方式按其动力来源可分为手动侧向分型抽芯、机动侧向分型抽芯、气动或液压侧向分型抽芯。

（1）手动侧向分型抽芯　模具开模后，活动型芯与塑件一起取出，在模外使塑件与型芯分离，或在开模前依靠人工直接抽拔，或通过传动装置抽出型芯。具有手动抽芯的模具结构比较简单，但是生产率低，劳动强度大，且抽拔力受到人力限制，因此只有在小批量生产和试制生产时才采用。

（2）机动侧向分型抽芯　开模时依靠注塑机的开模动力，通过传动零件将活动型芯抽出。机动抽芯模具结构比较复杂，但型芯抽出无须手工操作，减轻了工人的劳动强度，生产率高，在生产实践中广泛采用。

（3）液压或气动传动侧向分型抽芯　活动型芯靠液压系统或气动系统抽出，有的注塑机本身就带有抽芯液压缸，比较方便，但是一般的注塑机没有这种装置，可以根据需要另行设计。由于注塑机本身就是使用高压液体作为动力的，因此采用液动比气动要方便些。这种方法不仅传动平稳，而且可以得到较大的抽拔力和较长的抽芯距。

2. 抽拔距的确定

抽拔力的计算同于脱模力的计算。

将型芯从成型位置抽至不妨碍塑件脱模的位置，型芯（或滑块）所移动的距离称为抽拔距。

一般抽拔距等于侧孔深再加上 $2 \sim 3\text{mm}$。当结构比较特殊时，如成型圆形线圈骨架（见图 5-131），设计的抽拔距不能等于线圈骨架凹模深度 S_2。因为滑块抽至 S_2 时，塑件的外径仍不能脱出滑块的内径，必须抽出 S_1 的距离再加 $2 \sim 3\text{mm}$ 塑件才能脱出。

$$S = S_1 + (2 \sim 3) \, \text{mm} = \sqrt{R^2 - r^2} + (2 \sim 3) \, \text{mm} \qquad (5\text{-}24)$$

式中　S——抽拔距（mm）；

　　　S_1——抽拔的极限尺寸（mm）；

　　　R——塑件外径（mm）；

　　　r——滑块内径（mm）。

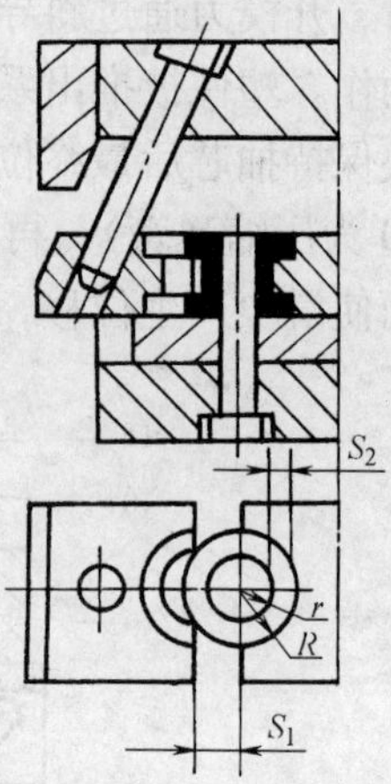

5.7.2　机动式分型抽芯机构

　　机动式分型抽芯机构分为弹簧分型抽芯机构、斜导柱分型抽芯机构、弯销分型抽芯机构、斜导槽分型抽芯机构、楔块分型抽芯机构、斜滑块分型抽芯机构、斜槽分型抽芯机构、齿轮齿条分型抽芯机构八种。

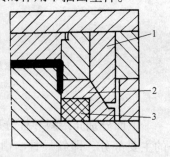

图 5-131　模具抽拔距

1. 弹簧（或硬橡胶）分型抽芯机构

　　当塑件的侧凹比较浅，所需抽拔力和抽芯距不大的时候，可以采用弹簧或硬橡胶实现抽芯动作。图 5-132 所示为橡胶抽芯机构，闭模时，锁紧块迫使侧芯移至成型位置；开模后，锁紧块脱离侧芯，侧芯即在硬橡胶或弹簧的作用下抽出塑件。

　　图 5-133 所示为弹簧抽芯机构，由滑块 1、型芯 2、动模板 3 等零件所组成。开模后塑件留在动模，当推杆 5 推动推板 4 时，滑块跟着移动；当滑块移动到型芯减小处时，两滑块在弹簧的作用下向内移动抽出塑件，继续开模即可取下塑件。

　　图 5-134 是弹簧抽芯的另一种型式。开模时，滚轮 2 脱离侧芯 4，侧芯在弹簧 3 的作用下抽出。要注意在抽侧型芯时，中心型芯 5 不能随动模移动，否则塑件留于定模型腔，难于脱模。因此，设置了顶销 6，使型芯 5 与动模板 1 开始有一段相对移动，待侧型芯抽出后，塑件包紧在型芯 5 上，再和动模一起移动。

图 5-132　橡胶抽芯机构

1—锁紧块　2—侧芯　3—硬橡胶

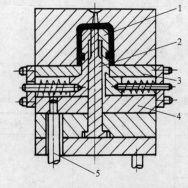

图 5-133　弹簧抽芯机构Ⅰ

1—滑块　2—型芯　3—动模板

4—推板　5—推杆

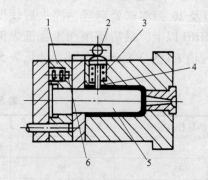

图 5-134　弹簧抽芯机构Ⅱ

1—动模板　2—滚轮　3—弹簧

4—侧芯　5—型芯　6—顶销

2. 斜导柱分型抽芯机构

　　（1）斜导柱分型抽芯机构的结构　斜导柱分型抽芯机构主要是由与模具开模方向成一

定角度的斜导柱 3 与滑块 8 组成，侧型芯 5 用销 4 固定在滑块上，如图 5-135a 所示。开模时，开模力通过斜导柱作用于滑块，迫使滑块 8 在动模板 7 的导滑槽内向左移动，完成抽芯动作。塑件被推出系统推出型腔，如图 5-135b 所示，限位挡块 9、螺钉 11、弹簧 10 是使滑块保持抽芯后最终位置的定位装置，保证闭模时斜导柱能很准确地进入滑块的斜孔（弹簧 10 为压缩弹簧），再向左移动恢复原位。锁紧块 1 用于防止在注塑成型时，由于侧型芯受力而使滑块产生位移，塑件靠推管 6 推出型腔。

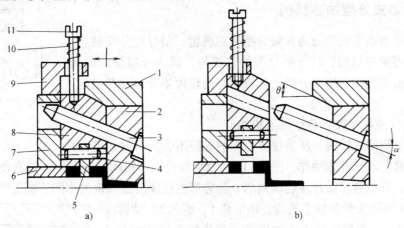

图 5-135　斜导柱分型抽芯机构
1—锁紧块　2—定模板　3—斜导柱　4—销　5—型芯　6—推管
7—动模板　8—滑块　9—限位挡块　10—弹簧　11—螺钉

　　下面分别介绍斜导柱分型抽芯机构中的主要部分，即斜导柱、滑块、导滑槽、滑块的定位装置和锁紧块的形式。

　　1）斜导柱。斜导柱的形状如图 5-136 所示。斜导柱的材料多用 45 钢、T8、T10 以及 20 钢渗碳处理等，淬火后硬度在 55HRC 以上，最后磨削加工保证表面粗糙度值 Ra 为 0.8μm，各部尺寸见表 5-10。

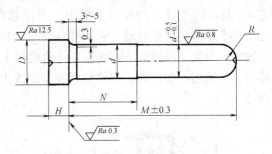

图 5-136　斜导柱形状

表 5-10　斜导柱尺寸　　　　　（单位：mm）

斜导柱直径 d	D	H	N	M
12	17	10		
15	20	12		
20	25	15		
25	30	15	由结构决定	由结构决定
30	35	20		
35	40	20		
40	45	25		

斜导柱的安装固定如图 5-137 所示。斜导柱的倾斜角 α 一般在 25°以下，锁紧块的角度 $\alpha' = \alpha + (2 \sim 3)°$。斜导柱与固定板之间用三级精度第三种过渡配合为宜。由于斜导柱只起驱动滑块的作用，滑块运动的平稳性由导滑槽与滑块间的配合精度保证，滑块的最终位置由锁紧块保证，因此为了运动灵活，斜导柱和滑块间采用比较松的配合，斜导柱的尺寸为 $d_{-1.0}^{-0.5}$。斜导柱的头部可以做成圆弧形，也可以做成圆锥形，必须注意圆锥部的斜角一定要大于斜导柱的倾斜角，以免斜导柱的有效长度离开滑块时，其头部仍然继续驱动滑块。

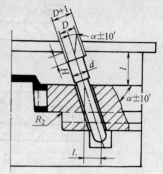

图 5-137　斜导柱的安装固定

2）滑块。滑块分为整体式和组合式两种。组合式滑块是把型芯安装在滑块上，这样可以节省优质钢材，且加工容易，因此应用广泛。型芯与滑块的连接形式如图 5-138 所示。一般型芯都比较小，所以在设计滑块与型芯的连接时，往往采用将型芯嵌入滑块部分的尺寸加大，如图 5-138a 所示；在考虑强度问题时，还可以采用图 5-138b 所示的形式，用骑缝销钉固定；图 5-138c 所示为燕尾槽式连接，用于型芯比较大的情况；当型芯比较小时，也可以用螺钉固定，如图 5-138d 所示；型芯为薄片形状时，可用通槽固定，如图 5-138e 所示；如有多个型芯时，可加压板固定，如图 5-138f 所示。

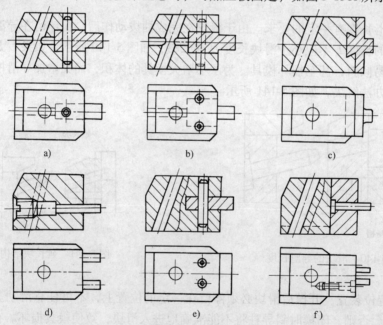

a)　　　　　　　　　b)　　　　　　　　　c)

d)　　　　　　　　　e)　　　　　　　　　f)

图 5-138　型芯与滑块的连接形式

型芯为成型零件，材料用铬钨锰钢、T8、T10 或 45 钢，淬火硬度为 50HRC 以上。滑块用 T8、T10、45 钢即可，淬火硬度为 40HRC 以上。

3）导滑槽。根据模具上型芯的大小，以及各厂的使用情况，滑块与导滑槽的配合形式各不相同，如图 5-139 所示。总的要求是在抽芯过程中，保证滑块运动平稳，无上下窜动和卡紧现象。

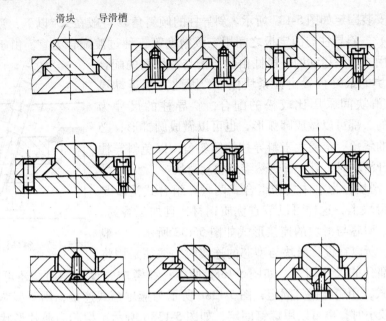

图 5-139　滑块与导滑槽的配合形式

　　滑块的导滑长度有一定的要求。由于滑块在完成抽拔动作后，需停留在导滑槽内，因此留在导滑槽中的长度 L 不应小于滑块长度 L_1 的 2/3，如图 5-140 所示。如果 L 太短，滑块在开始复位时容易倾斜，甚至损坏模具。为了不增大模具的体积，而又增加导滑槽长度，可采用局部加长的办法解决，如图 5-141 所示。

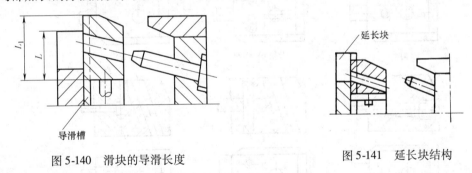

图 5-140　滑块的导滑长度　　　　　　　　　图 5-141　延长块结构

　　4）滑块定位装置。开模后滑块必须停留在一定的位置上，不可任意滑动。因此，必须设计定位装置。否则，闭模时斜导柱将不能准确地进入滑块，致使模具损坏。在设计滑块定位装置时，应根据模具结构，选用不同的形式。图 5-142a 和图 5-142b 所示为利用挡块定位的两种形式。向下抽芯时，可采用图 5-142a 所示的形式，它是利用滑块的自重停靠在挡块上，结构比较简单。向上抽芯时可采用图 5-142b 所示的形式，它是依靠弹簧的弹力使滑块停靠在挡块上而定位，弹簧的弹力应是滑块自重的 1.5～2 倍。图 5-142c 和图 5-142d 所示装置都是采用弹簧销的定位装置，形式基本相同，仅因挡板的厚度不同而用不同的方式安装弹簧。图 5-142e 所示的装置以钢球代替活动销。

　　5）锁紧块形式。在塑料的注射过程中，型芯受到塑料很大的推力作用。这个力通过滑

块传给斜导柱，而一般斜导柱为一细长杆件，受力后容易变形。因此，必须设置锁紧块，以便在模具闭模后锁住滑块，承受塑料给予型芯的推力。锁紧块与模件的连接可根据推力的大小，选用各种不同的装固方式。

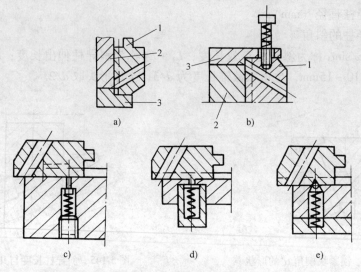

图 5-142 滑块定位装置

1—滑块 2—导滑槽 3—挡块

锁紧块形式如图 5-143 所示。图 5-143a 所示为将锁紧块与定模固定板作为一体的整体式结构，牢固可靠，但是金属材料耗费大，多用于侧向力较大的场合。图 5-143b 所示为用螺钉和销钉固定的，这种形式制造简单，适用较为普遍。图 5-143c 所示为利用 T 形槽固定锁紧块的形式，销钉定位，这种结构可承受较大的侧压力。图 5-143d 所示为采用锁紧块整体嵌入模板的一种连接形式。图 5-143e 和图 5-143f 所示均为对锁紧块起加强作用的形式，用于侧压力很大的场合。

要求锁紧块的楔角 α' 大于斜导柱倾斜角 α。这样当模具一开模锁紧块就让开，否则斜导柱将无法带动滑块作抽拔动作，如图 5-144 所示。一般取 $\alpha' = \alpha + (2° \sim 3°)$。

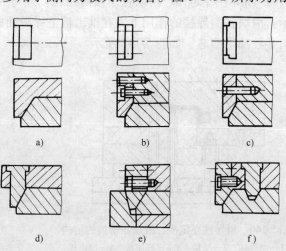

图 5-143 锁紧块形式

（2）斜导柱长度和最小开模行程计算 斜导柱的长度由抽拔距、斜导柱的直径及其倾斜角的大小确定。抽芯方向与开模方向垂直时，其长度计算如下（见图 5-145）：

$$L = L_1 + L_2 + L_3 + L_4 + L_5$$

$$= \frac{D}{2}\tan\alpha + \frac{h}{\cos\alpha} + \frac{d}{2}\tan\alpha + \frac{S}{\sin\alpha} + (10 \sim 15)\,\text{mm} \qquad (5\text{-}25)$$

式中　　L——斜导柱总长度（mm）；

　　　　D——斜导柱固定部分大端直径（mm）；

　　　　h——斜导柱固定板厚度（mm）；

　　　　d——斜导柱直径（mm）；

　　　　α——斜导柱的斜角（°）。

　　其中，$L_4 = S/\sin\alpha$ 称为斜导柱有效长度；$L_3 + L_4$ 称为斜导柱伸出长度；L_5 称为斜导柱头部长度，常取 10～15mm，也可取截锥长度为 $d/3$，半球形头取 $d/2$。

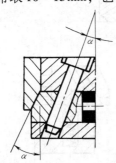

图 5-144　锁紧块楔角 α' 的形状

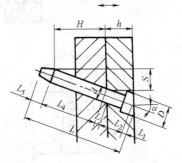

图 5-145　斜导柱长度与开模行程

　　完成抽拔距 S 所需的最小开模行程 H 由式（5-26）计算：

$$H = S\cot\alpha \tag{5-26}$$

　　（3）斜导柱分型抽芯机构的结构形式

　　1）斜导柱在定模、滑块在动模的结构。斜导柱在定模、滑块在动模的结构如图 5-146 所示。滑块在斜导柱的作用下，在推出板上导滑而脱离塑件。当塑件内部有凹槽时，也可以用斜导柱抽出型芯，如图 5-147 所示。

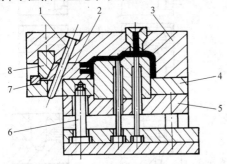

图 5-146　斜导柱在定模、滑块在动模的结构

1—斜导柱　2—滑块　3—定模座板　4—推出板
5—动模板　6—推杆　7—小锁紧楔　8—锁紧块

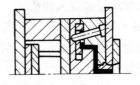

图 5-147　用斜导柱抽出型芯

　　设计斜导柱在定模、滑块在动模的结构时，必须注意的是在复位时滑块与推出系统不要发生干涉。如图 5-148 所示，在滑块 1 的复位先于推杆 2 的复位时，致使活动型芯碰撞推出杆而损坏，所以设计时就应慎重考虑。在模具结构允许的情况下，应尽量避免推出杆与活动型芯的水平投影相重合，或使推出杆的推出距离小于滑动型芯的最低面。当推出系统采用复位杆复位时，推杆可先于活动型芯复位，条件是推杆端面至活动型芯最近距离 h' 和 $\tan\alpha$ 的

乘积大于活动型芯与推杆或推管间在水平方向的重合距离 S'，即 $h'\tan\alpha > S'$（一般大 0.5mm 以上）。图 5-149 所示的三种情况就不会产生干涉而相互碰撞。如果模具结构不允许时，推出杆的复位应采用先复位机构。

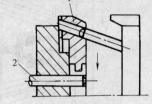

①楔形滑块复位机构，如图 5-150 所示。楔形杆 4 固定在定模上，楔形滑块 3 在推出板 2 的导滑槽内可以滑动。合模过程中，楔形杆 4 的斜面将楔形滑块 3 朝箭头方向移动，同时楔形滑块 3 又迫使推出板 2 后退，完成推杆 1 的复位。这种形式由于楔形滑块 3 不宜过大，所以推杆 1 退回的距离也较小。

②摆杆复位机构，如图 5-151 所示。摆杆复位机构与楔形滑块复位机构相似，所不同的是由摆杆 3 代替了楔形滑块。合模时楔形杆 5 推动摆杆 3，使其朝箭头方向转动，推动推出板 2 使推杆 1 复位。

图 5-148　干涉现象
1—滑块　2—推杆

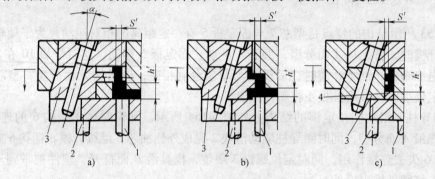

图 5-149　h' 和 S' 的关系图
1—推杆　2—复位杆　3—滑块　4—推管

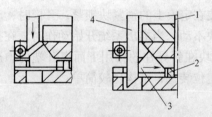

图 5-150　楔形滑块复位机构
1—推杆　2—推出板　3—滑块　4—楔形杆

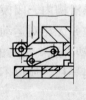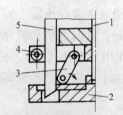

图 5-151　摆杆复位机构
1—推杆　2—推出板　3—摆杆　4—滚轮　5—楔形杆

③弹簧复位机构，如图 5-99 所示。在推出板与动模板之间装上弹簧，推出板靠弹簧的弹力而复位。利用弹簧复位在生产中应用较多，这是因为它结构简单，装配和更换都很方便。其缺点是弹簧力量小，可靠性差。

2）斜导柱在动模、滑块在定模的结构。斜导柱在动模、滑块在定模的结构如图 5-152、图 5-153 所示。图 5-152 所示结构的特点是没有推出机构。由于斜导柱和滑块上导柱孔的配合间隙较大（$C = 1.6 \sim 3.6$mm），使得滑块在分开前，模具首先分开一个距离 D（$D = C/\sin\alpha$），使型芯从塑件中抽出 D 距离而与塑件松动，然后靠导柱孔的外侧将滑块移动而退出塑件，最后用手将塑件取出。这种形式的模具结构简单，加工容易，但是塑件必须用人工取出，仅适用于小批量的简单模具。

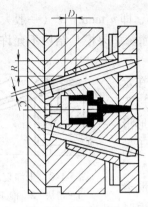

图 5-152　斜导柱在动模、滑块
在定模的结构 I

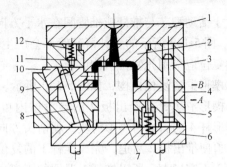

图 5-153　斜导柱在动模、滑块在定模的结构 II
1—定模板　2—型腔　3—导柱　4—推板　5—固定板
6—底板　7—型芯　8—斜导柱　9—锁紧块　10—滑块
11—定位钉　12—弹簧

图 5-153 所示结构的特点是型芯 7 与固定板 5 有一定距离的相对运动。为了使塑件不留于定模，开模时，首先从 A 面分型，型芯 7 不动，固定板 5 移动，这时滑块 10 在斜导柱 8 的作用下退出塑件；继续开模时，动模板与型芯台肩相碰，模具从 B 面分型，型芯 7 带着塑件脱离定模型腔，最后推板 4 将塑件推出。

3）斜导柱和滑块同在定模的结构。如图 5-154 所示，开模时由于摆钩 6 的连接作用，使模具首先沿 A 面分型，同时斜导柱驱动滑块 2 完成外侧抽芯；继续开模，摆钩 6 碰到压块 5，使摆钩 6 失去连接作用，同时定位螺钉 3 限位，模具沿 B 面打开，塑件被带到动模，最后由推板 1 将塑件推出模外。

4）斜导柱和滑块同在动模的结构。斜导柱和滑块都在动模一边时，可通过推出装置或顺序分型机构实现斜导柱与滑块的相对运动。图 5-155 所示为斜导柱和滑块同在动模的结构。滑块 1 装在推板 2 的导滑槽内，闭模时滑块靠装在定模上的锁紧块锁紧；开模时，动定模分开，这时滑块和斜导柱并无相对运动，因此滑块不动。当推出系统开始动作时，在推杆 3 的作用下推动推板 2，使塑件脱离型芯的同时，滑块在斜导柱的作用下而离开塑件。这种结构由于滑块始终不脱离斜导柱，所以不需设滑块定位装置，结构比较简单。

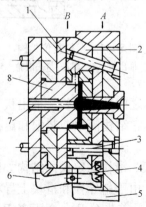

图 5-154　斜导柱和滑块同在定模的结构
1—推板　2—滑块　3—定位螺钉　4—弹簧
5—压块　6—摆钩　7—推杆　8—型芯

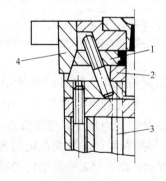

图 5-155　斜导柱和滑块同在动模的结构
1—滑块　2—推板　3—推杆　4—锁紧块

3. 弯销分型抽芯机构

图 5-156 所示为弯销分型抽芯机构，其原理和斜导柱抽芯机构一样，所不同的是在结构上以矩形断面的弯销 2 代替了斜导柱。这种结构的优点是斜角 α 可以大一些，即在同一个开模距离中，能得到比采用斜导柱大的抽拔距。一般弯销装在模外的为多。它一头固定在定模上，另一头由支承块 1 支承，因此能承受较大的抽拔阻力。由于弯销多装于模外，可以减小模板面积，从而减轻了模具质量。在设计弯销抽芯机构时，必须注意弯销与滑块孔之间的间隙要大些，一般在 0.5mm 左右，否则闭模时可能发生卡死现象。另外，支承块与弯销的强度也必须根据抽拔力的大小而定。

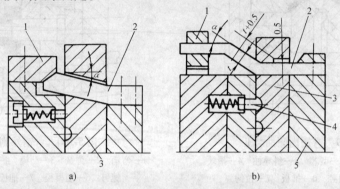

图 5-156　弯销分型抽芯机构

a）斜面弯销支承　b）平面弯销支承

1—支承块　2—弯销　3—滑块　4—定位销　5—支承板

弯销也有设在模内的，弯销在模内的结构如图 5-157 所示。其特点是开模时，塑件首先脱离定模型芯，然后在弯销的作用下使滑块移动。

弯销内侧抽芯如图 5-158 所示。塑件内侧壁有凹槽，开模时 A 面先分型，弯销带动滑块 4 向中心移动，完成抽芯动作，弹簧 3 使滑块 4 保持终止位置。

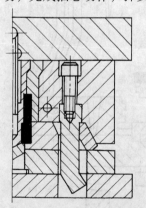

图 5-157　弯销在模内的结构

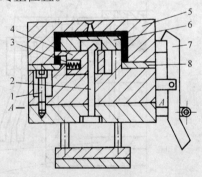

图 5-158　弯销内侧抽芯 I

1—定位螺钉　2—弯销　3—弹簧　4—滑块

5—型腔　6—型芯　7—摆钩　8—推板

图 5-159 所示也是利用弯销内侧抽芯结构。滑块 4 滑动配合于型芯 2 的斜孔内，为了保证抽芯动作先进行，采用了顺序分型机构。开模时，借助于拉钩 7 的拉紧作用，使分型面 A 先分开，同时斜导柱 3 即带动滑块按型芯内的斜孔方向移动而脱离塑件。当滑块抽出后，压块 10 即将滑板 9 压向模内而脱离拉钩。继续开模时，在定位螺钉的限制下，使分型面 B 分

开，然后由推板6推出塑件。

弯销外侧抽芯如图5-160所示。开模时，分型面A在弹簧2的作用下分开，这时活动型芯9在弯销1的带动下进行抽拔。当活动型芯全部抽出塑件时，定位螺钉5即带动动模型板使分型面B分开，此时塑件和凹模8脱离，塑件留在凸模3上。当模具继续分开时，推板7推出塑件。

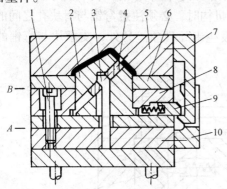

图5-159　弯销内侧抽芯Ⅱ

1—定位螺钉　2—型芯　3—斜导柱　4—滑块

5—定模型腔　6—推板　7—拉钩

8—动模板　9—滑块　10—压块

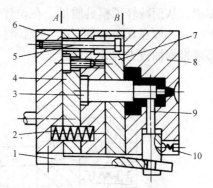

图5-160　弯销外侧抽芯

1—弯销　2—弹簧　3—凸模　4—垫板　5—定位

螺钉　6—动模板　7—推板　8—凹模

9—活动型芯　10—定位钉

4. 斜导槽分型抽芯机构

当侧芯的抽拔距比较大时，在侧芯的外侧用斜导槽和滑块连接代替斜导柱，如图5-161所示。槽的倾斜角同样在25°以下较好。如果必须超过这个角度时，可以把倾斜槽分成两

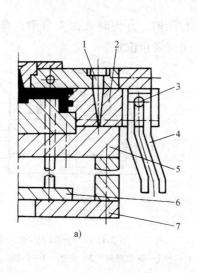

a)

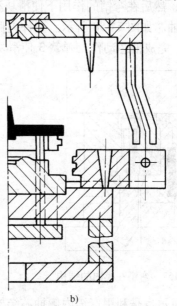

b)

图5-161　斜导槽分型与抽芯机构

a）合模状态　b）开模状态

1—止动销　2—滑块　3—销　4—弯销　5—凸模垫板　6—推板　7—动模板

段，如图 5-162 所示。第一段 α_1 角比锁紧块 α' 角小 2°，在 25°以下；第二段做成所要求的角度，但是 α_2 最大在 40°以下，E 为抽拔距。

图 5-163 所示为使用斜导槽时滑块的锁紧方式。图 5-163a 所示为整体式锁紧，锁紧力大，加工较困难。图 5-163b 所示为用锥形销锁紧，开模时首先开 l_1 距离，脱离锁紧块后，再按所要求的角度，通过斜导槽将侧芯抽出，这种形式用于侧芯比较宽的时候。图 5-163c 所示锁紧方式是用斜导槽的外部与滑块接触的部分起锁紧块作用，容易加工，减小了模具尺寸，但锁紧力较小。

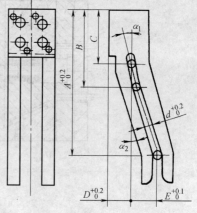

图 5-162　斜导槽的形状

5. 楔块分型机构

楔块分型机构如图 5-164 所示。两块楔块 1 分别安装在定模的两边，滑块 3 则装在动模上。开模时由于楔块两侧斜面的作用，使滑块在导滑槽内滑动分型，滑块的终止位置靠定位销 4 定位。合模时靠定模板 2 上的斜面使滑块闭合并锁紧。这种结构比较简单，模具体积小，制造方便。分型力和锁紧力都大，用于大型塑件抽拔距小的情况比较合适。

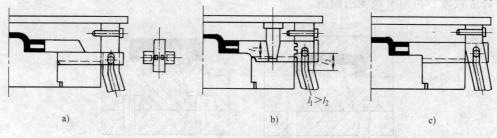

a)　　　　　　　　　　b)　　　$l_1 > l_2$　　　　　c)

图 5-163　滑块的锁紧方式

6. 斜滑块分型抽芯机构

斜滑块分型抽芯机构依导滑部位的不同，可分为滑块导滑的抽芯机构和斜杆导滑的抽芯机构。

（1）滑块导滑的斜滑块分型抽芯机构　滑块导滑的斜滑块分型抽芯机构有斜滑块外侧抽芯、斜滑块内侧抽芯两种形式。

1）斜滑块外侧抽芯　当塑件侧面的凹槽或孔较浅，所需的抽拔距不大，但成型面积较大时，多选用滑块导滑的形式。如图 5-165a 所示，斜滑块 3 上凸耳的斜度与锥形模套 2 滑槽的斜度相配合，斜滑块 3 在推杆 7 的作用下，沿着导滑槽的方向移动，同时向两侧分开，塑件也脱离主型芯

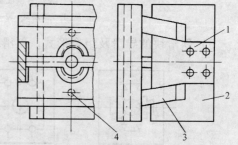

图 5-164　楔块分型机构
1—楔块　2—定模板　3—滑块　4—定位销

6。图 5-165b 所示为开模状态，定位螺钉 5 起限位作用，避免滑块脱出锥模套。这种结构的特点是当推杆推动滑块时，塑件的顶出和抽芯动作同时进行，且滑块的刚性较好。因此，滑块的斜角可以较斜导柱的倾斜角大些，一般不超过 30°；斜滑块的推出高度一般不超过导滑长度的 2/3，否则推出塑件时，斜滑块易倾斜，甚至损坏。

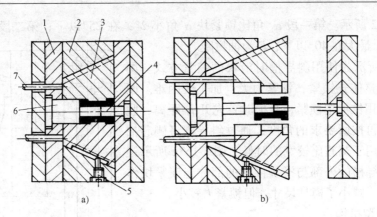

图 5-165　滑块导滑的结构

a）合模注塑状态　b）分型推出状态

1—主型芯固定板　2—模套　3—斜滑块　4—定模型芯　5—定位螺钉　6—主型芯　7—推杆

2）斜滑块内侧抽芯。图 5-166 所示为斜滑块内侧抽芯结构。开模后在顶杆 4 的作用下，使斜滑块 1 沿型芯 2 的导滑槽移动，斜滑块从塑件上抽出。这种结构所成型塑件的内螺纹一定要分成数段，否则滑块无法脱出。

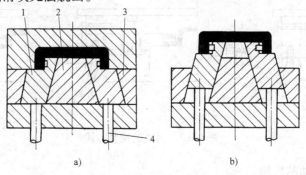

图 5-166　斜滑块内侧抽芯结构

a）合模注塑状态　b）分型推出状态

1—斜滑块　2—型芯　3—固定板　4—推杆

3）斜滑块的导滑及组合形式。斜滑块的导滑形式如图 5-167 所示。

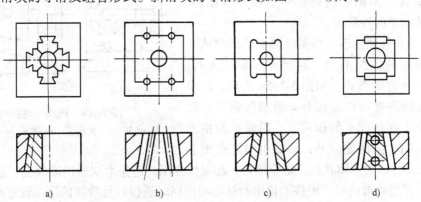

图 5-167　斜滑块的导滑形式

a）四块式　b）圆柱式　c）整块式　d）镶块式

斜滑块的组合形式如图 5-168 所示。要根据塑件形状决定选用哪种形式，其原则是尽量保持塑件的外观，不使塑件留有明显的痕迹，而且滑块的组合部分要有足够的强度。最常用是图 5-168a 所示的形式。

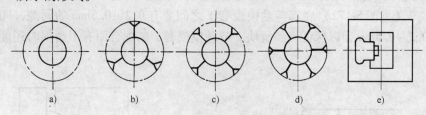

图 5-168　斜滑块的组合形式

a）整块式　b）三块式　c）四块式　d）五块式　e）抽动式

4）设计斜滑块抽芯机构时应注意的问题

①塑件位置的合理选择。塑件在斜滑块中的位置选择很重要。在图 5-169a 中，成型塑件孔的型芯设计在定模。开模时，塑件首先脱离型芯，然后滑块分离，因此塑件必然黏附在附着力较大的斜滑块一边，塑件不易脱下。当把型芯位置改变一下，如图 5-169b 所示，在推杆的作用下，塑件一边脱离型芯，斜滑块一边分型，最后塑件脱模。

②止动问题。斜滑块通常设计在动模部分，希望塑件对动模部分的包紧力大于定模部分。但是有时由于塑

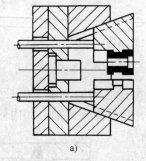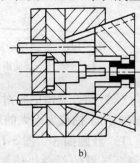

图 5-169　塑件在滑块中的位置

a）单向分型　b）双向分型

件的形状特点，定模部分的包紧力大于动模部分时，如果没有止动装置，可能出现图 5-170a 所示的情况，最后致使塑件损坏。图 5-170b 设有止动装置，开模时，止动钉 5 在弹簧的作用下使斜滑块 3 暂时不从锥形模套中脱出。当塑件脱离定模型芯后，在推杆的作用下再使斜滑块分型。

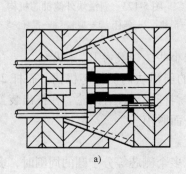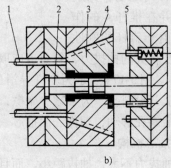

图 5-170　斜滑块的弹簧止动装置

a）没有止动装置　b）设有止动装置

1—推杆　2—型芯　3—斜滑块　4—锥模套　5—止动钉

图 5-171 所示是止动的另一形式。在斜滑块上钻一小孔和定模部分固定的止动销 2 呈间隙配合。开模时,在止动销的作用下,斜滑块不能斜向运动,起到了分型时的止动作用。

③斜滑块的装配要求。为了保证斜滑块在闭模时拼合紧密,在注射成型时不产生溢料,要求斜滑块 2(见图 5-172)底部与动模模套 1 之间要有 0.2~0.5mm 的间隙,同时还必须高出模套 0.2~0.5mm,以保证当斜滑块 2 与动模模套 1 的配合面有了磨损时还能够保持拼合的紧密。

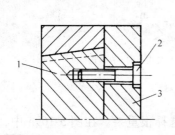

图 5-171　导销止动斜滑块的结构
1—滑块　2—止动销　3—定模板

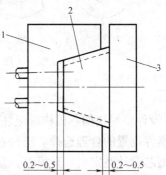

图 5-172　滑块与模套的配合
1—动模模套　2—斜滑块　3—定模

(2) 斜杆导滑的斜滑块分型抽芯机构　由于斜杆强度的限制,斜杆导滑的斜滑块抽芯机构多用于抽拔力不大的场合,它分为外侧抽芯和内侧抽芯两种形式。

1) 外侧抽芯。图 5-173 所示为斜杆导滑的斜滑块外侧抽芯机构(该机构为一数字轮的模具),共由五个滑块构成,每个滑块成型两个深度不大的凹字。成型滑块与方形斜杆连接在一起,斜杆在锥形模套底部的方形斜孔内滑动,推出板推动斜杆,带动成型滑块按斜杆倾斜方向运动,完成分型抽芯动作,并在推杆 4 的作用下推出塑件。由于斜杆的刚性

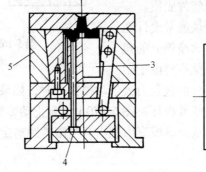
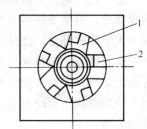

图 5-173　斜滑块外侧抽芯机构
1—滑块　2—斜杆　3—型芯　4—推杆　5—锥套

差,因此不能承受较大的抽拔力,斜角也应取小些,一般为 10°~20°。

2) 内侧抽芯。图 5-174 所示为斜杆导滑的斜滑块内侧抽芯机构。斜杆 2 的头部为成型滑块,在凸模 5 上开设斜孔,为了减少摩擦,斜杆底部设有滚轮。在推出装置的作用下,推出板使斜杆同时沿斜孔移动,塑件一面抽芯一面脱模。

7. 斜槽分型抽芯机构

塑件的侧芯抽拔力不大,抽拔距小,而且多个侧芯等分于圆的周围时,多采用斜槽分型抽芯机构。斜槽分型抽芯机构分为偏心转盘和偏心滑板两种形式。

(1) 偏心转盘分型机构　如图 5-175 所示,在转盘 4 上开设几个渐离中心的斜槽,每个斜槽中通过导销 2 连接滑块 1。当转盘转动某一角度时,滑块则在各自的导滑槽内移动,使

侧型芯抽出。转盘的转动和复位由装在定模板上沿圆周方向倾斜的斜导柱 3 驱动，最后由推杆 6 将塑件推出型腔。

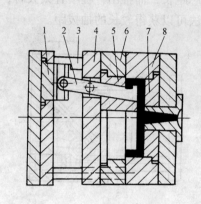

图 5-174　斜杆导滑的斜滑块内侧抽芯机构

1—滑座　2—斜杆　3—复位杆　4—动模板
5—凸模　6—固定板　7—型芯　8—定模板

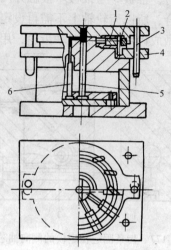

图 5-175　偏心转盘分型机构

1—滑块　2—导销　3—斜导柱
4—转盘　5—拉料杆　6—推杆

（2）偏心滑板分型抽芯机构　图 5-176 所示为偏心滑板分型抽芯结构，其特点就是斜槽开在滑板 2 上。开模后，在斜楔 1 的作用下使滑板 2 向上移动，在滑板 2 的斜槽中有滚筒 3 与滑块 4 连接，由于斜槽的移动，迫使滑块作抽芯动作。闭模时，在锁紧块 5 的作用下使滑板 2 复位。

8. 齿轮齿条抽芯机构

齿轮齿条抽芯机构中齿条的固定位置不同，抽芯的种类也不同。齿条有固定在定模上的，也有固定在推出板上的；抽芯方向有直芯，也有弧型芯。

（1）齿条固定在定模的侧向抽芯机构　如图 5-177 所示，塑件上的斜孔由齿条型芯 2 成型。开模时，固定在定模上的传动齿条 4，通过齿轮 3 带动齿条型芯抽出塑件。开模到终点位置时，传动齿条 4 脱离齿轮 3。为了防止再次合模时齿条型芯 2 不能恢复原位，在齿轮 3 的轴上装有定位钉 1，使齿轮 3 始终保持在与传动齿条 4 的最后脱离的位置上。

（2）齿条固定在推出板上的斜向抽芯机构　如图 5-178 所示，在推出塑件前，必须先将

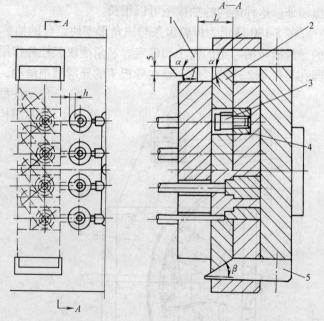

图 5-176　偏心滑板分型抽芯机构

1—斜楔　2—滑板　3—滚筒　4—滑块　5—锁紧块

斜向型芯抽出。开模后，在推出力作用下，传动齿条3首先通过齿轮2将齿条型芯抽出。继续开模时，推板5与推板4接触并同时运动，推出杆将塑件推出。由于传动齿条3与齿轮2始终啮合，所以齿轮轴上不需再设定位装置。如果抽芯距长，而推出行程不宜太大时，可将齿轮2做成齿数不等的双联齿轮，用加大传动比的方法可以获得较长的抽拔距。

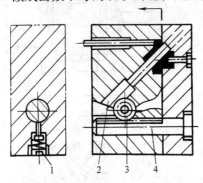

图 5-177　齿条固定在定模的侧向抽芯机构
1—定位钉　2—型芯　3—齿轮　4—传动齿条

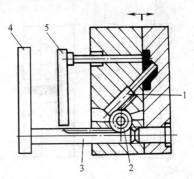

图 5-178　齿条固定在推出板上的斜向抽芯机构
1—齿条型芯　2—齿轮　3—传动齿条　4、5—推板

（3）齿轮齿条抽弧形弯型芯机构　如图5-179所示，塑件为电话受话器。利用开模力使固定在定模上的齿条1拖动动模边的直齿轮2，通过互成90°的斜齿轮转向后，由直齿轮6带动弧形齿条型芯3沿弧线抽出。同时装固在定模上的斜导柱使滑块4抽出，塑件由推杆推出模外。这种结构的抽拔距可以很长。

图5-180所示为齿轮齿条与三角形摆块组合的抽芯机构。导板7固定在定模上，导板上的导滑槽按抽芯距的大小而确定。三角摆块起杠杆作用，一点固定在动模支架上，一点用长圆孔与齿条2连接，另一点在导板7的导滑槽中滑动，使齿条推向模内移动，通过齿轮4的传动使型芯5抽出塑件。此种结构与图5-179所示结构相比较，抽拔距较短。

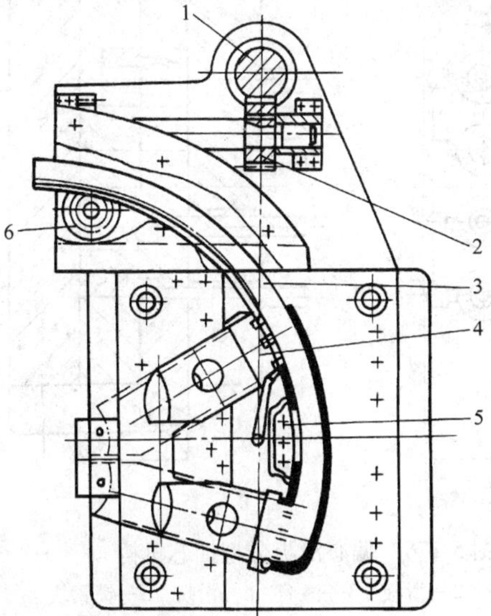

图 5-179　齿轮齿条抽弧形弯型芯机构
1—齿条　2、6—齿轮　3—弧形齿条型芯
4—滑块　5—型芯

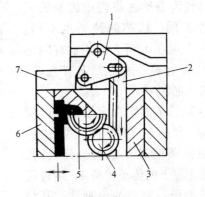

图 5-180　齿轮齿条与三角形
摆块组合的抽芯机构
1—三角形楔块　2—齿条　3—动模
4—齿轮　5—型芯　6—定模　7—导板

图 5-181 所示为抽弧形弯型芯结构。短连杆 4 的轴与齿轮轴连接，靠模具的开闭动作使长连杆 3 带动短连杆 4 摆动，从而使模内齿轮旋转，型芯齿条 1 完成抽芯动作。由于摆动角度的限制，这种结构的抽拔距也较小。

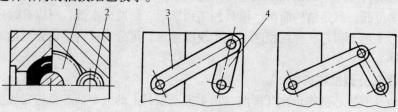

图 5-181　抽弧形弯型芯结构
1—型芯　2—齿轮　3—长连杆　4—短连杆

以上抽芯结构都是利用齿轮拖动齿条将型芯抽出，只是动力来源不同。这种结构便于抽任意斜度的型芯和圆弧形弯型芯，只是结构复杂一些。

5.7.3　液压或气压抽芯机构

侧芯的移动是靠液体或气体的压力，通过液压缸（或气缸）、活塞及控制系统而实现的。图 5-182 所示的气压抽芯是侧芯在定模一边，利用气缸在开模前使侧芯移动，然后再开模的。这种结构没有锁紧装置，因此必须像如图 5-182 所示的那样，侧孔为通孔，使得侧芯没有后退的力，或是型芯承受侧压力很小，气缸压力即能使侧芯锁紧不动。

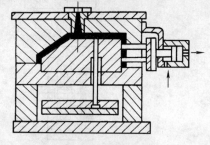

图 5-183 所示为有锁紧装置的液压抽芯机构，侧芯在动模一边。开模后，首先由液压抽出侧芯，然后再推出塑件，推出系统复位后，侧芯再复位。液压抽芯可以单独控制型芯的运动，不受开模时间和推出时间的影响。

图 5-182　气压抽芯

图 5-184 所示为液压抽长型芯机构。由于采用了液压抽芯，因此避免了作用瓣合模组合形式，使模具结构简化。并且当侧芯很长、抽拔距很大时，用斜导柱抽芯机构也不合适，用液压抽出比较好，液压抽芯抽拔力大，运动平稳。

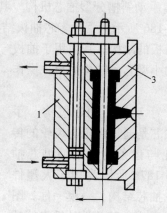

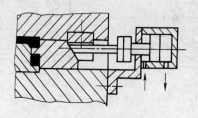

图 5-183　液压抽芯机构

图 5-184　液压抽长型芯机构
1—动模　2—型芯固定板　3—定模

5.7.4　手动分型抽芯机构

手动抽芯机构多用于试制和小批量生产的模具。用人力将型芯从塑件上抽出,劳动强度很大,生产率很低,但是结构简单,模具加工周期短,制造成本低,所以有时还采用。

手动抽芯多用于型芯、螺纹型芯、成型块的抽出,可分为模内手动分型抽芯和模外手动分型抽芯两种。

1. 模内手动分型抽芯机构

模内手动分型抽芯机构指在开模前,用手搬动模具上的分型抽芯机构完成抽芯动作,然后再开模,推出塑件。手动分型抽芯机构多利用丝杠、斜槽或齿轮装置。

(1) 丝杠手动抽芯机构　利用丝杠和螺母的配合,使型芯退出,丝杠可以一边转动一边抽出,也可以只作转动,由滑块移动来实现抽芯动作。图5-185a 所示结构用于圆形型芯;图5-185b 和图5-185d 所示结构用于非圆形成型孔;图5-185c 所示结构用于多型芯的同时抽拔;图5-185e 所示结构用于成形面积大、而支架承受不了较大的成型压力时,用斜楔锁紧来确保成型孔深的尺寸精度。

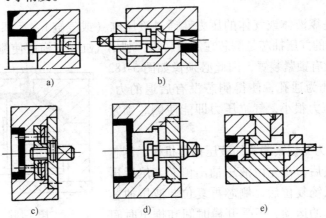

a)　　　　　　　　b)

c)　　　　d)　　　　e)

图 5-185　丝杠手动抽芯机构

(2) 手动斜槽分型抽芯机构　其动作原理和机动斜槽分型一样,只是用人力使转盘转动。图5-186 所示为手动多芯抽拔结构,图5-186a 所示为偏心转盘的结构,图5-186b 所示为偏心滑板的结构。其适用于抽拔距不大的小型芯,结构简单,操作方便。

(3) 手动齿轮抽芯机构　手动齿轮抽芯是通过齿轮与齿轮的传动或齿轮与齿条的传动使型芯抽出。图5-187a 所示为用于大塑件的锥齿轮抽芯结构,一模一件。图5-187b 所示为一腔几件的锥齿轮抽芯结构。图5-188 所示为齿轮齿条

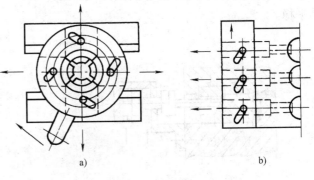

a)　　　　　　　　b)

图 5-186　手动多芯抽拔结构

抽芯机构。开模后，转动手柄 3，齿轮 4 带动齿条型芯 2 抽出。由于齿条无自锁作用，齿条型芯 2 复位后由锁紧楔 1 锁住型芯。

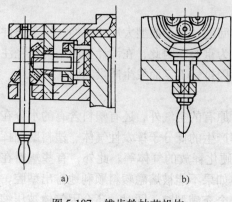 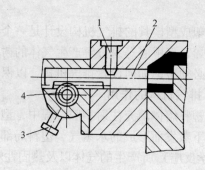

图 5-187 锥齿轮抽芯机构

图 5-188 齿轮齿条抽芯机构
1—锁紧楔 2—齿条型芯 3—手柄 4—齿轮

2. 模外手动分型抽芯机构

模外手动分型抽芯机构是指镶块或型芯和塑件一起推出模外，然后用人工或简单的机械将镶块从塑件上取下的结构。塑件受到结构形状的限制或生产批量很小，不宜采用前面所介绍的几种抽芯机构时，可以采用模外手动分型抽芯机构，如图 5-189 所示。这种结构应既要便于取件，又要有可靠的定位，防止在成型过程中镶块产生位移，影响塑件的尺寸精度。图 5-189a 所示机构利用活动镶块的顶面与定模型芯的顶面相密合而定位。图 5-189b 所示机构在活动镶块上设一个平面与分型面相平，在闭模时，分型面将活动镶块压紧。图 5-189c 所示机构的活动镶块用斜面与凸模配合，注射压力将活动镶块压紧。图 5-189d 所示机构是由于内侧凸起部分有嵌件，很难用其他形式抽芯，所以采用活动镶块形式。开模后，活动镶块和塑件一起被推出模外，首先卸下安装嵌件的螺钉，然后再取下活动镶块。当不能采用前几种定位形式时，可用图 5-189e 所示机构。开模后，斜楔 3 与定位销固定板 2 脱离，在弹簧的作用下，定位销 4 抽出后开始推出塑件。闭模过程是推杆 6 复位后，将活动镶块 5 放入模内，然后合模，定位销在斜楔的作用下插入活动镶块的孔内，起定位作用。

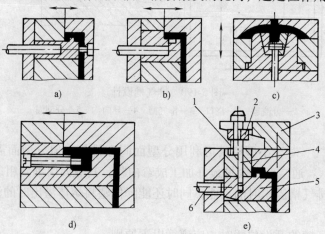

图 5-189 模外手动分型抽芯机构
1—弹簧 2—固定板 3—斜楔 4—定位销 5—活动镶块 6—推杆

5.8　排气机构及引气系统

注塑成型模具的排气机构设计是一个很重要的问题，对于成型大尺寸制件、精密制件及聚氯乙烯、聚甲醛等易分解产生气体的树脂来说尤为重要。因此，在设计型腔结构与浇注系统时，必须考虑如何设置排气机构，以保证制件不因排气不良而发生质量问题。

1. 排气机构的作用

在塑料熔体填充注射型腔过程中，型腔内除了原有的空气外，还有塑料含有的水分在注射温度下蒸发而形成的水蒸气、塑料局部过热分解产生的低分子挥发性气体、塑料助剂挥发（或化学反应）所产生的气体以及热固性塑料交联硬化释放的气体等。此外，有些塑料在其固化过程中，还会因体积收缩放出气体。这些气体如果不能被熔融塑料顺利地排出型腔，将在制件上形成气孔、接缝、表面轮廓不清，不能完全充满型腔；同时，还会因气体被压缩而产生的高温灼伤制件，使之产生焦痕、色泽不佳等缺陷。而且型腔内气体被压缩产生的反压力会降低充模速度，影响注射周期和产品质量（特别在高速注射时）；同时，部分气体还会在压力作用下渗进塑料中去，使制件产生气泡及组织疏松等废品。由此可见，型腔内气体必须及时排出，否则将会严重影响产品质量。

2. 排气机构设计

（1）排气槽排气　对大中型塑件的模具，需排出的气体量多，通常在分型面上的凹模一边开设排气槽，排气槽的位置以处于熔体流动末端为好，如图5-190所示。排气槽宽度 b = 3 ~ 5mm，深度 h < 0.05mm，长度 l = 0.7 ~ 1.0mm，此后可加深到 0.8 ~ 1.5mm。各种不同树脂的排气槽深度尺寸见表5-11。

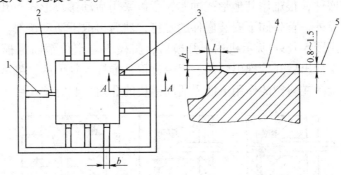

图 5-190　排气槽设计
1—分流道　2—浇口　3—排气槽　4—导向沟　5—分型面

（2）分型面排气　对于小型模具可利用分型面间隙排气，但分型面需位于熔体流动末端，如图5-191所示。通常，排气槽最好加工成弯曲状，其截面由细到粗逐渐加大，这样可以降低塑料熔体从排气槽溢出时的动能，同时还能降低塑料熔体溢出时的流速，以防发生工伤事故。

通常，选择排气槽的开设位置时，应遵循以下原则。

1）排气槽的排气口不能正对操作者，以防熔料喷出而发生工伤事故。

2）排气槽最好开设在分型面上，因为在分型面上如果因设排气槽而产生飞边，易随制

件脱出。一般情况下，排气槽设在分型面凹模一侧，以便于模具加工及清模方便。

表 5-11　各种不同树脂的排气槽深度

树脂名称	排气槽深度/mm	树脂名称	排气槽深度/mm
PE	0.02	PA（含玻璃纤维）	0.01 ~ 0.03
PP	0.01 ~ 0.02	PA	0.01
PS	0.02	PC	0.02 ~ 0.03
SB	0.03	PC（含玻璃纤维）	0.05 ~ 0.07
ABS	0.03	PBT（含玻璃纤维）	0.01 ~ 0.03
SAN	0.03	AS	0.03
ASA	0.03	PMMA	0.02 ~ 0.03
POM	0.01 ~ 0.03		

3）排气槽应尽量开设在塑料熔体最后才能填充的型腔部位，如流道或冷料穴的终端。在确定浇口的位置时，同时还要考虑排气槽的开设是否方便。

4）排气槽最好开设在靠近嵌件和制件壁最薄处，因为这样的部位最容易形成熔接痕，宜排出气体，并排出部分冷料。

5）若型腔最后充满部位不在分型面上，其附近又无可供排气的推杆或活动型芯时，可在型腔相应部位镶嵌烧结的多孔金属块，以供排气。

6）高速注射薄壁型制件时，排气槽设在浇口附近，可使气体连续排出。

（3）利用型芯、推杆、镶件等的间隙排气

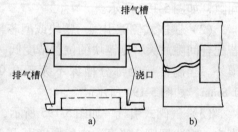

图 5-191　分型面上的排气槽形式
a）侧面　b）水平面

1）型芯或型腔排气如图 5-192a 所示。对于组合式的型芯或型腔可利用其拼合的缝隙排气。

2）推杆排气如图 5-192b 所示。在推杆槽上设置排气槽。由于推杆是运动零件可达到自清理效果，其效果较好。

3）镶件排气如图 5-192c 所示。它是利用成型镶件的配合间隙进行排气。

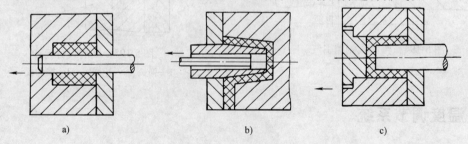

图 5-192　利用间隙排气
a）型芯或型腔排气　b）推杆排气　c）镶件排气

4）烧结合金块排气如图 5-193 所示。采用烧结合金块排气时，由于烧结合金块的热导

率低，不能使其过热，否则易产生分解物而堵塞气孔。

（4）利用负压法排气　在型芯之间加工冷却回路时，不设置密封装置。利用冷却回路内的负压通水，使水道内的冷却水压力低于大气压，从而将气体排入冷却水道。

3. 引气系统

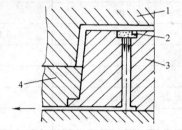

图 5-193　利用烧结合金块排气

1—凹模　2—合金块

3—型芯　4—固定板

排气是制件成型的需要，而引气是制件脱模的需要。对于大型深壳塑料制件，注塑成型后，型腔内气体被排除。制件表面与型芯表面之间在脱模过程中形成真空，难于脱模。若强制脱模，制件会变形或损坏，因此必须设引气装置。

由于热固性塑料制件在型腔内的收缩小，特别是不采用镶拼结构的深型腔，在开模时空气无法进入型腔与制件之间，使制件黏附在型腔的情况比热塑性塑料制件更为严重，因此必须引入气体，使制件顺利脱模。

常见的引气装置形式有以下几种。

（1）利用排气间隙　在模具成型零件分型面配合间隙排气的场合，排气间隙即为引气间隙，如图 5-192 所示。

（2）镶嵌式侧隙引气　镶块或型芯与其他成型零件为过盈配合时，空气无法引入型腔，若配合间隙放大，则镶块的位置精度低，所以考虑在镶块侧面的局部开设引气槽，并延续到模外。当制件接触部分槽深不大于 0.05mm，以免溢料堵塞，而延长部分深度为 0.2 ~ 0.8mm，如图 5-194 所示。

（3）气阀式引气　如图 5-195 所示，开模时推件板 3 将制件推出，制件与型芯之间形成真空，将止回阀 2 吸开，空气便能引入，而当熔体注射充模时，由于熔体压力和弹簧 1 的作用力将止回阀关闭。此种方式比较理想，但阀芯与阀座之间需研磨，加工要求高。

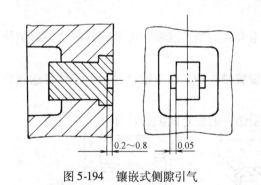

图 5-194　镶嵌式侧隙引气

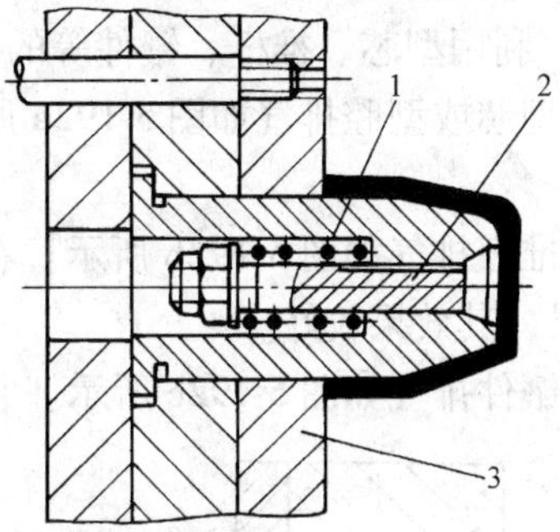

图 5-195　气阀式引气

1—弹簧　2—止回阀　3—推件板

5.9　温度调节系统

5.9.1　简介

在注塑成型过程中，模具的温度直接影响到塑件成型的质量和生产率。由于各种塑料的性能和成型工艺要求不同，模具的温度要求也不同。一般注射到模具内的塑料温度为 200℃

左右，而塑件固化后从模具型腔中取出时其温度在 60℃ 以下，温度降低是由于模具通入冷却水，将热量带走了。普通的模具通入常温的水进行冷却，通过调节水的流量就可以调节模具的温度。这种冷却方法一般用于流动性好的低熔点塑料的成型。为了缩短成型周期，还可以把常温的水降低温度后再通入模内。因为成型周期主要取决于冷却时间，用低温水冷却模具，可以提高成型效率。不过需要注意的是，用低温水冷却，大气中的水分可能在型腔表面凝聚，从而会影响制件质量。

流动性差的塑料如聚碳酸酯、聚苯醚、聚甲醛等，要求模具温度高。若模具温度过低则会影响塑料的流动，增大流动剪切力，使塑件内应力较大，甚至还会出现冷流痕、银丝、注不满等缺陷。尤其是当冷模刚刚开始注射时，这种情况更为明显。因此，对于高熔点、流动性差的塑料，流动距离长（相对壁厚而言）的制件，为了防止填充不足，有时也在水管中通入温水或把模具加热。但模具温度也不能过高，否则要求冷却时间延长，且制件脱模后易发生变形。总之，要做到优质、高效率生产，模具必须能够进行温度调节，应根据需要进行设计。

1. 模具温度与塑料成型温度的关系

注入模具的热塑性熔融塑料，必须在模具内冷却固化才能成为制件。所以模具温度必须低于注入型腔的熔融塑料温度，并为了提高成型效率，一般通过缩短冷却时间来缩短成型周期。虽然模具温度越低，冷却时间就越短。但是这种规则不能适用于所有的塑料。因塑料自身的性质及制件要求的性能各不相同，要求的模具温度也各不相同。必须根据不同的要求，选择适当的温度。与各种塑料相适应的模具温度见表 5-12。

表 5-12　各种塑料的成型温度与模具温度

塑料名称	成型温度/℃	模具温度/℃	塑料名称	成型温度/℃	模具温度/℃
LDPE	190 ~ 240	20 ~ 60	PS	170 ~ 280	20 ~ 70
HDPE	210 ~ 270	20 ~ 60	AS	220 ~ 280	40 ~ 80
PP	200 ~ 270	20 ~ 60	ABS	200 ~ 270	40 ~ 80
PA6	230 ~ 290	40 ~ 60	PMMA	170 ~ 270	20 ~ 90
PA66	280 ~ 300	40 ~ 80	硬 PVC	190 ~ 215	20 ~ 60
PA610	230 ~ 290	30 ~ 60	软 PVC	170 ~ 190	20 ~ 40
POM	180 ~ 220	60 ~ 120	PC	250 ~ 290	90 ~ 110

2. 温度调节对塑件质量的影响

质量优良的塑料制件应满足六个方面的要求，即收缩率小、变形小、尺寸稳定、冲击强度高、耐应力开裂性好和表面光洁。

采用较低的模温可以减小塑料制件的成型收缩率。

模温均匀、冷却时间短、注射速度快可以减小塑件的变形，其中均匀一致的模温尤为重要。但是由于塑料制件形状复杂、壁厚不一致、充模顺序先后不同，常出现冷却不均匀的情况。为了改善这一状况，可将冷却水先通入模温最高的地方，甚至在冷得快的地方通温水，慢的地方通冷水，使得模温均匀，塑件各部位能同时凝固。这不仅提高了制件质量，也缩短了成型周期。但由于模具结构复杂，要完全达到理想的调温往往是困难的。

　　对于结晶型塑料，为了使塑件尺寸稳定应该提高模温，使结晶在模具内尽可能地达到平衡。否则，塑件在存放和使用过程中，由于后结晶会造成尺寸和力学性能的变化（特别是玻璃化温度低于室温的聚烯烃类塑料），但模温过高对制件性能也会产生不好的影响。

　　结晶型塑料的结晶度还影响塑件在溶剂中的耐应力开裂能力，结晶度越高该能力越低，故降低模温是有利的。但是对于聚碳酸酯一类的高黏度非结晶型塑料，耐应力开裂能力和塑件的内应力关系很大，故提高充模速度、减少补料时间及采用高模温是有利的。

　　实验表明高密度聚乙烯冲击强度受充模速度影响很大，特别在浇口的附近，高速注射的制件较低速注射的制件在浇口附近冲击强度高1/4，但模温影响较小，以采用较低的模温（45~54℃）为宜。

　　对塑件表面粗糙度影响最大的除型腔表面加工质量外就是模具温度，提高模温能大大改善塑件表面状态。

　　上述六点要求有互相矛盾的地方，在选用时应根据使用情况侧重于满足塑件的主要要求。

3. 对温度调节系统的要求

　　前面已经介绍了温度调节系统的重要性，因此，希望设计温度调节系统时，能满足下面要求。

　　1）根据塑料的品种，确定温度调节系统是采用加热方式还是冷却方式。

　　2）希望模温均一，塑件各部同时冷却，以提高生产率和提高塑件质量。

　　3）采用低的模温，快速、大流量通水冷却一般效果比较好。

　　4）温度调节系统要尽量做到结构简单、加工容易、成本低廉。

5.9.2　模具冷却系统的设计

1. 冷却时间的计算

　　塑件在模具内的冷却时间，通常是指塑料熔体从充满型腔时起到可以开模取出塑件时为止这一段时间。可以开模取出塑件的时间，常以塑件已充分固化，且具有一定的强度和刚度为准。具体有三种标准及计算公式。

　　1）塑件最厚部位断面中心层温度达到热变形温度以下时，所需冷却时间的简化计算公式为

$$t_1 = \frac{\delta^2}{\pi^2 k}\ln\left[\frac{4(T_m - T_\omega)}{\pi(T_s - T_\omega)}\right] \tag{5-27}$$

式中　t_1——塑件所需冷却时间（s）；

　　　δ——塑件壁厚（mm）；

　　　k——塑件的热扩散率（m²/s）；

　　　T_m——塑料熔体温度（℃）；

　　　T_ω——模具温度（℃）；

　　　T_s——塑料的热变形温度（℃）。

　　2）塑件截面内平均温度达到规定的脱模温度时，所需冷却时间的简化计算公式为

$$t_2 = \frac{\delta^2}{\pi^2 k}\ln\left[\frac{8(T_m - T_\omega)}{\pi^2(\overline{T}_s - T_\omega)}\right] \tag{5-28}$$

式中　t_2——塑件所需冷却时间（s）；

　　$\overline{T}_s$——塑件脱模时截面内平均温度（℃）。

3）结晶性塑料制件的最大壁厚中心层达到凝固点时，所需冷却时间的经验公式如下：

①聚乙烯（PE）

棒类
$$t_3 = 123.96R^2 \frac{T_m + 28.9}{185.6 - T_\omega} \tag{5-29}$$

板类
$$t_3 = 79.98\delta^2 \frac{T_m + 28.9}{185.6 - T_\omega} \tag{5-30}$$

以上两式的适用范围：$T_m = 193.3 \sim 248.9℃$，$T_\omega = 4.4 \sim 79.4℃$

②聚丙烯（PP）

棒类
$$t_3 = 65.66R^2 \frac{T_m + 490}{223.9 - T_\omega} \tag{5-31}$$

板类
$$t_3 = 37.85\delta^2 \frac{T_m + 490}{223.9 - T_\omega} \tag{5-32}$$

以上两式的适用范围：$T_m = 232.2 \sim 282.2℃$，$T_\omega = 4.4 \sim 79.4℃$

③聚甲醛（POM）

棒类
$$t_3 = 71.61R^2 \frac{T_m + 157.8}{157.8 - T_\omega} \tag{5-33}$$

板类
$$t_3 = 36.27\delta^2 \frac{T_m + 157.8}{157.8 - T_\omega} \tag{5-34}$$

以上两式的适用范围：$T_m > 190℃$，$T_\omega < 125℃$

式中　t_3——塑件所需冷却时间（s）；

　　T_m——棒类或板类塑件的初始成型温度（℃）；

　　T_ω——模具温度（℃）；

　　R——棒类塑件的半径（mm）；

　　δ——板类塑件的厚度（mm）。

2. 热交换系统

注塑成型过程中，模具的温度对塑料熔体的充模流动、固化定型、生产率、制件的形状和尺寸精度、机械强度、应力开裂和表面质量等均有影响。为了保证制件质量和较高的生产率，模具温度必须适当、稳定、均匀。

塑料模是塑料模塑成型必不可少的工艺装备，同时又是一个热交换器。输入热量的方式是加热装置的加热和塑料熔体带进的热量；输出热量的方式是自然散热和向外热传导，其中95％的热量是靠传热介质（冷却水）带走。在模塑过程中，要保持模具温度的稳定，就应保持输入热与输出热平衡。为此，必须设置模具的热交换系统，对模具进行加热和冷却，以控制模具温度。

（1）确定加热与冷却的原则　注塑模的热交换系统必须具有冷却或加热的功能，必要时还二者兼有。通常所采用的冷却或加热介质有水、热油和蒸汽，也可采用电加热方式。水又分为常温水、温水和冷水三种。常温水是指不经加热或冷却处理的自然水流；温水是指经过一定程度加热的水流；冷水则是指经冷却处理后的水流。

究竟在何种情况下需要对模具进行冷却或加热，与不同特性的塑料品种、制件结构形状、尺寸大小、生产率及成型工艺对模具温度的要求有关。确定冷却或加热的原则如下所述：

1）对于黏度低、流动性好的塑料（如聚乙烯、聚丙烯、聚苯乙烯和聚酰胺等），因为成型工艺要求的模具温度不太高，通常可用常温水对模具进行冷却，并通过调节水的流量大小控制模具温度。若要提高这类塑料制件的生产率，缩短制件在模内的冷却时间及成型周期，可采用冷水控制模温。

2）对于黏度高、流动性差的塑料（如聚碳酸酯、硬聚氯乙烯、聚苯醚、聚砜和氟塑料等），为了改善充模性能，成型工艺常要求模具具有较高的温度，需要对模具采取加热措施。

3）对于低黏流温度或低熔点塑料，一般需要采用常温水或冷水对模具进行冷却。但是，如果需要改善充模流动性，或是为了解决某些成型质量方面的问题，也可采取加热措施。

4）对于高黏流温度或高熔点塑料，可用温水控制模温。其目的是使温水对塑料制件产生冷却作用，并比常温水和冷水更有利于促使模温分布趋于均匀化。

5）对于热固性塑料，模温要求在 150～220℃，必须对模具采取加热措施。

6）由于制件几何形状的影响，制件在模具内各处的温度不一定相等，常会因温度分布不均导致成型质量差。为此，可对模具采用局部加热或局部冷却的方法，以改善制件温度的分布情况。

7）对于流程长、壁厚又较厚的制件，或者是黏流温度或熔点虽然低，但成型面积很大的制件，为保证塑料熔体在充模过程中不因温度下降而难于流动，也可对模具采取适当的加热措施。

8）对于工作温度高于室温的大型模具，可在模内设置加热装置，以保证在生产之前预热模具。

9）为了实现准确地控制模温，可在模具中同时设置加热器和冷却器。

10）对于小型薄壁制件，且成型工艺要求模温不太高时，可不设置冷却装置。

11）结构简单，加工容易，成本低廉。

（2）冷却系统　对于小型注塑模，塑料熔体传给模具的热量可以依靠自然对流和辐射的方式散发，但在更多的情况下，熔体传给模具的绝大多数热量只能依靠冷却水对流传导扩散出去。因此，需在模具中合理地设计冷却水的通道截面尺寸及长度，以便准确地计算控制模温所需的热传导面积。

1）冷却水孔数量尽量多，尺寸尽量大。型腔表壁的温度与冷却水道的数量、截面尺寸以及冷却水的温度有关。图 5-196 所示为在冷却水道数量和截面尺寸不同的条件下，向模具内通入不同温度（45℃ 和 59.83℃）的冷却水后，模具内同一截面上的等温曲线分布情况。采用 5 个直径较大的水道时，型腔表壁的温度分布比较均匀，温差只有 0.05℃ 左右（分型面附近的温度约 60.05℃，型腔表壁温度约 60℃），如图 5-196a 所示；而采用两个直径较小的水道时，型腔表壁温度分布的均匀性变差，温差达 6.67℃ 左右（分型面附近的温度约 60℃，型腔表壁的温度约 53.33℃），如图 5-196b 所示。据此可知，为了使型腔表壁的温度分布趋于均匀，防止制件出现温度不均及由此而产生的不均匀性收缩和残余应力，在模具结

构和尺寸允许的情况下，应尽量多设冷却水道，并使用较大的截面尺寸。

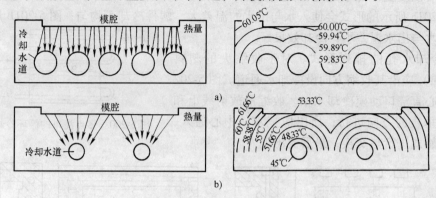

图 5-196　热传导与温度梯度

2）冷却水孔至型腔表面距离相等。当塑件壁厚均匀时，冷却水孔与型腔表面各处最好有相同的距离，如图 5-197a 所示。当壁件壁厚不均匀时，如图 5-197b 所示，厚壁处冷却水通道要靠近型腔，间距要小。一般水孔边离型腔的距离大于 10mm，常取 12～15mm。

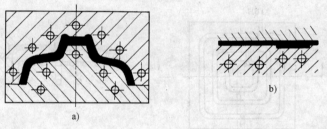

图 5-197　冷却水孔的位置

3）浇口处加强冷却。普通熔融的塑料充填型腔的时候，浇口附近温度最高，距浇口越远温度越低。因此，浇口附近要加强冷却，通入冷水，而在温度低的外侧使经过热交换了的温水通过即可。图 5-198 所示为两个型腔侧浇口的循环冷却水冷。图 5-199 所示为薄膜浇口的循环冷却水路，图 5-200 所示为多点浇口的循环冷却水路。

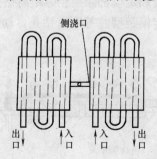

图 5-198　两个型腔侧浇口的循环冷却水路

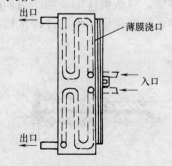

图 5-199　薄膜浇口的循环冷却水路

4）降低入水与出水的温度差。如果入水温度和出水温度差别太大时，使模具的温度分布不均，特别是对流动距离很长的大型制件，料温越流越低。为取得整个制件大致相同的冷

却速度，可以改变冷却水通道排列的形式，如图 5-201 所示。对于大型塑件，型腔比较长时，图 5-201a 所示的形式会使入水与出水的温差大，塑件冷却不均匀；图 5-201b 所示的形式可使入水与出水温差小，冷却效果好。

5）冷却水孔的排列形式。对于收缩大的塑料（如聚乙烯）应沿其收缩方向设冷却水通道。图 5-202 所示为中心直浇口动模冷却水槽。收缩沿放射线上和同放射线垂直的方向进行，所以应把水从中心通入，向外侧螺旋式进行热交换，最后流出模外。

图 5-200　多点浇口的循环冷却水路

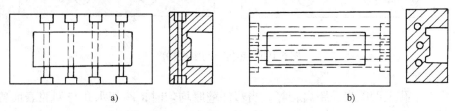

a)　　　　　　　　　　　　　　　　b)

图 5-201　冷却水道排列形式

a）不合理　b）合理

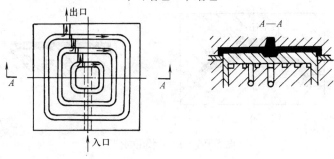

图 5-202　中心直浇口动模冷却水槽

冷却水通道的开设应该尽可能按照型腔的形状，对于不同形状的塑件，冷却水道位置也不同。

①薄壁、扁平塑件的冷却水槽如图 5-203 所示，动模和定模都距型腔等距离钻孔。

②中等深度壳形塑件的冷却水槽如图 5-204 所示，定模距型腔等距离钻孔，动模开设冷却水槽。

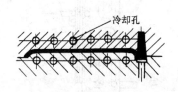

图 5-203　薄壁、扁平塑件的冷却水槽

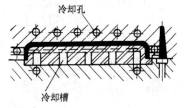

图 5-204　中等深度壳形塑件的冷却水槽

③深型腔塑件。深型腔塑件最困难的是型芯的冷却。对于深度浅的情况钻通孔并堵塞得到和塑件形状类似的回路，如图 5-205 所示。对于深型腔的大型制件不能那样简单，应如图

5-206 所示，定模采取自浇口附近入水，在周围回转由外侧的钻孔把水导出的方式。型芯的底部如 A—A 断面所示加工出螺旋状的槽，在型芯中打出的不通孔中放入如图所示的隔板，沿着型芯的形状开设冷却水道。

图 5-207 所示的冷却水槽为了较好地对型芯进行冷却从型芯中心进水，而在端面（浇口处）冷却后沿型芯顺序流出模具，定模也是这样冷却。此法用于非常深的塑件冷却。

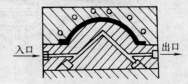

图 5-205　深型腔塑件冷却水槽

④狭窄的、薄的、小型的制件因为型芯细，在型芯中心开不通孔，放进管子，由管中进入的水喷射到浇口附近，进行冷却，管的外侧和孔壁间的水通向出水口。图 5-208 所示是典型的例子。

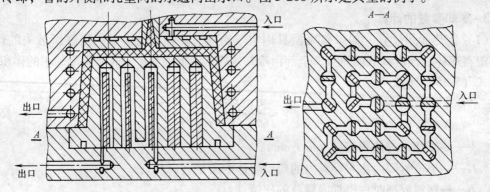

图 5-206　深型腔大型制件的冷却水槽

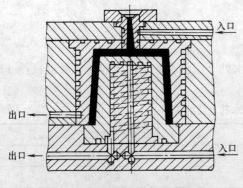

图 5-207　非常深的塑件冷却水槽

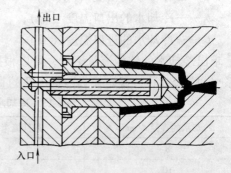

图 5-208　狭窄型芯的冷却水道

当型芯非常细，不能开孔时，可以选用导热性好的铍铜合金作为型芯的材料，如图 5-209 所示。

对于壁较厚的小制件，可将铍铜芯棒一端加工成翅片状以扩大散热面积，如图 5-210 所示。

此外，冷却水通道要尽量避开塑件的熔接痕部位，以免影响塑件的强度。

6）便于加工和清理。冷却水通道要易于机械加工，便于清理，一般孔径设计为 8 ~ 12mm。

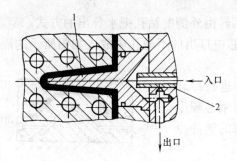

图 5-209　铍铜型芯
1—铍铜型芯　2—导管

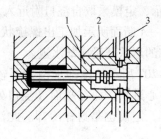

图 5-210　扩大散热面积结构
1—型芯铍铜　2—镶件铍铜　3—水管

3. 冷却参数的计算

（1）传热面积计算　如果忽略模具因空气对流、热辐射与注塑机接触所散失的热量，假设塑料熔体在模内释放的热量，全部由冷却水带走，侧模具冷却时所需冷却水的体积流量可按式（5-35）计算：

$$V = \frac{Gh}{60c\rho(t_1 - t_2)} \tag{5-35}$$

式中　V——冷却水的体积流量（m^3/min）；

G——单位时间内注入模具内的塑料熔体的质量（kg/h）；

h——塑料成型时在模具内释放的比焓（J/kg）；

c——冷却水的比热容［$J/(kg \cdot K)$］；

ρ——冷却水的密度（kg/m^3）；

t_1——冷却水的出口温度（℃）；

t_2——冷却水的进口温度（℃）。

求出冷却水的体积流量 V 后，可以根据冷却水处于湍流状态下的流速 v 与通道直径 d 的关系（见表5-13），确定模具冷却水孔的直径 d。

表 5-13　冷却水流速与水孔直径的关系

冷却水的直径 d/mm	最低流速 $v/(m/s)$	冷却水体积流量 $V/(m^3/min)$
8	1.66	5.0×10^{-3}
10	1.32	6.2×10^{-3}
12	1.10	7.4×10^{-3}
15	0.87	9.2×10^{-3}
20	0.66	12.4×10^{-3}
25	0.53	15.5×10^{-3}
30	0.44	18.7×10^{-3}

冷却水孔总传热面积 A 由式（5-36）计算：

$$A = \frac{Gh}{K(T_\omega - T_\theta)} \tag{5-36}$$

式中　A——冷却水孔总传热面积（m^2）；

　　　G——单位时间内注入模具中的塑料质量（kg/h）；

　　　h——塑料成型时在模内释放的比焓（J/kg）；

　　　T_ω——模具温度（℃）；

　　　T_θ——冷却水的平衡温度（℃）；

　　　K——冷却介质在圆管内呈湍流状态时，冷却管道冷却孔壁与冷却介质间的传热系数 $[J/(m^2 \cdot h \cdot ℃)]$，数值由下式确定。

$$K = \frac{4187 f(\rho v)^{0.8}}{d^{0.2}} \tag{5-37}$$

式中　f——与冷却介质温度有关的物理系数，数值由表 5-14 确定；

　　　ρ——冷却介质的密度（kg/m^3）；

　　　v——冷却介质的流速（m/s）；

　　　d——冷却管道的直径（m）。

表 5-14　水温与 f 的关系

平均温度/℃	0	5	10	15	20	25	30	35	40	45	50	55	60	65	70	75
f	4.91	5.3	8.68	6.07	6.45	6.84	7.22	7.6	7.98	8.31	8.64	8.97	9.3	9.6	9.9	10.2

（2）冷却水孔总长度计算　由于传热面积 $A = \pi dL$，代入式（5-36），且 K 用式（5-37）表示，可得

$$L = \frac{Gh}{4187 \pi f(\rho v d)^{0.8}(T_\omega - T_\theta)} \tag{5-38}$$

式中　L——冷却水孔总长度（m）。

（3）冷却水孔数目的计算　设因模具尺寸之限制，每一根水孔的长度为 l，则模具内应开设水孔数由式（5-39）计算：

$$n = \frac{A}{\pi dl} \tag{5-39}$$

（4）冷却水流动状态的校验　冷却水介质处于层流还是湍流，其冷却效果相差 10 ~ 20 倍。因此，在模具冷却系统设计完成后，尚须对冷却介质的流动状态进行校核。规定实用的雷诺数为

$$Re = \frac{vd}{\eta} \geqslant 6000 \sim 10000 \tag{5-40}$$

式中　v——冷却水的流速（m/s）；

　　　d——冷却水孔直径（m）；

　　　η——冷却水的运动黏度（m^2/s），可按图 5-211 选取。

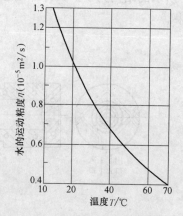

图 5-211　水的运动黏度与温度关系

（5）冷却水入口与出口处温差校核　冷却水的进出口温差由式（5-41）校验：

$$t_1 - t_2 = \frac{Gh}{900 \pi d^2 c \rho v} \tag{5-41}$$

5.9.3　常见的冷却系统结构

由于塑件的形状是各种各样的，必须根据型腔内的温度分布、浇口位置等设计不同的冷却系统。

1. 型腔冷却系统结构

最常见的型腔冷却水槽结构如图 5-212 所示，采用钻孔的方法比较容易加工，用堵头使冷却水沿指定方向流动。图 5-213 所示为型腔开设环形冷却水槽的形式，这种结构一定要很好地密封。图 5-214 所示为比较深的圆形制件型腔冷却形式。

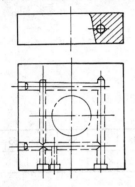

图 5-212　型腔冷却水槽结构

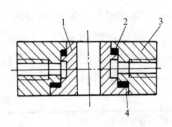

图 5-213　型腔开设环形冷却水槽
1—型腔　2、4—密封圈　3—固定板

2. 型芯冷却系统结构

型芯的冷却结构根据塑件的深度、宽度等大小不同而异。除图 5-205 ~ 图 5-210 所示的结构外，还使用喷射式循环水路或冷却水与压缩空气并用的情况。图 5-215 所示为主要冷却回路在定模型腔，沿浇口附近成环状回路，型芯为喷射式冷却。图 5-216 所示为冷却水与压缩空气并用的结构，在推出杆内设有喷射的冷却水路，压缩空气起冷却及进气作用。图 5-217 所示的结构为了扩大冷却型芯的上面，使用了没有冷却水通孔的特殊隔板，提高了冷却效果。

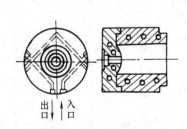

图 5-214　比较深的圆形制件型腔冷却

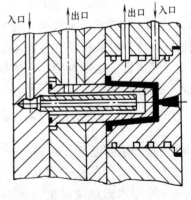

图 5-215　喷射式冷却

5.9.4　加热装置的设计

当注塑成型工艺要求模具在 80℃ 以上工作时，模具中必须设置具有加热功能的温度调

节系统，换句话说，就是模具中必须带有加热装置。根据热源不同，模具加热装置的种类很多，如采用各种热水、热油和蒸汽的加热装置以及各种电加热装置等。除了电加热之外，对于各种加热介质，均需要在模内开设相应的循环回路，其设计方法可以类比冷却水路。电加热装置是当前应用比较普遍的温度调节系统，它具有结构简单、温度调节范围较大和加热清洁、没有污染等优点。

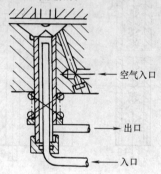 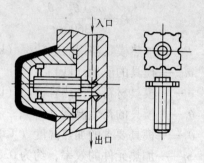

图5-216　冷却水与压缩空气并用的结构　　　　图5-217　特殊隔板冷却型芯结构

1. 电加热的方式

模具中可以使用的电加热装置有两大类型，一种是电阻加热，另一种是感应加热。由于感应加热装置结构复杂，体积又大，通常很少采用。下面是三种常用的电阻加热方式。

（1）电阻丝直接加热　这种方式将事先绕制好的螺旋弹簧状电阻丝作为加热元件，外部穿套特制的绝缘瓷管后，装入模具中的加热孔道，一旦通电便可对模具直接加热。这种方式的特点是加热结构简单、价格低廉；但电阻丝与空气接触后容易氧化损耗、使用寿命不长、耗电量也比较大，并且也不大安全，必须注意模具加热部分与其他部分的绝缘问题。

（2）电热环加热　电热环也称为筒式加热元件，它是将电阻丝绕制在云母片上之后，再装夹进一个特制框套内而制成的。如果框套为金属材料，则框套与电阻丝之间须用云母片绝缘。图5-218所示为三种电热环形式，使用时可以根据模具加热部位的形状进行选用。如果模具中不便使用电热环，也可以采用平板框套构成的电热板。

a)　　　　　　　　　　b)　　　　　　　　　　c)

图5-218　电热环形式

a）方形　b）圆形　c）瓷块组合式

电热环加热的特点是框架结构简单，制造容易，使用和更换也比较方便，必要时也可按照模具加热部分的形状进行制造；它的缺点是耗电量较大。

（3）电热棒加热　如图5-219所示，电热棒是一种标准加热元件，它由具有一定功率的电阻丝和带有耐热绝缘材料的金属密封管构成（见图5-219a）。使用时，只要将其插入模具

或加热板中的加热孔内进行通电即可。电热棒式加热的特点是使用和安装方便；但是开设加热孔时，受型芯、成型镶块和推出脱模零件安装位置限制。

2. 电加热装置的功率计算

（1）计算法　电加热装置加热模具需用的总功率可用式（5-42）计算：

$$P = \frac{mc_p(\theta_2 - \theta_1)}{3600\eta t} \qquad (5\text{-}42)$$

式中　P——加热模具需用的电功率（kW）；

　　　m——模具的质量（kg）；

　　　c_p——模具材料的比热容〔kJ/（kg·K）〕；

　　　θ_1——模具的初始温度（℃）；

　　　θ_2——模具要求的加热温度（℃）；

　　　η——加热元件的效率，约为 0.3 ~ 0.5；

　　　t——加热时间（h）。

（2）经验法　计算模具电加热装置所需的总功率是一项很复杂的工作，事先必须对模具进行准确的热分析和热计算。因此，式（5-42）实质上也是一种比较粗略的概算方法。生产中为了方便起见，也可以根据加热方式和模具的大小，采用下面经验数据计算单位质量模具的电加热功率 P_u。

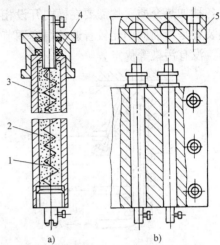

图 5-219　电热棒及其安装
a）电热棒　b）电热棒的安装
1—电阻丝　2—耐热填料（硅砂或氧化镁）
3—金属密封管　4—耐热绝缘垫片
（云母或石棉）　5—加热板

1）电热环加热。小型模具：$P_u = 40\text{W/kg}$；大型模具 $P_u = 60\text{W/kg}$。

2）电热棒加热。小型模具（40kg 以下）：$P_u = 35\text{W/kg}$；中型模具（40 ~ 100kg）；$P_u = 30\text{W/kg}$；大型模具（100kg 以上）：$P_u = 20 ~ 20\text{W/kg}$。

3. 电加热装置的设计要求

设计电阻式电加热装置时，除了设计加热元件之外，模具中加热孔道的布排、电热环的安装部位和电气控制系统也非常重要。通常均要求能在模具中合理地开设加热孔道、合理地选择电热环的安装部位及其形状，以便能使模具温度保持均匀一致。对于电气控制系统，均要求系统能够准确地控制和调节加热功率及加热温度，防止因功率不够达不到模温要求，或因功率过大超过模温要求。

5.10　模架的设计

1. 概述

模架是注塑模的骨架和基体，模具的每一部分都要"寄生"于其中，通过它将模具的各个部分有机地联系在一起。从市场买来的标准模架一般由定模座板（或叫定模板、定模底板）、定模固定板、动模固定板、动模垫板（或叫支承板）、垫块（或叫垫脚、模脚、支承块）、动模座板（或叫动模板、动模底板）推出固定板、推出垫板（或叫推出底板）、导柱、导套、复位杆等组成。另外，根据需要，还有特殊结构的模架，如点浇口模架、带推板推出的模架等。模架中其他部分要根据需要进行补充，如精定位装置、支承柱等。

图 5-220 所示为最常用的一种注塑模标准模架。

2. 固定板及垫板

固定板是用以固定凸模或型芯、凹模、导柱、导套、推杆等的。为了保证凹模、型芯或其他零件固定稳固，固定板应有一定的厚度，并有足够的强度。一般用 45 钢制成，最好调质硬度为 235HBW。

垫板是盖在固定板上面或垫在固定板下面的平板，它的作用是防止型腔、型芯/凸模、导柱、导套或推杆等脱出固定板，并承受型腔或型芯/凸模或推杆等的压力，因此它要具有较高的平行度和硬度。一般用 45 钢，经调质处理硬度为 235HBW，或 50、40Cr、40MnB、40MnVB、45Mn2 等，调质处理硬度为 235HBW，或结构钢 Q235 ~ Q275。在有些场合，只需固定板或由于固定方式的不同，可省去垫板。定模垫板通常就是模具与注塑机连接处的定模板。动模垫板还起到了支承板的作用，其要承受成型压力导致的模板弯曲应力。

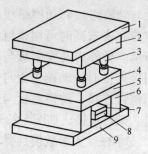

图 5-220　最常见的注塑模架
1—定模座板　2—定模固定板　3—导柱及导套
4—动模固定板　5—动模垫板　6—垫块
7—推杆固定板　8—推出底板　9—动模座板

垫板与固定板的连接方式常采用螺钉连接，在需要保证固定板与垫板之间的位置时，还要加销钉定位，如图 5-221 所示。

3. 支承件

（1）垫块（支承块）　它的主要作用是在动模座板和动模垫板之间形成顶出机构的动作空间，或是调节模具的总厚度，以适应注塑机的模具安装厚度要求。

垫块的结构形式如图 5-222 所示。平行垫块（见图 5-222a）常用于大型模具；拐脚垫块（又称模脚，见图 5-222b），省去了动模板，常用于中小型模具。

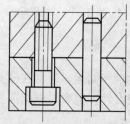

图 5-221　垫板与固定板的连接

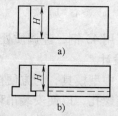

图 5-222　垫块的形式
a）平行垫块　b）拐脚垫块

垫块一般用中碳钢制造，也可用 Q235 钢制造，或用 HT200、球墨铸铁等制造。

垫块的高度不能过高，也不能过低。垫块的高度计算式为

$$h_{垫块} = h_{限钉} + h_{推垫} + h_{推固} + S_{推} + \delta \tag{5-43}$$

式中　$h_{垫块}$——垫块的高度；

$\quad\quad h_{限钉}$——推出板限位钉的高度；

$\quad\quad h_{推垫}$——推出垫板的厚度；

$\quad\quad h_{推固}$——推杆固定板的厚度；

$\quad\quad S_{推}$——脱出塑件所需的推出行程；

δ——表示推出行程的余量，一般为 3 ~ 6mm，以免推出板顶到动模垫板。

另外，若在推出板与动模垫板之间加入弹簧作复位或起平稳、缓冲作用时，则垫块高度还要再加上所用弹簧并紧后的高度。若不用限位钉，则把 $h_{限钉} = 0$ 代入上式计算即可。

模具组装时，应注意所有垫块高度应一致，否则由于负荷不均匀会造成动模板损坏。

垫块与动模座板和动模垫板之间可以不用销钉定位，要求高时可用销钉定位，如图 5-223a 所示。另外当动模座板与动模垫板之间采用间接连接时，动模垫板与垫块之间要用螺钉、销钉连接，动模座板与垫块之间也要用螺钉、销钉连接，如图 5-223b 所示。

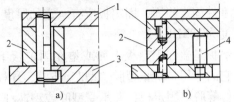

图 5-223　垫块的连接及支承柱的安装形式 I
1—支承板　2—垫块　3—动模座板　4—支承柱

（2）支承柱　大多数模具要求在推出空间之间的面积上加以补充支承，通常采用圆柱形支承柱（空心或实心），如图 5-224 所示。有时它还能起到对推杆固定板导向的作用。支承柱的连接方式如图 5-223b 和图 5-225 所示。支承柱的工作高度必须与垫块的工作高度一致。支承柱的个数通常可为 2、3、4、6、8 等，尽量均匀分布，一般应根据动模垫板的受力工作状况以及可用的空间而定。

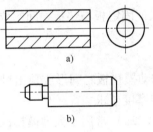

图 5-224　支承柱的形式
a）空心　b）实心

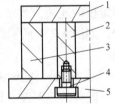

图 5-225　支承柱的安装形式 II
1—动模垫板　2—支承柱　3—垫块
4—螺钉　5—动模座板

支承柱可用 45 钢，经调质处理硬度为 235HBW。

4. 吊装设计

对于大、中型模具，为方便模具在制造、装配、装模生产和储运，通常在模具上开设一定尺寸的吊装螺孔，以便安装吊环。小型模具可不进行吊装设计，但有时根据需要，也可设计吊装螺孔。

吊装螺孔通常在动模板、动模垫板、动模固定板、定模固定板、定模板、垫块、推出板等上均需开设。一般螺孔位置在模具装于卧装于注塑机上时，模板上下端面的中央，或模具立装于角式注塑机时，模板左右端面的中央。若在一个端面上需开设两个螺孔，则在端面上沿中心对称开设。另外，在尺寸较大且较沉的型芯/凸模、凹模等镶块上的适当位置也需开设吊装螺孔。螺孔尺寸的大小要保证吊环的强度足够，并能使吊环的螺牙全部利用，即要保证螺孔有一定的深度。

5.11　模具标准件

标准化设计能提高效益，缩短生产周期，所以设计时要参阅有关的标准。

注塑模具标准件的相关国家标准如下：

1）推杆（GB/T 4169.1—2006）

2）直导套（GB/T 4169.2—2006）

3）带头导套（GB/T 4169.3—2006）

4）带头导柱（GB/T 4169.4—2006）

5）带肩导柱（GB/T 4169.5—2006）

6）垫块（GB/T 4169.6—2006）

7）推板（GB/T 4169.7—2006）

8）模板（GB/T 4169.8—2006）

9）限位钉（GB/T 4169.9—2006）

10）支承柱（GB/T 4169.10—2006）

11）圆锥定位元件（GB/T 4169.11—2006）

12）推板导套（GB/T 4169.12—2006）

13）复位杆（GB/T 4169.13—2006）

14）推板导柱（GB/T 4169.14—2006）

15）扁推杆（GB/T 4169.15—2006）

16）带肩推杆（GB/T 4169.16—2006）

17）推管（GB/T 4169.17—2006）

18）定位圈（GB/T 4169.18—2006）

19）浇口套（GB/T 4169.19—2006）

20）拉杆导柱（GB/T 4169.20—2006）

21）矩形定位元件（GB/T 4169.21—2006）

22）圆形拉模扣（GB/T 4169.22—2006）

23）矩形拉模扣（GB/T 4169.23—2006）

上述模具标准件的形状及尺寸参见有关国家标准资料。

第6章 注塑模的制造

6.1 概述

模具制造应与模具设计等协同保证注塑模的使用，也可以说，模具制造是完成模具设计的内容，但模具制造也对模具设计提出了一定的要求，否则不能制造或很难实现，或制造经济性很差。

1. 注塑模制造过程

注塑模制造过程如下：模具制造工艺设计及生产准备→加工→检验→装配→检验→试模及试注射→修正→验收→入库。

（1）模具制造工艺设计及生产准备

1）分析模具设计图，制定工艺规程（包括材料消耗定额、工时定额等）。

2）编制加工程序。

3）设计制造模具所需的工具、夹具、刀具、量具等。

4）制订生产计划，制订并实施工具、材料、标准件、辅料、油料等采购计划。

（2）加工、装配、试模、修正

1）毛坯准备。主要内容为模具零件毛坯的锻造、铸造、切割、退火或正火等。

2）毛坯加工。主要内容为进行毛坯粗加工。涉及工序有锯、刨、铣、粗磨、焊接等。

3）零件加工。主要内容为进行模具零件的半精加工和精加工。涉及工序有划线、钻、车、铣、镗、仿刨、插、热处理、磨、电火花加工等。

4）装配与试模、修正。一般除装配和试模以外，还包括装配加工和钳工修配、研磨、抛光、钻孔、攻螺纹等。

2. 模具制造车间的模式

模具的全部加工过程是在模具制造车间完成的，模具制造车间的运行模式确保了模具工艺过程的顺利完成。图6-1所示为模具制造车间的运行模式，主要从以下几个方面加以考虑。

（1）基于仓库的运行机制 仓库中有以下几大模块：

1）机床、夹具、工具、量具、辅具。这个模块主要是指直接参与切削加工的部分。

2）材料、辅料。材料即加工工件所需的材料，如各种模具钢等；辅料是在模具加工过程中所用的利于切削加工的材料以及维护

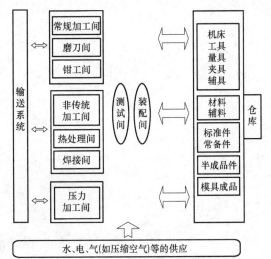

图6-1 模具制造车间的模式

模具零件的辅助材料，如冷却液、润滑油等。

3）标准件、常备件。标准件即模具标准化商品零件，可以直接用于模具或稍做加工修改而用于模具；常备件是各个模具制造厂家根据具体情况而储备的一种"企业标准件"，在制造模具过程中可以直接用于模具。

4）半成品件。一套模具在制造过程中，将初始的一些加工结果或初始组装好的部件临时存入仓库，这就是半成品件。半成品件还不是一套完整的模具。

5）模具成品，即完全制造好的一套完整模具。

仓库为前台即加工场所提供一切资源，前台的结果又回到仓库，并最终从仓库中发出模具成品到市场，而且前台除了制造出的模具成品外的一切设施都要在最终归还到仓库中。有些是实际的归还，如工具等，有些则是虚拟的归还，如机床等。

（2）总工艺系统及子工艺系统　在模具制造的整个工艺过程中，可以将一道工序在一台加工机床上加工的系统，认为是一个子工艺系统，而该零件全部加工完成的工艺流程中所有子工艺系统总和看成一个总工艺系统（相当于一个"流水线"，即总工艺系统将各子工艺系统在空间上进行了有时间顺序的排列连线）。对于每个子工艺系统来说，其中均包含机床、夹具、工具、量具、辅具和被加工的工件等。

各子工艺系统之间有联系，如工件的输运机构，对于模具车间常用桥式起重机、叉车等，相当于流水线中的物流机构。

在加工系统的保障中有水、电、气（如压缩空气，用于加工过程中一些需要气动的机构以及吹除切屑，清理工件等）。

对于每一个子工艺系统，有的自带测量系统，以确认是否满足加工要求。如果没有自带测量系统，则其均要在加工过程中与公用的测试间进行联系。

每一个子加工系统的结果，都是朝着最终完成模具装配这个方向。因此，可以认为在每个子工艺系统都对模具装配了一部分内容。在所有子加工系统都完成以后，再进行总装配，从而完成模具成品。

（3）模具制造方法

1）常规加工方法及钳工。主要是利用机械切除力进行加工，如锯削、刨削（插削、拉削）、铣削、车削、钻削（扩孔、铰孔、锪）、镗削、磨削、珩磨、多工种复合的机床上的加工（如组合机床、加工中心等的加工）等。

2）非传统制造方法及热处理、焊接。主要利用物理能、化学能，包括一些机械能等来进行加工。非传统制造方法包括常说的特种加工和基于特种加工技术的新的综合技术。前者有化学能主导的特种加工［化学加工、照相腐蚀、CVD、电化学加工（如电解加工、电镀、电铸）等］、物理能主导的特种加工（电火花成形加工、电火花线切割加工、激光加工、等离子体加工、燃热加工、PVD 等）和机械能主导特种加工（超声波加工、磨料流动加工等）。后者有快速成形/零件制造技术（激光光刻、选择性激光烧结、分层实体制造、3D 打印、BPM、FDM 等）、表面工程（如表面清洁、表面光整、表面保护、表面改性等）和微细、纳米加工。

3）成形加工。成形加工就是用模具加工模具，主要利用材料的变形等来进行加工。如锻造、冷挤压、低压铸造、失蜡铸造、陶瓷型铸造、壳型铸造等。

（4）加工机理及工艺考虑　在各子工艺系统和总工艺系统中，进行切削加工的原理和

切削工艺参数分析、系统静态和动态性能分析（如振动、刚性、误差等）、所能达到的工件质量（精度、表面质量）和生产率分析、总工艺系统的编排设计（即工艺流程设计原理，相当于各子工艺系统在总工艺系统中处于什么位置和阶段，如粗加工、半精加工、精加工阶段等）。

（5）加工方法在模具加工中的应用　选择加工方法应先分析加工模具零件的什么内容（如加工零件表面、加工零件结构等），以及各种加工方法的加工余量、加工精度及表面粗糙度（见表6-1）等。注塑模加工的内容分类及其所需加工方法如下：

1）平面加工，即加工所得形状为平面。对应加工工种有锯、刨、插、铣、平面磨、电解磨等。

表6-1　各种加工方法的加工余量、加工精度及表面粗糙度

加工方法		本道工序单面经济加工余量/mm	经济加工精度	表面粗糙度 Ra/μm
刨削	半精刨	0.8 ~ 1.5	IT10 ~ IT12	6.3 ~ 12.5
	精刨	0.2 ~ 0.5	IT8 ~ IT9	3.2 ~ 6.3
铣削	划线铣	1 ~ 3	1.6mm	1.6 ~ 6.3
	靠模铣	1 ~ 3	0.04mm	1.6 ~ 6.3
	粗铣	1 ~ 2.5	IT10 ~ IT11	3.2 ~ 12.5
	精铣	0.5	IT7 ~ IT9	1.6 ~ 3.2
	仿形雕刻	1 ~ 3	0.1mm	1.6 ~ 3.2
车削	靠模车	0.6 ~ 1	0.24mm	1.6 ~ 3.2
	成形车	0.6 ~ 1	0.1mm	1.6 ~ 3.2
	粗车	1	IT11 ~ IT12	6.3 ~ 12.5
	半精车	0.6	IT8 ~ IT10	1.6 ~ 6.3
	精车	0.4	IT6 ~ IT7	0.8 ~ 1.6
	精细车、金刚车	0.15	IT5 ~ IT6	0.1 ~ 0.8
钻削		—	IT11 ~ IT14	6.3 ~ 12.5
扩	粗扩	1 ~ 2	IT12	6.3 ~ 12.5
	铸孔或冲孔后的一次扩孔	1 ~ 1.5	IT11 ~ IT12	3.2 ~ 6.3
	细扩	0.1 ~ 0.5	IT9 ~ IT10	1.6 ~ 6.3
铰	粗铰	0.1 ~ 0.15	IT9	3.2 ~ 6.3
	精铰	0.05 ~ 0.1	IT7 ~ IT8	0.8
	细铰	0.02 ~ 0.05	IT6 ~ IT7	0.2 ~ 0.4
锪	无导向锪	—	IT11 ~ IT12	3.2 ~ 12.5
	有导向锪	—	IT9 ~ IT11	1.6 ~ 3.2
镗削	粗镗	1	IT11 ~ IT12	6.3 ~ 12.5
	半精镗	0.5	IT8 ~ IT10	1.6 ~ 6.3
	高速镗	0.05 ~ 0.1	IT8	0.4 ~ 0.8
	精镗	0.1 ~ 0.2	IT6 ~ IT7	0.8 ~ 1.6
	细镗、金刚镗	0.05 ~ 0.1	IT6	0.2 ~ 0.8

（续）

加工方法		本道工序单面经济加工余量/mm	经济加工精度	表面粗糙度 Ra/μm
磨削	粗磨	0.25~0.5	IT7~IT8	3.2~6.3
	半精磨	0.1~0.2	IT7	0.8~1.6
	精磨	0.05~0.1	IT6~IT7	0.2~0.8
	细磨、超精磨	0.005~0.05	IT5~IT6	0.025~0.1
	仿形磨	0.1~0.3	0.01mm	0.2~0.8
	成形磨	0.1~0.3	0.01mm	0.2~0.8
	坐标磨	0.1~0.3	0.01mm	0.2~0.8
珩磨		0.005~0.03	IT6	0.05~0.4
钳工划线		—	0.25~0.5mm	—
钳工研磨		0.002~0.015	IT5~IT6	0.025~0.05
钳工抛光	粗抛	0.05~0.15	—	0.2~0.8
	细抛、镜面抛	0.005~0.01		0.001~0.1
电火花成形加工		—	0.05~0.1mm	1.25~2.5
电火花线切割		—	0.005~0.01mm	1.25~2.5
电解成形加工		—	±(0.05~0.2)mm	0.8~3.2
电解抛光		0.1~0.15	—	0.025~0.8
电解修磨		0.1~0.15	IT6~IT7	0.025~0.8
电解磨削		0.1~0.15	IT6~IT7	0.025~0.8
照相腐蚀		0.1~0.4	—	0.1~0.8
超声抛光		0.02~0.1	—	0.01~0.1
磨料流动抛光		0.02~0.1	—	0.01~0.1
锻造		—	IT15~IT16	—
冷挤压		—	IT7~IT8	0.08~0.32
低压铸造		—	IT11~IT15	
石蜡铸造		—	IT8~IT13	1.6~6.3
陶瓷型铸造		—	IT11~IT13	3.2~6.3
壳型铸造		—	IT10~IT13	3.2

注：经济加工余量是指本道工序比较合理、经济的加工余量。本道工序加工余量要视加工基本尺寸、工件材料、热处理状况、前道工序的加工结果等具体情况而定。所有工序加工余量的总和为此零件的总加工余量。本道工序后面的所有工序的加工余量总和为本道工序留给后续工序的加工余量。

2）孔类加工，即加工所得形状为孔类（内形）。对应加工工种有钻、扩孔、铰、镗、攻螺纹、内圆磨、珩磨、电火花、线切割等。

3）轴类加工，即加工所得形状为轴类（外形）。对应加工工种有车、外圆磨、线切割等。

4）型面、曲面、立体加工，即加工所得形状为型面、曲面、空间立体。对应加工工种有铣、成形磨削、电火花成形、线切割、电铸、电解、快速模型制造、锻造、冷挤压、低压

铸造、精密铸造等。

5）表面处理及加工，即对模具零件表面进行加工及处理，包括表面光整、图案、文字、表面强化等。对应加工工种有雕刻、研磨、抛光、电解抛光、CVD、照相腐蚀、化学镀、电镀、PVD、喷涂、超声波抛光等。

6）装配，即把模具零件组装成一个完整的模具。

7）材料性能处理，如热处理等。

3. 制订机械加工工艺规程的步骤

制订机械加工工艺规程的原始资料主要是产品图样、生产纲领、现场加工设备及生产条件等，有了这些原始资料并由生产纲领确定了生产类型和生产组织形式之后，即可着手机械加工工艺规程的制订。其步骤如下：

1）零件图的研究与工艺分析。

2）确定毛坯的种类。

3）设计工艺过程，包括划分工艺过程的组成、选择定位基准、选择零件表面的加工方法、拟订零件的加工工艺路线。

4）工序设计，包括选择机床和工艺装备、确定加工余量、确定工序尺寸及其公差、确定切削用量及时间定额等。

5）填写工艺文件。

6.2　常规加工方法

模具的常规加工方法与其他产品工件的常规加工方法类似。常规加工方法有：锯削、刨削（插削、拉削）、铣削、车削、钻削（扩孔、铰孔、锪）、镗削、磨削、珩磨、多工种复合的机床上的加工（如组合机床、加工中心等上的加工）等。

6.2.1　锯削

锯削是在锯床上用锯刀来加工工件，常用作模具下料。例如，选用浙江三门机床厂生产的0712A型强力液压弓锯床，最大可锯削直径为210mm的工件。

6.2.2　刨削、插削、拉削

刨削、插削和拉削在加工原理上是类似的。

1. 刨削

刨削加工是在刨床上用刨刀对工件进行加工，常用作模具的粗加工。刨床可加工平面（水平面、垂直平面、斜面）、沟槽（直槽、T形槽、V形槽、燕尾槽）及某些成形面。刨削加工的尺寸公差等级可达IT8～IT9，表面粗糙度值 Ra 可达 $3.2～6.3\mu m$。平面粗刨后留给精铣的加工余量见表6-2。

刨削所使用的刨床有牛头刨床、龙门刨床、仿形刨床（又称刨模机）。刨床采用的装夹附件主要有台虎钳、撑钣、压板、挡铁等。

2. 插削

在插床上对工件进行切削加工，称为插削。

表 6-2 平面粗刨后留给精铣的加工余量 （单位：mm）

平面长度	平面宽度		
	≤100	>100 ~ 200	>200
≤100	0.6 ~ 0.7	—	—
100 ~ 250	0.6 ~ 0.8	0.7 ~ 0.9	—
250 ~ 500	0.7 ~ 1.0	0.75 ~ 1.0	0.8 ~ 1.1
>500	0.8 ~ 1.0	0.9 ~ 1.2	0.9 ~ 1.2

插床的结构原理与牛头刨床类似，其滑枕在垂直方向做往复运动（即主运动）。因此，插床实际上是一种立式刨床。插床的工作台由下滑板、上滑板及圆工作台三部分组成。下滑板用于横向进给，上滑板用于纵向进给，圆工作台用于回转进给。

插床主要用于零件的内孔表面加工，如方孔、长方孔、各种多边形孔及孔内键槽等，除了一般的插床加工外，还有插齿加工，也可加工某些外表面。在插床上插削方孔、孔内键槽。插床的生产率较低，多用于单件小批生产和修配工作。

3. 拉削

拉削是在拉床上用拉刀对工件进行加工。拉削相当于把推力改为拉力的插削，常用来加工工件的键槽等。在模具制造中，拉削用得比较少。

6.2.3 铣削

在铣床上用铣刀进行切削加工称为铣削加工。

铣床主要用来加工各类平面、沟槽和成形面，也可进行钻孔、铰孔和镗孔。铣削加工的尺寸公差等级一般为 IT9 ~ IT8，表面粗糙度值 Ra 一般为 $1.6 ~ 6.3 \mu m$。

用于模具加工的铣床有卧式铣床、立式铣床、龙门铣床、万能工具铣床、仿形铣床、刻模铣床（雕刻机）、数控铣床等。此外，还有一些专门铣床，如滚齿机等。

1. 一般铣削加工

常用的铣床有卧式铣床、立式铣床（整体式立式铣床、回转式立式铣床）、龙门铣床、万能工具铣床等。

铣床上的附件很多，仅介绍其中的一些。

（1）万能铣头 这是一种扩大卧式铣床加工范围的附件，铣头的主轴可安装铣刀并可根据加工需要在空间扳转成任意方向。卧式铣床上装有万能铣头，铣床主轴的旋转运动通过铣头内的两对弧齿锥齿轮传到铣头主轴和铣刀上。

（2）分度头 它用于铣削六方、齿轮、花键等，需要利用分度头依此进行分度。分度头可在水平、垂直和倾斜位置工作。分度头的主轴前端可安装自定心卡盘，主轴的锥孔内可安放顶尖，用以装夹工件。

为了满足不同形状面的加工要求，常用一些成形刀具，如加工凸圆弧柱面，可用凹圆弧的成形铣刀。

2. 仿形铣

仿形铣是利用仿形机床的靠模指沿靠模走动，以一定的变换比例，通过仿形铣刀而切削模具零件的加工方法。

（1）靠模 指圆柱形靠模指是指以圆柱面为靠模基准，用于圆轮仿侧型面或分层仿加工（切除大余量的粗仿加工）；球头靠模指是指以球头为靠模基准，用于加工凹凸复杂型面。标准靠模指的形状如图6-2所示。

靠模指的形状应与仿形铣刀工作刃口端的形状相似。圆柱形靠模指常配用圆柱形立铣刀，球头靠模指常配用圆柱球头铣刀或锥形球头铣刀。

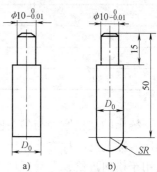

靠模指的尺寸应保证仿形加工出来的工件有一定的钳工修整量。靠模指的直径按式（6-1）和式（6-2）计算：

粗仿形加工 $\qquad D_0 = D + 2\delta_0 + 1 \qquad (6-1)$

精仿形加工 $\qquad D_0 = D + 2\delta_0 \qquad (6-2)$

式中 D_0——靠模指的直径（mm）；

$\qquad D$——仿形铣刀直径（mm）；

$\qquad \delta_0$——预偏量（mm），精仿形时取0.06~0.1mm。

图6-2 标准靠模指形状

a）圆柱形靠模指 b）球头靠模指

对于加工余量不太大的粗、精仿形加工，可不更换靠模指直径，调整预偏量可使仿形加工的工件尺寸更趋近于图样要求，提高仿形加工的精度。

靠模指可用钢、硬铝、铜或塑料制成，工件表面应具有一定的硬度，并经抛光。

（2）仿形铣刀 仿形铣刀的尺寸和形状是根据型腔的形状，特别是型面圆角半径的大小而选用的。

圆柱立铣刀一般用于各种凹凸型面的去除量粗加工和要求型腔底面清角的仿形加工。圆柱球头用于各种凹凸型面的半精和精仿加工。在型腔底面与侧壁之间有圆弧过渡时，进行侧壁仿形加工。锥形球头铣刀用于较复杂的凹凸型面，并具有一定深度和较小圆弧的工件。小型锥指铣刀用于加工特别细小的花纹。

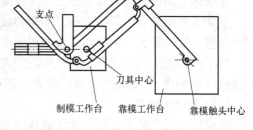

图6-3 缩放仪

3. 雕刻加工

如图6-3所示，模板和工件安装在工件工作台上和模板工作台上。通过缩放机构在工件上缩小雕刻出模板上的字、图案等。在平面雕刻时，触头和刀具做平面运动就可以了。当进行立体雕刻时，必须要有上下运动的机构，当触头作上下、左右、前后运动时，固定有刀具的主轴做相应比例运动。

如果采用平面模板在圆柱表面、圆锥表面上进行雕刻，则必须采用专门的滚轮附件。

模板制造可采用腐蚀、切削加工、铸造等方法。模板材料一般采用低碳钢、中碳钢、黄铜等，当触头接触压力不大时，也可用木材、石膏等制造。

雕刻用的铣刀与仿形铣用的铣刀不完全相同。雕刻用的铣刀如图6-4所示，一般都是单刃铣刀。刀具材料一般采用合金工具钢、高速钢或硬质合金。由于刀尖很细很尖，雕刻过程中刃磨次数比较多，因此在雕刻模铣床附近应设专门磨刀机。

触头的端头形状与刀具相似，尺寸按模板放大倍数制造。触头材料可采用T8A、T10A，热处理硬度为50~55HRC。

雕刻机（刻模铣床）的主要技术规格见表6-3。

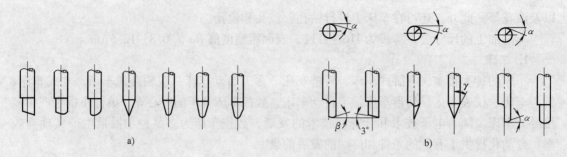

图 6-4　雕刻铣刀形状和角度

a）刀具形状　b）刀具角度

表 6-3　雕刻机的主要技术规格

型号	最大铣削宽度/mm	最大铣削长度/mm	缩放机构中心距/mm	刻模比例范围	主轴转速范围/(r/min)	工作台面尺寸：（长/mm）×（宽/mm）	靠模台尺寸：（长/mm）×（宽/mm）
X4220-HS	200	220	380	1.5:1～8:1	1600～20000	360×220	500×320

4. 数控铣

数控铣是在数控铣床上加工工件。数控铣床是一种数控机床，是在一般铣床基础上，加入数控系统，通过数控编程控制加工过程，从而最终完成工件的加工。数控铣的关键是数控加工程序的编制。

数控铣床用来加工三维曲面的球头铣刀如图 6-5 所示。球头的硬质合金刀片可采用焊接或做成机夹形式，但要求球头切削刃形状正确，以便在进行数控加工时，得到准确的三维曲面形状。小规格的球

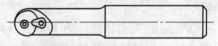

图 6-5　球头铣刀

头铣刀，多制成整体硬质合金结构。直径 16mm 以上的，通过焊接或机夹制成可转位刀片结构，如图 6-6 所示。这种球头刀具同样适用于普通铣床加工三维曲面，特别是在模具加工中，得到较广泛的应用。

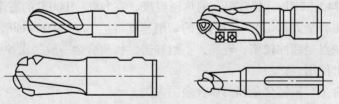

图 6-6　硬质合金球头铣刀

6.2.4　车削

在车床上用车刀进行切削加工称为车削加工。车削的主运动是工件的旋转运动，进给运动是刀具的移动。因此，车床可加工各种零件上的回转表面，应用十分广泛，在生产中具有重要的地位。

车床的加工范围较广，可加工内外圆柱面、内外圆锥面、端面、沟槽、螺纹、成形表面

以及滚花等。此外，还可在车床上进行钻孔、铰孔和镗孔。

车削加工的尺寸公差等级为 IT6 ~ IT11，表面粗糙度值 Ra 为 0.8 ~ 12.5μm。

1. 车床

车床的种类很多，有卧式车床、转塔车床、多刀自动车床、双轴卧式车床、立式车床、铲齿车床、仪表车床、仿形车床、半自动车床、数控车床及车削中心等。单件小批生产中多用卧式车床。随着电子技术和计算机技术的发展，数控车床为多品种小批量生产实现高效率、自动化提供了有利的条件和广阔的发展前景。

2. 车刀

（1）车刀的组成　车刀由刀头和刀体两部分组成。刀头用于车削，刀体用于安装。刀头一般由三面、两刃、一尖组成。

（2）刀具材料　切削过程中，刀具的切削部分要承受很大的压力、摩擦、冲击和很高的温度。因此，刀具材料必须具备以下性能：

①高硬度。刀具材料的硬度一般要高于被加工材料硬度 3 ~ 4 倍。常温下，刀具材料的硬度一般应在 60HRC 以上。

②高耐磨性。耐磨性是指材料抵抗磨损的能力。为了抵抗切削过程中剧烈摩擦所引起的磨损，刀具材料需有很高的耐磨性。通常刀具材料的硬度越高，耐磨性也越高。

③足够的强度和韧性。刀具材料要有足够的强度和韧性，是为了承受切削力以及振动和冲击，防止刀具崩刃和脆性断裂。

④高耐热性。高耐热性又称热硬性，是指材料在高温下仍能保持足够硬度的性能。它是衡量刀具材料性能的主要指标。高耐热性一般以热硬温度（能保持足够硬度的最高温度）来表示。

⑤一定的工艺性能。为了便于刀具的制造和刃磨，刀具材料应具备一定的可加工性能、刃磨性能、焊接性能及热处理性能。

刀具材料有碳素工具钢、合金工具钢、高速钢、硬质合金及陶瓷等。车刀材料目前最常用的有硬质合金和高速钢。

1）硬质合金。硬质合金是高耐磨性和高耐热性的 WC（碳化钨）、TiC（碳化钛）和 Co（钴）的粉末经高压成形用高温烧结而制成的，其中 Co 起黏结作用。硬质合金的硬度为 89 ~ 93HRA（相当 74 ~ 82HRC），有很高的热硬温度，在 800 ~ 1000℃ 的高温下仍能保持切削所需的硬度，硬质合金刀具切削一般钢件的切削速度可达 100 ~ 300m/min，可用这种刀具进行高速切削。其缺点是韧性较差，较脆，不耐冲击。硬质合金一般制成各种形状的刀片，焊接或夹固在刀体上使用。

常用的硬质合金有钨钴合金和钨钛合金两大类。

钨钴类是由 WC 和 Co 组成的。相对于钨钴钛类，其韧性较好，常用来加工脆性材料（如铸铁等）或冲击性较大的工件。钨钴类硬质合金按含钴量的不同，分为 YG3、YG6 及 YG8 等牌号。牌号中 Y 和 G 分别是"硬"与"钴"的汉语拼音第一个字母，数字是含钴量的百分数（质量分数）。因为含钴量越多，则韧性越好，因此 YG8 用于粗加工，YG6 和 YG3 用于半精加工和精加工。

钨钛钴类是由 WC、TiC 和 Co 组成的，加入 TiC 可提高合金的硬度和耐热性，但韧性减小脆性加大，一般用来加工弹塑性材料，如各种钢件。钨钛钴类硬质合金按 TiC 的含量不

同，分为 YT5、YT15 及 YT30 等牌号。牌号中 Y 和 T 分别是"硬"和"钛"的汉语拼音第一个字母，数字是 TiC 含量的百分数（质量分数）。TiC 含量越高，则耐热性越好，但含钴量相应减少，韧性较差，承受冲击的性能也较差。因此，YT5 一般用于粗加工，而 YT15 及 YT30 用于半精加工和精加工。

新型的硬质合金有以下几种：

①通用硬质合金。在以 WC 为基体的硬质合金中除加入 TiC 提高耐热性和硬度外，还加入 TaC（碳化钽）或 NbC（碳化铌）以提高韧性和抗弯强度。因此，通用硬质合金可切削普通钢和铸铁以及耐热钢和不锈钢等难加工材料。其牌号有 YW1 和 YW2，前者用于半精加工和精加工，后者用于粗加工和半精加工。

②超细晶粒硬质合金。其 WC 晶粒极细，平均尺寸在 0.5μm 以下。硬质合金的晶粒尺寸越小，其硬度、耐磨性和韧性则越高。超细晶粒硬质合金的牌号有 YH1、YH2、YH3 等，用于切削耐热合金和高强度合金等难加工材料。

③表面涂层硬质合金。在韧性较好的钨钴类硬质合金的表面涂覆一层厚度为 3~5μm 的高硬度和高耐磨性的 TiC 或 TiN，使之内韧外硬。因为涂层极薄，一般只适用于不重新刃磨的刀片。

2）高速钢。高速钢又称锋钢、风钢、白钢，是以钨、铬、钒、钼为主要合金元素的高合金工具钢。高速钢淬火后的硬度为 62~67HRC，其热硬温度为 550~600℃，允许的切削速度为 25~30m/min。

高速钢的硬度、耐热性及允许的切削速度虽不及硬质合金，但其抗弯强度和冲击韧度比硬质合金高；可以进行铸造、锻造、焊接、热处理和切削加工；有良好的磨削性能，刃磨质量较高。因此，高速钢多用来制造形状复杂的成形刀具，如钻头、扩孔钻、铰刀、丝锥、铣刀、拉刀及齿轮刀具等，也常用作低速精加工车刀和成形车刀。

常用的高速钢牌号有 W18Cr4V（钨系高速钢）和 W6Mo5Cr4V2（钼系高速钢）。

（3）车刀的安装　车刀安装在方刀架的左侧，刀尖应与工件轴线等高，一般用尾座顶尖较对，用垫刀片调整。车刀在方刀架上伸出的长度，一般以刀体高度的 1.5~2 倍为宜，垫刀片应平整对齐。

3. 工件的安装

在车床上安装工件应使被加工表面的轴线与车床主轴回转轴线重合，保证工件处于正确的位置；同时要将工件夹紧，以防在切削力的作用下工件松动或脱落，保证工件安全。在车床上安装工件所用的附件有自定心卡盘、单动卡盘、顶尖、心轴、中心架、跟刀架、花盘和弯板等。

4. 车削加工

为了保证加工质量和提高生产率，零件加工应分为若干步骤。中等精度的零件，一般按粗车→精车的方案进行；精度较高的零件，一般按粗车→半精车→精车或粗车→半精车→磨削的方案进行。

（1）粗车　粗车的目的是尽快地从毛坯上切去大部分加工余量，使工件接近要求的形状和尺寸。粗车应给半精车和精车留有合适的加工余量（一般为 1~2mm），而对精度和表面粗糙度无严格的要求。为了提高生产率和减小车刀磨损，粗车应优先选用较大的背吃刀量，其次适当加大进给量，而只采用中等或中等偏低的切削速度。使用硬质合金车刀进行粗

车的切削用量推荐如下：背吃刀量 a_p 取 2 ~ 4mm，进给量 f 取 0.15 ~ 0.4mm/r，切削速度 v 取 40 ~ 60m/min（切削钢件）或 30 ~ 50m/min（切削铸铁件）。当卡盘夹持的毛坯表面凸凹不平或夹持的长度较短时，切削用量应适当减小。

（2）精车　精车的关键是保证加工精度和表面粗糙度的要求，生产率应在此前提下尽可能提高。

精车的尺寸公差等级一般为 IT6 ~ IT8，半精车一般为 IT8 ~ IT10，精车的尺寸公差等级主要靠试切来保证。

精车的表面粗糙度值 Ra 一般为 0.8 ~ 3.2μm；半精车的 Ra 一般为 3.2 ~ 6.3μm。精车时为保证表面粗糙度值 Ra 一般采取如下措施：

1）适当减小副偏角 κ_r' 或刀尖磨有小圆弧，以减小残留面积。

2）适当加大前角 γ_0，将切削刃磨得更为锋利。

3）用油石仔细打磨车刀的前后刀面，使 Ra 达到 0.1 ~ 0.2μm，可有效减小工件表面粗糙度值。

4）合理选用切削用量。选用较小的背吃刀量 a_p 和进给量 f 可减小残留面积，使表面粗糙度值减小。车削钢件时采用较高的切削速度（$v \geqslant 100$m/min）或很低的切削速度（$v \leqslant 5$m/min）都可获得较小的表面粗糙度 Ra 值，低速精车生产率很低，一般只用于小直径的工件。精车铸铁件，切削速度较粗车时，稍高即可。因为铸铁导热性差，切削速度过高将使车刀磨损加剧。

精车时切削用量可参考表 6-4 选用。

表 6-4　精车切削用量参考数据

		背吃刀量 a_p/mm	进给量 f/(mm/r)	切削速度 v/(m/min)
车铸铁件		0.10 ~ 0.15		60 ~ 70
车钢件	高速	0.30 ~ 0.50	0.05 ~ 0.20	100 ~ 120
	低速	0.05 ~ 0.10		3 ~ 5

5）合理使用切削液。切削液的合理使用也是降低表面粗糙度值的重要方面，低速精车应使用乳化液或全损耗系统用油；若用低速精车铸铁应使用煤油。高速精车钢件和较高切速精车铸铁件，一般不使用切削液。

5. 工件车削加工的种类

车削工件有车外圆及台阶、车端面、镗孔、车锥面、车螺纹、车成形面、切槽和切断等。

（1）车外圆和台阶　车外圆是车削中最基本、最常见的加工方法。车台阶与车外圆没有显著的区别，唯须兼顾外圆的尺寸和台阶的位置。根据相邻两圆柱直径之差，台阶可分为低台阶（高度小于 5mm）与高台阶（高度大于 5mm）两种。

低台阶可一次走刀车出，应按台阶形式选用相应的车刀；高台阶一般与外圆成直角，需用偏刀分层纵向切削。在最后一次纵向进给后应转为横向进给，将台阶面精车一次。偏刀主切削刃与纵向进给方向应成 95°左右。

在单件生产时，台阶的位置用金属直尺控制刀尖刻线来确定；在成批生产时，可用样板控制。台阶的长度一般用金属直尺测量，长度要求精确的台阶常用深度游标尺来测量。

(2) 车端面 车端面时刀尖必须准确对准工件的旋转中心，否则将在端面中心处车出凸台，并易崩坏刀尖。车端面时，切削速度由外向中心逐渐减小，会影响端面的表面粗糙度，因此工件切削速度应比车外圆时略高。

(3) 孔加工 在车床上可用钻头、镗刀、扩孔钻和铰刀分别进行钻孔、镗孔、扩孔和铰孔。

1) 镗孔。镗孔是用镗刀对已经铸出、锻出和钻出的孔做进一步加工，以扩大孔径，提高精度，降低表面粗糙度值和纠正原孔的轴线偏斜。镗孔可分为粗镗、半精镗和精镗。精镗可达的尺寸公差等级为 IT7 ~ IT8，表面粗糙度值 Ra 为 0.8 ~ 1.6μm。

镗刀的刀杆截面应尽可能大些，伸出长度应尽量减小，以增加刚性，避免刀杆弯曲变形使孔发生锥形误差。镗刀刀尖一般应略高于工件旋转中心，以减少颤动，避免扎刀，防止刀杆下弯而碰伤孔壁。

为了保证镗孔质量，精镗时一定要应用试切方法，并选用比精车外圆更小的背吃刀量 a_p 和进给量 f。测量孔径时须用棉丝擦净孔中的屑末。

2) 钻孔。在车床上钻孔，工件旋转为主运动，摇动尾座手柄使钻头纵向移动为进给运动。钻孔的尺寸公差等级为 IT11 ~ IT14，表面粗糙度值 Ra 为 6.3 ~ 25μm。

锥柄钻头装在尾座套筒的锥孔中，如钻头锥柄号数小，可加用过渡锥套。直柄钻头用钻卡头夹持，钻卡头装于尾座套筒中。

当所钻的孔径 D 小于 30mm 时，可一次钻成。若所钻的孔径 D 大于 30mm 时，可分两次钻削。第一次钻头直径取 (0.5 ~ 0.7) D；第二次钻头直径取 D。这样，钻削较为轻快，可用较大的进给量，孔壁质量和生产率均得到提高。

钻孔前一般应先将工件端面车平，有时需用中心钻钻出中心孔作为钻头的定位孔。钻削时要加注冷却液；孔较深时应经常退出钻头，以便排屑。

3) 扩孔。扩孔是用扩孔钻进行钻孔后的半精加工。扩孔可达的尺寸公差等级为 IT9 ~ IT10，表面粗糙度值 Ra 为 3.2 ~ 6.3μm，扩孔的余量为 0.5 ~ 2mm。扩孔钻的安装和扩孔的方法与钻孔相同。

4) 铰孔。铰孔是在扩孔或半精镗后用铰刀进行的精加工。铰孔可达的尺寸公差等级为 IT7 ~ IT8，表面粗糙度值 Ra 为 0.8 ~ 1.6μm，加工余量为 0.1 ~ 0.3mm。

钻—扩—铰连用是孔加工的典型方法之一，多用于成批生产，也常用于单件小批生产中加工细长孔。

(4) 切槽与切断

1) 切槽。车床上可切外槽、内槽与端面槽。切槽与车端面很相似，切槽如同左右偏刀同时车削左右两个端面。宽度为 5mm 以下的窄槽，可用主切削刃与槽等宽的切槽刀一次切出。

2) 切断。切断与切槽类似。但是，当切断工件的直径较大时，切断刀刀头较长，切屑容易堵塞在槽内，刀头容易折断。因此，往往将切断刀刀头的高度加大，以增加强度；将主切削刃两边磨出斜刃，以利于排屑。

切断一般在卡盘上进行，切断处应尽可能靠近卡盘。切断刀主切削刀必须对准工件旋转中心，较高或较低均会使工件中心部位形成凸台，并损坏刀头。切断时进给要均匀，即将切断时需放慢进给速度，以免刀头折断。切断不宜在顶尖上进行。

（5）车锥面 锥面分外锥面和内锥面（即锥孔）。锥面配合紧密，拆卸方便，多次拆装仍能保持精确的对中性。因此，锥面广泛用于要求定位准确，能传递一定转矩和经常拆卸的配合件上。例如，车床主轴锥孔与顶尖的配合，钻头锥柄与车床尾座套筒锥孔的配合等。

锥面的车削方法有：小刀架转位法、尾座偏移法、宽刀法（又称样板刀法）和靠模法（又称锥尺法）四种。

（6）车成形面 手柄、圆球及手轮等零件上的曲线回转表面称为成形面。成形面的车削有以下三种方法。

1）双向车削法。先用普通尖刀按成形表面形状粗车许多台阶；后用双手控制圆弧车刀同时做纵向和横向进给，车去台阶峰部并使之基本成形；再用样板检验，并需经过多次车削修整和检验方能符合要求。形状合格后尚需用砂纸和砂布做适当打磨。加工的表面粗糙度值 Ra 可达 $3.2 \sim 12.5\mu m$。

此法操作技术要求较高，但无须特殊设备与工具，多用于单件小批生产中加工精度不高的成形面。

2）成形刀法。成形刀切削刃与成形面轮廓相符，只需一次横向进给即可车削成形。有时为了减少成形刀的材料切除量，可先用尖刀按成形面形状粗车许多台阶，再用成形刀精车成形。

此法生产率较高，但刃磨较困难，车削时容易振动，故只用于批量较大的生产中，车削刚性较好，长度较短，且较简单的成形面。

3）靠模法。靠模安装在床身后面，车床横滑板需与横丝杠脱开，其前端连接板上装有滚柱。当大滑板纵向自动进给时，滚柱即沿靠模的曲线槽移动，从而带动中滑板和车刀曲线走刀而车出成形面。

车削前小刀架应转 90°，以便用它做横向移动，调整车刀位置和控制切深。

此法操作简单，生产率较高，但需制造专用靠模，故只用于大批量生产中车削长度较大、形状较为简单的成形面。

（7）车螺纹 相配的内外螺纹，除旋向与线数需一致外，螺纹的配合质量主要取决于牙型角 α、螺距 P 和中径 $D_2(d_2)$ 三个基本要素的精度。

螺纹加工必须保证上述三个基本要素的精度。

1）牙型角 α 的保证。取决于车刀的刃磨和安装。螺纹车刀安装时，刀尖必须与工件旋转中心等高；刀尖角的平分线必须与工件轴线垂直。因此，要用对刀样板对刀。

2）螺距 P 的保证。保证螺距的基本方法是：在工件旋转一周时，车刀准确移动一个螺距。也就是要保证下列关系：

$$n_{丝} P_{丝} = n_{工} P$$

即丝杠与工件之间的速比 $$i = \frac{n_{丝}}{n_{工}} = \frac{P}{P_{丝}} \tag{6-3}$$

式中 $n_{丝}$ 与 $n_{工}$——丝杠和工件的转速（r/min）；

$P_{丝}$ 与 P——丝杠和工件的螺距（mm）。

这一关系是通过更换"交换齿轮"和调整进给箱手柄而得到的。车削各种螺距的螺纹，进给箱手柄所需放置的位置及所需配置齿轮的齿数，均标注在车床的标牌上，按此查阅和调整即可。

车削右螺纹，车刀自右向左移动；车削左螺纹，车刀需自左向右移动。因此，车床进给系统中应有一个反向机构。反向机构由几个齿轮所组成，当它改变啮合状态时，实际上是在传动链中增加或减少一个齿轮，从而使后面的传动件均自行反向。由于反向机构本身的速比为 1∶1，故不影响工件与丝杠之间的速比，也就是说，并不影响螺距大小。

车螺纹，需经多次纵向走刀才能完成。在多次切削中，必须保证车刀总是落在已切的螺纹槽中，否则就会出现"乱扣"现象，工件即行报废。如果车床丝杠的螺距 $P_{丝}$ 是工件螺距 P 的整数倍，即 $P_{丝}/P$ = 整数，则每次切削之后，可打开"对合螺母"纵向摇回刀架，而不会乱扣；如果 $P_{丝}/P \neq$ 整数，则不能打开"对开螺母"摇回刀架，只能打反车（即主轴反转）使刀架纵向退回。

车螺纹为了避免乱扣，还应注意以下几点：

①中滑板和小刀架与导轨之间不宜过松。否则，应调整镶条。

②不论在卡盘上还是在顶尖上，工件与主轴之间的相对位置不能变动。

③在车削过程中如果换刀或磨刀，均应重新对刀。

螺纹螺距还可以通过靠模法保证，与成形面的靠模法车削加工原理相同。

3）中径 $D_2(d_2)$ 的保证：螺纹中径是靠控制多次走刀的总背吃刀量来保证的。一般根据螺纹牙高由刻度盘做大致的控制，并用螺纹量规进行检验。

（8）滚花　工具和零件的手握部分，为了美观和加大摩擦力，常在表面上滚压出花纹。例如，螺纹量规和回转顶尖的手握外圆部分，都进行滚花。

滚花是在车床上用滚花刀挤压工件，使其表面产生塑性变形而形成花纹的。滚花刀安装在方刀架上。滚花时，工件低速旋转，滚花轮径向挤压后，再做纵向进给。为避免滚花刀损伤和防止细屑滞塞在滚花刀内而产生乱纹，应充分供给切削液。

花纹有直纹和网纹两种，每种又分为粗纹、中纹和细纹。单轮滚花刀是滚直纹的；双轮滚花刀是滚网纹的，两轮分别为左旋斜纹与右旋斜纹；六轮滚花刀是由三对粗细不等的斜纹轮组成，以备选用。

6.2.5　钻、扩、铰、锪

1. 钻孔

（1）钻床

1）台式钻床简称台钻，是一种小型机床，安放在钳工台上使用。其钻孔直径一般在 $\phi12mm$ 以下。由于加工的孔径较小，台钻主轴转速较高，最高时每分钟可近万转，故可加工 $\phi1mm$ 以下的小孔。主轴转速一般用通过改变 V 带在带轮上的位置来调节。台钻的主轴进给运动由手完成。台钻小巧灵便，主要用于加工小型工件上的各种孔，钳工加工中用得最多。

2）立式钻床简称立钻，一般用来钻中型工件上的孔，其规格用最大钻孔直径表示。常用的有 $\phi25mm$、$\phi35mm$、$\phi40mm$、$\phi50mm$ 等几种。

立钻主要由机座、立柱、主轴变速箱、进给箱、主轴、工作台和电动机等组成。主轴变速箱和进给箱与车床类似，分别用以改变主轴的转速与直线进给速度。钻小孔时，转速需高些；钻大孔时，转速应低些。

钻孔时，工件安放在工作台上，通过移动工件位置使钻头对准孔的中心。

3）摇臂钻床用来钻削大型工件的各种螺钉孔、螺纹底孔和油孔等。它有一个能绕立柱旋转的摇臂。主轴箱可以在摇臂上做横向移动，并随摇臂沿立柱上下做调整运动。刀具安装在主轴上，操作时能很方便地调整到需钻削的孔中心位置，而工件不需移动。摇臂钻床加工范围广泛，在单件和成批生产中都可采用。

4）深孔钻床是专门化机床，专门用于加工深孔，例如加工枪管、炮管和机床主轴等零件的深孔。这种机床加工的孔较深，为了减少孔中心线的偏斜，加工时通常是由工件转动来实现主运动，深孔钻头并不转动，只做直线的进给运动。此外，由于被加工孔深而且工件往往又较长，为了便于排除切屑及避免机床过于高大，深孔钻床通常是成卧式的布局。因此，深孔钻床的布局与车床类似。在深孔钻床中备有切削液输送装置（由刀具内部输入切削液至切削部位）及周期退刀排屑装置。

5）微孔钻床是专门用于加工微型孔的钻床，这种钻床具有精确的自定心系统，保证在钻削过程中，钻头不致损坏。

（2）钻头

1）麻花钻是钻孔的主要工具。孔直径小于12mm时一般为直柄钻头，孔直径大于12mm时为锥柄钻头。

麻花钻有两条对称的螺旋槽，用来形成切削刃，并用于输送切削液和排屑。前端的切削部分有两条对称的主切削刃，两刃之间的夹角称为顶角，其值为 $2\Phi_0 = 116° \sim 118°$。两个顶面的交线称为横刃，钻削时作用在横刃上的轴向力很大。故大直径的钻头常采用修磨的方法，缩短横刃，以降低轴向力。导向部分上的两条刃带在切削时起导向作用，同时又能减小钻头与工件孔壁的摩擦。

麻花钻的装夹方法按其柄部的形状不同而异。

锥柄可以直接装入钻床的主轴孔内，较小的钻头可用过渡套筒安装。直柄钻头则用钻夹头安装。

2）模具零件的小孔，可用精孔钻加工。精孔钻用麻花钻修磨而成。其特点是切削刃两边磨出顶角为8°～10°的修光刃，同时磨出60°的切削刃。在低的切削速度（2～8m/min）和较小进给量（0.1～0.2mm/r）下进行扩孔。扩孔余量一般为0.1～0.3mm。尺寸精度可达IT7～IT8，表面粗糙度值 Ra 可达0.4～1.6μm。

3）小孔钻头用来钻削小孔或微孔。

（3）钻孔方法　钻床钻孔时，钻头旋转（主运动）并做轴向移动（进给运动）。

由于钻头结构上存在一些缺点，如刚性差、切削条件差，故钻孔精度低，尺寸公差等级一般为IT12左右，表面粗糙度值 Ra 为12.5μm左右。

1）钻孔前的准备。钻孔前，工件要划线定心，在工件孔的位置划出加工圆和检验圆，并在加工圆和中心冲出样冲眼。

根据孔径大小选取合适的钻头，检查钻头主切削刃是否锋利和对称，如不合要求，应认真修磨。装夹时，应将钻头轻轻夹住，开车前检查是否放正，若有摆动，则应纠正，最后用力夹紧。

2）工件的安装。对不同大小与形状的工件，可用不同的安装方法。一般可用机用平口钳等装夹。在圆柱形工件上钻孔，可放在V形块上进行，也可用机用平口钳装夹。较大的工件则用压板螺钉直接装夹在机床工作台上。

在成批和大量生产中，钻孔时广泛应用钻模夹具。

3）钻孔操作。按划线钻孔时，应先对准样冲眼试钻一浅坑，如有偏位，可用样冲重新冲孔纠正，也可用錾子錾出几条槽来纠正。钻孔时，进给速度要均匀，将要钻通时，进给量要减小。钻韧性材料要加切削液。钻深孔（孔深 L 与直径 d 之比大于 5）时，钻头必须经常退出排屑。

钻床钻孔时，孔径大于 30mm 的孔也需分两次钻出。

2. 扩孔和铰孔

用扩孔钻对已经钻出的孔进行扩大加工称为扩孔。扩孔所用的刀具是扩孔钻。扩孔钻的结构与麻花钻相似，但切削刃有 3 或 4 个，前端是平的，无横刃，螺旋槽较浅，钻体粗大结实，切削时刚性好，不易弯曲。扩孔尺寸公差等级可达 IT9 ~ IT10，表面粗糙度值 Ra 可达 3.2μm。扩孔可作为终加工，也可作为铰孔前的预加工。

铰孔是孔的精加工。铰孔可分为粗铰和精铰。精铰加工余量较小，只有 0.05 ~ 0.15mm，尺寸公差等级可达 IT7 ~ IT8，表面粗糙度值 Ra 可达 0.8μm。铰孔前工件应经过钻孔—扩孔（或镗孔）等加工。

铰孔所用刀具是铰刀。铰刀有手用铰刀和机用铰刀两种，手用铰刀为直柄，工作部分较长。机用铰刀多为锥柄可装在钻床、车床或镗床上铰孔。铰刀的工作部分由切削部分和修光部分组成。切削部分呈锥形，担负着切削工作；修光部分起着导向和修光作用。铰刀有 6 ~ 12 个切削刃，每个切削刃的切削负荷较轻。

铰孔时选用切削速度较低，进给量较大，并要使用切削液。铰铸铁件用煤油，铰钢件用乳化液。

锥铰刀用以铰削锥度为 1:50 的定位销孔。对于直径较小的锥销孔，可先按小头直径钻孔；对于直径大而深的锥销孔，可先钻出阶梯孔，再用锥铰刀铰削。

在铰削的最后阶段，要注意用锥销试配，以防将孔铰大。孔铰好之后，要清洗干净。锥销放进孔内，用手按紧时，其头部应高于工件平面 3 ~ 5mm，然后用铜锤轻轻敲紧。装好的锥销其头部可以略高于工件平面；当工件平面与其他零件接触时，锥销头部则应低于工件平面。

3. 锪孔与锪平面

在孔口表面用锪钻加工出一定形状的孔或凸台的平面，称为锪削，如图 6-7 所示。锪削又分锪孔和锪平面。

圆柱形埋头孔锪钻的端刃起主要的切削作用，周刃作为副切削刃起修光作用。为了保持原有孔与埋头孔同心，锪钻前端带有导柱，与已有的孔滑配，起定心作用。

锥形锪钻顶角有 60°、75°、90° 及 120° 四种，其中 90° 的用得最广泛。锥形钻有 6 ~ 12 个切削刃。

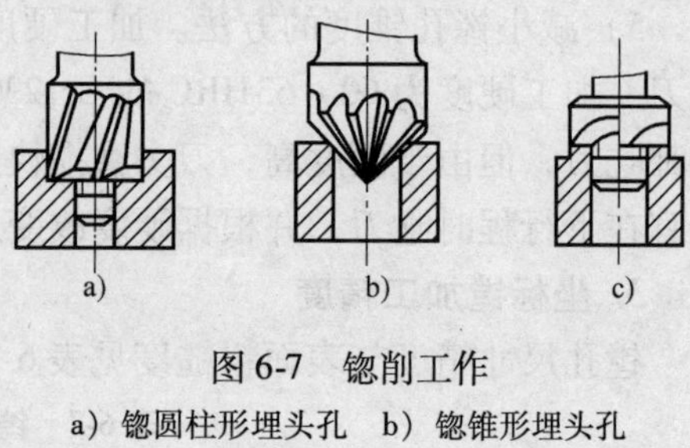

端面锪钻用于锪与孔垂直的孔口端面（凸台平

图 6-7 锪削工作
a）锪圆柱形埋头孔 b）锪锥形埋头孔
c）锪凸台的平面

面）。小直径孔口端面可直接用圆柱形埋头孔锪钻加工，较大孔口的端面也可另行制作锪钻。

锪削时，切削速度不宜过高，锪削时需加润滑油，以免锪削表面产生径向振纹或出现多棱形等质量问题。

6. 2. 6　镗削

1. 镗床

镗床有普通镗床、坐标镗床、数控镗床等。坐标镗床万能回转台除了能绕主分度回转轴任意角度回转外，尚能绕辅助回转轴做 0 ~ 90°的倾斜转动。主回转运动由手轮带动蜗杆副实现，倾斜回转运动由另一手轮带动蜗杆副实现。手柄用以固定分度回转轴，另一手柄用以固定倾斜回转轴。松开一手柄，转动偏心套，可使蜗杆副脱开，实现转台快速转动。倾斜回转精度要求较高（30″以下）时，可利用正弦规和块规来控制。

2. 镗削工艺

（1）基准找正　在坐标镗加工中，根据工件形状特点，定位基准有：

1）工件上划线确定的基准。

2）圆形件上已加工的外圆或内孔。

3）短形件或不规则外形件上已加工的孔。

4）矩形件或不规则外形件上已加工的相互垂直面。

（2）镗淬硬工件　在没有坐标磨床的情况下，为了解决热处理后的变形，必要时可以用硬质合金刀具镗淬硬的工件。但需注意以下几点：

1）刀杆尽量短，刀杆材料用 40Cr，硬度为 43 ~ 48HRC，以提高刀杆的刚性。

2）硬质合金刀切削刃上磨出宽度约 0. 3mm 的负前角（约 – 10°），以提高切削刃的强度。

3）进给量根据工件硬度按表 6-5 选用。

表 6-5　镗淬硬工件的进给量

工件硬度 HRC	43 ~ 48	53 ~ 58	60 ~ 63
进给量/（mm/r）	0.06 ~ 0.09	0.09 ~ 0.11	0.10 ~ 0.13

4）镗淬硬工件的主轴转速按表 6-6 选用。

表 6-6　镗淬硬工件的主轴转速

镗孔直径/mm	5.5 ~ 8	8 ~ 10	10 ~ 15	15 ~ 20	20 ~ 25	25 ~ 30	30 ~ 50	50 ~ 70
主轴转速/（r/min）	1300	1100	900	700	500	300	200	100

5）减小镗孔锥度的方法。加工硬度为 50 ~ 55HRC 的 T8A 材料时，可采取上下行程都吃刀。加工硬度为 60 ~ 63HRC 的 Cr12MoV 钢制件时，如果工件硬度均匀，也可采取上下行程都吃刀，但由于硬度高，刀头磨损快，最后精镗要注意保持刃口锋利；当硬度不均匀时，只宜在下行程时吃刀，并根据硬度改变进给量。

3. 坐标镗加工精度

镗孔尺寸精度与表面粗糙度见表 6-7。

表 6-7　镗孔尺寸精度与表面粗糙度

加工步骤	孔距精度（机床坐标精度的倍数）	孔径精度	表面粗糙度 Ra/μm	适应孔径/mm
钻中心孔→钻孔→扩/精钻	1.5 ~ 3	IT7	1.6 ~ 0.8	< 8

（续）

加工步骤	孔距精度（机床坐标精度的倍数）	孔径精度	表面粗糙度 $Ra/\mu m$	适应孔径/mm
钻中心孔→钻孔→扩/精铰	1.5 ~ 3	IT7	1.6 ~ 0.8	<20
钻→半精镗→精钻	1.2 ~ 2	IT7	1.6 ~ 0.8	<8
钻→半精镗→精铰	1.2 ~ 2	IT7	0.8 ~ 0.4	<20
钻→半精镗→精镗	1.2 ~ 2	IT6 ~ IT7	0.8 ~ 0.4	

6.2.7　磨削

在磨床上用砂轮对工件进行切削加工称为磨削加工。磨削加工是零件精加工的主要方法之一。磨削的尺寸公差等级可达 IT5 ~ IT6，表面粗糙度值 Ra 一般为 0.2 ~ 0.8μm。

模具零件加工的磨床有外圆磨平、内圆磨床和平面磨床、万能工具磨床、工具曲线磨床、光学曲线磨床、坐标磨床、仿形磨床、数控磨床等。另外，还有无心磨床（一种外圆磨床）、手摇平面磨床（用于精修配模具镶块，精度可达 0.0025 ~ 0.005μm）、螺纹磨床、齿轮磨床等。

1. 常用磨削

（1）磨床　常见磨削的磨床有外圆磨床、内圆磨床和平面磨床等。万能外圆磨床与普通外圆磨床的区别，主要在于增加了内圆磨头。因此，万能外圆磨床不仅可以磨削工件的外圆面、外锥面以及轴肩端面，而且能磨削内圆面、内锥面和内台阶面。内圆磨床主要用于磨削工件的内圆面、内锥面及内台肩。

（2）砂轮　磨削用的砂轮是由许多细小而极硬的磨粒用结合剂黏结而成。砂轮表面尖棱多角的磨粒如同铣刀的切削刃一样，在砂轮的高速旋转下切入工件表面，从而实现磨削加工。从本质上说，磨削是一种多刀多刃的高速切削过程。

由于磨粒的硬度极高，因此磨削不仅可以加工一般的金属材料，如碳钢、合金钢、铸铁及某些有色金属，而且还可以加工一般刀具难于加工的高硬度材料，如淬火钢、硬质合金等。这是磨削加工的一个显著特点。

1）砂轮的种类。砂轮的磨粒直接担负着切削工作。磨削时，磨粒在高温下经受剧烈的摩擦及挤压，必须具有高硬度、高耐热性和一定的韧性，还要具有锋利的切削刃口。

常用的磨料有三类。

①刚玉类，其主要成分是 Al_2O_3，其韧性好，适于磨削普通钢料和高速钢。

②碳化硅类，其主要成分是 SiC，硬度比刚玉类高，性脆而锋利，导热性好，适用于磨削铸铁、青铜等脆性材料及硬质合金。

③超硬类。超硬磨粒包括金刚石和立方氮化硼两种。金刚石磨粒适于加工硬质合金、石材、陶瓷和光学玻璃等硬脆材料。立方氮化硼的硬度仅次于金刚石，适于加工各类淬火工具钢、模具钢、不锈钢以及镍基和钴基合金等硬脆材料。

磨粒的大小用粒度表示。粒度号数越大，颗粒越小。粗加工和磨软材料选用粗磨粒，精加工和磨削脆性材料选用细磨粒。砂轮的常用粒度号为 F36 ~ F100。砂轮可以按加工需要制

成各种形状和尺寸。砂轮常用的结合剂为陶瓷结合剂。磨粒黏结越牢，磨削过程中就越不易脱落，这样砂轮的使用寿命也就越长。

2）砂轮的检查、安装、平衡和修整。砂轮安装前一般通过外观检查和敲击响声来判断是否有裂纹，以防高速旋转时破裂。

安装时，要求砂轮松紧合适地套在法兰盘上，在砂轮和法兰盘之间垫上 1～2mm 厚的纸垫，通过法兰盘端面的压紧螺钉将砂轮压紧在法兰盘上。

为使砂轮平稳地工作，一般直径大于 125mm 时都要进行平衡。平衡时将砂轮装在心轴上，再放到平直、光滑的平衡架导轨的刃口上。如果砂轮不平衡，较重的部分总是转至下方。这时可移动法兰盘端面环形槽内的平衡块，当砂轮转至任意部位都能静止，即表明砂轮各个部分质量均匀，平衡良好。

砂轮工作一定时间后，磨粒逐渐变钝，砂轮工作表面空隙被堵塞。这时需对砂轮进行修整，以修磨出新的刃口，恢复切削能力和外形精度。砂轮一般用金刚石工具在磨床上进行修整。

磨孔加工余量见表 6-8。

表 6-8　磨孔加工余量　　　　　　（单位：mm）

孔的直径 d	加工状态	磨孔长度 L					磨前精度 IT11
		≤50	>50～100	>100～200	>200～300	>300～500	
		加工余量					
≤10	未淬硬	0.2	—	—	—	—	0.1
	淬硬	0.2	—	—	—	—	
>10～18	未淬硬	0.2	0.3	—	—	—	0.12
	淬硬	0.3	0.4	—	—	—	
>18～30	未淬硬	0.3	0.3	0.4	—	—	0.14
	淬硬	0.3	0.4	0.4	—	—	
>30～50	未淬硬	0.3	0.3	0.4	0.4	—	0.17
	淬硬	0.4	0.4	0.4	0.5	—	
>50～80	未淬硬	0.4	0.4	0.4	0.4	—	0.20
	淬硬	0.4	0.5	0.5	0.5	—	
>80～120	未淬硬	0.5	0.5	0.5	0.5	0.6	0.23
	淬硬	0.5	0.5	0.6	0.6	0.7	
>120～180	未淬硬	0.6	0.6	0.6	0.6	0.6	0.26
	淬硬	0.6	0.6	0.6	0.6	0.7	
>180～260	未淬硬	0.6	0.6	0.7	0.7	0.7	0.3
	淬硬	0.7	0.7	0.7	0.7	0.8	
>260～300	未淬硬	0.7	0.7	0.7	0.8	0.8	0.34
	淬硬	0.7	0.8	0.8	0.8	0.9	
>300～500	未淬硬	0.8	0.8	0.8	0.8	0.8	0.38
	淬硬	0.8	0.8	0.8	0.9	0.9	

平面磨床用于磨削工件的平面。磨削平面加工余量见表6-9。

表6-9 磨削平面加工余量 （单位：mm）

零件厚度	经热处理或未经热处理零件的终磨						热处理后											
							粗磨						半精磨					
	宽度≤200			宽度>200~400			宽度≤200			宽度>200~400			宽度≤200			宽度>200~400		
	平面长度																	
	≤100	≥100~250	≥250~400	≤100	≥100~250	≥250~400	≤100	≥100~250	≥250~400	≤100	≥100~250	≥250~400	≤100	≥100~250	≥250~400	≤100	≥100~250	≥250~400
6~30	0.3	0.3	0.5	0.3	0.5	0.5	0.2	0.2	0.2	0.2	0.3	0.3	0.1	0.1	0.2	0.1	0.2	0.2
>30~50	0.5	0.5	0.5	0.5	0.5	0.5	0.3	0.3	0.3	0.3	0.3	0.3	0.2	0.2	0.2	0.2	0.2	0.2
>50	0.5	0.5	0.5	0.5	0.5	0.5	0.3	0.3	0.3	0.3	0.3	0.3	0.2	0.2	0.2	0.2	0.2	0.2

平面淬火前加工余量见表6-10。

表6-10 平面淬火前加工余量 （单位：mm）

加工面长度	加工面宽度		加工面长度	加工面宽度	
	≤300	>300~500		≤300	>300~500
	平面留量			平面留量	
≤300	0.5	—	1000~2000	1	1.2
>300~1000	0.7	0.9	允许偏差	±0.1	±0.1

（3）电磁吸盘的构造和工作原理 对于由钢、铸铁等导磁性材料制成的中小型工件，一般用电磁吸盘直接安装。

电磁吸盘的吸盘体由钢制成，其中部凸起心体上绕有线圈，上部有钢制盖板，被绝磁层隔成许多条块。当线圈通电时，心体被磁化，磁力线经心体—盖板—工件—盖板—吸盘体—心体而闭合，从而吸住工件。绝缘层的作用是使绝大部分磁力线通过工件再回到吸盘体，而不是通过盖板直接回去，以保证对工件有足够的电磁吸力。对于陶瓷、铜合金、铝合金等非磁性材料，则可采用精密平口钳、精密角铁等导磁性夹具进行安装。

随着技术的发展，电磁吸盘表面可以用陶瓷做成，使电磁吸盘更耐磨。另外，磁力线分布可使工件底部完全吸牢，而工件上部则不受磁力线影响，所以可以不会因磁力而造成被磨下的铁屑被吸住而影响加工质量。

（4）磨削工件 磨削过程中，由于磨削速度很高（一般为 $30~50m/s$），生产大量的切削热，使磨削区的温度可达 $1000℃$ 以上，高温的磨屑在空气中剧烈氧化，生产火花。为了减少摩擦和充分散热，降低磨削温度，及时冲走屑末，确保工件表面质量，磨削时需使用大量的切削液。

磨削可加工零件的内外圆柱面、内外圆锥面、平面以及成形表面（如螺纹、花键、齿形等）。

2. 成形磨削

成形磨削可以在平面磨床、万能工具磨床、工具曲线磨床、光学曲线磨床和立式坐标磨

床上进行。

（1）成形砂轮磨削法　它适用于磨削小圆弧、小尖角和槽等无法用分段磨削的工件。对砂轮进行成形修整，一般采用金刚石笔。

修整成形砂轮时应注意：金刚石刀杆的顶尖应通过砂轮主轴中心；修整凸圆弧时，砂轮的圆弧半径一般比工件圆弧半径小0.01mm；修整凹圆弧时，砂轮的圆弧半径比工件圆弧半径大0.01mm；修整凹凸圆弧的最大圆心角一般小于180°；为减少金刚石笔消耗，粗修整砂轮时可用碳化硅砂块去除大部分修整量；对于精度要求高的成形面，要分粗、精磨削进行，精磨用的成形砂轮应进行精细修整。

（2）利用夹具的成形磨削法　万能夹具装夹工件方法见表6-11。

表6-11　万能夹具装夹工件方法

项　目	示　意　图	说　明
精密平口钳装夹	 1—精密平口钳　2—螺钉 3—万能夹具圆盘	精密平口钳1用螺钉2固定在万能夹具圆盘3上。该装夹方法不能磨削封闭轮廓
电磁台装夹		用小型磁力台装夹工件,工件必须以平面定位,适于磨削小而薄的工件和非封闭形状的工件
用螺钉和支柱装夹	 1—螺钉　2—等高支柱　3—圆盘	工件上预制装夹用螺孔 工件用螺钉1、等高支柱2固定在圆盘3上。可磨削较大的封闭形工件
球面支架装夹		工件用螺钉固定在球面支架上,可调节工件的水平面

（续）

项　目	示　意　图	说　明
磨大圆弧附件		附件一端固定在万能夹具圆盘上,工件用螺钉、支柱直接固定在附件的另一端

利用万能夹具时,其磨削工艺要点为:按工件图形选择便于工艺计算的直角坐标系,尽可能以设计坐标系作为工艺坐标系。将工件轮廓型面分解成若干个简单型面,然后按表6-12次序磨削各类型面。

表6-12　各类型面的磨削次序

型面类型	直线与凸圆弧相连	直线与凹圆弧相连	两凸圆弧相连	两凹圆弧相连	凹、凸圆弧相连
先磨	直线	凹圆弧	大圆弧	小凹圆弧	凹圆弧
后磨	凸圆弧	直线	小圆弧	大凹圆弧	凸圆弧

（3）在工具曲线磨床上成形磨削　在 M9025 型工具曲线磨床上,工件一次装夹就可磨削由直线和圆弧组成的各种封闭轮廓形状。利用正切机构,可磨削函数曲线形成的曲面。

在该机床上成形磨削方法与采用万能夹具磨削基本相同。其工艺要点为:加工前必须调整坐标分度盘的回转中心,使与光学显微镜中的十字线重合。调整时将角尺测量块置于坐标分度盘上的十字拖板工作台上,并使测量块的一侧校正到平行于纵（横）轴线的位置,然后移动（溜板）分度盘,使角尺测量块的一边在纵（横）轴的 180° 方向上对准显微镜十字线,记下调整量,在纵（横）轴方向移动分度盘,其移动量为调整量的一半。

在磨削过程中,以坐标分度盘回转中心为基准,利用光学显微镜中的十字线对工件的棱边进行测量。

（4）光学曲线磨削　采用陶瓷砂轮磨削,最小圆角半径可达 $3\mu m$,一般砂轮也可磨出 0.1mm 的圆角半径。

1）绘制放大图。在放大图上绘制十字中心线和边框线,线条误差控制在 ±0.2mm 以内。原则上按实际磨削方向从左向右绘制,并尽量利用光屏中心对比度理想的区域安排图样。

2）工件装夹和定位。工件先用各种装夹工具装夹,然后固定在工作台上。常用的装夹方式有机械法、磁性工作台和粘接装固三种。

工件定位的步骤如下:

①将放大图的十字中心线对准机床光屏面上的中心标记。

②将装夹工具的测量棱边对准放大图的十字中心线或拼模线。

③当工件尺寸大小能在一次投影中磨完全部型面时,用工件外形对准放大图基准线进行定位。当工件尺寸大小需要分段磨削时,工件的定位是先使工件拼合面对准放大图拼合线,

然后移动工作台使工件外形基面对准放大图上中心线，再用块规垫入机床纵向工作台，控制机床纵向移动距离。

3）光学曲线磨削方法见表 6-13。

表 6-13　光学曲线磨削方法

用途	磨削方法	说　明
斜面磨削	砂轮座滑板斜置后，可磨削较长的斜面	用放大图校正砂轮座运动方向是否正确
	用成形砂轮磨削狭长斜面	用砂轮修整器修正后，再用放大图检验砂轮角度
内角磨削	砂轮座滑板倾斜 1°~2°，砂轮修出斜度，移动纵横滑板，磨削 90°内角。若将砂轮座纵滑板斜置 θ 角，则可磨大于 90°内角	磨削内清角时将砂轮修成双面斜度，砂轮从内角处向外磨
	用成形砂轮磨削小于 90°内角	成形砂轮用放大图校核
凸凹弧磨削	用单斜边砂轮、双斜边砂轮和平直形砂轮依放大图线逐点磨出	用平直形砂轮磨凸弧时，操作方便，但接角较深
	用成形砂轮切入法磨削	凹弧半径大时，将砂轮修成凸形后分段接磨
带后角工件的磨削	将磨头座按逆时针方向转过一个后角，并用反射投影工件端面的象。后角不大时，一般以工件端面为对焦平面	磨削时，砂轮行程应调整到超出工件端面 5~10mm

（5）在仿形磨床上进行成形磨削　仿形磨削是在仿形磨床上按放大样板或放大图进行磨削加工，或采用专门装置按放大样板将砂轮修成形再进行加工的一种方法。用此法磨削的工件尺寸一般较小且大多是不封闭的轮廓。

3. 坐标磨削

坐标磨削可消除热处理变形误差，加工精度可达 5μm 左右。磨削时，砂轮做高速自转、行星运动和上下往复运动。在加工高精度小孔时，由于砂轮轴很细，必须注意减少磨削余量。

坐标磨床是在坐标镗床加工原理和结构的基础上发展起来的一种精密机床。其特征是：坐标磨床二坐标工作台系统（精密坐标系 + 精密坐标测量系统） + 高精度坐标磨削系统，可对高硬度、淬硬钢等材料进行磨削加工。

其中坐标工作台系统与各厂的坐标镗床基本通用。

坐标磨削系统与一般磨床不同，特别是工件不转，磨削运动和圆周进给运动由磨头的公转和自转完成，上下走刀运动由磨头套筒上下冲程运动完成。

坐标磨床在增加了磨锥机构、各种附件和数控技术后，坐标磨床几乎没有限制，特别适用于形状特别复杂和精度很高的各类模具零件和各种精密机械零件。

4. 无心磨削

磨削时工件放在磨轮和导轮之间，由托板支承着进行磨削。由于导轮的转速较低，工件在导轮的摩擦力带动下旋转，当导轮轴线与工件轴线倾斜一定角度时，工件就能获得轴向进给运动。无心磨削效率高，圆度误差可控制在 0.0005~0.001mm，表面粗糙度值 Ra 为 0.1~0.025μm。

5. 数控磨削

在数控磨床上进行磨削。数控磨床是一种数控机床，是在非数控磨床上加上数控系统，所以在使用时，要编制相应的加工程序。

6.2.8 珩磨

珩磨是用磨粒很细的磨条（也叫磨石）来进行加工的，多用于加工圆柱孔。

珩磨孔用的工具叫珩磨头，其结构有很多种，图6-8所示为一种简单的珩磨头。磨头体通过浮动联轴器与机床主轴连接，以消除机床主轴和工件内孔不同心的有害影响。四块磨条（也有三、五、六块的）用结合剂（或机械方法）与垫块固结在一起，并装进磨头体的槽中。垫块两端由弹簧箍住，使磨条保持在磨头体上。当转动螺母时，通过调整锥和顶销使磨条张开以调整磨头的工作尺寸及磨条的工作压力。这种珩磨头难以保证磨条对孔壁的工作压力调整得准确，原因是磨条的磨损、孔径的增大，以及磨条对孔壁的压力也不能保持恒定。因此，在珩磨过程中，需要经常停车转动螺母来调整工作压力，从而降低了生产率。在成批大量生产中，广泛采用气动、液动调节工作压力的珩磨头。珩磨头工作时有两种运动的结果，磨条上的每颗磨粒在工件孔壁磨出左右螺旋形的交叉痕迹（见图6-9）。为使整个工件表面均匀地被加工到，磨条在孔的两端都要露出一段约25mm的越程。

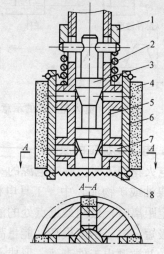

图 6-8　珩磨头

1—螺母　2—弹簧　3—调整锥　4—磨条
5—磨头体　6—垫块　7—顶销　8—弹簧

珩磨的工件表面粗糙度值 Ra 为 0.05 ~ 0.4μm，尺寸精度为 IT6，圆度或圆柱度误差可控制在 0.003 ~ 0.005mm。珩磨加工余量见表6-14。

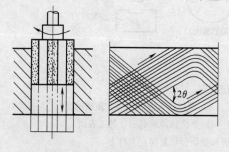

图6-9　珩磨时磨粒的运动轨迹

表6-14　珩磨加工余量

被加工孔的	直径上余量/mm	
直径/mm	铸铁	钢
25 ~ 125	0.02 ~ 0.10	0.10 ~ 0.04
>125 ~ 250	0.06 ~ 0.15	0.02 ~ 0.05
>250	0.10 ~ 0.20	0.04 ~ 0.06

6.3 特种加工

6.3.1 电火花成形加工

1. 电火花加工系统

电火花加工是在电火花机床上对工件进行的一种放电加工。图6-10所示为电火花加工

的示意图。

电火花加工机床一般由三部分组成：机床主机（床身、主轴头等）、脉冲电源及工作液循环系统（工作液槽、工作液箱等），如图 6-11 所示。

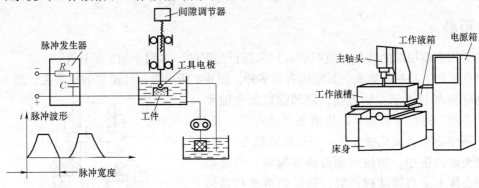

图 6-10　电火花加工的示意图　　　　图 6-11　电火花加工机床的组成

2. 电火花加工的原理

电火花加工时，脉冲电源的一极接工具电极，另一极接工件电极。两极浸入绝缘的工作液（煤油或矿物油）中，工具电极由放电间隙自动调节器控制，向工件移近。当两极间达到一定距离时，极间最近点处的液体介质被击穿，形成放电通道。由于通道截面很小，放电时间极短，电流密度很高，能量高度集中，在放电区产生高温，致使工件的局部金属熔化和汽化，并被抛出工件表面，形成一个小凹坑。第二个脉冲又在另一最近点处击穿液体介质，重复上述过程。如此循环下去，工具电极的轮廓和截面形状将复印在工件上，形成所需的加工表面。工具电极也会因放电而产生损耗。电蚀过程如图 6-12 所示。

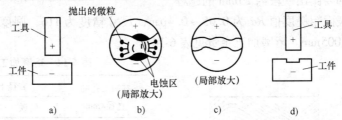

图 6-12　电蚀过程

a）工具电极在自动调节器带动下向工件电极靠近　b）两极最近点处液体介质被电离
产生火花放电，局部金属熔化、汽化并被抛离　c）多次脉冲放电后，加工表面
形成无数个小凹坑　d）工具电极的轮廓和截面形状复印在工件上

3. 电火花加工的条件

如前所述，利用电火花放电对工件进行电蚀加工时，必须具备下列条件：

1）必须采用脉冲电源，以便形成极短的脉冲（1ms）放电，才能使能量集中于微小的区域，而来不及传递到周围材料中去。如果形成连续放电，便会像电焊一样出现电弧，工件表面会被烧成不规则形状。

2）工具电极与工件电极之间必须保持一定的间隙。间隙过大，工作电压击不穿液体介质；间隙过小，形成短路接触，极间电压接近于零，两种情况都无法形成火花放电。为此，

工具电极的进给速度应与电蚀的速度相适应。

3）火花放电必须在绝缘的液体介质中进行。否则，不能击穿液体介质，形成放电通道，也不能排除悬浮的金属微粒和冷却电极表面。

4）极性效应，即工具电极和工件电极分别接在脉冲电源的正极或负极，以保证工具电极的低损耗。

4. 电火花加工的应用

（1）型腔加工　加工各种模具的型腔，将电极的形状复印到模具零件上，从而形成型腔（见图6-13）。

（2）穿孔加工　各种截面形状的型孔（圆孔、方孔、异形孔）、曲线孔（弯孔、螺旋孔）和微小孔（孔径＜0.1mm）等均可用电火花穿孔加工（见图6-14）。

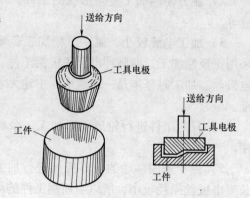

图 6-13　电火花加工模具型腔

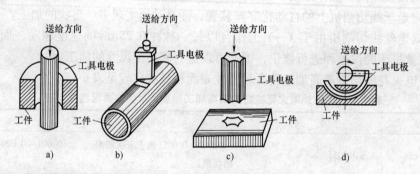

图 6-14　电火花穿孔加工
a）直孔　b）直槽　c）异形孔　d）弯孔

（3）其他加工　电火花磨削加工和雕刻花纹等，如图6-15和图6-16所示。

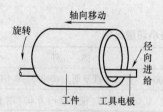

图 6-15　电火花内圆磨削
注：磨削小孔，工件旋转，并做
　　轴向移动和径向进给

图 6-16　电火花雕刻花纹

6.3.2　电火花线切割加工

电火花线切割加工是在电火花线切割机床上对工件进行切割加工。其加工系统示意图如图6-17所示。

其加工原理与电火花成形加工相同，与电火花成形加工相比较主要有以下特点：

1）不需要制造成形电极，工件材料的预加工量少。

2）能方便地加工复杂形状的工件、小孔和窄缝等。

3）加工电流较小，属中、精加工范畴，所以采用正极性加工，即脉冲电源正极接工件，负极接电极丝。加工时基本是一次成形，中途无须换电规准。

4）只对工件进行轮廓图形加工，余料仍可利用。

5）由于采用移动的长电极丝进行加工，单位长度电极丝损耗较小，所以当切割工件的周边长度不长时，对加工精度影响较小。

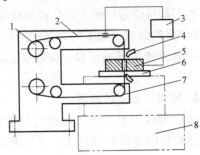

图 6-17　电火花线切割加工系统示意图
1—储丝筒　2—丝线　3—脉冲电源　4—工作液
5—工件　6—工作台　7—导向轮　8—床身

6）自动化程度高，操作方便，加工周期短，成本低，较安全。

7）单向走丝线切割机上的自动化穿丝装置，能自动地实现多个形状的加工。

8）单向走丝线切割机由于 $X—Y$ 工作台以每一脉冲 $0.25\mu m$ 的速度驱动，而且使用激光测长仪测量机床的误差和进行修正，因而可以进行高精度尺寸的加工。

国内外电火花线切割最高加工精度和最佳表面粗糙度比较见表 6-15。

表 6-15　国内外电火花线切割最高加工精度和最佳表面粗糙度比较

项　　目	国　　内	国　　外
加工精度/mm	± 0.005	0.002 ~ 0.005（瑞士五次切割）、± (0.001 ~ 0.020)（俄罗斯微精切割）
表面粗糙度 $Ra/\mu m$	0.4（$v_{wi} \geqslant 13mm^2/min$）、0.8（$v_{wi} \geqslant 20mm^2/min$）	0.2（$v_{wi} \geqslant 10mm^2/min$）（瑞士）、0.1 ~ 0.05（$v_{wi} = 0.03 ~ 0.30mm^2/min$）（俄罗斯）

注：v_{wi} 为切割速度。

国内外电火花线切割加工最小切缝比较见表 6-16。

表 6-16　国内外电火花线切割加工最小切缝比较

项　　目	国　　内	国　　外
最小切缝宽度/mm	0.07 ~ 0.09	0.0045 ~ 0.014（俄罗斯）、0.035 ~ 0.04（瑞士）
电极丝直径 d/mm	0.05 ~ 0.07	0.003 ~ 0.01（俄罗斯）、0.03（瑞士）

电火花线切割加工可以用来切割各种异形曲线，如图 6-18 所示。

图 6-18　电火花线切割加工的异形曲线

6.3.3　电解成形加工

电解成形加工是利用金属在外电场作用下的阳极溶解，使工件加工成形的一种加工方法。图 6-19 所示为电解成形加工的原理。在工件和工具电极之间接上直流电源，工件接正极（称阳极），工具电极接负极（称阴极），在工件和工具之间保持较小的间隙（0.1 ~ 1mm），在间隙中通过高速流动（可达 75m/s）的电解液，当电源给阳极和阴极之间加上直流电压时，在工件表面不断产生阳极溶解。由于阴极和阳极之间各点距离不等，电流密度也不等（见图 6-19 中上面的曲线图），在工件表面上产生的阳极溶解速度也不相同，在阴阳极距离最近的地方，电流密度最大，阳极溶解速度也最快，随着阴极的不断进给，电解产物不断被电解液冲走，最终工件型面与阴极表面达到基本吻合（见图 6-19 中下面的曲线图）。

型腔电解加工的主要特点如下：

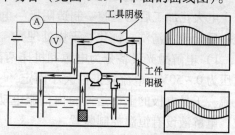

图 6-19　电解成形加工原理

1）生产率高。电解加工型腔比电火花加工效率高 4 倍以上，比切削加工成形效率高几倍至十几倍。

2）表面粗糙度值低，$Ra = 0.8 ~ 3.2\mu m$。

3）工具阴极不损耗，阴极可以长期使用。

4）不受材料硬度限制，可以在模具淬火后加工。

5）尺寸精度可达 ± （0.05 ~ 0.2）mm。

6）电解液（主要是氯化钠）对设备和工艺装备有腐蚀作用。

7）设备投资和占地面积较大。

6.3.4　电解抛光

1. 基本原理

电解抛光实际上是利用电化学阳极溶解的原理对金属表面进行抛光的一种方法。如图 6-20 所示，阳极为要进行抛光的工件，阴极为用铅板制成的与工件加工面相似形状的工具电极，与工件形成一定的电解间隙。当电解液中通以直流电时，阳极表面发生电化学溶解，工件表面被一层溶化的阳极金属和电解液所组成的黏膜所覆盖，其黏度很高，电导率很低。工件表面的高低不平，凹入部分的黏膜较厚，电阻较大，而凸起部分的黏膜较薄，电阻较小。因此，凸起部分的电流密度比凹入部分的大，溶解得快，经过一段时间后，就逐渐将不平的金属表面蚀平，从而得到与机械抛光相同的效果。

2. 电解抛光的特点

1）电火花加工后的型腔表面，经电解抛光后，其表面粗糙度值 Ra 可由 1.2 ~ 2.5μm 降低到 0.4 ~ 0.8μm。

2）效率高。当加工余量为 0.1 ~ 0.15mm 时，

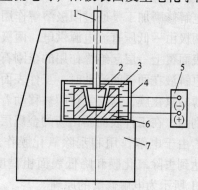

图 6-20　电解抛光示意图

1—主轴头　2—阴极　3—电解液　4—电解液槽
5—电源　6—阳极（工件）　7—床身

电解抛光的时间仅需 10~15min。

3）对于表面质量要求不太高的模具，经电解抛光后，即可使用。对要求高的模具，经电火花加工后，用电解抛光去除硬化层和降低表面粗糙度值，再进行手工抛光，可大大缩短模具制造周期。

4）电解抛光不能消除原始表面的波纹。因此要求在电解抛光前，型腔应无波纹。另外，抛光质量还取决于工件材料组织的均匀性和纯度。经电解抛光后，金属结构的缺陷往往会更明显地暴露出来。

5）由于表层金属产生溶解，工件尺寸将略有改变，故对尺寸精度要求高的工件不宜采用。

3. 电解抛光工艺过程

电火花加工后的型腔→制造阴极→电解抛光前的预处理（化学脱脂、清洗）→电解抛光→后处理（清洗、钝化、干燥处理）。

1）电解抛光设备分为电源和机床两部分，如图 6-20 所示。直流电源常用可控硅整流，电压为 0~50V，电流视工件大小而定，一般以电流密度为 80~100A/dm² 来计算电源的总电流。工具电极的上下运动，由伺服电动机控制。工作台上有纵横滑板，电解槽白塑料制成，电解液设有恒温控制装置。

2）工具电极由青铅制成。电极与加工表面应保持 5~10mm 的电解间隙。对于较复杂的型腔，可将青铅加热熔化后直接浇注在模具型腔内，冷却后取出再用手工加工使之均匀缩小 5~10mm。经实验证实，阴极的形状和电解间隙之间不存在严格的关系。

3）作为模具材料电解抛光的电解液，推荐的配方（质量分数）为：H_3PO_4 65%、H_2SO_4 15%、CrO_3 6%、H_2O 14%。阳极电流密度为 35~40A/dm²，电解液温度为 65~75℃。

配置完后，电解液必须进行预处理。处理方法有以下两种：

第一种方法把电解液在 110~120℃ 温度下加热 2~3h。

第二种方法采用铅板做阳极进行通电处理。阳极电流密度选用 25~30A/dm²，处理到 5A·h/L。

6.3.5　电解修磨与电解磨削

电解修磨加工是通过阳极溶解作用对金属进行腐蚀。工件为阳极，修磨工具即磨头为阴极，两极由一低压直流电源供电，两极间通以电解液。为了防止两电极接触时形成短路，在磨头表面覆上一层起绝缘作用的金刚石磨粒。通电后，电解液在两极间流动时，工件表面被溶解并生成很薄的氧化膜，这层氧化膜被移动着的磨头上磨粒所刮除，在工件表面露出新的金属层，并继续被电解。由于电解作用和刮除氧化膜作用的交替进行，达到去除氧化膜和降低表面粗糙度值的目的。图 6-21 所示为电解修磨的原理。

电解磨削的原理与电解修磨原理一样，都是结合电解作用和机械作用进行加工的。

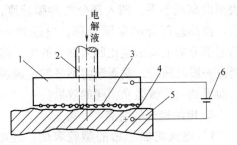

图 6-21　电解修磨原理图
1—修磨工具（阴极）　2—电解液管　3—磨料
4—电解液　5—工件（阳极）　6—电源

6.3.6　照相腐蚀

模具型腔中，往往需要刻制有关铭牌商标、图案花纹以及文字手迹等。如果用手工雕刻，不但生产率低，劳动强度大，而且需要熟练技术。照相腐蚀就能较好地完成这个任务。照相腐蚀即为照相制版和化学腐蚀相结合的技术。即在模具型腔上均匀地喷涂上一层感光胶膜，胶膜经曝光后发生化学变化，感光后的胶膜非但不溶于水，而且还增强了耐蚀性，而未感光的胶膜能溶于水，经过水的清洗，该部分金属就裸露而无保护，在腐蚀液的侵蚀下，就获得了所刻蚀的花纹。

照相腐蚀的过程如下：

1）型腔腐蚀面的清洗处理。模具设计时应考虑到制版的方便，因此最好是平面或规则圆弧面，必要时可做成嵌镶件，照相腐蚀后再装配。

型腔喷胶面的清洁处理十分重要，用汽油、苯或去污粉等洗去油污，用水冲洗干净，再经电炉烘烤至50℃左右。

2）喷胶。感光胶的配方为：聚乙烯醇60g，加水1000mL；重铬酸钾10g，加水100mL。配制时，先将聚乙烯醇的水溶液水浴蒸煮2h，再加入重铬酸钾水溶液蒸煮0.5h即可。要避光保存，使用时可用压缩空气喷枪喷涂。

3）贴上底片或透光图案纸。将事先准备好的底片或图案纸平整地贴附在型腔表面。必须注意的是欲腐蚀部分的图案花纹应是黑的，不透光的，而没有图案花纹的地方应是透光的。此工序完成得好坏以及和型腔表面贴附的情况，直接决定了以后腐蚀的质量。

4）曝光。曝光可用碳弧灯、氙灯或其他光源。感光时要注意让型腔各处感光均匀。感光时间长短可根据实践而定。

5）显影及清洗。先将曝光后的型腔在50℃左右热水中浸几秒钟，观察其显影程度，然后用水清洗，使未感光的胶膜溶于水而除去。

6）烘干及修版。将清洗后型腔低温烘干后进行修版。将图案模糊或膜皮脱落处用油墨填充好后用180℃的温度进行焙烘，使胶膜坚实和增加耐蚀性。

7）腐蚀。腐蚀剂为三氯化铁水溶液。腐蚀方法可用浸泡腐蚀或喷射法等。

8）将腐蚀好的型腔清洗、去胶，烘干后进行必要的钳工修整，整个照相腐蚀过程就完成了。

6.4　数控加工技术

数控机床是一种以数字信号控制机床运动及其加工过程的设备，简称为 NC（Numerical Control）机床。它是随着计算机技术的发展，为解决多品种、单件小批量机械加工自动化问题而出现的。使用计算机代替数控机床专门的控制装置的数控机床称为计算机控制数控机床（Computer Numerical Control，CNC）。随着数控机床的进一步发展，产生了带有刀库和自动换刀装置的数控机床，即加工中心（Machining Center，MC）。工件在加工中心上一次装夹以后，能连续进行车、铣、钻、镗等多道工序加工。近年出现的直接数控技术（Direct Numerical Control，DNC），是指用一台或多台计算机对多台数控机床实施综合控制。数控机床由于加工精度高、柔性好，在模具制造中应用日益广泛。

数控机床种类繁多，分类标准也不统一。按控制方式可以分为开环控制数控机床、半闭环控制和闭环控制机床；按机械运动轨迹可分为点位控制机床、直线控制机床和轮廓控制机床；根据数控机床的控制联动坐标数的不同可分为两坐标联动数控机床、三坐标联动数控机床和多坐标联动数控机床。在模具加工中常用的数控机床有数控铣床、数控电火花加工机床和加工中心等。

6.4.1 概述

1. 数控加工特点

1）加工过程柔性好，适宜多品种、单件小批量加工和产品开发试制，对不同的复杂工件只需要重新编制加工程序，对机床的调整很少，加工适应性强。

2）加工自动化程度高，减轻工人的劳动强度。

3）加工零件的一致性好，质量稳定，加工精度高。机床的制造精度高，刚性好。加工时工序集中，一次装夹，不需要钳工划线。数控机床的定位精度和重复定位精度高，依照数控机床的不同档次，一般定位精度可达 ±0.005mm，重复定位精度可达 ±0.002mm。

4）可实现多坐标联动，加工其他设备难以加工的数学模型描述的复杂曲线或曲面轮廓。

5）应用计算机编制加工程序，便于实现模具的计算机辅助制造（CAM）。

6）设备昂贵，投资大，对工人技术水平要求高。

正是由于这些特点，数控机床近年来广泛应用于模具加工。注塑模的型腔、型芯等成型零件不仅表面形状复杂，而且尺寸精度和表面质量要求较高，从数控机床的加工适应性角度看非常适合于在数控机床上加工。

2. 数控加工的工艺过程

数控加工基本过程可以概括为：首先分析零件图样，进行数控加工工艺性审查，然后按设计要求和加工条件制定数控加工工艺，并在此基础上编写加工程序，最后由数控机床加工零件，如图 6-22 所示。

图 6-22 数控机床加工过程

数控加工与普通加工的最大差别在于控制方式上，所以两者的加工工艺设计存在很大的差别。在传统加工中，操作内容及其参数多数是由现场工人把握的，或者由靠模、凸轮等硬控制实现的；而数控加工的自动化程度高，自适应性差，加工过程的所有控制内容都严格地写入加工程序，因此数控工艺设计必须十分严格、明确和具体，并在加工代码中实现。数控加工工艺设计的质量不仅影响加工效率和质量，工艺设计不当甚至可能导致加工事故。

数控加工工艺设计的主要内容和步骤如下：

1）工艺分析。对零件图样进行工艺性分析，审查数控加工的可行性和经济性；确定数控加工的加工对象和加工内容，在此基础上把零件的几何模型转化为工艺模型。

2）工艺规划。根据所得到的工艺数据和加工条件，安排加工工艺路线和加工顺序，划分工序；进一步安排加工工序，选择定位方案和加工基准，选择刀具、夹具等工装设备，确

定对刀点与换刀点、切削量等加工参数，选择测量方法。

3）编写数控加工工艺技术文件。数控加工的工艺文件作为加工过程的参考说明和产品验收依据，包括数控加工工序卡、数控加工程序说明卡和走刀路线图等。

3. 数控编程

数控机床加工零件之前首先需要编制加工程序。工艺设计完成之后，按照数控系统规定的指令和程序格式及工艺设计过程所得到的全部工艺过程、工艺参数，编写加工程序。然后把加工程序通过一定的介质传给 NC 机床，由 NC 机床完成工件的加工。程序编制属于工艺规划内容，是在工艺分析和几何计算的基础上完成的。编程方法有手工编程和自动编程。

1）早期的加工程序大多是采用手工编制的，是以数控指令编写的加工程序。在手工编程中，工艺处理和几何计算都由人工完成。几何计算包括刀具轨迹计算、几何元素关系运算（如交点、切点、圆弧圆心等求解）、曲线、曲面逼近等。手工编程工作量大，对技术人员要求较高。主要用于处理一些不很复杂的零件加工程序。

2）自动编程是借助于计算机来编制加工程序的，所以又称为计算机辅助编程。自动编程方法有数控语言编程和图形编程两种形式。数控语言编程编写的程序称为源程序，与手工编写的加工代码不同，源程序不能直接控制数控机床，而是由几何定义语句、工艺参数语句和运动语句组成。数控源程序需要经过编译和后置处理转换成机床的控制指令。最有代表性的编程语言是美国开发的 APT，后来各国相继开发了多种数控编程语言，如 EXAPT、HAPT 及我国的 ZCK、SKC 等。

6.4.2　常用的数控加工方式

1. 数控铣削

数控铣床分为两轴（两坐标联动）数控铣床、两轴半数控铣床和多轴数控铣床。两轴铣床常用于加工平面类零件；两轴半铣床一般用于粗加工和二维轮廓的精加工；三轴及三轴以上的数控铣床称为多轴铣床，可以用于加工复杂的三维零件。按结构形式数控铣床可以分为三类：立式数控铣床、卧式数控铣床和龙门数控铣床。

在模具加工中，数控铣床使用非常广泛，可以用于加工具有复杂曲面及轮廓的型腔、型芯以及电火花加工所需的电极等，也可以对工件进行钻、扩、铰、镗孔加工和攻螺纹等。

另外，数控系统配备了数据采集功能后，可以通过传感器对工件或实物进行测量和采集所需的数据。有些系统能对实物进行扫描并自动处理扫描数据，然后生成数控加工程序，这在反求工程中具有重要的意义。

2. 加工中心加工

加工中心按结构形式分为立式加工中心、卧式加工中心和龙门加工中心等；按功能分为以镗为主的加工中心、以铣削为主的加工中心和高速铣削加工中心等。

加工中心主轴转速与进给速度高，一次装夹后通过自动换刀完成多个表面的自动加工，自动处理切屑，而且具有复合加工功能，所以加工效率高；另一方面，加工中心具有很高的定位精度和重复定位精度，可以达到很高的加工质量并具有较高的加工质量稳定性。

（1）适于在加工中心上加工的工件　加工中心是机电一体化的高技术设备，投资大，运行成本高，所以选用适合的加工对象对取得良好的经济效益很重要。下列工件适于在加工中心上加工：

1）多工序集约型工件，即一次安装后需要对多表面进行加工，或需要用多把刀具进行加工的工件。

2）复杂、精度要求高的单件小批量工件。

3）成组加工、重复生产型的工件。

4）形状复杂的工件，如具有复杂形状或异形曲面的模具、航空零件等。

（2）在模具加工中的应用　加工中心的这些特点非常适合于具有复杂型腔曲面模具单件生产。在模具加工中应用广泛，表现为以下几个方面：

1）模板类零件的孔系加工。

2）石墨电极加工中心，用于石墨电极的加工。

3）模具型腔、型芯面的加工。

4）文字、图案雕刻。

6.4.3　模具 CAM 技术

广义地说，模具计算机辅助制造（CAM）是利用计算机对模具制造全过程的规划、管理和控制。一般模具 CAM 技术包括计算机辅助编程、数控加工、计算机辅助工艺过程设计（CAPP）、模具辅助生产管理等。这里 CAM 仅指计算机辅助编程。

模具 CAM 系统充分利用 CAD 中已经建立的零件几何信息，通过人工或自动输入工艺信息，由软件系统生成 NC 代码，并对加工过程进行动态仿真，最后在数控机床上完成零件的加工。现在的 CAM 软件大多具有如下特点与功能：

1）从 CAD 中获得零件的几何信息。CAM 系统通过人机交互的方式或自动提取 CAD 信息，这点既不同于手工编程的人工计算，又不需要用数控语言的语句来描述零件。多数系统都能把 CAD 与 CAM 很好地集成。

2）数控加工的前置处理，即把零件模型转换成加工所需的工艺模型。

3）生成各种加工方法的刀具轨迹，选择刀具、工艺参数，计算切削时间等。

4）根据刀具轨迹文件生成数控机床的数控程序。

5）对加工过程进行仿真，预先检验加工过程。

6）编辑管理 NC 程序，实现 CAM 软件与 NC 设备的通信。

目前，我国比较著名的 CAM 软件有北航海尔的 CAXA 系列、广州红地公司的金银花系列；国外的有英国 Delcam 公司的 PowerMILL、以色列 Cimatron 公司的 Cimatron 软件、法国 Dassault 公司的 CATIA、美国 CNC software 公司的 MasterCAM、德国西门子公司的 NX、美国 PTC 公司的 Pro/ENGINEER 和 Solid Works 公司的 Solid Works 等软件。

6.4.4　高速切削技术

高速加工（High Speed Machine，主要指高速切削加工）是指使用超硬材料刀具，在高转速、高进给速度下提高加工效率和加工质量的现代加工技术。由于这种加工方法可以高效率地加工出高精度及高表面质量的零件，因此在模具加工中得到广泛的应用。

1. 高速切削的定义

目前，高速切削没有一个统一的定义。对于不同的加工方式、不同的工件材料，高速切削的速度是不同的。通常高速切削的切削速度是指比常规切削速度高出 5 ~ 10 倍。一般认为

主轴转速高于8000r/min、最大进给速度高于30m/min的切削加工定义为高速加工。

2. 高速切削的应用

高速切削时，刀具高速旋转，而轴向、径向切入量小，大量的切削热量被高速离去的切屑带走，因此切削温度及切削力会减少，刀具的磨损小，也使得加工精度进一步地提高。在高速加工中加入高压的切削液或压缩空气，不仅可以冷却，而且可以将切屑排除加工表面，避免刀具的损坏。因而，高速加工具有加工效率高、加工质量高、刀具磨损小的特点。

如今，各种商业化高速机床已经进入市场，应用于飞机、汽车及模具制造。

模具型腔一般是形状复杂的自由曲面，材料硬度高。常规的加工方法是粗切削加工后进行热处理，然后进行磨削或电火花放电精加工，最后手工打磨、抛光，这样使得加工周期很长。高速切削加工可以达到模具加工的精度要求，减少甚至取消了手工加工。而且采用新型刀具材料（如PCD、CBN、金属陶瓷等），高速切削可以加工硬度达到60HRC甚至更高的工件材料，可以加工淬硬后的模具。高速铣削加工在模具制造中具有高效、高精度以及可加工高硬材料的优点，在模具加工中得到广泛的应用。高速切削加工技术引进模具，主要应用于以下几个方面：

1）淬硬模具型腔的直接加工。由于高速切削采用极高的切削速度和超硬刀具，可直接加工淬硬材料，因此高速切削可以在某些情况下取代电火花型腔加工。与电火花加工相比，加工质量和加工效率都不逊色，甚至更优，而且省略了电极的制造。

2）电火花加工用电极的制造。应用高速切削技术加工电极可以获得很高的表面质量和精度，并且提高电火花的加工效率。

3）快速模具的制造。由于高速切削技术具有很高的加工效率，可以实现由模具型腔的三维实体模型到满足设计要求的模具的快速转化，真正实现快速制模。

6.5 模具表面技术

模具表面技术包括表面强化、表面修复、型腔表面光整加工技术和表面纹饰加工技术。

模具表面技术的应用越来越广泛，其作用主要如下：

1）提高模具型腔表面的硬度、耐磨性、耐蚀性和抗高温氧化性能，大幅度提高模具的使用寿命。

2）提高脱模能力，从而提高生产率。

3）用于模具型面的修复。

4）用于模具型腔表面的纹饰加工，以提高塑件的档次和附加值。

6.5.1 表面强化技术

可用于模具制造的表面强化和修复技术包括表面淬火技术、热扩渗技术、堆焊技术和电镀硬铬技术、电火花表面强化技术、激光表面强化技术、物理气相沉积技术（PVD）、化学气相沉积技术（CVD）、离子注入技术、热喷涂技术、热喷焊技术、复合电镀技术、复合电刷镀技术和化学镀技术等。

1. 热扩渗技术

热扩渗技术又称化学热处理技术，是指用加热扩散的方式把C、N、Si、B、Al、V、Ti、

W、Nb、S 等一元或多元非金属或金属元素渗入模具的表面,从而形成表面合金层的工艺。其突出特点是扩渗层与基材之间是靠形成合金来结合的,具有很高的结合强度。模具表面强化中常用的扩渗元素有碳和氮。

渗碳具有渗速快、渗层深、渗层硬度梯度与成分梯度可方便控制、成本低等特点,能有效地提高材料的室温表面硬度、耐磨性和疲劳强度等。渗氮层的硬度高(950~1200HV),耐磨性、疲劳强度、热硬性及抗咬合性均优于渗碳层。由于渗氮温度低(一般为480~600℃),工件变形很小,尤其适用于一些精密模具的表面强化。

2. 气相沉积技术

气相沉积技术是一种利用气相物质中的某些化学、物理过程,将高熔点、高硬度金属及其碳化物、氮化物、硼化物、硅化物和氧化物等性能特殊的稳定化合物沉积在模具工作零件表面上,形成与基体材料结合力很强的硬质沉积层,从而使模具表面获得优异力学性能的技术。根据沉积层形成机理的不同,气相沉积分为物理气相沉积、化学气相沉积、等离子体化学气相沉积三大类。

(1) 物理气相沉积(PVD)　在真空条件下,以各种物理方法产生的原子或分子沉积在基材上,形成薄膜或沉积层的过程称为物理气相沉积。PVD 法的主要特点是沉积温度低于600℃,它可在工具钢和模具钢的高温回火温度以下进行表面处理,故变形小,最适合于精密模具。但是 PVD 法不适于沉积深孔及窄的沟槽,不能对有氧化腐蚀、变质层的零件进行沉积。按照沉积时物理机制的差别分为真空蒸镀(VE)、真空溅射(VS)和离子镀(IP)三种类型。其中,采用多弧离子镀膜方法镀覆 TiN、TiC 耐磨层技术已在模具表面强化方面取得了广泛的生产应用。

(2) 化学气相沉积(CVD)　化学气相沉积是采用含有膜层中各元素的挥发性化合物或单质蒸气在热基体表面产生气相化学反应,反应产物形成沉积层的一种表面技术。其特点是CVD 处理沉积层的组织中存在扩散层过渡区,沉积层与基体的结合力强,模具不会产生剥落、崩块等问题。对于深孔型及复杂型腔的模具,使用 CVD 处理较 PVD 处理更易形成沉积层。但是由于 CVD 法是在800~1200℃的高温下进行,工件易变形,出现脱碳现象,易形成残留奥氏体,性能下降。经 CVD 处理的模具一般还需要在真空炉中重新淬火。

(3) 等离子体化学气相沉积(PCVD)　等离子体化学气相沉积技术是在化学气相沉积和物理气相沉积基础上发展起来的,兼有 CVD 的良好绕镀性及 PVD 的低温成膜的优点。在模具上用 PCVD 法沉积 NiCN、TiCN、TiC 等结合力强,模具使用性能良好,可以提高模具使用寿命。PCVD 可适用于形状复杂的精密模具表面强化,而且还可以用于表面修复。

3. 电镀与化学镀

(1) 电镀　利用电镀技术,在模具表面镀覆一层具有特殊性能的金属材料(常用 Ni 或 Cr),可以提高模具的耐磨性、耐蚀性和表面硬度。这种表面处理技术工艺简单,成本低。镀 Ni 层硬度一般为150~600HV,镀 Cr 层硬度一般为400~1200HV。

近年来,为了提高复合镀层的耐磨性,采取了如下措施:采用合金镀层,包括 Ni-Co、Ni-Mn、Ni-Fe、Ni-P 镀层等,代替单金属镀层,能够较大幅度地提高模具表面的硬度。采用聚四氟乙烯(PJFE)作为共沉积微粒制备的 Ni-PJFE 复合镀层常用于注塑模和橡胶模的脱模镀层。

(2) 化学镀　化学镀的均镀能力强,由于没有外电源、电流密度的影响,镀层可在形

状复杂的模具型腔基材表面均匀沉积。特别是化学镀 Ni-P 层，其硬度可达 1000HV，已接近一些硬质合金的硬度，而且具有相当高的耐磨性和耐蚀性。化学镀 Ni-P 比电镀 Cr 对 PVC 腐蚀模具现象具有更好的防护作用。

4. 激光表面强化技术

激光能量密度极高，对材料表面进行加热时，加热速度极快，整个基体的温度在加热过程中基本不受影响。这样对工件的形状、性能等也不会产生影响。激光材料表面强化技术主要有激光相变硬化（LTH）、激光表面合金化（LSA）、激光表面熔覆（LSC）三种。如利用激光表面熔覆（LSC）技术，在聚乙烯造粒模具上熔覆 Co-WC 或 Ni 基合金涂层等，可以降低模具型腔表面粗糙度值，减小型腔的磨损。

6.5.2　表面纹饰加工

塑件表面纹饰可以通过模具型腔纹饰得到，如文字、图案、亚光面、各种纹理花纹等。模具型腔纹饰加工方法有机械加工、电火花加工、电铸及化学加工等。

1. 数控雕刻机

精度要求不高的模具型腔花纹可由手工或者刻模铣削雕刻完成。随着计算机技术的发展，尤其是 CNC 技术的发展，近年来数控雕刻机应用日益普遍。数控雕刻机雕刻精细产品的效率高，可以进行产品曲面、复杂花纹雕刻，并具有与计算机设计技术的接口，这些优点使得它在模具型腔复杂图饰、三维浮雕雕刻、电极雕刻等方面取得了广泛的应用。

数控雕刻系统由雕刻 CAD/CAM 软件和雕刻机组成。在模具数控雕刻中，既要保证其型腔成型的尺寸精度，又必须满足图案复杂的外形要求，因此雕刻数控加工工艺和控制技术与普通数控差异较大。必须使用高速小刀具进行精雕细刻，并采用高速铣削技术（HSM）和 CNC 雕刻独有的等量切削技术。雕刻时，刀具以很高的转速旋转并保持较高的旋转精度，从而减少了振动和跳动断刀。CAD/CAM 软件是数控雕刻的核心。雕刻 CAD/CAM 软件应具有强大的图形、图像设计编辑和造型设计功能，能够按区域雕刻或轮廓雕刻自动生成加工路径，输出相应的 G 代码，指挥雕刻机进行各种加工。如有些 CNC 雕刻机的软件在扫描仪上将平面图输入后，根据图像的颜色或灰度能自动生成雕刻深度、曲面特性和刀具轨迹，或者直接对数码相机的实物图片进行预处理，加工出凸凹的浮雕图案。CAM 能进行雕刻加工仿真，也就是刀具路径模拟，可以模拟实际的加工环境和刀具运动路线。

2. 型腔表面纹饰蚀刻工艺

（1）光化学蚀刻法　型腔表面纹饰光化学蚀刻的原理是把所需的图形用照相法精确地缩到照相底片上，底片上的图案经过曝光、显影等光化学反应，复制到涂有感光胶的型腔表面，然后进行坚膜固化处理，使感光胶具有较高的耐蚀性，最后对型腔表面进行化学腐蚀，即可得到型腔图案。这种方法具有成形复杂图形、精度高、不需要专门设备等优点，但同时也存在着诸如工序烦琐、加工速度慢、生产周期长、工作环境苛刻、能量和材料消耗大及沿保护层下严重的侧向腐蚀等缺点。光化学蚀刻工艺过程如图 6-23 所示。

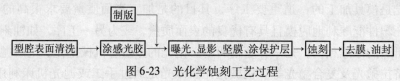

图 6-23　光化学蚀刻工艺过程

（2）电化学蚀刻法　电化学蚀刻法使用与光化学相同的方法制作耐蚀膜，以丝网印刷技术取代照相制版技术来制作图纹掩膜，以电化学加工手段取代化学腐蚀手段来蚀刻图纹。这种蚀刻方法蚀刻速度快，容易成形较深的图纹，但需要辅助电极和专门设备。

6.5.3　光整加工技术

模具常用的光整加工工艺方法有刮削、研磨和抛光，目前主要还是由钳工手工来操作。各种光整加工方法不受工件的大小和形状的限制，加工的精度高，表面可以达到镜面要求。当一般的机床无法满足加工要求时，都要进行光整加工，但是光整加工效率低，劳动强度大。表 6-17 给出了三种光整加工方法的比较。

表 6-17　光整加工工艺

加工方法	精度与加工余量	加工设备与用具	应用范围
刮削	尺寸精度为 IT4 ~ IT6 表面粗糙度 Ra 为 0.2 ~ 1.6μm 加工层厚为 0.05 ~ 0.4mm	校准工具：校准平板、校准直尺、角度直尺、专用校准型板、芯棒、显示剂、刮刀	分型面、锁紧面、型孔加工
研磨	尺寸精度为 0.001 ~ 0.005mm 表面粗糙度 Ra 为 0.012 ~ 1.6μm 加工层厚为 0.005 ~ 0.03mm	研具：研磨平板、研磨环、研磨棒 研磨剂：氧化物、碳化物或金刚石磨料、有机油、油脂酸等	导柱、导套、滑块、导滑槽等加工
抛光	尺寸精度小于 1μm 表面粗糙度 Ra 为 0.008 ~ 0.025μm 加工层厚为 0.1 ~ 0.5μm（公差范围内）	手持抛光机、磨石、砂纸、抛光膏	模具型腔、型芯等加工

1. 刮削

刮削是用刮刀去除工件表面金属薄层的加工方法。刮削时，将工件与校准工具或与之配合的工件涂上一层显示剂，经过对研，使工件凸起的部位显出来，然后用刮刀进行微量去除。刮削主要是利用刮刀的机械切除作用，同时还有刮刀的推挤和压光作用。刮削不受加工对象和装夹的限制，刃具磨损和夹具误差都不影响加工精度。通过刮削可以获得很高的尺寸精度、形状和位置精度以及接触精度。

2. 研磨

研磨是用研磨工具和研磨剂从工件上研除一层极薄表面金属，从而对工件进行光整加工。研磨过程包含了物理和化学作用。由于研具和工件之间的相对运动，使磨粒在工件表面产生微量切除，即研磨的物理作用。化学作用是由于研磨液中的氧化铬、硬脂酸等与空气接触后在工件表面形成容易脱落的氧化膜，研磨时氧化膜不断地脱落，又不断地形成，如此反复，加快了研磨切除。

3. 抛光

模具抛光是模具加工的一道重要工序，其目的是加工表面质量要求很高的模具型腔表面，从而保证塑件能顺利地脱模且具有优良的表面质量，或为另一工序，如蚀刻或镀层做准备。抛光与研磨的原理相同，是一种超精研磨。抛光的方法有机械抛光、电解抛光、超声波抛光、胶体挤拉抛光及复合抛光等。机械抛光和砂光是通过手工或抛光机床利用砂轮抛头、

砂纸、磨石等来抛光模具型腔的。模具表面抛光不单受抛光设备和工艺技术的影响，还受模具材料镜面度的影响，也就是说，抛光本身受模具材料的制约。例如，用 45 钢制作注塑模具型腔时，抛光至 Ra 为 $0.2\mu m$ 时，肉眼可见明显的缺陷，继续抛下去只能增加光亮度，而表面粗糙度值已不能降低，故生产表面质量要求高的塑件的模具需要选用专门的抛光性能符合要求的模具材料，即镜面钢材。

6.6　用模具制造模具法

用模具制造模具法是通过模具在压力设备上对金属材料进行成形加工，从而获得符合要求的工件。用模具制造模具法除了锻造外，还有冷挤压、低压铸造、精密铸造等。

6.6.1　冷挤压

型腔冷挤压成形是在室温下，利用装在压力机上的机头——凸模，以很大的压力（挤压钢时可达 2GPa 以上）挤入模坯，使模坯产生塑性变形，从而形成和冲头的形状及大小一致的凹穴，再经适当的切削加工修整，就成为所需的型腔。

根据挤压时模坯材料的流动情况，型腔冷挤压可分为封闭式和敞开式两种。封闭式型腔冷挤压（见图 6-24）是将模坯放在一个模套内。在挤压过程中，由于受到模套的限制，金属只能沿轴线方向上流动，所以可以获得比较精确的型腔形状。

敞开式型腔冷挤压如图 6-25 所示。模坯外面没有模套，因此坯料金属的流动较为自由，不但沿轴线方向变形，也沿径向变形。结果使坯料产生翘曲，所获得的型腔精度较封闭式的低。但由于变形阻力较小，因此所需的挤压力也就比封闭式的要小。如果加大坯料的直径，使 D/d 大于 6，则外层的坯料相当于模套的作用，这时型腔的精度可以提高，但所需的挤压力也就相应增加，而坯料浪费的材料也多。因此，敞开式型腔冷挤压不如封闭式用得普遍，只有在挤压要求不高的浅型腔或多型腔时采用。

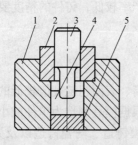

图 6-24　封闭式型腔冷挤压
1—模套　2—导向套　3—凸模　4—模坯　5—垫板

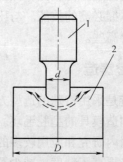

图 6-25　敞开式型腔冷挤压
1—凸模　2—模坯

型腔冷挤压工艺具有以下优点：

1）由于凸模的加工比凹模方便，所以冷挤压可以制造难以用机械加工方法成形的复杂型腔，并且提高了生产率。尤其在多腔模情况下，生产率的提高就更显著。型腔的形状越复杂，其优越性也就越大。

2）工件精度较高，表面光整，精度可达 IT7 ~ IT8 或更高，表面粗糙度值 Ra 可达 0.08 ~ 0.32μm，主要由凸模的精度和表面粗糙度来决定。

3）冷挤压可使模坯的金属组织更为致密，硬度和耐磨性也有所提高。目前，冷挤压工艺应用于各种有色金属和低碳钢、中碳钢以及部分有一定塑性的工具钢。

6.6.2　低压铸造

低压铸造是利用压缩空气的压力，将液态金属平稳地自下而上地压入铸型，并在一定的压力下使其凝固而获得铸件的铸造方法，如图 6-26 所示。由于作用在液面上的压力一般不超过 250kPa，远远低于压铸时的压力，因而称为低压铸造。

低压铸铝和一般的铸铝方法相比，具有以下优点：

1）由于金属液是自下而上平稳地充模，因此大大减少了一般浇注时金属液冲刷铸型和飞溅的现象，从而减少了氧化、夹杂以及气孔等缺陷。

2）由于是在压力下凝固和结晶的，并且易于实现顺序凝固，所以有利于补缩，铸件的致密性较好，不但可以缩小浇注系统的尺寸，提高金属利用率，而且更为重要的是提高了铸件的力学性能。据统计，低压铸造和条件相同的自由浇注相比较，强度和硬度可提高 10% 左右。

3）提高了金属的流动性，有利于得到轮廓清晰和形状复杂的薄壁铸件，并且尺寸精度也较高。

与压铸相比较，低压铸造的设备较为简单，而且不需要昂贵的高级模具钢。此外，压铸件存在皮下气孔，铸件质量大小和投影面积也都受到限制。

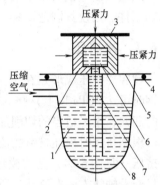

图 6-26　低压铸铝示意图
1—坩埚中铝液　2—铸型
3—压板　4—密封圈
5—盖板　6—型腔
7—升液管　8—坩埚

与自由浇注及压铸相比，低压铸造也有不及之处。与自由浇注相比，低压铸造总需一定的设备以及掌握必需的技能。与压铸相比，低压铸铝的生产率较低，铸件的精度要差些，表面粗糙度值要高些。

6.6.3　精密铸造

精密铸造是采用特殊的造型方法，以获得尺寸精度较高、表面粗糙度值较低的铸件，因此可以用来制造模具的型腔毛坯。精密铸造的方法很多，根据模具制造为单件或小批生产的特点，目前国内研究和应用较多的有以下三种方法，即熔模铸造、陶瓷铸造以及壳型铸造。由于精密铸造提高了精度，减少了加工余量，节约了金属，使加工周期缩短，因此成本也相应降低。在单件小批生产情况下，精密铸造不需要复杂的设备，在原有铸造生产的基础上，只需改变造型材料和造型方法，因此很容易掌握。

1. 熔模铸造

熔模铸造是利用低熔点的蜡料制成与所需铸件形状一致的蜡模，然后在蜡模表面用耐火材料制壳并使其硬化，制壳后将蜡模熔去，因而获得中空的模壳，模壳经高温焙烧后即可浇注，待金属凝固冷却后敲去模壳，即可获得所需的铸件。熔模铸造的工艺过程如图 6-27 所示。

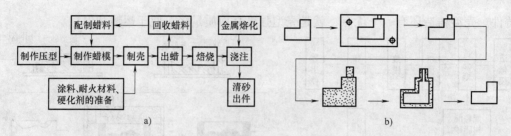

图 6-27　熔模铸造的工艺过程

a）流程图　b）工艺图

熔模铸造的最大特点是蜡模在制壳时没有分型面，并且不需要拔模，所以避免因分型、拔模而带来的困难和造成的尺寸误差，可以获得较高的精度。制件的形状越复杂，此优点就越突出。目前熔模铸造的精度可达 IT8 ~ IT13，表面粗糙度值 Ra 可达 $1.6 ~ 6.3 \mu m$。

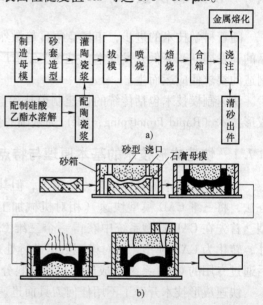

图 6-28　陶瓷型铸造的工艺过程

a）流程图　b）工艺图

熔模铸造的缺点为工艺过程和生产周期较长，并且由于蜡模的强度较低，铸件越大，蜡模就越容易变形而影响精度，因此铸件质量大小受到限制。目前熔模铸造的铸钢件质量，小的只有几克，绝大多数铸钢件的质量在 10kg 以下。

2. 陶瓷型铸造

陶瓷型铸造是把由耐火材料和黏结剂等配制而成的陶瓷浆料浇到母模上，在催化剂的作用下，陶瓷浆结胶硬化而形成陶瓷层，然后再经过拔模、喷烧和焙烧等工序，就形成了耐火度、尺寸精度较高及表面粗糙度值较低的精密铸型，再经过合箱、浇注和清砂出件，就可获得所需的铸件。陶瓷型精密铸造的工艺过程如图 6-28 所示。

与熔模铸造相比，陶瓷型铸造的最大特点是可以铸造重型零件，目前大的已达 4 ~ 5t。其精度一般为 IT11 ~ IT13，表面粗糙度值 Ra 可达 $3.2 ~ 6.3 \mu m$。陶瓷型铸造的缺点主要是陶瓷浆的原料——刚玉粉和硅酸乙酯价格较贵而且来源较少，操作工序也较长。

3. 壳型铸造

壳型铸造是用合成树脂作为黏结剂，石英砂为耐火材料配制成的型砂来造型，由于树脂砂的强度很高，铸型厚度只需 10mm 左右，同时铸型又具有很高的尺寸精度和很低的表面粗糙度值，因此这种方法称为壳型精密铸造或薄壳精密铸造，其工艺过程如图 6-29 所示。由图 6-29 可知，壳型铸造的工序比失蜡铸造和陶瓷型铸造简单，生产周期短。

壳型铸造既适用于大批量生产，在流水线上，几分钟就可造好一个型，也适用于单件小批生产，这时只需简单的混砂机和烘箱即可。壳型铸造的精度和陶瓷型铸造近似，约为 IT10 ~ IT13，表面粗糙度值 Ra 可达 $3.2 \mu m$，铸件质量目前可达几百千克，常用于 30kg 以下

的铸件。壳型铸造还有一个优点，就是壳型强度高而质量轻，便于运输和保存。

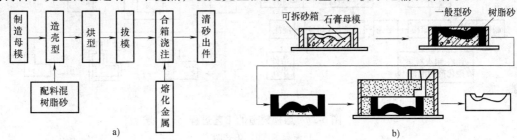

图 6-29　壳型铸造的工艺过程
a）流程图　b）工艺图

6.7　快速制模技术

随着科学技术的进步，市场竞争日趋激烈，产品更新换代周期越来越短，因此缩短新产品的开发周期，降低开发成本，是每个制造厂商面临的亟待解决的问题。于是，对模具快速制造的要求便应运而生。

快速制模技术包括传统的快速制模技术（如低熔点合金模具、电铸模具等）和以快速成形技术（Rapid Prototyping，RP）为基础的快速制模技术。

6.7.1　快速成形技术的基本原理与特点

快速成形技术的具体工艺方法很多，但其基本原理都是一致的，即以材料添加法为基本方法，将三维 CAD 模型快速（相对机械加工而言）转变为由具体物质构成的三维实体原型。首先在 CAD 造型系统中获得一个三维 CAD 模型，或通过测量仪器测取实体的形状尺寸，转化为 CAD 模型，再对模型数据进行处理，沿某一方向进行平面"分层"离散化，然后通过专用的 CAM 系统（成形机）对胚料分层成形加工，并堆积成原型。

快速成形技术开辟了不用任何刀具而迅速制造各类零件的途径，并为用常规方法不能或难于制造的零件或模型提供了一种新的制造手段。它在航空航天、汽车外形设计、轻工产品设计、人体器官制造、建筑美工设计、模具设计制造等技术领域已展现出良好的应用前景。归纳起来，快速成形技术有如下应用特点。

1）由于快速成形技术采用将三维形体转化为二维平面分层制造机理，对工件的几何构成复杂性不敏感，因而能制造复杂的零件，充分体现设计细节，并能直接制造复合材料零件。

2）快速制造模具。

①能借助电铸、电弧喷涂等技术，由塑料件制造金属模具。

②将快速制造的原型当作消失模（也可通过原型翻制制造消失模的母模，用于批量制造消失模），进行精密铸造。

③快速制造高精度的复杂母模，进一步铸造金属件。

④通过原型制造石墨电极，然后由石墨电极加工出模具型腔。

⑤直接加工出陶瓷型壳进行精密铸造。

3）在新产品开发中的应用，通过原型（物理模型），设计者可以很快地评估一次设计的可行性并充分表达其构思。

①外形设计。虽然 CAD 造型系统能从各个方向观察产品的设计模型，但无论如何也比不上由 RP 所得原型的直观性和可视性，对复杂形体尤其如此。制造商可用概念成形的样件作为产品销售的宣传工具，即采用 RP 原型，可以迅速地让用户对其开发的新产品进行比较评价，确定最优外观。

②检验设计质量。以模具制造为例，传统的方法是根据几何造型在数控机床上开模，这对昂贵的复杂模具而言，风险太大，设计上的任何不慎，就可能造成不可挽回的损失。采用 RPM 技术，可在开模前精确地制造出将要注射成形的零件，设计上的各种细微问题和错误都能在模型上一目了然，大大减少了盲目开模的风险。RP 制造的模型还可作为数控仿形铣床的靠模。

③功能检测。利用原型快速进行不同设计的功能测试，优化产品设计。如风扇等的设计，可获得最佳扇叶曲面、最低噪声的结构。

4）快速成形过程是高度自动化，长时间连续进行的，操作简单，可以做到昼夜无人看管，一次开机可自动完成整个工件的加工。

5）快速成形技术的制造过程不需要工装模具的投入，其成本只与成形机的运行费、材料费及操作者工资有关，与产品的批量无关，很适宜于单件、小批量及特殊、新试制品的制造。

6）快速造型中的反向工程具有广泛的应用。激光三维扫描仪、自动断层扫描仪等多种测量设备能迅速高精度地测量物体内外轮廓，并将其转化成 CAD 模型数据，进行 RP 加工。

6.7.2　快速成形技术的典型方法

1. 光固化立体成形

光固化立体成形（Stereo Lithography Apparatus，SLA）的工作原理如图 6-30 所示。在液槽中盛满液态光敏树脂，该树脂可在紫外线照射下快速固化。开始时，可升降的工作台处于液面下一个截面层（CAD 模型离散化合的截面层）厚的高度，聚焦后的激光束，在计算机的控制下，在截面轮廓范围内，对液态树脂逐点进行扫描，使被扫描区域的树脂固化，从而得到该截面轮廓的塑料薄片。然后，升降机构带动工作台下降一层薄片的高度，已固化的塑料薄片就被一层新的液态树脂覆盖，以便进行第二层激光扫描固化，新固化的一层牢固地黏结在前一层上，如此重复直到整个模型成形完毕。一般截面薄片的厚度为 0.07 ~ 0.4mm。

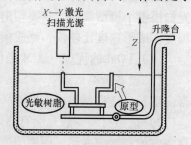

图 6-30　光固化立体成形示意图

工件从液槽中取出后还要进行后固化，工作台上升到容器上部，排掉剩余树脂，从 SLA 机取走工作台和工件，用溶剂清除多余树脂，然后将工件放入后固化装置，经过一段时间紫外线曝光后，工件完全固化。固化时间由零件的几何形状、尺寸和树脂特性确定，大多数零件的固化时间不小于 30min。从工作台上取下工件，去掉支承结构，进行打光、电镀、喷漆或着色即成。

紫外线可以由 HeCd 激光器或者 UV argon-ion 激光器产生。激光的扫描速度可由计算机

自动调整，以使不同的固化深度有足够的曝光量。X—Y扫描仪的反射镜控制激光束的最终落点，并可提供矢量扫描方式。

SLA 是第一种投入商业应用的 RPM 技术。其特点是技术日臻成熟，能制造精细的零件，尺寸精度较高，可确保工件的尺寸精度在 0.1mm 以内；表面质量好，工件的最上层表面很光滑；可直接制造塑料件，产品为透明体。不足之处有：设备昂贵，运行费用很高；可选的材料种类有限，必须是光敏树脂；工件成形过程中不可避免地使聚合物收缩产生内部应力，从而引起工件翘曲和其他变形；需要设计工件的支承结构，确保在成形过程中工件的每一结构部位都能可靠定位。

2. 叠层实体制造

叠层实体制造（Laminated Object Manufacturing，LOM）是近年来发展起来的又一种快速成形技术，它通过对原料纸进行层合与激光切割来形成零件，如图 6-31 所示。LOM 工艺先将单面涂有热熔胶的胶纸带通过加热辊加热加压，与先前已形成的实体黏结（层合）在一起，此时，位于其上方的激光器按照分层 CAD 模型所获得的数据，将一层纸切割成所制零件的内外轮廓。轮廓以外不需要的区域，则用激光切割成小方块（废料），这些小方块在成形过程中可以起支承和固定作用。该层切割完后，工作台下降一个纸厚的高度，然后新的一层纸再平铺在刚成形的面上，通过热压装置将它与下面已切割层黏合在一起，激光束再次进行切割。经过多次循环工作，最后形成由许多小废料块包围的三维原型零件。然后取出原型，将多余的废料

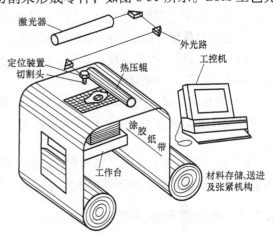

图 6-31　叠层实体制造原理图

块剔除，就可以获得三维产品。胶纸片的厚度一般为 0.07 ~ 0.15mm。由于 LOM 工艺无须激光扫描整个模型截面，只要切出内外轮廓即可，因此，制模的时间取决于零件的尺寸和复杂程度，成形速度比较快，制成模型后用聚氨酯喷涂即可使用。

（1）LOM 的优点　LOM 的优点如下：

1）设备价格低廉（与 SLA 相比），采用小功率 CO_2 激光器，不仅成本低廉，而且使用寿命也长，造型材料成本低。

2）造型材料一般是涂有热熔树脂及添加剂的纸，制造过程中无相变，精度高，几乎不存在收缩和翘曲变形，原型强度和刚度高，几何尺寸稳定性好，可用常规木材加工的方法对表面进行抛光。

3）采用 SLA 方法制造原型，需对整个截面扫描才能使树脂固化，而 LOM 方法只需切割截面轮廓，成形速度快，原型制造时间短。

4）无须设计和构建支承结构。

5）能制造大尺寸零件，工业应用面广。

6）代替蜡材，烧制时不膨胀，便于熔模铸造。

（2）LOM 的缺点　该方法也存在如下一些不足：

1）可供应用的原材料种类较少，如纸、塑料、陶土以及合成材料。

2）纸质零件很容易吸潮，必须立即进行后处理、上漆。

3）难以制造精细形状的零件，即仅限于结构简单的零件。

4）由于难以去除里面的废料，该工艺不宜制造内部结构复杂的零件。

3. 选择性激光烧结

选择性激光烧结（Selected Laser Sintering，SLS）采用 CO_2 激光器对粉末材料（塑料粉、陶瓷与黏结剂的混合粉、金属与黏结剂的混合粉等）进行选择性烧结，是一种由离散点一层层堆积成三维实体的工艺方法，如图6-32所示。

选择性激光烧结在开始加工之前，先将充有氮气的工作室升温，并保持在粉末的熔点以下。成形时，送料筒上升，铺粉滚筒移动，先在工作台上均匀地铺上一层很薄的（100~200μm）粉末材料，然后激光束在计算机的控制下按照 CAD 模型离散后的截面轮廓对工件实体部分所在的粉末进行烧结，使粉末熔化继而形成一层固体轮廓。一层烧结完成后，工作台下降一层截面的高度，再铺上一层粉末进行烧结，如此循环，直至整个工件完成为止。最后经过5~10h冷却，即可从粉末缸中取出零件。未经烧结的粉末能承托正在烧结的工件，当烧结工序完成后，取出零件，

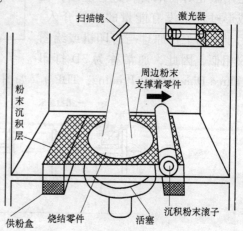

图6-32 选择性激光烧结原理图

未经烧结的粉末基本可自动脱落（必要时可用低压压缩空气清理），并重复利用。

SLS 与其他快速成形工艺相比，能制造很硬的零件；可以采用多种原料，如绝大多数工程用塑料、蜡、金属和陶瓷等；无须设计和构建支承结构。

SLS 的缺点是预热和冷却时间长，总的成形周期长；零件表面粗糙度值的高低受粉末颗粒及激光点大小的限制；零件的表面一般是多孔性的，后处理较为复杂。

选择性激光烧结工艺适合成形中小型零件，零件的翘曲变形比液态光固化立体成形工艺要小，适合于产品设计的可视化表现和制造功能测试零件。由于它可采用各种不同成分金属粉末进行烧结，进行渗铜后置处理，因而其制成的产品具有与金属零件相近的力学性能，故可用于制造 EDM 电极、金属模具及小批量零件生产。

4. 熔丝堆积成形

熔丝堆积成形（Fused Deposition Modeling，FDM）工艺是一种不依靠激光作为成形能源，而将各种丝材加热熔化的成形方法，如图6-33所示。

熔丝堆积成形的原理是：加热喷头在计算机的控制下，根据产品零件的截面轮廓信息，做 $X—Y$ 平面运动，热塑性丝材由供丝机构送至喷头，并在喷头中被加热至略高于其熔点，呈半流动状态，从喷头中挤压出来，很快凝固后形成一层薄片轮廓。一层截面成形完成后，工作台下降一层高度，再进行下一层的熔覆，一层叠一层，最后形成整体。每层厚度范围为 0.025~0.762mm。

FDM 可快速制造瓶状或中空零件，工艺相对简单，费用较低；不足之处是精度较低，难以制造复杂的零件，且与截面垂直的方向强度小。

这种方法适合于产品概念建模及功能测试。FDM所用材料为聚碳酸酯、铸造蜡材和ABS，可实现塑料零件无注塑模成形制造。

5. 3D打印

3D打印与选择性激光烧结有些相似，不同之处在于它的成形方法是用黏结剂将粉末材料黏结，而不是用激光对粉末材料进行烧结，在成形过程中没有能量的直接介入。由于它的工作原理与打印机或绘图仪相似，因此，通常称为3D打印（Three Dimensional Printing，TDP），如图6-34所示。

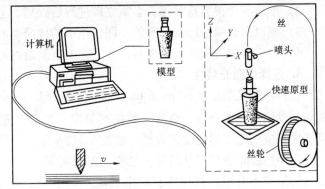

图6-33　熔丝堆积成形原理图

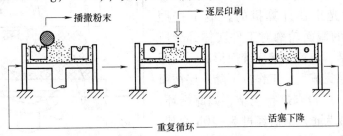

图6-34　3D打印原理图

3D打印的工作过程是：含有水基黏结剂的喷头在计算机的控制下，按照零件截面轮廓的信息，在铺好一层粉末材料的工作平台上，有选择性地喷射黏结剂，使部分粉末黏结在一起，形成截面轮廓。一层粉末成形完成后，工作台下降一个截面层高度，再铺上一层粉末，进行下一层轮廓的黏结，如此循环，最终形成三维产品的原型。为提高原型零件的强度，可用浸蜡、树脂或特种黏结剂作进一步的固化。

3D打印具有设备简单，粉末材料价格较便宜，制造成本低和成形速度快（高度方向可达25~50mm/h）等优点，但3D打印制成的零件尺寸精度较低（一般为0.1~0.2mm），强度较低。3D打印适用的材料范围很广，甚至可以制造陶瓷模，主要问题是制件的表面质量较差。

四种快速成形方法的特点及常用材料见表6-18。

表6-18　四种快速成形方法的特点及常用材料

成形方法	零　　件			成形速度	制作成本	常用材料
	大小	复杂程度	精度			
熔丝堆积成形	中小件	中等	较低，0.1~0.2mm	较慢	较低	石蜡、塑料、低熔点金属等
叠层实体成形	中大件	简单或中等	较高，0.02~0.2mm	快	低	纸、金属箔、塑料薄膜

（续）

成形方法	零件			成形速度	制作成本	常用材料
	大小	复杂程度	精度			
光固化立体成形	中小件	中等	较高，0.02~0.2mm	较快	较高	热固性光敏树脂等
选择性激光烧结成形	中小件	复杂	较低，0.1~0.2mm	较慢	较低	石蜡、塑料、金属、陶瓷等粉末

6.7.3　基于 RP 的快速制模技术

在快速成形技术领域中，目前发展最迅速，产值增长最明显的就是快速制模（Rapid Tooling，RT）技术。应用快速原型技术制造快速模具（RP + RT），在最终生产模具之前进行新产品试制与小批量生产，可以大大提高产品开发的一次成功率，有效地缩短开发时间和降低成本。

RP + RT 技术提供了一种从模具 CAD 模型直接制造模具的新的概念和方法，它将模具的概念设计和加工工艺集成在一个 CAD/CAM 系统内，为并行工程的应用创造了良好的条件。RT 技术采用 RP 多回路、快速信息反馈的设计与制造方法，结合各种计算机模拟与分析手段，形成了一整套全新的模具设计与制造系统。

利用快速成形技术制造快速模具可以分为直接模具制造和间接模具制造两大类。

基于快速成形技术的各种快速制模技术的流程如图 6-35 所示。

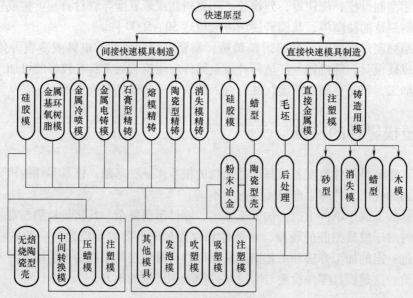

图 6-35　快速制模技术的流程

1. 直接快速模具制造

直接快速模具制造指的是利用不同类型的快速原型技术直接制造出模具，然后进行一些必要的后处理和机械加工，以获得模具所要求的力学性能、尺寸精度和表面粗糙度。目前，能够直接制造金属模具的快速成形工艺包括：选择性激光烧结（SLS）、形状沉积制造

（SDM）和三维焊接（3D Welding）等。

直接快速模具制造环节简单，能够较充分地发挥快速成形技术的优势，特别是与计算机技术密切结合，快速完成模具制造。对于那些需要复杂形状的、内流道冷却的注塑模具，采用直接快速模具制造有着其他方法不能替代的优势。

运用SLS直接快速模具制造工艺方法能在5~10天之内制造出生产用的注塑模，其主要步骤如下：

1）利用三维CAD模型先在烧结站制造产品零件的原型，进行评价和修改，然后将产品零件设计转换为模具型芯设计，并将模具型芯的CAD文件转换成STL格式，输入烧结站。

2）烧结站的计算机系统对模具型芯CAD文件进行处理，烧结站再按照切片后的轮廓将粉末烧结成模具型芯原型。

3）将制造好的模具型芯原型放进聚合物溶液中，进行初次浸渗，烘干后放入气体控制熔炉，将模具型芯原型内含有的聚合物蒸发，然后渗铜即可获得密实的模具型芯。

4）修磨模具型芯，将模具型芯镶入模坯，完成注塑模的制造。

采用直接RT方法在模具精度和性能控制方面比较困难，特殊的后处理设备与工艺使成本提高较大，模具的尺寸也受到较大的限制。与之相比，间接快速模具制造可以与传统的模具翻制技术相结合，根据不同的应用要求，使用不同复杂程度和成本的工艺，一方面可以较好地控制模具的精度、表面质量、力学性能与使用寿命，另一方面也可以满足经济性的要求。因此，目前研究的侧重点是间接快速模具制造技术。

2. 间接快速模具制造

用快速原型制母模，浇注蜡、硅橡胶、环氧树脂或聚氨酯等软材料，可构成软模具。用这种合成材料制造的注塑模，其模具使用寿命可达50~5000件。

用快速原型制母模或软模具与熔模铸造、陶瓷型精密铸造、电铸或冷喷等传统工艺结合，即可制成硬模具，能批量生产塑料件或金属件。硬模具通常具有较好的可加工性，可进行局部切削加工，获得更高的精度，并可嵌入镶块、冷却部件和流道等。

6.8　注塑模零件的检测

零件加工检测是零件精度和模具产品质量的根本保证和基础，模具零件的检测内容和检测手段视不同的生产条件和生产规模而有所不同。

由于模具加工属于单件生产，加工工序多，零件形面复杂，其质量检测与常规的检测略有不同。同时对于模具型腔的硬度、耐蚀性和纹饰加工等要求难以通过一般的检测方法实现，只能通过一定的加工方法和工艺措施来保证，有时候模具零件的检测结果并不能仅按合格与否来评价。这是模具零件检测与普通零件检测相区别的地方。

6.8.1　模具零件的检测内容

模具零件的检测内容主要是几何量的检测，包括尺寸公差、几何公差、表面粗糙度及螺纹型芯、型腔的公差等。

尺寸公差要求是为了保证零件的尺寸准确性，配合尺寸公差要求是为了保证零件的互换性、运动副的配合精度、配合间隙及偏差。尺寸公差有两种：线性尺寸公差和角（锥）度

公差。几何公差的目的是为了保证模具的精度和工作性能。几何公差包括形状公差、方向公差、位置公差和跳动公差，形状公差是针对单一要素而言的，包括直线度、平面度、圆度、圆柱度、线轮廓度和面轮廓度等。方向公差、位置公差和跳动公差是针对关联要素而言的，包括平行度、垂直度、倾斜度、同轴度、位置度、对称度圆跳动和全跳动等。表面粗糙度是表征工件表面微观形貌误差的指标。螺纹检测包括单一内容检测（如螺距、牙型角、中径等）和综合检测。

1. 模板类零件

这类零件主要影响模具的闭合精度和运动精度，也是加工和装配过程中重要的基准面，需要重点检测上下平面的表面粗糙度、平行度、平面度、与侧面的垂直度、孔系的圆柱度、垂直度、孔径尺寸及孔间距尺寸等。

2. 型腔类零件

这类零件直接关系到塑件的尺寸精度，是模具加工的核心部分，也是需要重点检测的内容。对型腔类零件的检测几乎包括了尺寸公差、几何公差、表面粗糙度及螺纹型芯、型腔的公差等全部内容，同时还有脱模斜度及表面质量检测的要求，如对抛光质量的评价和镀层是否脱落的判断。

3. 结构件类零件

这类零件中具有导向和运动功能的零件，如导柱、导套、滑块等，对表面质量要求较高。导柱检测的指标有各台阶轴段的同轴度、圆柱度、径向尺寸等。导套主要是检测其内外圆柱面的同轴度、圆柱度和径向尺寸。滑块对滑动配合表面的平行度、平面度、锁紧斜面的角度等具有较高的精度要求。对拉杆主要检测轴向功能尺寸的一致性，对压板主要检测平行度、垂直度、功能尺寸的一致性。对于推杆、复位杆等外购件主要从进货渠道来保证质量，可以对径向尺寸、硬度进行监测。

4. 标准件类零件

标准件类零件的检验需要专门的设备，在一般企业很难进行，但螺钉的过早疲劳、复位弹簧的过早失效，都有可能对模具造成损坏。所以应该选用一些质量好、信誉高的知名企业的产品，以避免出现类似问题。

6.8.2　常用检测量具与检测方法

1. 概述

（1）检测方法和仪器设备的选用原则　检测方法和仪器设备的选用一般应符合以下原则：

1）根据实际的生产条件和生产规模选用。模具生产一般是单件小批量生产，所选用的量具多是通用量具。实际选用还需要根据车间的检测能力确定量具。

2）根据检测对象，确定量具的测量范围及其不确定度。例如，测量 $\phi 30_{-0.01}^{0}$mm 轴时，选用 0 ~ 150mm、分度值为 0.02mm 的游标卡尺就不能满足测量要求，因为它的示值误差大于 0.02mm。

3）测量的方便性和经济性。例如，模具的型腔面，检测表面粗糙度时只需视检或样板检测即可，若选用专门的表面粗糙度检测仪势必带来操作上的烦琐和成本的增加。

（2）计量器具的分类　计量器具按其结构特点可分为以下几种：

1）量具类：如量规、量块、线纹尺等。

2）游标类：如游标卡尺、游标深度尺、游标万能角度尺等。

3）微动螺旋副类：如外径千分尺（百分尺）、内径千分尺（百分尺）等。

4）机械类：如百分表、千分表、杠杆比较仪、扭簧比较仪等。

5）气动类：如压力式气动量仪、流量式气动量仪。

6）电学类：如电感比较仪、电动轮廓仪等。

7）光学机械类：如光学计、测长仪、投影仪、干涉仪等。

8）激光类：如激光准直仪、激光干涉仪等。

9）光学电子类：如光栅测长机、光纤传感器等。

下面介绍模具制造中用得比较多的一些计量器具。

2. 量具类器具

（1）塞规与卡规。塞规与卡规（又称卡板）是用于成批生产的一种专用量具，操作方便、测量准确。

1）塞规。塞规如图 6-36 所示，是用来测量孔径和槽宽的。较长的一端，其直径等于孔径的下极限尺寸，称为"过端"；较短的一端，其直径等于孔径的上极限尺寸，称为"止端"。测量孔径时，当"过端"能进去，而"止端"进不去，即为合格。

2）卡规。卡规如图 6-37 所示，是用来测量轴径或厚度的。一端为"过端"，其宽度等于上极限尺寸，另一端为"止端"，其宽度等于下极限尺寸。测量轴径时，当"过端"能通过，"止端"通不过，即为合格。

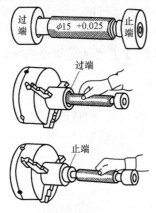

图 6-36　塞规及其使用

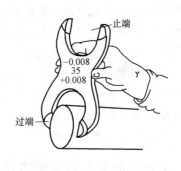

图 6-37　卡规及其使用

（2）塞尺　塞尺又称厚薄规，由一组薄钢片组成，其厚度一般为 0.01 ~ 0.3mm（见图 6-38）。厚薄规用来检查两贴合面之间缝隙大小。测量时，用厚薄规直接塞入缝隙，若一片或数片能塞进贴合面之间，则一片或数片的厚度，即为贴合面的最大间隙值。

（3）刀口尺　刀口尺用于检测小型平面的直线度和平面度误差（见图 6-39）。若平面不平，则刀口尺与平面之间即有缝隙，可根据光隙判断误差状况，也可用塞尺测量缝隙大小。

（4）90°角尺　90°角尺内侧两边及外侧两边分别成准确

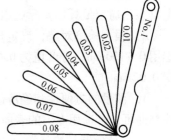

图 6-38　塞尺

的 90°，用来检测小型零件上垂直面的垂直度误差（见图 6-40）。使用时，直角尺宽边与零件基准面贴合，窄边与被测平面贴合。如果被测一边有缝隙，即可用光隙判断误差状况，也可用塞尺测量其缝隙大小。

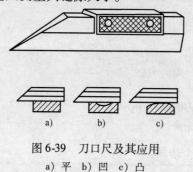

图 6-39　刀口尺及其应用

a）平　b）凹　c）凸

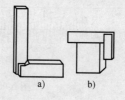

图 6-40　90°角尺及其应用

a）90°角尺　b）90°角尺测量垂直度误差

（5）量块　量块的精度极高，可作为长度标准来检验和校正其他量具；与百分表配用可用比较法对高精度的工件尺寸进行精密测量或对机床进行精密找正或调整。

量块是按尺寸系列分组成套的，有 42 块一套或 87 块一套等几种，装在专用木盒内以便保管与维护。量块为长方形六面体，每块有两个测量平面，两测量面之间的距离为量块的工作尺寸。一套量块组合成各种不同的长度，以便使用。由于测量面非常平直与光洁，若将两块或数块量块的测量面擦净，互相推合，即可牢固地粘接在一起。为了减小难以避免的误差，使用时组合的量块数不宜过多，一般不超过 4 块。

3. 游标类器具

游标卡尺是非常通用的长度测量工具，使用方便，精度较高。图 6-41 所示为一种常用的游标卡尺。

与之工作原理类似的还有高度游标尺、深度游标尺（见图 6-42）。

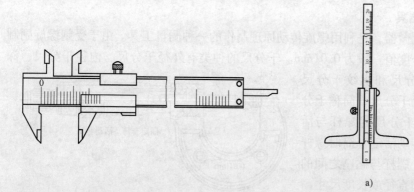

图 6-41　游标卡尺

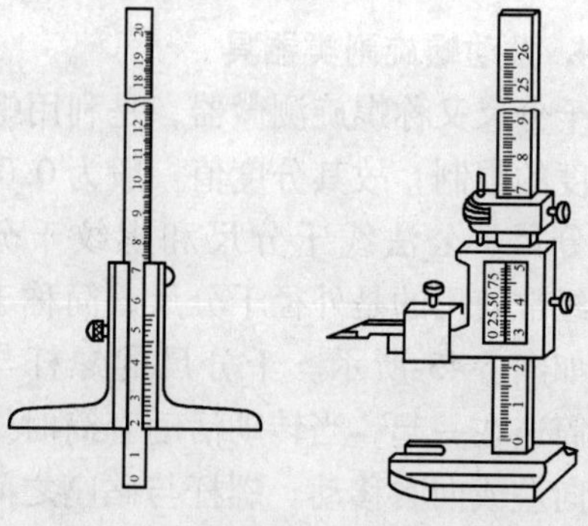

图 6-42　深度游标尺和高度游标尺

a）深度游标尺　b）高度游标尺

按读数的准确度，游标卡尺可分为 1/10、1/20 与 1/50 三种，其读数准确度分别为 0.1mm、0.05mm 和 0.02mm。

游标卡尺可以用来测量外尺寸（如轴径、长度，矩形体的长、宽、高等）和内尺寸（如孔径，槽的深度、宽度等）。为读数方便，又产生了数显游标卡尺。高度游标尺主要在平板上对工件进行高度的测量或划线。深度游标尺用于测量孔、槽的深度。

（1）刻线原理　现以1/50的游标卡尺为例，介绍刻线原理。如图6-43a所示，当两卡脚贴合时，尺身与游标的零线对齐，尺身每一小格为1mm。取尺身49mm长度在游标上等分为50格，则游标每一小格为49mm/50（0.98mm）。尺身与游标每格之差＝1mm－0.98mm＝0.02mm。

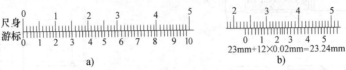

23mm+12×0.02mm=23.24mm

a)　　　　　　　　　　b)

图6-43　游标卡尺的刻线原理和读数示例

a）刻线原理　b）读数示例

（2）读数方法　如图6-43b所示，读数应分为三个步骤。

1）读整数，读出游标零线以左的尺身上最大整数（毫米数），图中为23mm。

2）读小数，根据游标零线以右且与尺身上刻线对准的刻线数，乘以0.02读出小数。图中为12×0.02mm＝0.24mm。

3）将整数与小数相加，即为总尺寸。图中的总尺寸为23mm＋0.24mm＝23.24mm。

（3）测量方法　测量方法如图6-44所示。

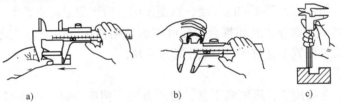

a)　　　　　　　　b)　　　　　　　　c)

图6-44　用游标卡尺测量工件

a）测量外表面尺寸　b）测量内表面尺寸　c）测量深度

4. 微动螺旋副类器具

千分尺又称螺旋测微器，是利用螺旋传动原理制作的一种测量工具。由于受到螺旋副制造精度的限制，故其分度值一般为0.01mm。千分尺的种类有外径千分尺、内径千分尺、深度千分尺、公法线千分尺和螺纹千分尺等。经常使用的是外径千分尺，简称千分尺，如图6-45所示。千分尺的螺杆与活动套筒连在一起，当转动活动套筒时螺杆即可向左或向右移动。螺杆与砧座之间的距离，即为零件的外圆直径或长度尺寸。

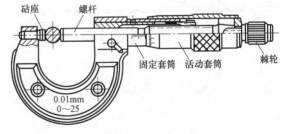

图6-45　千分尺

外径千分尺按测量尺寸的范围有0～25mm、25～50mm、50～75mm、75～100mm等多种规格。外径千分尺一般用于外尺寸的测量。

（1）刻线原理　千分尺的读数机构由固定套筒与活动套筒组成，如图6-46所示。固定套筒在轴线方向有一条中线，中线的上下方各有一排刻线，刻线每小格均为1mm，但上下刻线相互错开0.5mm。实际上由轴向刻线可读出整数和0.5mm的小数。活动套筒左端圆周上有50等分的刻度线，因与活动套筒相连的测量螺杆的螺距为0.5mm，当活动套筒与螺杆

每转一周时，轴向移动 0.5mm，所以活动套筒上每小格的读数值为 0.5mm/50 = 0.01mm。
实际上，圆周刻线用来读出 0.5mm 以下至 0.01mm 的小数值。

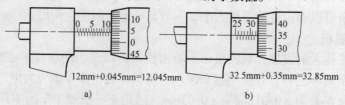

图 6-46　千分尺的刻线原理

a）0～25mm 千分尺　b）25～50mm 千分尺

　　当千分尺的测量螺杆与砧座接触时，活动套筒边缘与轴向刻度的零线重合；同时，圆周
上的零线应与中线对准。

　　（2）读数方法　千分尺读数（见图 6-46）可分为以下三个步骤。

　　1）读出固定套筒上露出刻线的毫米数和 0.5mm 数。

　　2）读出活动套筒上小于 0.5mm 的小数值。

　　3）将上述两部分相加，即为总尺寸。图 6-46a 所示的总读数为 12mm + 0.045mm =
12.045mm；图 6-46b 所示的总读数为 32.5mm + 0.35mm = 32.85mm。

5. 机械类器具

　　百分表（见图 6-47）是一种进行读数比较的量具，测量精度较高，为 0.01mm。百分表
测量范围有 0～3mm、0～5mm 及 0～10mm 等几种。同理还有分度值为 0.001mm 的千分表。
百分表只能测出相对数值，不能测出绝对数值。

　　百分表的读数原理如图 6-47 所示。百
分表有大指针 5 和小指针 7，大指针刻度盘
的圆周上有 100 个等分格，小刻度盘的圆
周上有 10 个等分格。当测量杆 1 向上或向
下移动 1mm 时，通过测量杆上的齿条和齿
轮 2、3、4、6 带动大指针转 1 周，小指针
转 1 格。也就是说，大指针每格读数为
0.01mm，用来读 1mm 以下的小数值；小
指针每格读数值为 1mm，用来读 1mm 以上
的整数值。测量时，大、小指针的读数变
化值之和即为尺寸的变动量。

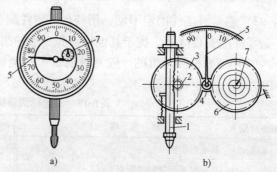

图 6-47　百分表及其传动系统

a）外形　b）传动系统

1—测量杆　2～4、6—齿轮　5—大指针　7—小指针

　　百分表主要用来测量零件的几何误差，例如平行度、圆跳动，以及工件的精密找正。百
分表使用时，需固定位置的，应装在磁力表架上；需要移动位置的，则装在普通表架上。

6. 投影仪

　　投影仪是将工件的轮廓外形进行光学放大，并把放大后的轮廓影像投影到仪器影屏上的
一种测量仪器。测量时，可以先根据被测零件的实际尺寸和公差，按投影仪的放大倍数绘制
成标准轮廓曲线，与被测零件的实际轮廓进行比较，观察它是否在公差带内。

　　投影仪的影屏上一般都有瞄准线，工作台有精密的坐标系统或分度盘，因此也可以测量

零件的长度、角度和坐标位置。利用反射照明装置，还可以检查零件的表面缺陷。

投影仪现已成为模具车间的常用检测工具之一。除测量外，还可以对加工过程予以监控，即观察加工余量以确定进给量的大小，一般与成形磨削配合使用。

7. 三坐标测量机

随着金属加工技术的发展，数控机床、精密模具的增多，测量技术也有了相应的发展，三坐标测量机就是其中之一，且使用越来越广。从机床的精度等级分为生产型和高精度型两种。生产型的定位误差为 ±0.01mm ~ ±0.03mm，适用于一般加工车间零件测量用。高精度型的定位误差为 ±0.001mm ~ ±0.002mm，特别适用于精密模具和精密零件测量用。由于其附件多、性能广，故又称之为三坐标万能测量机。

（1）三坐标万能测量机的特点

1）精度高。其精度一般高于或等于相应坐标镗、磨精度，并具有高精度二维或三维测量头，测量重复定位误差的绝对值 <0.1μm，示值为 0.1μm。

2）配备有各种附件，有小型计量室之称，可以进行坐标磨床加工零件的各种形状测量。

①光学平转台用来测量平面分度或极限坐标标注的各种槽和成形形状工件。

②圆度测量附件用来检测孔、轴、球类工件的圆度。

③光学测量显微镜主要用来测量圆弧半径、螺纹参数、线纹类工件和工件轮廓的角度。

④光学像点比较显微镜由显微镜和辅助工作台组成，用来测量能反光的小通孔或槽，工作时作瞄准定位用，可测大于 φ0.1mm 的孔或槽。

⑤非接触式光学垂直测量显微镜用来测量测头不容易够得到的轮廓面和凹面等几十种附件。

3）测量时工件固定不动，用转台等附件配合进行各种测量，适用于精密模具各类外形复杂零件的安装测量。优于其他仪器和一般的测量机。

（2）三坐标测量机的一般测量项目　三坐标测量机有多种用途，其一般测量项目见表6-19。

表 6-19　三坐标测量机的一般测量项目

被测对象	测 量 项 目	被测对象	测 量 项 目
基准	基准面位置	孔	垂直面上的孔位置、中心距
			高度大时测量两平面孔的位置及其他
平面	平面与平面之间的距离	曲面或立体	位置、距离、形状的无接触测量
	高度差		轮廓形状
	槽宽		球的中心位置
	凸起部分的宽度		球形、圆柱形凸起部的中心位置的中心距
	水平面的轮廓及形状		凸起轴的中心位置
	平面的平直度、平行度		非整圆的中心位置及中心距
孔	小孔的位置		小轴的中心位置及中心距
	小孔的中心距		曲轴等的轴线位置及中心距离
	大孔的位置（中心位置）		轴类的轴心位置及中心距离
	大孔的中心距		薄工件位置尺寸及形状
	大孔的直径		软质工件的位置及形状、轮廓

6.9　模具零件制造技术的应用实例

各类模具的结构组成、功能特点与成型工艺条件要求不同，其制造工艺与技术要求也不一样，所选用的材料差别也很大。注塑模具的成型零件一般要选用优质钢材，并需进行较复杂的三维形面加工和表面的精细研磨、抛光或皮纹处理，有些零件还需镀覆、渗氮和淬火处理等。模具中的导向机构、侧抽芯机构、脱模机构、模板类等零件，是模具各种功能实现的基础，是模具的重要组成部分，其质量高低直接影响着整个模具的制造质量。本节将具体介绍一些典型模具零件的加工工艺过程。

6.9.1　模具成型零件的加工

1. 成型零件的特点与加工要求

（1）成型零件的特点　注塑模具的组成零件种类很多，加工要求也各不相同。通常将模具中直接参与成型塑件内、外表面或结构形状的零件，称为成型零件，如注塑模具的型腔、型芯、侧向抽芯和成型滑块、成型斜推杆、螺纹型环和螺纹型芯等。这些零件都直接与成型制件相接触，它们的加工质量将直接影响到最终制件的尺寸与形状精度和表面质量，因此成型零件加工是模具制造中最重要的零件加工。

按照成型零件的结构形式，通常可将其分为整体式与镶拼式两大类。整体式结构又可分为圆形或矩形的型腔和型芯；镶拼式结构也可分为圆形和矩形的整体镶拼和局部镶拼，或者是两者的组合。

模具成型零件与一般结构零件相比，其主要特点如下：

1）结构形状复杂，尺寸精度要求高。

2）大多为三维曲面或不规则的形状结构，零件上细小的深、不通孔及狭缝或窄凸起等结构较多。

3）型腔表面要求光泽，且表面粗糙度值低，或为皮纹腐蚀表面及花纹图案等。

4）材料性能要求高，热处理变形小。

零件结构的复杂性与高质量要求，决定了其加工方法的特殊性和使用技术的多样性与先进性，也使得其制造过程复杂，加工工序多，工艺路线长。

（2）成型零件的加工要求　成型零件是模具结构中的核心功能零件，模具的整体制造精度与使用寿命，以及成型制件的质量都是通过成形零件的加工质量体现的，因此成型零件的加工应满足以下要求。

1）形状准确。成型零件的轮廓形状或局部结构，必须与制件的形状完全一致，尤其是具有复杂的三维自由曲面或有形状精度与配合要求的制件，其成型零件的形状加工必须准确，曲面光顺，过渡圆滑，轮廓清晰，并应严格保证几何公差要求。

2）尺寸精度高。成型零件的尺寸是保证制件的结构功能和力学性能的重要前提。成型零件的加工精度低，会直接影响到制件的尺寸精度。一般模具成型零件的制造误差应小于或等于制件尺寸公差的1/3，精密模具成型零件的制造精度还要更高，一般要求达到微米级。此外，还应严格控制零件的加工与热处理变形对尺寸精度的影响。

3）表面粗糙度值低。多数模具型腔表面粗糙度值 Ra 的要求都在 $0.1\mu m$ 左右，有些甚

至要求达到镜面，尤其对成型有光学性能要求的制件，其模具成型零件必须严格按程序进行光整加工与精细地研磨、抛光。

要满足成型零件的加工要求，首先必须正确地选择零件材料。材料的加工性能、热处理性能与抛光性能是获得准确的形状、高的加工精度和良好表面质量的前提。

2. 成型零件的加工方法

成型零件包括型芯、型腔镶块、侧向抽芯等与制件成形直接相关的零件。除使用预硬钢外，成型零件一般均需要进行热处理，硬度一般可达 45~55HRC，甚至更高，热处理之后可采用的加工手段局限于磨削、高速加工、电加工和化学腐蚀等加工，所以工艺设计要重点考虑合理划分热处理前后的加工内容，以最大限度地降低成本、提高效率且保证质量。工艺顺序安排还要考虑如何消除热处理变形的影响，在制订工艺时要将去除量大的加工工序安排在热处理之前，既使加工成本最低，又使零件经热处理后得到充分的变形，残余应力最小。对于较小的零件，可在热处理之前一次加工到位，真空热处理后经过简单的抛光即为成品件；对于一般的零件，螺钉孔、水道孔、推杆预孔等都需在热处理前加工出来，型腔、型芯表面留出精加工余量。型腔件的工艺路线可定为粗、半精车或铣、热处理、精磨、电加工或表面处理、抛光等。

常见的成型零件，大致可分为回转曲面和非回转曲面两种类型。前者可以用车削、镗削、内外圆磨削和坐标磨床磨削，工艺过程相对比较简单；而后者则复杂得多。

（1）回转体零件的加工　图 6-48 所示为一注塑模的主型芯，是典型的

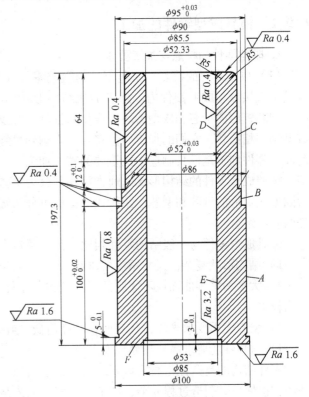

图 6-48　回转体成形零件

回转体零件，其尺寸公差与表面粗糙度要求如图中所示，材料为 30Cr13，热处理要求硬度 50RHC。图 6-48 中 B、C 和 D 表面为成形表面，A、E、F 表面为零件的安装固定用表面。加工过程中 B、C 和 D 面采用粗车和精车，最后进行表面抛光的方法。图 6-48 中 R5mm 圆弧面采用成形车刀车削。A 面和 E 面均为过渡配合表面，其中，A 面为外圆柱表面，采用粗、半精车后再磨削的加工工艺，磨削后，表面粗糙度值 Ra 可达 $0.8\mu m$，同时也保证了尺寸精度；E 面为内圆柱表面，可先钻后镗再磨削。F 面为零件安装基准，可采用精车或粗车、磨削加工，表面粗糙度值 Ra 要求不低于 $1.6\mu m$。整个零件的加工工艺过程如下：

1）毛坯备料。圆棒料或锻料；棒料尺寸可为 $\phi102mm \times 220mm$；若用锻制坯料，尺寸可为 $\phi110mm \times 220mm$，锻后回火。

2）去皮粗车。普通车床装夹工件大端找正，车端面，粗车 A、B、C 各外圆表面及其台

肩端面，直径方向留余量 0.8mm，台肩面留 0.5mm；钻中心孔 ϕ50mm，钻通；车镗内孔 D 和 E 面，留量 0.6mm。车 R5mm 至 R3mm。然后，掉头重新装夹，车 F 面并留余量 0.5mm，车 ϕ100mm 外圆及空刀；扩孔 ϕ58mm 和 ϕ53mm 至尺寸要求，控制 ϕ58mm×3$_{-0.1}^{0}$mm 的尺寸。

3）真空热处理，硬度为 50HRC。

4）磨外圆 A 面、台肩和内孔 E 面，保证各尺寸公差和表面粗糙度。

5）选用 YT 或 YW 系列刀具，精车外圆 B、C 面及其台肩；车内孔 D 面；保证各面尺寸精度；成形刀车 R5mm 至尺寸。然后精车另一端面，保证 5mm 台肩尺寸公差。

6）抛光 B、C、D 各成形表面至要求的表面粗糙度。

（2）非回转体零件的加工　图 6-49 所示为一注塑模型腔镶块。为说明问题，以下按预硬钢和淬火钢两种方式给出其加工工艺过程，见表 6-20 和表 6-21。

在可能的情况下，在抛光后对分型面进行精磨，可以去除抛光时产生的边缘倒角，使塑件的分型线更为整洁。在线切割加工前先进行抛光也是同理。

6.9.2　导向机构零件的加工

模具导向机构零件是指在组成模具的零件中，能够对模具零件的运动方向和位置起着导向和定位作用的零件。因此，模具导向机构零件质量的优劣，对模具的制造精度、使用寿命和制件的质量有着非常重要的影响。所以，对模具导向机构零件的制造应予以足够的重视。

模具运动零件的导向，是借助导向机构零件之间精密的尺寸配合和相对的位置精度，来保证运动零件的相对位置和运动过程中的平稳性，所以导向机构零件的配合表面都必须进行精密加工，而且要有较好的耐磨性。一般导向机构零件配合表面的精度可达 IT6，表面粗糙度值 Ra 为 0.4 ~ 0.8μm。精密的导向机构零件配合表面的精度可达 IT5，表面粗糙度值 Ra 为 0.08 ~ 0.16μm。

导向机构零件在使用中起导向作用。开、合模时有相对运动，成形过程中要承受一定的压力或偏载负荷。因此，要求表面耐磨性好，心部具有一定的韧性。目前，如 GCr15、T8A、T10A 等材料较为常用，使用时的硬度为 58 ~ 62HRC。

导向机构零件的形状比较简单。一般采用普通机床进行粗加工和半精加工后再进行热处理，最后用磨床进行精加工，消除热处理引起的变形，提高配合表面的尺寸精度，降低表面粗糙度值。对于配合要求精度高的导向机构零件，还要对配合表面进行研磨，才能达到要求的精度和表面粗糙度。

虽然导向机构零件的形状比较简单，加工制造过程中不需要复杂的工艺和设备及特殊的制造技术，但也需采取合理的加工方法和工艺方案，才能保证导向零件的制造质量，提高模具的制造精度。同时，导向机构零件的加工工艺对杆类、套类零件具有借鉴作用。

1. 导柱的加工

导柱是各类模具中应用最广泛的导向机构零件之一。导柱与导套一起构成导向运动副，应当保证运动平稳、准确。所以，对导柱的各段台阶轴的同轴度、圆柱度专门提出较高的要求。同时，要求导柱的工作部位轴径尺寸满足配合要求，工作表面具有耐磨性。通常，要求导柱外圆柱面硬度达到 58 ~ 62HRC，尺寸精度达到 IT5 ~ IT6，表面粗糙度值 Ra 达到 0.4 ~ 0.8μm。各类模具应用的导柱其结构类型也很多，但主要表面为不同直径的同轴圆柱表面。因此，可根据它们的结构尺寸和材料要求，直接选用适当尺寸的热轧圆钢为毛料。在机械加

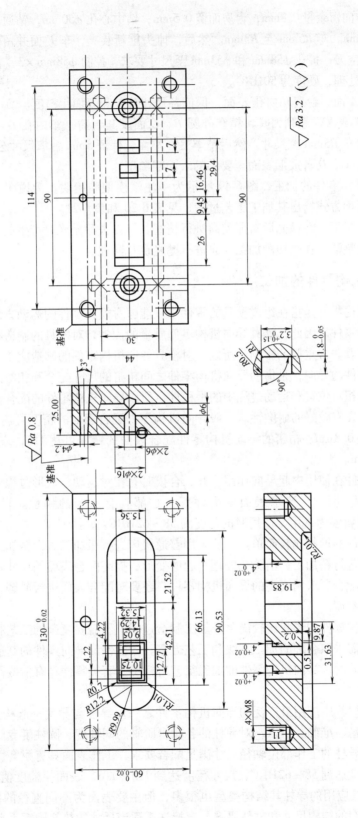

图6-49　型腔镶块

工的过程中，除保证导柱配合表面的尺寸和形状精度外，还要保证各配合表面之间的同轴度要求。导柱的配合表面是容易磨损的表面。所以，在精加工之前要安排热处理工序，以达到要求的硬度。

表 6-20　型腔镶块（使用预硬钢）加工工艺过程　　　　　　（单位：mm）

序号	工序	工 艺 要 求
1	备料	备料外形尺寸 >131×61×26
2	铣	至 130.8×60.8×26，且各面间保持垂直、平行
3	磨	至 130.4×60.4×25.6，且各面间保持垂直、平行
4	钳	中分划线，钻、铰 4×M8×11，水道孔 $\phi6$ 至尺寸要求；钻 10.75×4.22，9.05×4.22，21.52×15.36 和 $\phi4.2×3°$ 线切割穿丝孔 $\phi2$
5	铣	以水道孔中心为基准，铣 $4×\phi16×1.8_{-0.05}^{0}$ 至 $4×\phi16×2_{-0.05}^{0}$
6	磨	各面均匀去除，型腔面留量 0.2，其余各面至尺寸要求
7	加工中心	型腔面 90.53×R9.99×19.85 至尺寸要求
8	钳	抛光型腔面
9	电	0.51×0.2 槽至尺寸要求
10	线	10.75×4.22，9.05×4.22，21.52×15.36 和 $\phi4.2×3°$ 至尺寸要求
11	加工中心	各止口 $4_{0}^{+0.02}$ 至尺寸要求
12	钳	精抛光型腔面
13	磨	去掉型腔面留量，25.00 至尺寸要求

表 6-21　型腔镶块（使用淬火钢）加工工艺过程　　　　　　（单位：mm）

序号	工序	工 艺 要 求
1	备料	备料外形尺寸 >131×61×26
2	铣	至 130.8×60.8×26，且各面间保持垂直、平行
3	磨	至 130.4×60.4×25.6，且各面间保持垂直、平行
4	钳	中分划线，钻、铰 4×M8×11，水道孔 $\phi6$ 至尺寸要求；钻 10.75×4.22，9.05×4.22，21.52×15.36 和 $\phi4.2×3°$ 线切割穿丝孔 $\phi2$
5	铣	以水道孔中心为基准，铣 $4×\phi16×1.8_{-0.05}^{0}$ 至 $4×\phi16×2_{-0.05}^{0}$；铣 90.53×R9.99×19.85，单边留量 0.5
6	热	热处理至硬度为 50~55HRC
7	磨	各面均匀去除，型腔面留量 0.2，其余各面至尺寸要求
8	电	90.53×R9.99×19.85 至尺寸要求
9	钳	抛光型腔面
10	线	10.75×4.22，9.05×4.22，21.52×15.36 和 $\phi4.2×3°$ 至尺寸要求
11	电	0.51×0.2 槽至尺寸要求；各止口 $4_{0}^{+0.02}$ 至尺寸要求
12	钳	精抛光型腔面
13	磨	去掉型腔面留量，25.00 至尺寸要求

加工工艺为粗车外圆柱面、端面，钻两端中心定位孔，车固定台肩至尺寸，外圆柱面留0.5mm 左右磨削余量；热处理；修研中心孔；磨导柱的工作部分，使其表面粗糙度和尺寸精度达到要求。

下面以注塑模滑动式标准导柱为例（见图 6-50），来介绍导柱的制造过程。导柱加工工

艺过程见表 6-22。

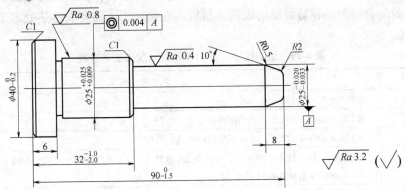

图 6-50　导柱零件图

表 6-22　导柱加工工艺过程　　　　　　　　　　（单位：mm）

序号	工序	工 艺 要 求
1	下料	切割 φ40×94 棒料
2	车	车端面至长度 92，钻中心孔，掉头车端面，长度至 90，钻中心孔
3	车	车外圆 φ40×6 至尺寸要求；粗车外圆 φ25×58，φ35×26 留磨量，并倒角，切槽，10°角等
4	热	热处理至硬度为 55~60HRC
5	车	研中心孔，调头研另一中心孔
6	磨	磨 φ35、φ25 至尺寸要求

对精度要求高的导柱，终加工可以采用研磨工序。

在导柱加工过程中工序的划分及采用的工艺方法和设备，应根据生产类型、零件的形状、尺寸大小、结构工艺及工厂设备状况等条件确定。不同的生产条件下，采用的设备和工序划分也不相同。因此，加工工艺应根据具体条件来选择。

在加工导柱的过程中，对外圆柱面的车削和磨削，一般采用设计基准和工艺基准重合的两端中心孔定位。所以，在车削和磨削之前需先加工中心定位孔，为后续工艺提供可靠的定位基准。中心孔的形状精度，对导柱的加工质量有着直接影响，特别是加工精度要求高的轴类零件，保证中心定位孔与顶尖之间的良好配合是非常重要的。导柱中心定位孔在热处理后的修正，目的是消除热处理过程中可能产生的变形和其他缺陷，使磨削外圆柱面时能获得精确定位，保证外圆柱面的形状和位置精度要求。

中心定位孔的钻削和修正是在车床、钻床或专用机床进行加工的。中心定位孔修正时，如图 6-51 所示，用车床自定心卡盘夹持锥形砂轮，在被修正的中心定位孔处加入少量的煤油或全损耗系统用油，手持工件利用车床尾座顶尖支承，利用主轴的转动进行磨削。该方法效率高，质量较好；但是，砂轮易磨损，需经常修整。如果将图 6-51 中的锥形砂轮用锥形铸铁研磨头代替，在被研磨的中心定位孔表面涂以研磨剂进行研磨，将达到更高的配合精度。

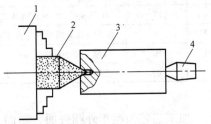

图 6-51　锥形砂轮修正中心定位孔
1—自定心卡盘　2—锥形砂轮　3—工件
4—尾座顶尖

2. 导套的加工

与导柱配合的导套也是模具中应用最广泛的导向零件之一。应用不同，其结构、形状也不同，但构成导套的主要是内外圆柱表面，因此可根据它们的结构、形状、尺寸和材料的要求，直接选用适当尺寸的热轧圆钢为毛坯。

在机械加工过程中，除保证导套配合表面尺寸和形状精度外，还要保证内外圆柱配合面的同轴度要求。导套装配在模板上，以减少导柱和导向孔滑动部分的磨损。因此，导套内圆柱面应当具有很好的耐磨性，根据不同的材料采取淬火或渗碳，以提高表面硬度。内外圆柱面的同轴度及其圆柱度一般不低于 IT6，还要控制工作部位的径向尺寸，热处理硬度为 $50 \sim 55HRC$，表面粗糙度值 Ra 为 $0.4 \sim 0.8 \mu m$。

加工工艺一般为：粗车，内外圆柱面留 0.5mm 左右磨削余量；热处理；磨内圆柱面至尺寸要求；上芯棒，磨外圆柱面至尺寸要求。图 6-52 所示带头导套的加工工艺过程见表 6-23。

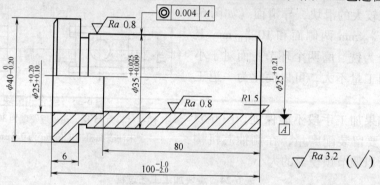

图 6-52　带头导套

表 6-23　导套加工工艺过程　　　　　　　　　　（单位：mm）

序号	工序	工 艺 要 求
1	车	车端面见平，钻孔 $\phi25$ 至 $\phi23$，车外圆 $\phi35 \times 94$，留磨量，倒角，切槽；车 $\phi40$ 至尺寸要求；截断，总长至 102；调头车端面见平，至长度 100，倒角
2	热	热处理至硬度为 50 ~ 55HRC
3	磨	磨内圆柱面至尺寸要求；上芯棒，磨外圆柱面至尺寸要求

在不同的生产条件下，导套制造所采用的加工方法和设备不同，制造工艺也不同。对精度要求高的导套，终加工可以采用研磨工序。

6.9.3　侧抽芯机构零件的加工

侧抽芯机构是注塑模具最常见的机构之一。侧抽芯机构主要由滑块、斜导柱、导滑槽等几部分组成。工作时，滑块在斜导柱的带动下，在导滑槽内运动，在开模后和制件推出之前完成侧向分型或抽芯工作，使制件顺利脱模。由于模具的结构不同，具体的滑块导滑方式也不同，种类也较多。

1. 滑块的加工

由于模具结构形式不同，因此滑块的形状和大小也不相同，它可以和型芯设计为整体式，也可以设计成组合式。在组合式滑块中，型芯与滑块的连接必须牢固可靠，并有足够的

强度。

　　滑块多为平面和圆柱面组合，斜面、斜导柱孔和成形表面的形状、位置精度和配合要求较高。所以，在机械加工过程中，除必须保证尺寸、形状精度外，还要保证位置精度，对于成形表面，还要保证较低的表面粗糙度。

　　由于滑块的导向表面及成形表面要求较好的耐磨性和较高的硬度，一般采用工具钢和合金工具钢，经铸造制成毛坯，在精加工之前，要进行热处理使之达到硬度要求。

　　下面以图6-53所示的组合式滑块为例，介绍其加工过程。滑块加工工艺过程见表6-24。

　　对于体积较大的滑块，导滑面（如图6-53所示的 $16_{-0.02}^{0}$ mm 两侧面和 $10_{-0.02}^{0}$ mm 上表面）可以分为铣、磨两个环节；而对于小滑块，由于加工量不大，可以简化为一道工序。

　　另外，如果加工手段不能保证，图6-53中的22°斜面要留装配磨量，在侧抽芯机构装配时配磨，以调节锁模力的大小。

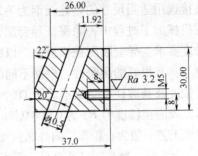

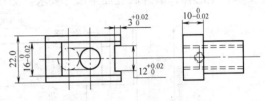

图6-53　组合式滑块

注：材料为45钢，热处理硬度为30~34HRC，
未注表面粗糙度值 Ra 为 0.8μm。

表6-24　滑块加工工艺过程　　　　　　　（单位：mm）

序号	工序	工 艺 要 求
1	备料	备截面尺寸不小于 22×30 的条料或棒料
2	铣	至 30.6×22×37.6，且各面间保持垂直、平行
3	热	热处理至硬度为 30~34HRC
4	磨	平磨或成形磨各平面至尺寸要求
5	钳	钻、攻 M5×8 至尺寸要求
6	铣	侧抽芯机构装配后，钻、扩 φ10.5 至尺寸要求

　　滑块各组成平面间均有平行度、垂直度的要求，对位置精度的保证主要是选择合理的定位基准，如图6-53所示的组合式滑块，在加工过程中的定位基准为宽度22mm的底面和与其垂直的侧面。这样，在加工过程中，可以准确定位，装夹方便可靠。对于各平面之间的平行度和垂直度则由机床和夹具保证。在加工过程中，各工序之间的加工余量需根据零件的大小及不同的加工工艺而定，可参见相关的切削用量手册。

　　图6-53中斜导柱孔 φ10.5mm 和斜导柱之间有 0.5mm 左右的间隙，其主要目的在于开模之初使滑块的抽芯运动滞后于开模运动，使动、定模可以分开一个很小的距离，斜导柱才开始按滑块的斜导柱孔内表面开始抽芯运动，所以其孔的表面粗糙度值要低，并且有一定的位置要求。为了保证滑块上的斜导柱孔和模板斜导柱孔的同轴度，一般是在模板装配后进行配作加工。

2. 导滑槽的加工

　　导滑槽和滑块是模具侧向分型的抽芯导向装置。抽芯运动过程中，要求滑块在导滑槽内

运动平稳、无上下窜动和卡死现象。导滑槽常见的组合形式如图 5-139 所示。

除整体式的导滑槽外，组合式的导滑槽常用材料一般为 45、T8、T10 等材料，并经热处理使其硬度达到 52～56HRC。在导滑槽和滑块的配合中，在上、下和左、右两个方向各有一对平面是间隙配合充当导滑面，配合精度一般为 H7/f6 和 H8/f7，表面粗糙度值 Ra 为 0.63～1.25μm。

由于导滑槽的结构比较简单，大多数导滑槽都是由平面组成，所以机械加工比较容易，可依次采用刨削、铣削、磨削的方法进行加工。

6.9.4　模板类零件的加工

模板是组成各类模具的重要零件。因此，模板类零件的加工如何满足模具结构、形状和成形等各种功能的要求，达到所需要的制造精度和性能，取得较高的经济效益，是模具制造的重要问题。

模板类零件是指模具中所应用的平板类零件。如图 6-54 所示，注塑模具中的定模固定板、定模板、动模板、动模垫板、推杆支承板、推杆固定板、动模固定板等都是模板类零件。因此，掌握模板类零件加工工艺方法是高速优质制造模具的重要途径。

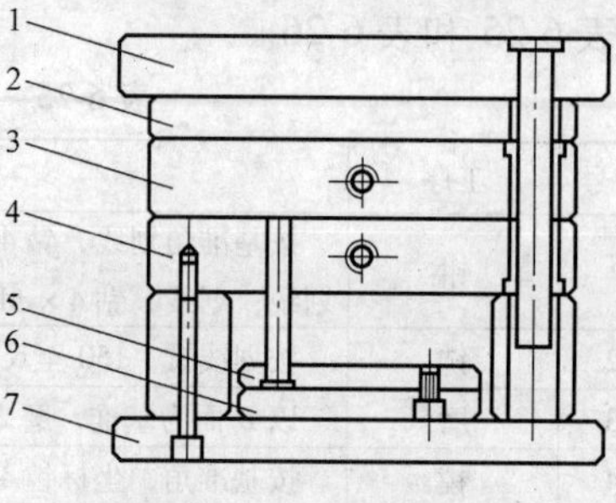

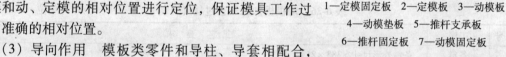

模板类零件的形状、尺寸、精度等级各不相同，它们各自的作用综合起来主要包括以下几个方面。

（1）连接作用　注塑模具中动、定模固定板，它们具有将模具的其他零件连接起来，保证模具工作时具有正确的相对位置，使之与使用设备相连接的作用。

（2）定位作用　注塑模具中动、定模板，它们将凸、凹模和动、定模的相对位置进行定位，保证模具工作过程中准确的相对位置。

图 6-54　注塑模具模架
1—定模固定板　2—定模板　3—动模板
4—动模垫板　5—推杆支承板
6—推杆固定板　7—动模固定板

（3）导向作用　模板类零件和导柱、导套相配合，在模具工作过程中，沿开合模方向进行往复直线运动，对模板上所有零件的运动进行导向。

（4）卸料或推出制件　模板中的卸料板、推杆支承板及推杆固定板在模具完成一次成型后，借助机床的动力及时地将成型的制件推出或毛坯料卸下，便于模具顺利进行下一次制件的成型。

1. 模板类零件的基本要求

模板类零件种类繁多，不同种类的模板有着不同的形状、尺寸、精度和材料的要求。根据模板类零件的作用，模板类零件的基本要求可以概括为以下几个方面。

（1）材料质量　模板的作用不同对材料的要求也不同，注塑模具的模板大多选用中碳钢。

（2）平行度和垂直度　为了保证模具装配后各模板能够紧密配合，对于不同尺寸和不同功能模板的平行度和垂直度，应按 GB/T 1184—1996 执行。注塑模具模板上下平面的平行度公差等级为 5 级，模板两侧基准面的垂直度公差为 5 级。

（3）尺寸精度与表面粗糙度　对于一般模板平面，尺寸精度应达到 IT7～IT8，表面粗糙度值 Ra 为 0.63～1.6μm；对于平面为分型面的模板，尺寸精度应达到 IT6～IT7，表面粗

糙度值 Ra 为 0.32 ~ 0.8μm。

（4）孔的精度、垂直度和位置度　常用模板各孔径的配合精度一般为 IT7 ~ IT6，表面粗糙度值 Ra 为 0.32 ~ 1.6μm。孔轴线与上下模板平面的垂直度为 4 级精度。对应模板上各孔之间的孔间距应保持一致，一般要求在 ±0.02mm 以下，以保证各模板装配后达到的装配要求，使各运动模板沿导柱平稳移动。

2. 注塑模具模板的加工

目前，注塑模具的设计与制造选用标准模架已经非常普遍。标准模架的模板一般不需要经过热处理，除非用户有特殊要求。模板的加工工序安排要尽量减少模板的变形。加工去除量大的部分是孔加工，因此把模板上下两面的平磨加工分为两部分。对于外购的标准模架的模板，首先进行划线、钻孔等粗加工，然后时效一段时间，使其应力充分释放；第一次平磨削除变形量，然后进行其他精加工；第二次平磨至尺寸，并可去除加工造成的毛刺和表面划伤等，使模具的外观质量得以保证。两次平磨在有些场合也可以合二为一。

本节选取三种模板对其加工工艺进行详细介绍，其他的模板加工工艺可参照编制。

（1）动模板　动模板如图 6-55 所示。工艺按采用标准模架和自制两种方式给出，分别见表 6-25 和表 6-26。

表 6-25　动模板加工工艺过程（采用标准模架）　　　　　（单位：mm）

序号	工序	工 艺 要 求
1	钳	按基准角划线，钻 $4 \times \phi28$、$4 \times \phi32$、$6 \times \phi9$、$6 \times \phi14$、$18 \times \phi8$ 和水道孔至尺寸要求；150×20 划线；划线，钻 $4 \times \phi14$ 至 $4 \times \phi13$
2	铣	按划线铣，150 至尺寸要求，20 留磨量 0.3；铣让刀槽至尺寸要求
3	磨	以 B 面为基准，磨 20 至尺寸要求；磨 70 ± 0.02 至尺寸要求
4	镗	按基准角，坐标镗 $4 \times \phi14$ 至尺寸要求；$4 \times \phi16$ 至尺寸要求，$4 \times M8$ 点位
5	钳	按坐标镗点位，钻、铰 $4 \times M8$ 至尺寸要求

表 6-26　动模板加工工艺过程（自制）　　　　　　　　（单位：mm）

序号	工序	工 艺 要 求
1	备料	备料外形尺寸 $>383 \times 253 \times 73$
2	铣	上下面见平，至 73.4
3	磨	上下面见平，至 73
4	铣	至 383×253
5	钳	中分划线，钻 $4 \times \phi35$ 至 $4 \times \phi33$，150×20 划线
6	铣	按划线铣，150×20 至 144×18
7	热	热处理至硬度为 26 ~ 30HRC
8	铣	上下面均匀去除，见平，至 70.8
9	磨	上下面均匀去除，见平，至 70.4
10	铣	中分，均匀去除，380×250 至尺寸要求
11	钳	模板四周倒角 $2 \times 45°$，按基准角划线，钻 $4 \times \phi28$、$4 \times \phi32$、$6 \times \phi9$、$6 \times \phi14$、$18 \times \phi8$、$6 \times M16$ 和水道孔至尺寸要求；150×20 划线；划线，钻 $4 \times \phi14$ 至 $4 \times \phi13$
12	铣	按划线铣，150 至尺寸要求，20 留磨量 0.3；铣让刀槽至尺寸要求
13	磨	以 B 面为基准，磨 20 ± 0.02 至尺寸要求；磨 70 ± 0.02 至尺寸要求
14	镗	按基准角，坐标镗 $4 \times \phi14$、$4 \times \phi35$、$4 \times \phi41$ 至尺寸要求；$4 \times \phi16$ 至尺寸要求，$4 \times M8$ 点位
15	钳	按坐标镗点位，钻、铰 $4 \times M8$ 至尺寸要求

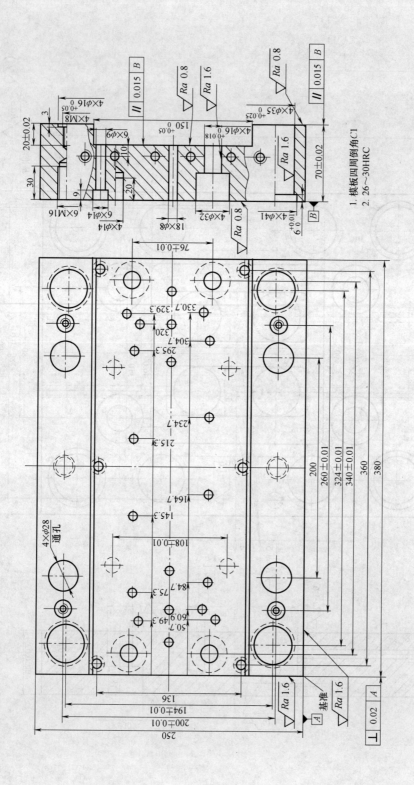

图6-55 动模板

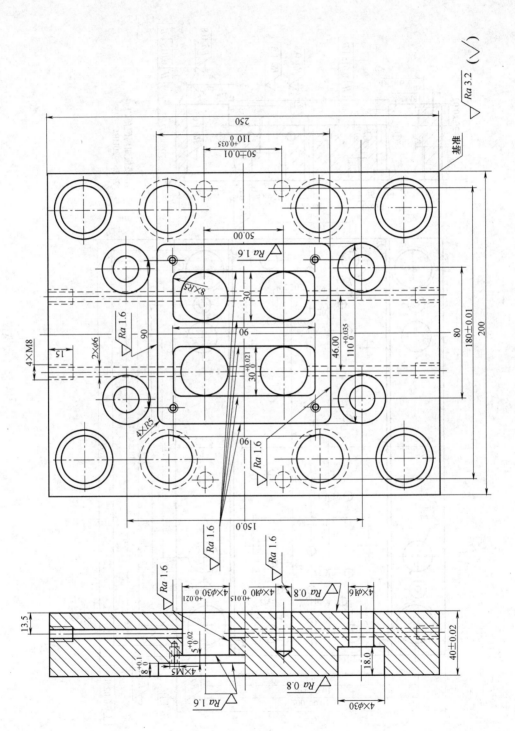

图6-56　定模板

　　一般厂家提供的标准模架的模板在厚度方向上都留有加工余量，根据需要，用户在装配前应将它们去除。

　　型腔槽孔、导柱导套孔等模具重要工作部位，热处理之前要预加工到一定尺寸。这样，可使这些部位的硬度达到均匀一致，避免外硬心软。对于一些较深的孔，不经预加工而直接热处理，在后续加工中，由于轴向硬度不均，很容易形成鼓状而达不到图样要求。

　　另外，模板一般都大致对称，因而热处理变形各方向基本一致。这样在热处理之前选模板的中心作为加工基准；热处理后，将模板四边均匀去除，将基准由中心转换为基准角，便于后续精加工。

　　（2）定模板　对如图 6-56 所示的定模板，在采用标准模架的基础上编制加工工艺。其加工工艺过程见表 6-27。

表 6-27　定模板加工工艺过程（采用标准模架）　　　　　　　　（单位：mm）

序号	工序	工 艺 要 求
1	钳	按基准角划线，钻 4×φ30 至 4×φ28；4×φ16、4×φ30 至尺寸要求
2	磨	上下面均匀去除，见平，40±0.02 至尺寸要求
3	镗	按基准角，坐标镗 4×φ30 至尺寸；4×φ10 至尺寸要求
4	加工中心	按基准角，铣 90×30，110×110 至尺寸要求
5	钳	按基准角，钻、铰 4×M5 和水道孔至尺寸要求

　　如果在镗孔前先完成水道孔的加工，则在镗孔时，不连续切削将会造成刀具跳动，影响加工精度和表面质量。

　　（3）推杆支承板　对如图 6-57 所示的推杆支承板，在采用标准模架的基础上编制加工工艺。其加工工艺过程见表 6-28。

表 6-28　推杆支承板加工工艺过程（采用标准模架）　　　　　　（单位：mm）

序号	工序	工 艺 要 求
1	钳	按基准角划线，钻 2×φ25 至 2×φ24，16×φ2、8×φ3、16×φ4.5、3×φ6 至尺寸要求
2	磨	上下面见平，15 至尺寸要求
3	镗	按基准角，坐标镗 2×φ25 至尺寸要求
4	铣	按各孔中心为基准，16×φ5、8×φ6、16×φ9、3×φ11 至尺寸要求

　　目前，在一些企业已经用数显铣床来代替钻床进行一些孔的加工工作，如表 6-28 中的工序 1，这样既可以提高孔的位置精度，又可以降低钳工的劳动强度，提高工作效率。

　　在加工各沉孔（16×φ5mm、8×φ6mm、16×φ9mm、3×φ11mm）大小和深浅时，一般按实际购买的推杆的台肩尺寸加工。

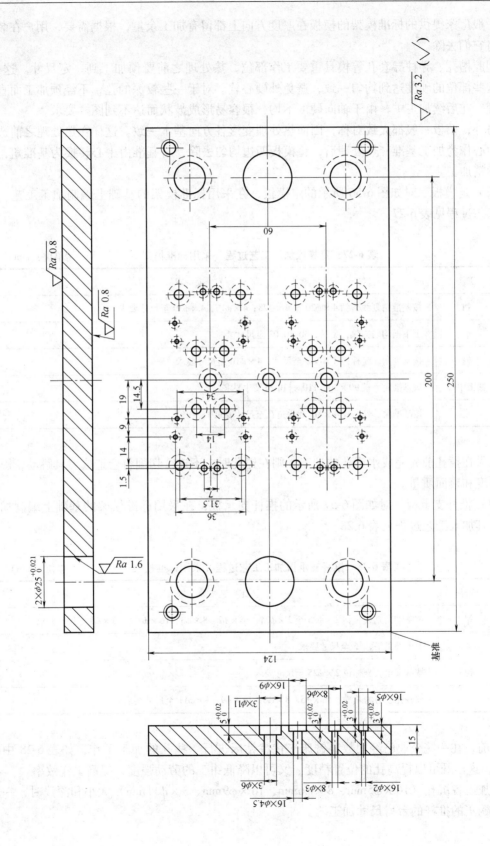

图6-57 推杆支承板

第7章　注塑模的装配及试模

7.1　注塑模的装配

7.1.1　装配技术要求及生产流程

模具装配是把模具零件、组件或部件组装成一副完整模具的过程。相应地有组件装配、部件装配和总装三个步骤。模具装配既要保证配合零件的配合精度，还要保证零件之间的位置精度，对于彼此之间有相对运动的零件应保证运动精度。

模具装配是典型的钳工负责制的单件小批量组装，加之模具结构复杂各异，精度要求较高，这些特点从根本上决定了模具装配的方法和组织形式。互换装配法和分组装配法是以大批量生产和成组技术为基础的，要求所加工的零件具有很高的互换性，甚至完全互换性。这两种方法显然都不适于模具装配。所以，注射模具装配中普遍采用修配装配法及调整装配法，通过对某些零件的修磨或位置调整使之达到装配精度要求。这样既可以保证模具装配精度的要求，又不至于增加加工难度和加工成本。在组织形式上，模具装配现阶段多数还是在固定地点，由技术熟练的钳工完成所有的装配工作。

1. 注塑模的装配技术要求

（1）模具外观装配技术要求

1）模具非工作部分的棱边应倒角。

2）装配后的闭合高度、安装部位的配合尺寸、顶出形式、开模距离等均应符合设计要求及使用设备的技术条件。

3）模具装配后各分型面要配合严密。

4）各零件之间的支承面要互相平行，平行度公差为200mm内不大于0.05mm。

5）大、中型模具应设有起重吊钩、吊环，以便模具安装应用。

6）装配后的模具打刻动模与定模方向记号、编号、图号及使用设备型号。

（2）成型零件及浇注系统

1）成型零件的尺寸精度应符合设计要求。

2）成型零件及浇注系统的表面应光洁，无死角、塌坑、划伤等缺陷。

3）型腔分型面、流道系统、进料口等部位，应保持锐边，不得修整为圆角。

4）互相接触的型芯与型腔、挤压环、柱塞和加料室之间应有适当间隙或适当的承压面积，以防在合模时零件互相直接挤压造成损伤。

5）成型有腐蚀性的塑料时，对成型表面应镀铬、抛光，以防腐蚀。

6）装配后，互相配合的成型零件相对位置精度应达设计要求，以保证成型制件尺寸、形状精度。

7）拼块、镶嵌式的型腔或型芯，应保证拼接面配合严密、牢固，表面光洁，无明显接

缝。

（3）活动零件的装配技术要求

1）各滑动零件的配合间隙要适当，起、止位置定位要准确可靠。

2）活动零件导向部位运动要平稳、灵活，互相协调一致，不得有卡紧及阻滞现象。

（4）锁紧及紧固零件的装配技术要求

1）锁紧零件要锁紧有力，准确，可靠。

2）紧固零件要紧固有力，不得松动。

3）定位零件要配合松紧合适，不得有松动现象。

（5）推出机构装配技术要求

1）各推出零件动作协调一致，平稳，无卡阻现象。

2）有足够的强度和刚度，良好的稳定性，工作时受力均匀。

3）开模时应保证制件和浇注系统的顺利脱模及取出，合模时应准确退回原始位置。

（6）导向机构的装配技术要求

1）导柱、导套装配后，应垂直于模座，滑动灵活、平稳，无卡阻现象。

2）导向精度要达到设计要求，对动、定模具有良好导向、定位作用。

3）斜导柱应具有足够的强度、刚度及耐磨性，与滑块的配合适当，导向正确。

4）滑块和滑槽配合松、紧适度，动作灵活，无卡、阻现象。

（7）加热冷却系统的装配技术要求

1）冷却装置要安装牢固，密封可靠，不得有渗漏现象。

2）加热装置安装后要保证绝缘，不得有漏电现象。

3）各控制装置安装后，动作要准确、灵活、转换及时、协调一致。

2. 装配生产流程

（1）装配前的准备

1）研究分析装配图、零件图，了解各零件的作用、特点和技术要求，掌握关键装配尺寸。

2）检查待装配的零件，确定哪些零件有配作加工内容。

3）确定装配基准。

4）清理模具零件。清洁、退磁、规整模具零件。

（2）装配和配作 详见下面有关小节。

（3）检验 在装配完成后进行全面的检验，以确定是否满足装配技术要求。

（4）试模和修正 将装配好的模具在注塑机上试模，找出模具存在的问题并加以修正，修正后再进行试模。模具基本合格后，进行表面处理和表面纹饰加工，然后再进行试模，直至模具检验合格为止。

（5）出厂或入库 将合格的模具清理干净，特别是型腔、型芯表面的残余塑料，并给动、定模打上方向标记、编号、生产日期等，涂上防锈油后出厂或入库。

7.1.2 组件的装配

注塑模装配时，一般是将相互配合零件先装配成组件（或部件），然后再将这些组件（或部件）进行最后总装配和试模工作。对各组件（或部件）的装配可以分成以下几部分。

1. 型芯和固定板的装配

注塑模具的种类较多，模具的结构也各不相同，型芯和固定板的装配方式也不一样。

（1）小型芯的装配　图 7-1 所示为小型芯的装配方式。图 7-1a 所示装配方式的装配过程为将型芯压入固定板。在压入过程中，要注意校正型芯的垂直度和防止型芯切坏孔壁，以及使固定板变形。压入后要在平面磨床上用等高垫铁支承磨平 A 面。

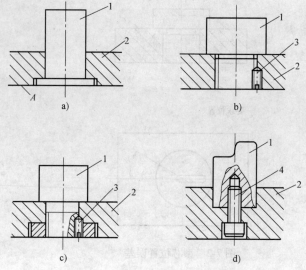

图 7-1b 所示装配方式用于圆形型芯的固定。它是采用配合螺纹进行连接装配的。装配时将型芯拧紧后，用骑缝螺钉定位。这种装配方式，对某些有方向性要求的型芯会造成螺纹拧紧后，型芯的实际位置与理想位置之间出现误差，如图 7-2 所示。α 是理想位置与实际位置之间的夹角。型芯的位置误差可以修磨固定板 a 面或型芯 b 面进行消除。修磨前要进行预装并测出 α 角度大小。a 或 b 的修磨量 Δ 按式（7-1）计算：

图 7-1　小型芯的装配方式

a）过渡配合装配　b）螺纹装配　c）螺母紧固装配

d）螺钉紧固装配

1—型芯　2—固定板　3—骑缝螺钉　4—螺钉

$$\Delta = \frac{s}{360°}\alpha \qquad\qquad (7\text{-}1)$$

式中　α——误差角度（°）；

　　　s——连接螺纹螺距（mm）。

图 7-1c 所示为螺母装配式，型芯连接段采用 H7/K6 或 H7/m6 配合与固定板孔定位，两者的连接采用螺母紧固。当型芯位置固定后，用定位螺钉定位。这种装配方式适合固定外形为任何形状的型芯及多个型芯的同时固定。

图 7-1d 所示为螺钉紧固装配。它是将型芯和固定板采用 H7/h6 或 H7/m6 配合将型芯压入固定板，经校正合格后用螺钉紧固。在压入过程中，应对型芯压入端的棱边修磨成小圆弧，以免切坏固定板孔壁而失去定位精度。

（2）大型芯的装配　大型芯与固定板装配时，为了便于调整型芯和型腔的相对位置，减少机械加工工作量，对面积较大而高度低的型芯一般采用图 7-3 所示的装配方式，其装配顺序如下：

1）在已加工成型的型芯上压入实心定位销套。

2）用定位块和平行夹头固定好型芯在固定板上的相对位置。

3）用划线或涂红粉的方式确定型芯螺纹孔位置，然后在固定板上钻螺钉过孔及锪沉孔，用螺钉初步固定。

4）通过导柱、导套将卸料板，型芯和固定板装合在一起，将型芯调整到正确位置后，拧紧固定螺钉。

5）在固定板背面划出定位销孔位置，钻、铰销钉孔，并打入定位销定位。

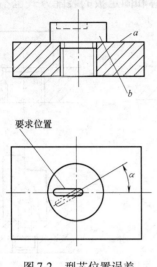

图7-2　型芯位置误差

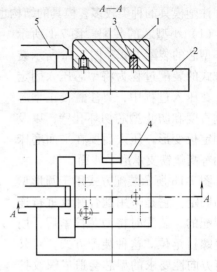

图7-3　大型芯与固定板的装配
1—型芯　2—固定板　3—定位销套
4—定位块　5—平行夹头

2. 型腔的装配及修磨

（1）型腔的装配　塑料模具的型腔，一般多采用镶嵌式或拼块式。在装配后要求动、定模板的分型面接合紧密、无缝隙，而且同模板平面一致。装配型腔时一般采取以下措施：

1）型腔压入端不设压入斜度。一般将压入斜度设在模板孔上。

2）对有方向性要求的型腔，为了保证其位置要求，一般先压入一小部分后，借助型腔的直线部分用百分表进行校正位置是否正确，经校正合格后再压入模板。为了装配方便，可采用型腔与模板之间保持 0.01～0.02mm 的配合间隙。型腔装配后，找正位置用定位销固定，如图7-4所示。最后在平面磨床上将两端面和模板一起磨平。

3）对于拼块型腔的装配，一般拼块的拼合面在热处理后要进行磨削加工。保证拼合后紧密无缝隙。拼块两端留余量，装配后同模板一起在平面磨床上磨平，如图7-5所示。

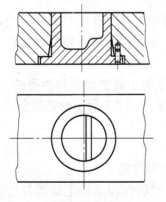

图7-4　整体镶嵌式型腔的装配

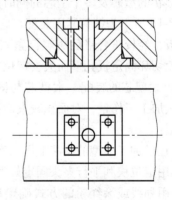

图7-5　拼块式结构的型腔

4）对工作表面不能在热处理前加工到尺寸的型腔，如果热处理后硬度不高（如调质处

理），可在装配后应用切削方法加工到要求的尺寸；如果热处理后硬度较高，只有在装配后采用电火花机床、坐标磨床对型腔进行精修达到精度要求。无论采用哪种方法对型腔两端面都要留余量，装配后同模具一起在平面磨床上磨平。

5）拼块型腔在装配压入过程中，为防止拼块在压入方向上相互错位，可在压入端垫一块平垫板，通过平垫板将各拼块一起压入模之中。拼块型腔的装配如图 7-6 所示。

（2）型腔的修磨　塑料模具装配后，有的型芯和型腔的表面或动、定模的型芯，在合模状态下要求紧密接触。为了达到这一要求一般采用装配后修磨型芯端面或型腔端面的修配法进行修磨。

如图 7-7 所示，型芯端面和型腔端面出现了间隙 Δ，可以用以下方法进行修磨，消除间隙 Δ。

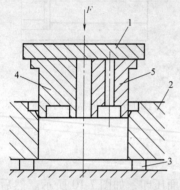
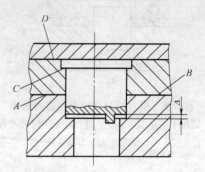

图 7-6　拼块型腔的装配　　　　图 7-7　型芯与型腔端面间隙的消除

1—平垫板　2—模板　3—等高垫块　4、5—型腔拼块

1）修磨固定板平面 A。拆去型芯将固定板磨去等于间隙 Δ 的厚度。

2）将型腔上平面 B 磨去等于间隙 Δ 的厚度。此法不用拆去型芯，较方便。

3）修磨型芯台肩面 C。拆去型芯将 C 面磨去等于间隙 Δ 的厚度。但重新装配后需将固定板 D 面与型芯一起磨平。

如图 7-8 所示，装配后型腔端面与型芯固定板之间出现了间隙 Δ。为了消除间隙 Δ 可采用以下修配方法。

1）修磨型芯工作面 A，如图 7-8a 所示。对工作面 A 不是平面的型芯修磨复杂不适用。

2）在型芯定位台肩和固定板孔底部垫入厚度等于间隙 Δ 的垫片，如图 7-8b 所示，然后，再一起磨平固定板和型芯支承面。此法只适用于小型模具。

3）在型腔上面与固定板平面间增加垫板，如图 7-8c 所示。但当垫板厚度小于 2mm 时不适用，一般适用于大、中型模具。

3. 滑块抽芯机构的装配

滑块抽芯机构的作用是在模具开模后，将制件的侧向型芯先行抽出，再顶出制件的机构。装配中的主要工作是侧向型芯的装配和锁紧位置的装配。

（1）侧向型芯的装配　侧向型芯的装配，一般是在滑块和滑槽、型腔和固定板装配后，再装配滑块上的侧向型芯。图 7-9 所示抽芯机构型芯的装配一般采用以下方式：

1）根据型腔侧向孔的中心位置测量出尺寸 a 和尺寸 b，在滑块上划线，加工型芯装配

孔，并装配型芯，保证型芯和型腔侧向孔的位置精度。

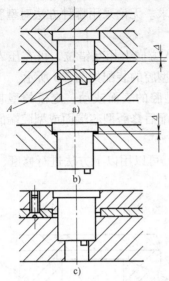

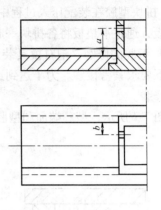

图 7-8　型腔板与固定板间隙的消除
a）适用于工作面 A 不是平面　b）适用于小型模具
c）适用于大、中型模具

图 7-9　侧向型芯的装配

2）以型腔侧向孔为基准，利用压印工具对滑块端面压印，如图 7-10 所示。然后，以压印为基准加工型芯配合孔后再装入型芯，保证型芯和侧向孔的配合精度。

3）对非圆形型芯可采用在滑块上先装配留有加工余量的型芯，然后，对型腔侧向孔进行压印、修磨型芯，保证配合精度。同理，在型腔侧向孔的硬度不高，可以修磨加工的情况下，也可在型腔侧向孔留修磨余量，以型芯对型腔侧向孔压印，修磨型腔侧向孔，达到配合要求。

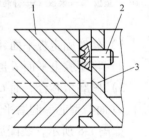

（2）锁紧位置的装配　在滑块型芯和型腔侧向孔修配密合后，便可确定锁紧块的位置。锁紧块的斜面和滑块的斜面必须均匀接触。由于零件加工和装配中存在误差，所以装配中需进行修磨。为了修磨的方便，一般是对滑块的斜面进行修磨。

图 7-10　滑块压印
1—滑块　2—压印工具
3—型腔

模具闭合后，为保证锁紧块和滑块之间有一定的锁紧力，一般要求装配后锁紧块和滑块斜面接触后，在分模面之间留有 0.2mm 的间隙进行修配，如图 7-11 所示。滑块斜面修磨量可用下式计算：

$$b = (a - 0.2)\sin\alpha$$

式中　b——滑块斜面修磨量（mm）；

　　　a——闭模后测得的实际间隙（mm）；

　　　α——锁紧块斜度（°）。

（3）滑块的复位、定位　模具开模后，滑块在斜导柱作用下侧向抽出。为了保证合模时斜导柱能正确的进入滑块的斜导柱孔，必须对滑块设置复位、定位装置。图 7-12 所示为用定位板作滑块复位的定位。滑块复位的正确位置可以通过修磨定位板的接触平面进行调整

准确。

如图 7-13 所示，滑块复位用滚珠、弹簧定位时，一般在装配中需在滑块上配钻位置正确的滚珠定位锥窝，达到正确定位。

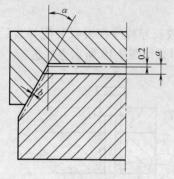

图 7-11　滑块斜面修磨量

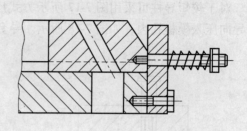

图 7-12　用定位板作滑块复位的定位

4. 浇口套的装配

浇口套与定模板的装配，一般采用过盈配合。装配后的要求为浇口套与模板配合孔紧密、无缝隙。浇口套和模板孔的定位台肩应紧密贴实。装配后浇口套要高出模板平面 0.02mm，如图 7-14 所示。为了达到以上装配要求，浇口套的压入外表面不允许设置导入斜度。压入端要磨成小圆角，以免压入时切坏模板孔壁。同时压入的轴向尺寸应留有去除圆角的修磨余量 H。

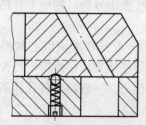

图 7-13　用滚珠作滑块复位的定位

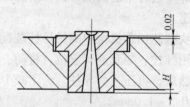

图 7-14　装配后的浇口套

在装配时，将浇口套压入模板配合孔，使预留余量 H 突出模板之外，在平面磨床上磨平，如图 7-15 所示。最后将磨平的浇口套稍稍退出，再将模板磨去 0.02mm，重新压入浇口套，如图 7-16 所示。对于台肩和定模板高出的 0.02mm 可采用由零件的加工精度保证。

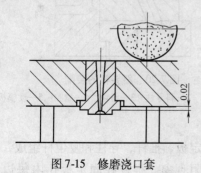

图 7-15　修磨浇口套

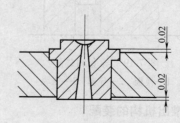

图 7-16　修磨后的浇口套

5. 导柱、导套的装配

导柱、导套是模具合模和开模的导向装置，它们分别安装在塑料模具的动、定模部分。装配后，要求导柱、导套垂直于模板平面，并达到设计要求的配合精度和良好的导向定位作用。一般采用压入式装配到模板的导柱、导套孔内。

对于较短导柱可采用图 7-17 所示方式压入模板；较长导柱应在模板装配导套后，以导套导向压入模板孔内，如图 7-18 所示。导套压入模板可采用图 7-19 所示方法进行。

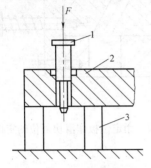

图 7-17　短导柱的装配

1—导柱　2—模板　3—等高垫块

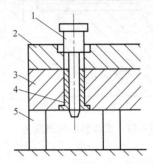

图 7-18　长导柱的装配

1—导柱　2—固定板　3—定模板　4—导套　5—等高垫块

导柱、导套装配后，应保证动模板在开模及合模时滑动灵活，无卡阻现象。如果运动不灵活，有阻滞现象，可用红丹粉涂于导柱表面，往复拉动观察阻滞部位、分析原因后，进行重新装配。装配时，应先装配距离最远的两根导柱，合格后再装配其余两根导柱。每装入一根导柱都要进行上述的观察，合格后再装下一根导柱，这样便于分析、判断不合格的原因和及时修正。

滑块型芯抽芯机构中的斜导柱装配，如图 7-20 所示。一般是在滑块型芯和型腔装配合格后，用导柱、导套进行定位，将动、定模板和滑块合装后按所要求的角度进行配加工斜导柱孔，然后，再压入斜导柱。为了减少侧向抽芯机构的脱模力，一般斜导柱孔比斜导柱外圈直径大 0.5 ~ 1.0mm。

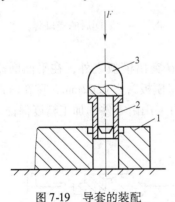

图 7-19　导套的装配

1—模板　2—导套　3—压块

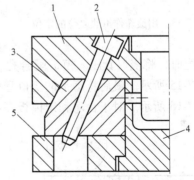

图 7-20　斜导柱的装配

1—定模板　2—斜导柱　3—滑块　4—型腔　5—动模板

6. 推出机构的装配

注塑模具的制件推出机构，一般是由推板推出固定板、推杆、导柱和复位杆组成，如图 7-21 所示。装配技术要求为装配后运动灵活、无卡阻现象。推杆在固定板孔内每边应有

0.5mm 的间隙。推杆工作端面应高出型面 0.05 ~ 0.10mm。完成制件推出后，应能在合模时
自动退回原始位置。推出机构的装配顺序如下：

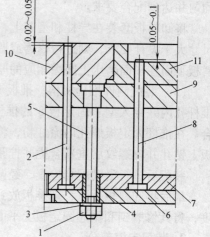

图 7-21　推出机构

1—螺母　2—复位杆　3—垫圈　4—导套
5—导柱　6—推板　7—顶杆固定板　8—推杆
9—支承板　10—固定板　11—型腔

1）先将导柱 5 垂直压入支承板 9 并将导柱端面与
支承板一起磨平。

2）将装有导套 4 的推杆固定板 7 套装在导柱上，
并将推杆 8、复位杆 2 穿入推杆固定板、支承板和型腔
11 的配合孔中，盖上推板 6 用螺钉拧紧，并调整使其
运动灵活。

3）修磨推杆和复位杆的长度。如果推板和垫圈 3
接触时，复位杆、推杆低于型面，则修磨导柱的台肩。
如果推杆、复位杆高于型面时，则修磨推板 6 的底面。

4）一般将推杆和复位杆在加工时稍长一些，装配
后将多余部分磨去。

5）修磨后的复位杆应低于型面 0.02 ~ 0.05mm，
推杆应高于型面 0.05 ~ 0.10mm，推杆、复位杆顶端可
以倒角。

7.1.3　总装

模在完成组件装配并检验合格后，即可进行模具的总装。如图 7-22 所示热塑性塑料注
塑模，在按照前述导柱、导套、
型芯、浇口套的组件装配并检验
合格后，便可进行总装配工作了。

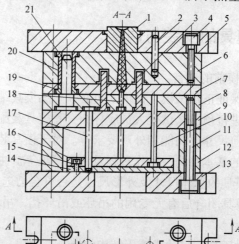

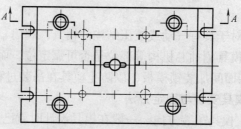

图 7-22　热塑性塑料注塑模

1—浇口套　2—定位销　3—型芯　4、11—内六角头螺栓　5—定模板
6—型腔板　7—卸料板　8—型芯固定板　9—支承板　10—推杆
12—垫块　13—动模固定板　14—推板　15—螺钉　16—推杆固
定板　17、21—导柱　18—拉料杆　19、20—导套

1. 装配动模部分

（1）装配型芯固定板、支承
板、垫块和动模固定板　装配前，
型芯 3，导柱 17、21，拉料杆 18
已压入型芯固定板 8 和支承板 9
并已检验合格。装配时，将型芯
固定板 8、支承板 9、垫块 12 和动
模固定板 13 按其工作位置合拢，
找正并用平行夹头夹紧。以型芯
固定板上的螺孔、顶杆孔定位，
在支承板上钻出螺孔、推杆孔的
锥窝。然后，拆下型芯固定板，
以锥窝为定位基准钻出螺钉过孔、
推杆过孔和锪出螺钉沉孔，最后
用螺钉拧紧固定。

（2）装配卸料板　卸料板 7
在总装前已压入导套 19 并检验合

格。总装前应对卸料板 7 的型孔先进行修光，并且与型芯作配合检查。要求滑动灵活，间隙均匀并达到配合要求。

将卸料板套装在导柱和型芯上，以卸料板平面为基准测量型芯高度尺寸。如果型芯高度尺寸大于设计要求，则进行修磨或调整型芯，使其达到要求。如果型芯高度尺寸小，需将卸料板平面在平面磨床上磨去相应的厚度，保证型芯高度尺寸。

（3）装配制件推出机构　推板 14 放在动模固定板上，将推杆 10 套装在推杆固定板上推杆孔内并穿入型芯固定板 8 的推杆孔内。再套装到推板导柱上，使推板和推杆固定板重合。在推杆固定板螺孔内涂红粉，将螺钉孔位复印到推板上。然后，取下推杆固定板，在推板上钻孔并攻螺纹后重新合拢并拧紧螺钉固定。

装配后进行滑动配合检查，经调整使其滑动灵活、无卡阻现象。

最后将卸料板拆下，把推板放到最大极限位置。检查推杆在型芯固定板上平面露出的长度，将其修磨到和型芯固定板上平面平齐或低 0.02mm。

2. 装配定模部分

总装前浇口套、导套都已装配结束并检验合格。装配时，将型腔板 6 套装在导柱上，并与已装浇口套的定模板 5 合拢，找正位置，用平行夹头夹紧。以定模板上的螺钉孔定位，对型腔板钻锥窝。然后，拆开在型腔板上钻孔、攻螺纹后重新合拢，用螺钉拧紧固定。最后钻、铰定位销孔并打入定位销。

经以上装配后，要检查型腔板和浇口套的流道锥孔是否对正。如果在接缝处有错位，需进行铰削修整，使其光滑一致。

7.2　模具的安装与调整

1. 试模前的准备

为了保证正常试模，试模人员必须熟悉模具结构及技术要求，并会同装配钳工等有关人员对模具进行预检。试模人员应仔细查看模具装配图和塑件图样，根据塑件图样了解塑件的材料、几何尺寸、功能和外观要求等。对于模具装配图中提出的技术要求逐条落实，并据此了解模具的基本结构、动作过程及注意事项等。主要检查内容包括：

1）模具的总体尺寸及外形尺寸是否符合已选定注塑机的要求。

2）模具闭合后有无专用的吊环或吊环孔，吊环孔的位置是否可以使模具处于平衡吊装状态。

3）对于具有气动或液压结构的模具，阀门、行程开关、油嘴等配件是否齐全。

4）模具侧抽芯机构等部位是否可靠定位，而不至于在吊装过程中脱落。必要时可以在模具分型面间加装锁模板，以防止模具在吊装过程中开启。

2. 模具安装与固定方法

（1）模具吊装方向　一般在模具设计时就已经确定了模具吊装方向，但在试模过程中，对一些设计失误或考虑不周的地方需要通过改变吊装方向加以弥补。

1）模具中有侧向抽芯机构时，尽量使滑块的运动方向与水平方向相平行，或者向下开启，切忌放在向上开启的方向。

2）模具中的拉杆、拉板、导柱等要按竖直方向排列在模板的两侧，避免妨碍塑件、流

道凝料的自动脱落。

3）模具上的冷却水管接头、阀门、行程开关、油嘴等尽量排布在面对操作者的对侧或模具的上侧，以方便这些零件的安装与调试，同时也避免妨碍塑件、流道凝料的自动脱落。

4）安装压板一般布置在模具竖直方向两侧，方便模具拆卸。

（2）模具安装与固定　安装时尽量采用整体吊装。将模具吊入注塑机拉杆、模板之间后，调整方位，使模具定位圈进入注塑机定模固定板上的定位孔，沿竖直方向摆正模具，慢速闭合注塑机动模板直至锁紧模具，然后把紧模具。

模具与注塑机的固定方式有两种：一是螺钉直接固定法（见图 7-23a），在模具模板上穿过孔，用螺钉把模板直接紧固在注塑机上；另一种方法就是压板固定法（见图 7-23b），采用压板、垫块和螺钉来紧固模具，这种连接方式灵活，应用得比较多。

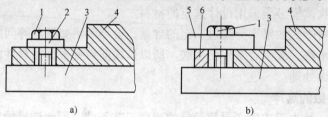

图 7-23　模具紧固形式
a）螺钉直穿模板过孔　b）压板紧固
1—螺钉　2—垫片　3—注塑机模板　4—模具模板　5—压板　6—垫块

模具主体安装完后，就可以进行模具配套部分的安装，主要包括：热流道元件及电器元件的接线；液压、气压回路的连接；冷却水路的连接等。

3. 模具与注塑机的调整

模具安装好后，首先进行空运转检查与调试，要按下述事项对注塑机和模具进行调整或检验。

（1）调节锁模系统　锁模松紧程度可以根据锁模力大小和经验进行判断。对锁模力的控制有两个原则：一方面锁模力应足够大，保证模具在塑料熔体的注射压力作用下不开缝，因此，锁模力应大于型腔压力和塑件在分型面上的投影面积的乘积；另一方面，过紧的锁模又使得型腔内排气困难，尤其不允许过大的锁模力导致模板被挤压变形。

（2）开模距离调整　调整至塑件、流道凝料能够自动脱落的状态。有拉杆限位的模具，要注意开模距离与开模速度不要过大、过快，避免拉杆被拉到极限状态而在开模过程中对模具造成冲击。

（3）推出距离调整　将注塑机上的推出机构的推出距离调节到使塑件能够被正常推出。但要注意使最大推出距离调节到模具的推杆固定板与动模板或动模垫板间的间隙不小于5mm，做到既能推出塑件，又能防止损坏模具。

（4）安全检查

1）检查水路是否通畅，走向是否正确，有无泄漏现象。

2）有电加热器的模具，在通电前要作绝缘检查（绝缘电阻不低于10MΩ）。

3）有液压、气动装置的模具，进行通液或通气试验检查看有无漏液或漏气现象，工作

行程是否准确。

（5）空运转检查　上述事项完成后，正式试模前需进行多次空运转检查，以检验模具各部分的工作情况是否正常。通过模具的开启、闭合、推出、抽芯，不断循环运行，观察模具开启、闭合、推出、抽芯运动是否灵活、平稳，起止位置、行程控制正确与否。

7.3　试模

作好试模准备后，选用合适的原料加入注塑机机筒，根据推荐的工艺参数调节注塑机，即可开始试注射。

塑料原料是在塑件设计时选定的，试模时如果选用代替的塑料，应尽量选用性能相近的塑料，但最后的验收试模必须采用设计选定的材料。

在有些塑料原料中，如果水分超过一定的含量，会导致诸如银丝等问题。如聚碳酸酯吸收了水分，易造成水解，成型后塑件会变脆。所以试模前需要根据塑料性能，选择一定的干燥方式，进行预干燥处理。

1. 注塑工艺参数的选择

试模的目的之一是为正式生产寻找最佳的成型工艺条件，因此试模的工艺选择应该严格遵守注塑工艺规程，按正常的生产条件试模，这样才会使模具中存在的问题得到充分暴露，试模结果对修模才有指导作用。工艺参数选择主要是温度、压力和时间的选择。首次选择各个工艺参数时，可以采用经验值、一般成型理论提供的参考值或设计时的 CAE 模拟软件的给定值。

（1）温度　一般情况下，温度提高会使塑料的塑化程度增加、流动性好、成型性能好，但过高的温度可能使塑料发生降解，所以温度的调整一定要逐渐提高。另外，温度的改变是一个缓慢的过程，应多试几模，否则容易造成误判。

注塑工艺中的温度包括料温和模具温度。料温取决于机筒和喷嘴温度，控制塑化和流动；模具温度影响塑料熔体在型腔内的流动和冷却过程。机筒温度应处于塑料的黏流温度和分解温度之间。试模时，先采用较低的温度，但对于薄壁且流程与壁厚之比较大的塑件则选用较高的机筒温度。较低的喷嘴温度可以防止流延现象，但过低的喷嘴温度易使熔体凝结，堵塞喷嘴。对于热敏性塑料（如聚甲醛、聚氯乙烯等）应严格控制机筒温度，防止降解。

机筒温度合适与否可以用以下方法判断：先根据经验或 CAE 软件的分析结果选择一个温度进行加热，把喷嘴和浇口套先分开，通过喷嘴直接喷出塑料熔体来判断物料的塑化程度。低温低压喷出料流，如果料流明亮、流动光滑、色泽均匀，即认为充分塑化；如果出现气泡、银丝、变色等现象，则需要调整塑化温度。

模具温度由于影响熔体的流动及冷却过程，所以不合适的模具温度或分布不均可能造成塑件的外观和力学性能缺陷。为保证塑件具有较高的尺寸精度和防止变形，模具温度应低于塑料的热变形温度。对于高黏度的塑料，为了提高充模性能可以选用较高的温度；反之选用较低的模具温度。但是模具温度过低，容易使塑件内部产生真空气泡和内应力。

（2）压力　先用较低的注射压力，如果塑件不能充满再提高压力。注射压力过大，会产生飞边，造成脱模推出困难，塑件内应力增加，甚至损坏模具。注射压力最低限度是克服熔料经过喷嘴、流道、型腔的流动阻力，使型腔充满。

　　背压是指螺杆塑化时，推向前端的塑料熔体对螺杆的反压力。背压大小影响塑化程度及塑化能力，而且影响程度与螺杆转速密切相关。增加背压使得流体的剪切作用增强，塑料熔体密实，提高塑化程度，但是塑化的速度也同时降低。为了使塑化速度不至于降低，可以提高螺杆的转速来补偿。加料的背压大小主要与物料的黏度、热稳定性有关。对热稳定性差、黏度高的塑料，宜采用较低的螺杆转速和较低的背压；黏度低、热稳定性好的塑料，则可以采用较高的螺杆转速和较高的背压。背压大小选择的基本原则是在保证塑件质量前提下，尽量选用低背压。

　　（3）注射时间、速率、速度　注射时间是柱塞或螺杆完成一次注射的时间。注射速率是单位时间内经喷嘴注射的塑料熔体质量。注射速度是指柱塞或螺杆的运动速度。注射速率低，塑件容易产生熔接痕、密度不均；速率过高，熔体产生不规则流动，产生剪切热，甚至烧伤物料。一般情况下，如能保证型腔充满，尽量选用低速注射。成型薄壁、大面积塑件时，可以选用高速注射；反之，对于厚壁、面积小的塑件则选用低速注射。注射时间的增加会使塑料在机筒中的受热时间增加，此时的作用相当于提高塑化温度。保压时间一般为 0 ~ 120s，与物料温度、模具温度、塑件壁厚、模具的流道和浇口大小有关。

2. 试模方法

　　试注射时，假定模具的设计结构是合理的，制造精度已经保证，在这个基础上进行调整工艺参数。工艺参数调整要平衡考虑，因为对于塑料熔体来说，温度、时间和压力这三个参数之间互相制约。一般原则是先选用较低的温度、较低的压力和较长的注射时间。通常来说，塑件能快速反映压力和注射时间的改变，温度的调整需要一个滞后过程，而且有时候温度的变化会带来意想不到的问题，如烧焦物料等。工艺参数需要调整时，先调整压力值或注射时间，最后改变温度。每一个值的改变都应当连续，而且每次的调整幅度不应过大。

　　更换工艺条件时，每次只改变一个工艺参数，试制 5 ~ 15 模次。

　　试模是一个不断反复的过程，小型模具一般需要试模 1 ~ 3 次，大型模具需要试模 3 ~ 5 次。因此试模过程应当详细记录下来。记录的内容不仅包括工艺参数和试制的塑件，还应有注塑机和模具的参数与工作状况，这是非常宝贵的第一手资料。对所记录的数据进行分析，在此基础上提出合理的修模建议。表 7-1 给出了一种试模记录卡，供读者参考。

表 7-1　试模记录卡

模具名称					试模地点		
制 表 人					试模时间		
试模原料	原料名称			试模人员	模具设计者		
	原料牌号				模 具 钳 工		
	收 缩 率				试模工艺员		
	颜色配比				试模操作者		
塑件质量			流道质量		注塑机型号		
机筒温度	喷嘴		一区	二区	三区		四区
动　作	速度	压力	位置	时间			
注射一段							
注射二段				注射延时　　　s			
注射三段							

（续）

动　作	速度	压力	位置	时间		
塑化一段					塑化延时	s
塑化二段					塑化限时	s
松　退						
合模快速					合模计时	s
合模低压					合模延时	s
合模高压						
开模高压					开模计时	s
开模快速					开模停顿	s
开模减速						
推　出　进						
推　出　退						
进　芯						
退　芯						
模具温度			冷却时间		成型周期	

试模经过和主要问题：

备　注	

第 8 章　注塑模设计及制造应用实例

8.1　一次性注射器推筒注塑模具

1. 塑件特点

塑件为一次性注射器推筒，如图 8-1 所示，材料为 PP。该种注射器有别于普通的三件头或两件头注射器，在推筒前端另装有橡胶活塞，使推筒与注射器内、外筒形成密封，药液存放在内、外筒之间。推筒属长筒薄壁件，壁厚为 0.86mm，总长为 80.5mm，筒的一端开口与橡胶活塞相连，另一端封闭，在封闭端开有两个 $\phi1.5$mm 的通孔，以便在推筒前进过程中排气。设计要求为一模 16 腔。

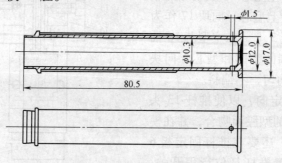

图 8-1　一次性注射器推筒

2. 模具设计

该塑件在模具中的摆放可以有两种：一是立着摆放，即塑件的回转中心线与浇口套的轴线平行；一是平着摆放，即塑件的回转中心线与浇口套的轴线垂直。前者要求模具侧向分型，而对于一模 16 腔而言，如果单排布置，则模具太长；如果双排布置，则侧向分型很难处理，对冷却系统和推出系统的设计均带来很大困难。为此选用后者，将塑件平放，模具装配图如图 8-2 和图 8-3 所示。塑件这样摆放的好处是不言而喻的，虽然将模具的主型芯 16 转为侧向抽芯，但采用液压抽芯方式，模具体积会减小，模具结构也相对简化。

除了主型芯 16 需要液压抽芯外，塑件另一端内凹的球面（手柄处）也需要侧向抽芯。虽然内凹只有 0.95mm，但如果强制脱模，必然使得塑件产生弯曲变形，影响产品质量。考虑到侧抽距离小，设计了一种弹簧滑块抽芯机构，如图 8-4 所示。它与传统的斜导柱等抽芯机构相比，具有结构简单、体积小、节省模具空间等特点。其工作原理：开模时，锁紧块 22 与斜滑块 23 分开，斜滑块 23 在弹簧 21 的作用下后退，侧抽型芯 20 抽出；合模时，锁紧块 22 推动斜滑块 23 前行并最终压紧，侧抽型芯 20 回复到在型腔中的成型位置。

为了使流动平衡，采用流道平衡分布（流道的布置见图 8-3），这样设计可以使每一个型腔充模的速度和时间相同，消除了每个型腔的差异性，从根本上保证了将来使用时塑件的

互换性。采用潜伏浇口，分流道横截面为梯形。

　　冷却系统的设计对于长筒薄壁件的模具设计来说也是尤为重要的。如果冷却不好或冷却不均匀，必然导致收缩不均匀、熔接痕明显等缺陷，无法满足使用要求。模具的主型芯 16 内有一组水道，直达型芯深部。在型腔的周围有 8 条水道，横向穿过定模板 2 和动模板 3。这样使塑件各处的冷却较均匀，冷却效果较好。

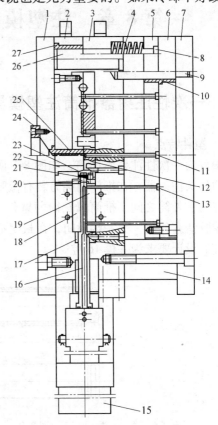

　　模具型腔设计采用镶块式的组合方式，4个型腔为一组。采用这种结构，便于型腔的加工和装配，方便调整。模板采用封闭式型腔设计，可以保证模具在长期使用的情况下，镶块间不至于松动而产生溢料现象，避免塑件表面产生飞边。为了主型芯 16 运动导向和塑件脱模时止动，设计上型芯导向块 17 作为一个整体安装在动模板 3 上，在主型芯 16 抽芯的过程中，塑件的端面整体和型芯导向块 17 接触，使塑件受力均匀，不偏斜。

　　推杆 13 设计上要定向，以使推杆 13 头部形状与动模镶块 19 的型腔面吻合，并在模具工作中不随意翻转。还要在推杆固定板 6和动模固定板 7 间设置推杆复位行程开关，确保合模前推杆 13 完全复位，以防止复位弹簧 4 疲劳或运动不灵活造成推杆 13 不完全复位时，推杆 13 与主型芯 16 发生相撞的现象。

　　另外，设计时为防止注射压力造成主型芯 16 后退的情况，曾在模具中加设了针对主型芯 16 的锁紧装置，但在实际试模和以后的理论分析中发现，由于主型芯 16 头部的投影面积很小，液压缸 15 的合模压力远大于注射压力，所以就将锁紧装置去掉了。

图 8-2　模具装配图（主视图）

1—定模固定板　2—定模板　3—动模板　4、21—弹簧
5—推杆支承板　6—推杆固定板　7—动模固定板
8—复位杆　9—推板导柱　10—推板导套　11—流
道推杆　12—流道镶块　13—推杆　14—支承块
15—液压缸　16—主型芯　17—型芯导向块
18—定模镶块　19—动模镶块　20—侧抽型芯
22—锁紧块　23—斜滑块　24—定位圈
25—浇口套　26—导柱　27—导套

3. 模具工作过程

　　1）开模时定模板 2 与动模板 3 分开，塑件包敷在主型芯 16 上；在弹簧 21 作用下，斜滑块 23 带动侧抽型芯 20 运动，侧抽型芯 20 抽出。

　　2）开模结束后，在液压缸 15 的作用下，主型芯 16 抽出。

　　3）注塑机顶杆作用于推杆固定板 6，使得流道推杆 11 和推杆 13 将流道凝料与塑件一同推出，完成脱模过程。为确保流道凝料与塑件脱落，可以设置二次推出。

　　4）合模时，注塑机顶杆复位，推杆固定板 6 复位，液压缸 15 推动主型芯 16 回到合模状态，最后定、动模合模，进行下一个工作循环。

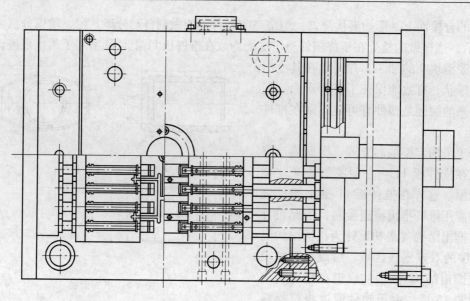

图 8-3   模具装配图（俯视图）

4. 模具制造要点

模具按用户要求，模架自制，材料为进口预硬不锈钢。型腔、型芯材料皆为进口淬火不锈钢。型腔精加工阶段采用成对加工方法，即将定模镶块 18 和动模镶块 19 按在模具中的装配位置相向布置，中间放置电极，靠电火花机床的平动功能来加工，在加工过程中电极还可绕 Z 轴不断转动，从而可以有效地保证合模的准确性。为保证互换性，主型芯 16 终加工可以用光学曲线磨床来控制径向和轴向尺寸。

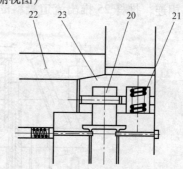

图 8-4   侧向抽芯部分放大图

20—侧抽型芯 21—弹簧 22—锁紧块 23—斜滑块

8.2   水嘴护套注塑模具

1. 塑件特点

塑件如图 8-5 所示，材料为 POM，是应用于卫生洁具中的水嘴护套。基本形状是一套状结构，但在其外表面有四条宽 0.5mm、高 0.05mm 的凸肋，且两侧有两个卡钩。使用时通过卡钩固定在基座上，水嘴从其套内穿过。模具设计要求一模 4 腔。

2. 模具设计

塑件形状特点决定了其需要侧向开模机构；由于底面在安装后成为外观面，不许有推杆痕迹，所以脱模方式只有采用推板。设计的模具结构如图 8-6 所示。

如前所述，该模具需采用侧向开模机构。如果将斜滑块设置在动模，则需斜滑块横向位移很大距离以让开流道所需的脱模空间，再者如果顶出复位不是很好，斜滑块有与推杆相撞的危险，从而损坏模具，因此模具采用定模抽芯方式。开模时，靠弹簧力使定模固定板 1 与定模板 2 间分开（图 8-6 中弹簧未画出），斜导柱 32 带动型腔滑块 9 分模。浇口设置在型腔

滑块9的合模面上，形如潜伏浇口，但浇口与塑件不能做到自动分离。定、动模分型面如图8-6所示，这样做的益处在于将塑件整个底面均放在推件板11上，既消除了推出痕迹，又简化了型腔滑块9的加工，并避免在其上出现锐角形状，有效地保证了模具寿命。但随之而来的问题是塑件有可能黏附在推件板11上。

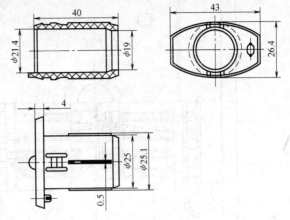

图8-5　水嘴护套

由于采用定模抽芯方式，因而流道只好布置在推件板11内，型腔滑块9才能顺利开模。这样在推件板11推出塑件之后，尚需用推杆推出流道凝料，为此设计了二次推出结构（最初设计为挂钩结构见图8-6中的双点划线区域，后改为限位拉杆二次推出结构）。最初设想在塑件脱离动模型芯15后，由于塑件通过浇口凝料尚与流道相连，推杆25推出流道凝料的同时也将塑件带下，使模具实现全自动生产。

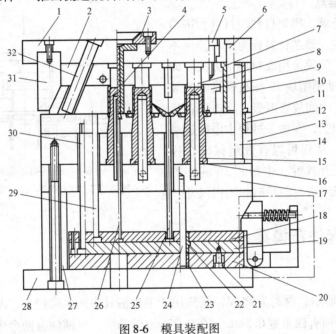

图8-6　模具装配图

1—定模固定板　2—定模板　3—定位圈　4—浇口套　5—限位拉杆　6、14—导柱　7、10、12—导套　8—定模型芯　9—型腔滑块　11—推件板　13—动模板　15—动模型芯　16—密封圈　17—动模垫板　18—推杆支承板　19—推杆固定板　20—二次推出板　21—推出限位拉杆　22、23—推板导套　24—推板导柱　25、26—推杆　27—支承块　28—动模固定板　29—复位杆　30—复位拉杆　31—锁紧块　32—斜导柱

模具组装好后，在试模时发现一个致命的问题。在塑料未注入型腔时，原设计的挂钩形式的二次推出机构可以正常顺序动作，而当塑件成型后，二次推出机构竟失灵了：当注塑机顶杆推出时，二次推出板20并不能随推杆固定板19一起动作，挂钩首先被打开。尽管一再调整压簧的力量，但也于事无补。究其原因，分析是因为塑件对动模型芯15的包紧力太大造成的。从理论上讲，挂钩在未受到侧向力作用时不应该打开，但实际情况是一方面由于包

紧力太大，另一方面由于注塑机推出力的作用，使推杆支承板 18 和推杆固定板 19 承受了很大的扭矩，造成一定程度的弹性变形，从而分解出一个侧向力迫使挂钩打开。

为解决这个问题，曾打算采用其他方式的推出结构，但有的受空间的限制，有的对模具改动太大，费用太高。经过分析，采用了一种较为简单的机构，即加了一个推出限位拉杆 21，将其余的挂钩结构去掉。这时模具的脱模顺序变成先推出流道凝料，后推出塑件。试模时，发现这套机构很好用，塑件在脱离动模型芯 15 后也能靠自身的重力而从推件板 11 中脱落，而且浇口凝料与塑件间由于有相对运动也能实现自动分离。

将限位拉杆用于二次推出机构并不多见，其具有结构简单、安全可靠等特点，但在使用上也有一定的局限性，适合二次推出不同的成型部分，如流道和塑件。

3. 模具工作过程

1）开模时，由于弹簧力的作用，定模固定板 1 与定模板 2 分开，分开距离由限位拉杆 5 控制，同时斜导柱 32 带动型腔滑块 9 分模，塑件由于包紧力的作用停留在动模型芯 15 上。

2）注塑机顶杆推出时，推杆固定板 19 与二次推出板 20 分开，推杆固定板 19 带动推杆 25、26 推出流道凝料，浇口凝料与塑件间由于相对运动实现自动分离，如图 8-7 所示。

3）注塑机顶杆继续前行，在推出限位拉杆 21 的作用下，带动二次推出板 20 推出，通过复位拉杆 30 推动推件板 11 推出塑件，塑件自动脱落，完成开模过程，如图 8-8 所示。

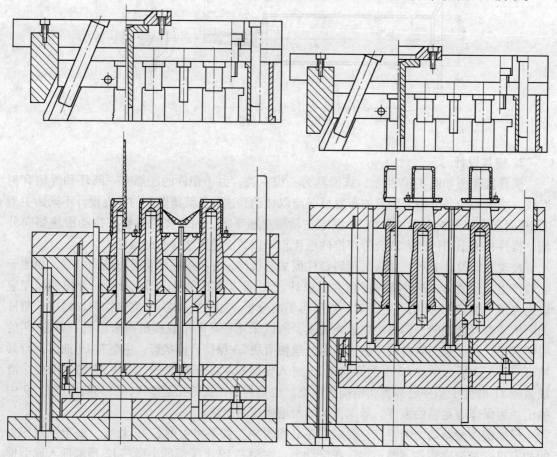

图 8-7　开模图 Ⅰ　　　　　　　　　　　　图 8-8　开模图 Ⅱ

4）合模时，定模板推动复位杆 29 完成推出复位，定模固定板 1 与定模板 2 间由于有弹簧而最后合模。

4. 模具制造要点

模架可选用普通型三板模，在使用时去掉脱流道板即可。动模型芯 15 与推件板 11 的配合选用锥面配合，避免在开、合模的过程中发生研伤现象。推件板 11 上的锥孔采用线切割加工。所谓的潜伏浇口就是将左、右型腔滑块 9 合在一起加工。

8.3　一次性清洗器外筒注塑模具

1. 塑件特点

塑件为一次性清洗器外筒，材料为 PP，如图 8-9 所示。该塑件属于长筒薄壁件，壁厚为 1.2mm，长为 165.2mm，在筒的底部有一圆环和一翼状结构，筒外表面一侧有刻度线，凸起 0.3mm。要求壁厚均匀，表面光滑，无毛刺。一次性清洗器的结构类似于普通的注射器，使用方法也大致相同，只是其外侧的圆环使其固定在支架上。

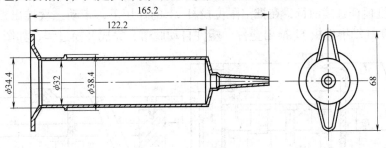

图 8-9　一次性清洗器

2. 模具设计

模具装配图如图 8-10 所示，该模具为一模 4 腔。由于塑件的底部有一圆环和外侧有刻度线，故需要侧向分型。型腔的布置情况与以往遇到这种长筒薄壁件的常规设计不同，主型芯 19 固定在定模板 2 上，滑块 23 固定在动模垫板 7 上。而常规的斜导柱带动滑块侧向分型、推件板推出塑件的方法会带来推件板比较笨重，流道无法排布的难题。

按现在的设计方案，如果采用斜导柱侧抽芯机构，开模的顺序将是先侧向分型，而由于收缩产生的包紧力，塑件将停留在主型芯 19 上，难以使其脱模。据此分析，开模的顺序应该是先使主型芯 19 抽出一定距离，然后再侧向分型。如果主型芯 19 完全抽出，则由于塑件无所依从有可能倒向一侧滑块中影响脱模，所以采用种导向板脱模机构来控制主型芯 19 的脱模状态。开模初期导向板 4 的直槽部分迫使滑块 23 保持合模状态，主型芯 19 抽出；待其抽出一定距离后，滑块 23 上的导向销 22 进入导向板 4 的斜槽部分，滑块 23 随之开模。滑块盖板 21 既为了塑件底部翼状结构的成型，也是为了在底部托起塑件，使其从主型芯 19 中抽出。为保障有足够的强度，导向板 4 的滑槽做成封闭状。

根据塑件壁厚均匀的特点，要求型芯必须对中。如果将主型芯 19 悬空，由于注射压力的冲击很容易造成塑件薄厚不均。在设计上，主型芯 19 上头部的小型芯 12 顶端插入成型推杆 13 中。这种设计又使得小型芯 12 和成型推杆 13 成为易损件，为此主型芯 19 和小型芯 12

采用分体设计。同理，动模型腔套 15 和成型推杆导套 16 也分为两体设计。分体设计的好处还在于可以节约材料。

　　采用在滑块分型面上的潜伏浇口，位置在塑件翼状结构的两侧。设计流道时，充分考虑了流动的平衡，从图 8-11 所示定模板零件图中可以看出浇口的位置和流道的形状。在滑块盖板 21 上设计有拉料机构，开模时，流道凝料会从浇口套 20 和定模板 2 中拉出，待滑块 23 开模后自动落下。

　　滑块 23 是模具设计的重点，它直接影响着塑件的质量。图 8-12 所示为其零件图，从中可以看出型腔分布和导轨滑道的位置以及冷却水道的布置情况。为使合模准确，在左右滑块间装有圆锥定位套（于图 8-12 主视图中，$2 \times \phi 20^{+0.021}_{0}$ mm 孔内），为保证壁厚均匀，在动模板 6 上设有定位柱 17 以限制左右滑块的合模终止位置。由于滑块 23 的合模面积比较

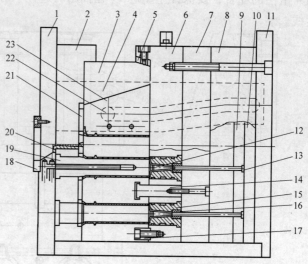

图 8-10　模具装配图

1—定模固定板　2—定模板　3—锁紧块　4—导向板　5—镶条
6—动模板　7—动模垫板　8—垫块　9—推杆支承板　10—推杆
固定板　11—动模固定板　12—小型芯　13—成型推杆　14—导
向块　15—动模型腔套　16—成型推杆导套　17—定位柱
18—定位圈　19—主型芯　20—浇口套　21—滑块盖板
22—导向销　23—滑块

大，锁紧块 3 又很长，在动模板 6 又设置了反锁紧，以克服锁紧块 3 外张的趋势，其作用力大小由镶条 5 调节。滑块 23 沿型腔分布方向很长，如果两侧再增设滑道，势必更增长滑块 23 的长度，而为使其长宽比合理，还需增加其宽度，结果会造成模具体积增大很多。为此，本例中采用了 T 形槽滑块导向方式。

3. 模具工作过程

　　1）开模时，定模板 2 与滑块 23 上表面分开，主型芯 19 从塑件中抽出，流道凝料从浇口套 20 和定模板 2 中拉出。

　　2）继续开模，导向销 22 带动滑块 23 分型，塑件仅剩头部留在动模型腔套 15 内。

　　3）注塑机顶杆向前运动，推动成型推杆 13 推落塑件。

4. 模具制造要点

　　由于模具设计的特点决定了模架自制，为了增加强度的同时又不增加模具体积，定模板 2、动模板 6 与锁紧块 3 相

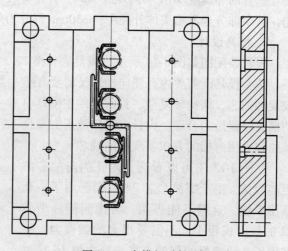

图 8-11　定模板零件图

关的部分做成一体。装配时调整锁紧块 3 和镶条 5，使滑块 23 合紧后，定模板 2 与滑块盖板

之间有 0.4mm 的间隙，以便在锁模时产生一定的预紧力。装配时还要注意导向销 22 与导向板 4 滑槽的配合，要保证主型芯 19 在抽出的过程中滑块 23 不松动，以免损坏塑件表面的刻度线。

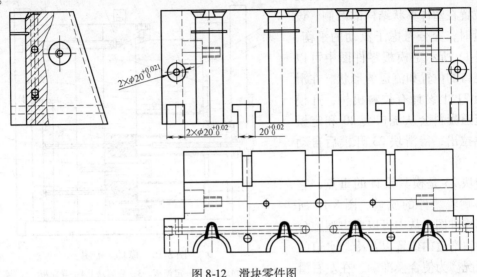

图 8-12　滑块零件图

型腔可以先粗抛光，然后通过左右滑块间的圆锥定位套将其固定在一起，整体精抛光型腔，减少塑件上合模线的痕迹。

8.4　卫生洁具喷头体注塑模具

1. 塑件特点

塑件为卫生洁具喷头体，如图 8-13 所示。材料为 POM，形状较为复杂，在轴线方向有相互垂直的外螺纹 M18 和内螺纹 M24，并且有较长的内孔。使用时，外螺纹 M18 与水管相连，其余部分卡入喷头体外壳中，ϕ30mm 部分为外露表面，M24 上接有分水器。

2. 模具设计

模具装配图如图 8-14 所示，模具为一模 2 腔。该套模具既需要内孔侧向抽芯又需要有螺纹旋转抽芯，结构较复杂，目前塑件在模具中的摆放位置最为合理。设计上采用液压缸来脱螺纹和采用弯板的方式实现侧向抽芯。

从图 8-13 中可以看到，内孔侧向抽芯的距离较长，由于螺纹型芯 24 脱模已用了一套液压系统，这里不能再用。考虑到侧抽型芯 22 的截面积很小，不需要很大的锁模力，故采用了一种弯板的侧抽方式。导向销 16 穿过

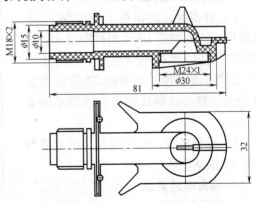

图 8-13　卫生洁具喷头体

弯板 17 并固定在滑块 18 上，通过导向销 16 在弯板 17 中槽的滑动带动滑块 18 抽芯，同时弯板 17 还承担锁紧块的工作。与以往的斜导柱、液压缸等侧抽方式相比，具有模具体积小、

成本低的特点。

　　螺纹型芯 24 的脱模运动由液压系统完成。由于螺纹直径比较大，所需脱模距离比较长，为此采用了一组齿轮增速机构来缩短液压缸的抽芯行程。由于是增速机构，齿条 30 所承受的扭矩就比较大。为使齿条 30 运动状态良好，齿条 30 两侧均加工有齿形，并在非工作侧也设立一套无负载齿轮轴，如图 8-14 所示；齿条 30 在抽芯过程中就可以很平稳的运动。为防止其偏摆，在齿条 30 的上下两面均设有黄铜制造的导向块 31。

　　图 8-15 所示为定模型腔板零件图，从该图中可以看出型腔在模具中的布置情况和浇口的位置。水道横向穿过定模板、动模板，在型腔镶块的下面，与塑件距离较为合适，冷却效果较好。图 8-16 所示为螺纹型芯零件图。

　　螺纹型芯 24 与定模型腔板 20 采用间隙配合 H7/f6。螺纹型芯 24 上 M24 部分与螺纹衬套 25 相连，作为螺纹的脱模导向。

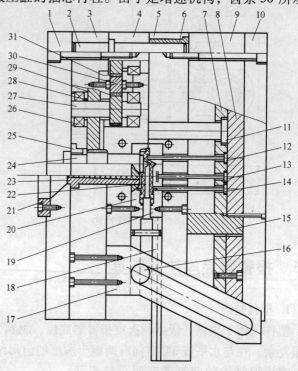

图 8-14　模具装配图

1—定模固定板　2—导柱　3—定模垫板　4—定模板　5—动模板
6—导套　7—推杆支承板　8—推杆固定板　9—垫块　10—动模
固定板　11—复位杆　12、13、14—推杆　15—支承柱　16—导
向销　17—弯板　18—滑块　19—动模型腔板　20—定模型腔板
21—定位圈　22—侧抽型芯　23—浇口套　24—螺纹型芯
25—螺纹衬套　26—轴承　27—齿轮轴　28—调整垫圈
29—大齿轮　30—齿条　31—导向块

3. 模具工作过程

　　1）注射、保压、冷却完成后，模具开模前，液压缸带动齿条 30 直线运动，通过齿条 30、齿轮轴 27 间的传动，齿轮轴 27 上的大齿轮 29 驱动螺纹型芯 24，使螺纹型芯 24 旋转并轴向后退，完成螺纹脱模。

　　2）模具开模，定模板 4 与动模板 5 分开，导向销 16 沿弯板 17 导向槽滑动，驱动滑块 18 带动侧抽型芯 22 抽出，塑件停留在动模型腔板上。

　　3）注塑机顶杆向前运动，推动推杆 12、14 推落塑件，完成开模过程。

　　4）合模时，推出机构先复位，然后定、动模合模，最后液压系统复位。

4. 模具制造要点

　　模架自制，在定模垫板 3 和定模板 4 之间用带定心塞导柱 2 相连，以便在加工和装配过程中保证两板间孔系的同轴度，特别是轴承座孔。

　　首先研合弯板 17 与滑块 18 间的锁紧面，其次再加工弯板 17 上的导向槽和滑块 18 上固定导向销 16 的孔，导向销 16 与弯板 17 导向槽的配合可以采用大间隙（0.5～1mm）配合，以避免过定位。

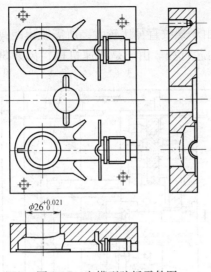

图 8-15　定模型腔板零件图

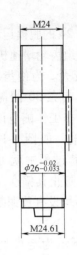

图 8-16　螺纹型芯零件图

8.5　报警器底座注塑模具

1. 塑件特点

塑件为用于宾馆、饭店的火灾报警器底座，材料为 ABS（黑色），如图 8-17 所示。其形状很复杂，在与水平成 34°方向有两组半圆形的齿形结构，在塑件的外圆边缘有四个爪形凸

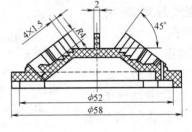

台，在齿形结构的两侧各有两个梯形薄片（见图 8-17 中 K 视图），并在每个梯形薄片的侧壁上有一个平行四边形的通孔，将有另一个半圆形的齿形结构的塑件借此与其相连，从而形成一个完整的圆，用于安装透镜。两组透镜一组用于发射光，一组用于接收光，因此两组齿形结构的同轴度要求为 0.02mm。

2. 模具设计

模具装配图如图 8-18 所示。从塑件图的分析可知，该套模具需要 4 个侧向抽芯和 2 个斜上方抽芯的成型机构，并要求采用点浇口，位置选在塑件的中心。而这些还都将布置在模具的定模一侧，所以模具的动作非常复杂。

为保证半圆形齿形结构的完整成型，将每个齿形设计成片状，这样便于加工；

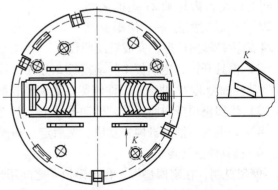

图 8-17　报警器底座

然后用螺钉和销钉组合在一起固定在一方形底座上，形成一完整的斜抽组芯 39。为完成其抽芯动作，设计上使其固定底座可以在定模垫板 5 中水平滑动和沿定模镶块 9 中的导向槽斜

向滑动。为保证滑动顺利，在定模垫板 5 上另增加由增强尼龙制造的导滑垫 35。图 8-19 所示为定模镶块零件图。

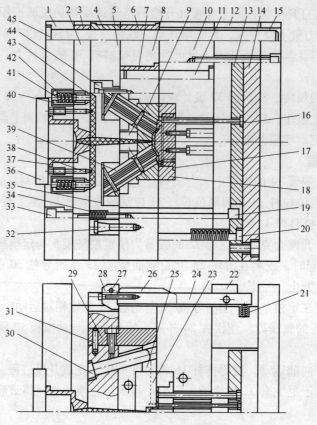

图 8-18 模具装配图

1—定模固定板 2—脱流道板 3、4、6、7—导套 5—定模垫板 8—定模板 9—定模镶块 10—动模板 11—导柱 12—垫块 13—推杆支承板 14—推杆固定板 15—动模固定板 16—推杆 17—动模型芯 18—动模镶块 19—长限位拉杆 20—复位杆 21、34、42—弹簧 22—支架 23—侧抽型芯 24—摆杆 25—滑块 26—导板 27—导向销 28—钩板 29—锁紧块 30—斜导柱 31—圆柱销 32—尼龙套 33—短限位拉杆 35—导滑垫 36—定位圈 37—浇口套 38—拉料杆 39—斜抽组芯 40—打料杆套 41—打料杆 43—打料杆导套 44—限位套 45—长导柱

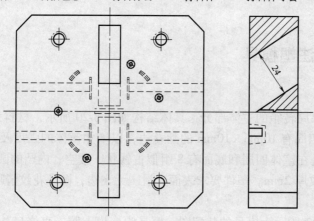

图 8-19 定模镶块零件图

梯形薄片上的平行四边形通孔采用侧向分型，由滑块 25 带动侧抽型芯 23 完成。

为防止流道凝料黏附在脱流道板 2 上，设计了由打料杆 41、打料杆套 40、打料杆导套 43 和弹簧 42 组成的打料机构，用于在模具开模后将流道凝料从脱流道板 2 上弹落。要注意在选用时弹簧 42 的力量不要过大，其作用只是在脱流道板 2 与拉料杆 38 分离后将打料杆 41 弹出，打落流道凝料。其力量不能大于流道凝料对拉料杆 38 的包紧力，否则会使拉料杆失去作用。

为减少主流道的长度，浇口套 37 设计成内陷式。

由于抽芯环节比较多，因此设计了多组顺序开模机构，总体原则是流道凝料先脱模，然后是抽芯，最后是定、动模开模。

3. 模具工作过程

1）开模时，在弹簧 34 的作用下，点浇口首先被拉断，浇口凝料从定模垫板 5 中脱出；继续开模，通过长限位拉杆 19 和短限位拉杆 33 拉动脱流道板 2，流道凝料从拉料杆 38 和浇口套 37 中脱出，由打料杆 41 弹落。

2）继续开模，开模力克服尼龙套 32 的胀紧力使定模垫板 5 与定模板 8 分开，斜抽组芯 39 开始抽芯动作；同时，安装在滑块 25 上的侧抽型芯 23 在斜导柱 30 的驱动下开始抽芯；至限位套 44 起作用为止。

3）此时，固定在定模垫板 5 上的导板 26 与钩板 28 开始相对运动，至钩板 28 上的导向销 27 运动到导板 26 的斜面处，使摆杆 24 外展，定模板 8 与动模板 10 间分模，塑件留在动模型芯 17 上。

4）注塑机推杆向前运动，使得推杆 16 将塑件推出，完成开模过程。

5）合模时，由于尼龙套 32 的缘故，定模垫板 5 与定模板 8 间将最后合模，这也有利于保护斜抽组芯 39。

4. 模具制造要点

模架可选用普通三板模模架，自做定模垫板 5 加入其中。

斜抽组芯 39 的加工采用先加工定位销孔、螺钉过孔和外轮廓，然后采用线切割逐片切割的方法。

装配时调整 24 和钩板 28，确保在抽芯过程中定模板 8 与动模板 10 间不松动，以免使塑件表面划伤。

8.6　花纹筐体注塑模具

1. 塑件特点

花纹筐体是水果周转箱的主体部分，具体结构如图 8-20 所示，材料为 PP。塑件尺寸较大，壁厚为 2mm，四周有 10mm × 10mm 的翻卷边，以增加筐体的强度及稳定性，并方便使用。其突出的特点是在筐体四周和底面有 8 组似古钱状、镂空、内凸的圆环花纹，侧壁花纹厚 1.4mm，底面花纹厚 2mm。塑件要求表面光滑、无飞边，圆环花纹清晰、美观。

2. 模具设计

图 8-21 和图 8-22 所示为模具的装配图。模具为一模 1 腔，直浇口。由于主流道直接与底面花纹相连，为减少流动阻力以利于充满型腔，在不影响美观的前提下，在浇口处另加一

组与花纹同宽的十字肋。这样就避免了采用四点或多点点浇口的结构，既降低了模具成本，又能满足成形要求。

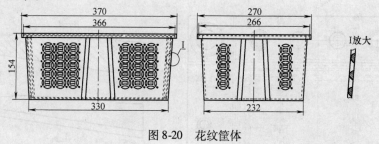

图 8-20　花纹筐体

　　为美观需要，型腔侧壁采用整体结构，直接在定模板 5 上加工，以满足刚度与强度的要求。侧壁与底面为分体结构，通过导套 6 定位和螺钉连接，方便加工、装配和抛光。型芯采用镶拼结构，难点是四壁花纹的脱模。

　　由于花纹为内凸且较深（1.4mm），为保证花纹的美观，不能采用强脱的形式，必须选用一种内抽芯机构。常用的内抽芯机构不外乎两大类：一类是内斜导柱驱动，一类是斜推杆驱动。对于本套模具来讲，前者需要 8 组内斜导柱，势必导致模具体积明显增大、成本升高，而且由于与推件板 8 干涉，设计上难以实现；后者必将增加模具的厚度，而且由于塑件底部也为镂空状，单纯依靠斜推杆，难以保证塑件完整脱模（有可能顶漏塑件）。因而必须设计一套新的脱模机构。

　　经过反复比较，将燕尾槽导轨的结构形式引入到内抽芯的设计之中，设计出一套全新的抽芯机构。其优点是结构简单，动作灵活，模具体积小，成本低，而且由于没有垫块，动模板没有悬空，避免了注射压力产生的模具变形。合模时，燕尾槽导轨 11、17 对花纹型芯 10、18 产生侧向楔紧力，使其紧靠型腔内壁，防止了飞边的产生，保证了花纹的质量。开模时，花纹型芯 10、18 沿燕尾槽导轨 11、17 斜向滑动，形成侧向抽芯距离，使得花纹型芯 10、18 与塑件内表面脱开，完成抽芯动作。为

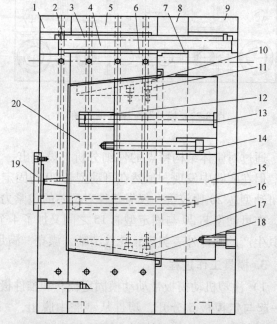

图 8-21　模具装配图（主视图）

1—定模固定板　2—垫圈　3—拉杆　4—导柱　5—定模板
6、7—导套　8—推件板　9—动模固定板　10、18—花纹型芯
11、17—燕尾槽导轨　12—型芯导套　13—型芯导柱
14、16—限位拉杆　15—固定型芯　19—定位圈
20—可动型芯

给花纹型芯 10、18 与燕尾槽导轨 11、17 相对滑动提供空间，设计上将动模型芯分为可动型芯 20 和固定型芯 15 两部分，两者间可以相对运动。

　　可以看出，花纹型芯 10、18 和燕尾槽导轨 11、17 是完成抽芯功能的两个重要零件。在

考虑到结构的紧凑和加工工艺性的情况下，花纹型芯 10 和燕尾槽导轨 11 的设计分别如图 8-23 和图 8-24 所示。

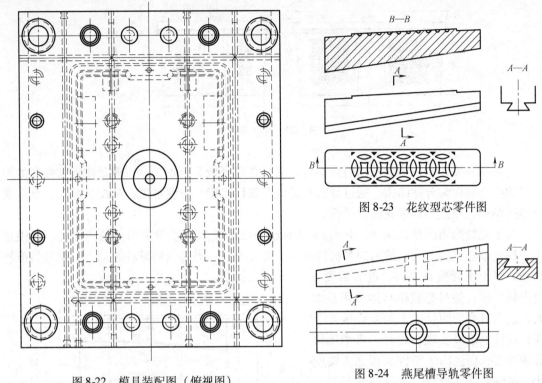

图 8-22　模具装配图（俯视图）

图 8-23　花纹型芯零件图

图 8-24　燕尾槽导轨零件图

　　通过对筐体结构特点的仔细分析，设计出一套结构合理、抽芯机构新颖、简捷的注塑模。但在实践中发现，虽然在可动型芯 20 与固定型芯 15 之间设有一组导柱导套机构，但由于可动型芯 20 比较重，仅靠塑件对型芯的包紧力不足以使其顺利前行，容易损伤花纹。为此，在可动型芯 20 与固定型芯 15 之间又加了 4 个弹簧，以保证脱模顺利。结果表明，这套模具生产的塑件外表美观，花纹清晰、漂亮，满足了用户的要求。

3. 模具工作过程

　　1）注塑机动模板带动动模固定板 9 和推件板 8 一起与定模板 5 分开，塑件从型腔中脱出，二者间开模距离由拉杆 3 控制，如图 8-25 所示。

　　2）继续开模，拉杆 3 拉动推件板 8，塑件从固定型芯 15 上开始脱模，此时由于塑件在型芯上形成的包紧力的作用，塑件带动可动型芯 20 与花纹型芯 10、18 一起前行，如图 8-26 所示；由于可动型芯 20 与固定型芯 15 有相对运动，就为花纹型芯 10、18 与燕尾槽导轨 11、17 的相对滑动提供了空间，到限位拉杆 14 起作用，花纹型芯 10、18 完成侧抽，可动型芯 20 不再前行。

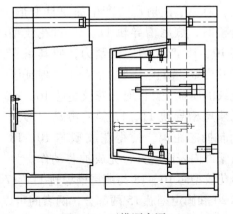

图 8-25　开模顺序图 1

3）继续开模，推件板 8 将塑件最终从可动型芯 20 上脱出，到限位拉杆 16 起作用，开模终止，塑件脱落，如图 8-27 所示。

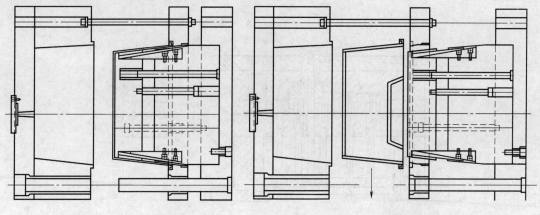

图 8-26　开模顺序图 2　　　　　　　图 8-27　开模顺序图 3

4. 模具制造要点

定模板 5 上的型腔表面可以用快走丝线切割加工，型面能够得到很好的保证，还可以节约材料（切割下来的材料还可利用）。

为保证花纹的一致性，花纹型芯 10、18 和可动型芯 20 均采用加工中心铣削，最后钳工抛光。

8.7　电吹风壳注塑模具

1. 模具设计

图 8-28 所示为电吹风壳。电吹风壳是由两个半只壳体拼合而成的，因此需要两只模具，但是两只模具的结构是基本一致的，所以下面只用一只模具结构来说明设计过程。

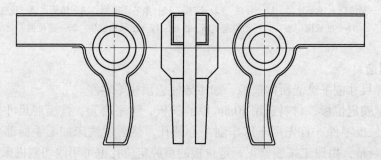

图 8-28　电吹风壳

由于壳体外形是由很多圆弧连接而成，而且要求对拼后外形轮廓线无高低现象，如果壳体外形采用常规的划线方法要达到以上的要求是比较困难的。塑件的外形就是模具的型腔，型腔的划线采用型腔定位板划线法。这种方法是保证壳体对拼后外形一致的可靠方法。在设计模具结构的过程中，定位板的设计应包括在内。

图 8-29 所示为半只电吹风壳模具总装配图。凸模由型芯拼块（手柄）4、出风口拼块 19、型芯 7 组成，紧配在型芯固定板 13 孔内。

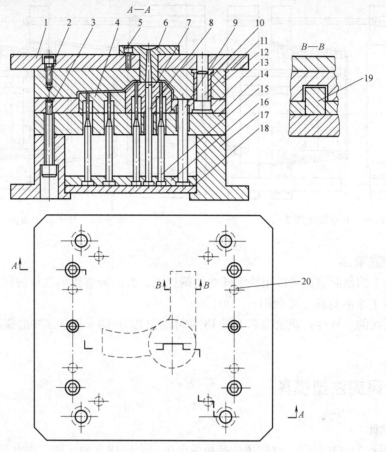

图 8-29　半只电吹风壳模具总图

1—定模板　2、3、5—螺钉　4—型芯拼块（手柄）　6—流道衬套　7—型芯　8—流道拉手
9—复位杆　10—导套　11—导柱　12—定模　13—型芯固定板　14—垫板　15—顶柱
16—推板固定板　17—动模座　18—推板　19—出风口拼块　20—定位销

2. 模具制造

1）按图样尺寸刨平磨光所需模板，加工导柱、顶柱等零件。

2）制造型腔定位板，材料选用 10mm 厚的铁板，刨平磨光，按型腔尺寸划线。图 8-30 所示为型腔定位板零件。首先用车床车削中心圆孔，然后用铣床加工手柄部分和出风口部分，留有修正余量，由钳工按线修正，定位板的型腔定位孔也可用线切割机床加工。但是要求定位板孔壁与平面垂直（用 90°角尺检查）。然后做定模型腔中心孔样板，根据样板做样板刀。

3）将定位板放在动模板与定模板的中间，用压板压牢在钻床台面上。如图 8-31 所示，对角钻定位销孔，另一对角钻孔攻螺纹，定位板扩孔。打上钢印号码，为模板方向记号。

4）将定位板与定模板放在一起，用定位销定位。将定位板的孔型划到定模板的平面上，用同样的方法将定位板孔型划到动模板的平面上。

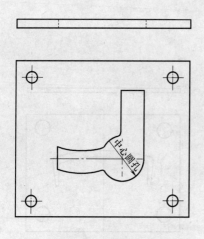

图 8-30　型腔定位板

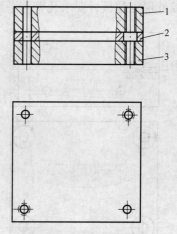

图 8-31　定位板固定
1—定模板　2—定位板　3—动模板

5）加工定模 12 的型腔，先用车床车削中心孔，用普通的内孔车刀大量车削后，留有修光成型余量，然后用样板刀车光。在车削过程中，要经常用样板校对模孔的形状。

6）用铣床粗加工型腔手柄部分和出风口部分，留有电脉冲加工余量。

7）电脉冲加工型腔手柄部分和出风口部分。

8）加工型芯固定板 13，固定板按定位板划线的位置，向内缩小塑件的壁厚尺寸，等于型芯的尺寸。

9）首先车削固定板的中心孔与型芯 7 紧配，孔的尺寸比型芯尺寸缩小 0.02mm，即达到紧配的目的。

10）用铣床加工手柄部分和出风口部分，留有钳工修配余量，然后型芯拼块 4 与出风口拼块 19 紧配在固定板孔内。在配合过程中，注意拼块应在定位板划线的中间位置，防止偏移，型芯固定板划线后也可用线切割机床加工孔型。

11）用白蜡检查型腔成型的情况。将白蜡放在金属容器内，加热熔化后倒入模具型腔，盖上型芯和固定板，用定位销定位，用锤子轻击，使动模与定模两块模板接触，白蜡冷却后分开模板，取下白蜡外壳试样，观看外壳壁厚是否均匀，如有厚薄不均现象，适当修正，直至均匀为止。

12）最后进行模具总装配。

8.8　梳子注塑模具

1. 模具设计

梳子模具型腔是对拼成型，为了加工型腔时对拼方便起见，习惯的做法都是单型腔安装在角式注塑机上。图 8-32 所示为梳子模具结构图。

2. 模具制造

梳子模具制造过程如下：

1）将动模板、定模板刨平磨光。

2）用 2～3mm 厚的铁板，制造型腔定位板，采用线切割机床加工。图 8-33 所示为梳子

模具型腔外形定位板，要求孔壁与平面垂直。

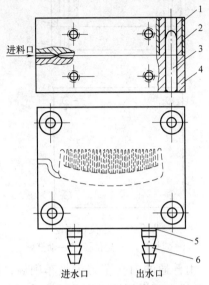

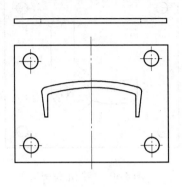

图 8-32　梳子模具结构图

1—固定模　2—导柱衬套　3—导柱　4—活动模

5—橡胶垫圈　6—冷却水道接头

图 8-33　梳子模具型腔外形定位板

3）将动模板与定模板放在一起，定位板放在中间，用压板压紧在钻床台面上，对角钻导柱孔。用铰刀铰光，装导柱。如图 8-34 所示，打上钢印号码，防止定位板调错方向。

4）定位板与动模板放在一起，用导柱定位，将梳子外型划到动模板的平面上，再用同样的方法将定位板孔型划到定模板的平面上，如图 8-35 所示。按定位板划下的形状线条，再用手工在齿尖位置上划一条直线。

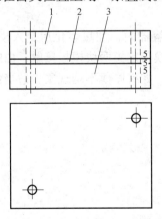

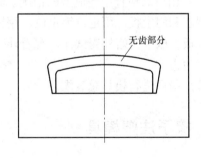

图 8-34　定位板固定

1—定模板　2—定位板　3—动模板

图 8-35　定位板孔型划线

5）用铣床立铣，先加工无齿部分，然后按线由钳工修正。无齿部分也可用电脉冲加工。

6）加工齿形。梳子外形是由圆弧和斜线组成，齿形是直线型，齿根粗，齿尖细，形成

一个斜度。用铣床加工齿形时先根据齿形的斜度做一块斜形垫铁，垫在模板下边，用压板压牢在铣床台面上，如图 8-36 所示。校正模孔齿形的水平线即可开始铣齿。铣刀刃口形状是根据齿形来制造的，梳子齿距是由铣床刻度线来控制的。

图 8-37 所示为用铣床加工后的齿形，由于齿尖不符合圆形的要求，必须做两只冷镦冲头加工修正。图 8-38 所示为冷镦齿尖的圆形冲头。图 8-39 所示为齿形的整形冲头。首先使用圆形冲头轻击冷镦齿尖。图 8-40 所示为齿尖冷镦后的形状，用錾子或锉刀少量加工后，用整形冲头冷镦整个齿形。在冷镦过程中，要注意齿距相等和齿尖整齐。型腔由于经过加工后，划线位置可能糊涂不清，可用定位板重新划线修正外形。

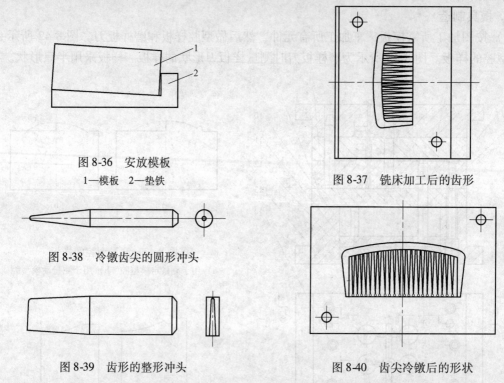

图 8-36　安放模板
1—模板　2—垫铁

图 8-37　铣床加工后的齿形

图 8-38　冷镦齿尖的圆形冲头

图 8-39　齿形的整形冲头

图 8-40　齿尖冷镦后的形状

7）将成型的模板平面磨平，在型腔的四周涂上红印油，用白纸贴在还未冷镦齿形的模板平面上，然后把两块模板合并，用导柱定位，用锤子轻击模板。然后分开模板，将已做好的型腔齿形的位置印到另一块模板上，随后冷镦齿形。冷镦齿形时，按印过来的位置进行加工。

梳子型腔除使用铣床加工外，还可使用电火花加工。

8.9　纽扣注塑模具

1. 模具设计

纽扣的直径一般较小，为了提高产量，根据注塑机的大小在一只模具上开制很多模孔，也就是同模多孔模具。

图 8-41 所示为纽扣模具结构。纽扣型腔是采用动模与定模对拼成型。小钉子 6 与拉料

杆 5 紧配在钉子固定板 8 孔内。小钉子、导柱、拉料杆等上半部与动模板、定模板孔滑配合，为了减少钉子与孔的摩擦，动模板孔的 A 段扩孔。为了防止小钉子、导柱等向后移动，用垫板 9 托牢。小钉子头部 B 段应做成斜锥形，以利于合模时导入定模孔。钉子固定板、垫板、动模座用螺钉 2 固定在一起，用定位销 14 定位。

2. 模具工作过程

塑件脱模时，动模首先与定模分开，拉料杆将流道拉出流道孔，和动模一起后退至预定的位置。注塑机顶柱推动模具垫板 12，顶柱 1 推动动模 4，将塑件和流道一起从小钉子和拉料杆中脱出来。

3. 模具制造

1）按图加工所需模板，车加工所有元件，然后做型腔样板和磨样板刀。图 8-42 所示是测量型腔的样板。图 8-43 所示为磨样板刀时测量样板刀形状的样板。样板采用半只形状。

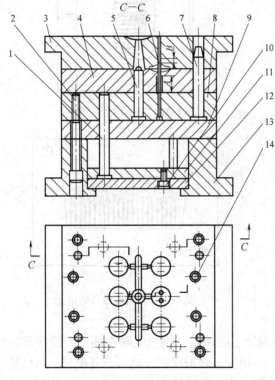

图 8-41　纽扣模具结构

1—顶柱　2—螺钉　3—定模　4—动模　5—拉料杆

6—小钉子　7—导柱　8—钉子固定板　9—垫板　10—螺钉

11、12—推板固定板　13—动模座　14—定位销

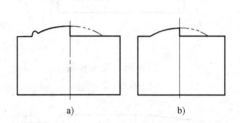

图 8-42　测量型腔的样板

a）用于测量定模型腔　b）用于测量动模型腔

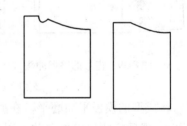

图 8-43　测量样板刀形状的样板

2）制造图 8-44 所示的纽扣型腔定位板。用 2～3mm 厚的铁板，要求平直无曲翘现象，两平面磨光后给型腔位置划线，上钻床钻孔，用铰刀铰光。

3）将定位板放在动模板与定模板的中间，钉子固定板放在下面，如图 8-45 所示，用压板压牢在钻床台面上，对角钻导柱孔，用铰刀铰光，装上导柱，另一对角钻孔攻螺纹，然后定位板取下扩孔。

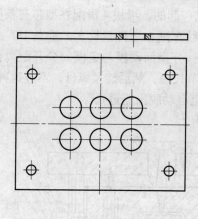

图 8-44　纽扣型腔定位板

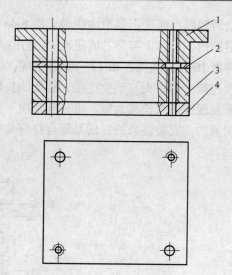

图 8-45　型腔定位板固定

1—定模　2—型腔定位板　3—动模　4—钉子固定板

4）将定位板放在定模板的平面上，用导柱定位，将定位板的孔型划到定模板的平面上。用同样的方法将定位板的孔型划到动模板的平面上。

5）定模板根据定位板划下的孔型，求出中心线，划出小钉子孔的位置。

6）钻小钉子孔。因为钻头较小，在钻孔过程中不能急躁和用力过猛，要求钻头刃口锋利，发现刃口用钝时应立即上砂轮磨削，并且经常清除铁屑，防止小孔出现歪斜现象。

7）将定模板、动模板、钉子固定板放在一起，用导柱定位，将定模板上的小钉子孔用钻头引到动模板和钉子固定板上，同时一起钻通。

8）定模板与动模板根据定位板划下的孔型位置，上车床校正后车削模孔。

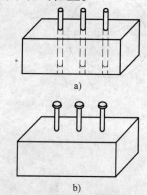

图 8-46　小钉子固定

a）钢丝插好待烧的情形

b）钢丝烧化后自然形成的不规则肩胛

9）加工小钉子。因为小钉子细而长，如采用钢料车削，不但车削时间长，而且容易折断和弯曲，因此通常都采用钢丝制成。尾部肩胛的加工方法是将钢丝插在铁板的孔内，如图 8-46 所示，部分露出孔外，用风焊将钢丝头部熔化，即自然形成不规则肩胛后，上砂轮磨削整齐即可，或者用车床车出直角的肩胛。小钉子头部斜锥部分可用砂轮磨出，或卡在钻床上用锉刀锉出，再用砂布砂光。

10）最后进行总装配。

8.10　面油盒盖注塑模具

1. 模具设计

塑件面油盒盖内孔螺纹采用三节断续螺纹，如图 8-47 所示，因而模具结构螺纹不能采

用旋转脱模，而采用斜滑块脱模。图 8-48 所示为面油盒盖模具。模具采用点浇口，自动拉流道结构，型芯 7 与型芯固定板 19 是用螺母 2 固定在一起的，滑块 4 滑配在型芯三条槽内，推件板 16 和滑块推件板 17 与型芯滑配，三节断续螺纹车削在三件滑块上。链条 18 一头与定模连接，另一头与动模连接，链条的长短要根据第一分型面动模与定模的分开距离而定。如果发现链条太长或太短，可松开定模一头的螺母调节长短，然后旋紧螺母，不过这种调节是少量的。安装链条的目的是配合拉钉 8 与 9，使流道自动脱出流道孔。

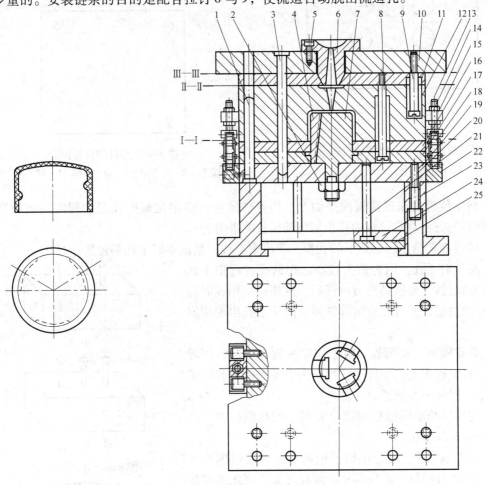

图 8-47　面油盒盖

图 8-48　面油盒模具

1—动模导柱　2、14—螺母　3—定模导柱　4—滑块　5、13、20—螺钉　6—浇口套
7—型芯　8、9—拉钉　10—定模板　11—流道脱料板　12—定模　15—定模挂脚
16—推件板　17—滑块推件板　18—链条　19—型芯固定板　21—顶柱
22—动模挂脚　23—动模座　24—推板固定板　25—推板

2. 模具工作过程

塑件成型后，Ⅰ—Ⅰ分型面首先分开，分型至预定的位置，链条 18 拉动定模 12 使Ⅱ—Ⅱ分型面分型，分型至拉钉 8 预定的长度，拉动流道脱料板 11，使Ⅲ—Ⅲ分型面分型。在分型过程中，流道脱出流道孔，动模后退至预定的位置，注塑机顶杆推动推板 25，顶柱 21 推动推件板 16，滑块推件板 17 推动滑块沿型芯斜槽向前滑动。在滑动过程中滑块向内收

缩，使塑件螺纹脱出滑块的螺纹槽，推件板平稳地将塑件推出型芯。再次注射时，动模向前与定模拼合。在拼合过程中，塑件推件板的下平面推动滑块肩胛，使滑块回复原位。

3. 模具制造

1）按图加工所需模板，平面刨平磨光，同时车削导柱、顶柱等所需元件。

2）将定模板、推件板、型芯固定板放在一起，用压板压在钻床的台面上，对角钻两只导柱孔，用铰刀铰光后装导柱，另一个对角钻孔攻螺纹（见图 8-49），用螺钉紧固在一起，然后松开螺钉，分开模板。

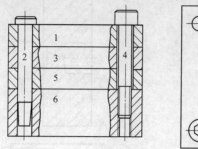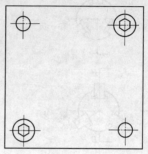

图 8-49　模板钻孔

1—型芯固定板　2—导柱　3—滑块推件板　4—螺钉　5—推件板　6—定模

3）定模板平面模孔划线后用车床车削模孔，如图 8-50 所示。第一步将定模板用单动卡盘夹牢，校正平面和模孔位置后车模孔，模孔直径比要求尺寸小 0.03~0.05mm，作为砂光的余量。在砂光过程中，注意模孔边口不要出现塌边现象。第二步将推件板和滑块推件板，覆盖在定模板上，用导柱定位，用螺钉紧固，开始车孔与型芯滑配。第三步将型芯固定板覆盖上去，用导柱定位，用螺钉紧固后，车孔与型芯尾部紧配。

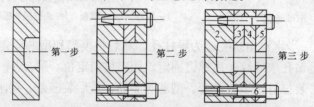

图 8-50　车削模孔

1—定位导柱　2—定模　3—塑件推件板　4—滑块推件板　5—型芯固定板　6—螺钉

4）车削型芯（见图 8-51）。第一步按尺寸车削型芯，然后用斜度线切割机床加工型芯三条斜槽。如采用无斜度线切割机床加工斜槽，可将工件用垫铁垫斜后加工。滑块也用线切割机加工，与斜槽配合，滑块的配合尺寸比斜槽大 0.02mm。第二步将滑块从型芯尾部配入型芯斜槽尾部，紧配。第三步用车床用自定心卡盘卡紧型芯，车削型芯滑块后部的肩胛，肩胛外圆面要求与型芯外圆面一致，如果略有高低，可用锉刀修正。第四步将型芯翻过来，用自定心卡盘卡紧型芯尾部滑块，车削型芯滑块前部，滑块外圆面与型芯外圆面一致。同时车螺纹，然后车平端面。

5）将滑块从斜槽内取出，双方配合面修光后，将滑块摩擦面涂上红印油，放进斜槽推磨，然后取出修去摩擦发亮的位置，直至滑配为止。双方的配合间隙要求不超过 0.03mm，防止间隙过大而进入塑料，影响滑块的滑动。

6）加工定模部分。将定模流道脱料板和定模板放在一起，用压板压紧在钻床台面上，对角钻孔攻螺纹（可利用定模原来的螺孔），另一对角钻导柱孔，然后分开，用车床加工。第一步在定模反面求中心线作圆，将定模卡在车床上，校正中心位置，先根据流道的小头尺寸选择钻头钻孔，钻至流道圆弧处，然后用车刀车削凹坑和流道斜孔，最后用 $\phi0.8 \sim 1.1mm$ 钻头钻通，与模孔连接。第二步将流道脱料板和定模板一起覆盖到定模上，用导柱定位，用螺钉紧固，车孔与浇口套配合。图 8-52 所示为定模部分钻孔及车削。

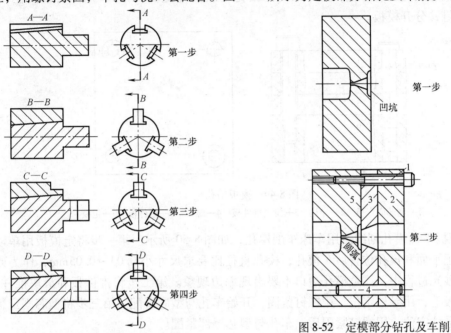

图 8-51　车削型芯

图 8-52　定模部分钻孔及车削
1—螺钉　2—定模板　3—流道脱料板　4—定位销　5—定模

7）总装配。第一步将对角螺孔改为导柱孔，然后将模脚和型芯固定板放在一起，用压板压紧在钻床台面上钻孔攻螺纹，用螺钉固定，用定位销定位。第二步，按总装配图的位置划线后钻孔攻螺纹，装拉钉，装流道套、型芯等零件，最后装链条，要求链条与型芯中心一致。

8.11　旅行牙刷柄注塑模具

1. 模具设计

图 8-53 所示旅行牙刷柄，分为三个部分：捏手部分、螺纹部分、装刷部分。螺纹与捏手采用对拼成型，装刷部分开在定模。图 8-54 所示为旅行牙刷柄模具总图。每模八孔，模孔排成两行。为了有利于加工螺纹部分，动模与定模采用左右拼块（11 与 13、10 与 12）拼合而成，上、下连接板 5、6 配合在左右拼块的中心槽内，用螺钉 14 固定，用定位销 23 定位。动模与定模分型面的弯曲形状，是根据塑件弯曲部分

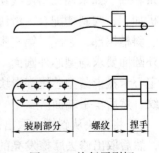

装刷部分　螺纹　捏手

图 8-53　旅行牙刷柄

形状加工的。

2. 模具工作过程

塑件成型后，动模后退，流道拉杆 7 将流道拉出流道孔，动模后退至预定的位置，注塑机顶棒推动推板 20，小顶柱 21 推动塑件螺纹，螺纹在螺孔内松动后，顶柱 3 推动垫板 15，使塑件脱出钉子 22，流道也从流道拉杆上脱出。再次注射时，动模向前与定模拼合，弹簧 17 将顶柱弹回原来的位置。

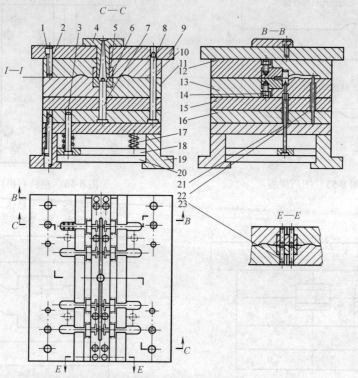

图 8-54 旅行牙刷柄模具总图

1、14—螺钉 2—定位销 3—顶柱 4—流道衬套 5—上连接板 6—下连接板 7—流道拉杆 8—导柱
9—定模板 10—定模右拼块 11—动模右拼块 12—定模左拼块 13—动模左拼块 15—垫板
16—钉子固定板 17—弹簧 18—推板固定板 19—动模座 20—推板 21—小顶柱 22—钉子 23—定位销

3. 模具制造

1）按图加工所需模板，平面刨平磨光，同时车削导柱、浇口套等所需元件。

2）根据分型面的凹凸形状，做凹凸样板，如图 8-55 所示。

3）将动模左拼块 1 和右拼块 2 拼合后与垫板 5 放在一起，用螺钉 3 固定，用定位销 4 定位，如图 8-56 所示。定模部分的操作与动模相同。然后将连接板配入槽内，连接板四面用平面磨床磨光，要求对 90°角尺，同时要求宽度尺寸 E 前后一致。以连接板两侧面为基准，涂上红印油，与槽配合，用锤轻击连接板后取出，将槽两侧面接触紧的位置，用锉、铲并举的方法加工数次，直至连接板与槽底接触为止。

4）动模与定模放在一起，用连接板放入槽内定位，用压板压紧在钻床台面上，钻导柱孔，用铰刀铰光后装导柱，如图 8-57 所示。

5）动模与定模分型面凹凸位置划线，然后上机床加工。在加工过程中，要求 H_1 比 H 宽 0.5~1mm，h 比 h_1 高 0.3~0.6mm，以备分型面配合之用，如图 8-58 所示。

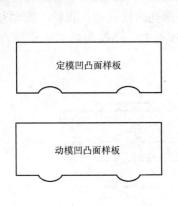

图 8-55　凹凸样板

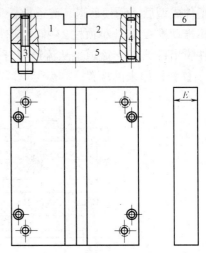

图 8-56　左、右拼块固定
1—左拼块　2—右拼块　3—螺钉
4—定位销　5—垫板　6—连接板

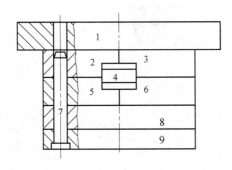

图 8-57　钻导柱孔
1—定模板　2—定模左拼块　3—定模右拼块
4—连接板　5—动模左拼块　6—动模右拼块
7—导柱　8—垫板　9—钉子固定板

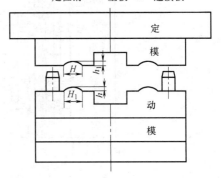

图 8-58　凹凸模位置划线

6）凹凸面配合。首先用细锉刀修去凹凸面加工刀痕，然后任意一面涂上红印油，动模与定模以导柱为导向放在一起，用锤轻击后分开，修去凹凸面接触的部分，经过多次复合和修正，直至凹凸面全部接触为止。

7）车螺孔。将动模左拼块和定模左拼块放在一起，用导柱定位，用螺钉紧固，如图 8-59 所示。然后在螺孔位置划线，在车床上用单动卡盘卡紧校正任意一只螺孔。因螺孔是对拼成型，必须保证螺孔在对拼线上的对称。第一步校正螺孔的平面位置，然后将划针盘放在中拖板上，划针尖对准拼合线 A，摇动中拖板划针向 B 方向移动。将 A—B 线校成水平后，扳动车床卡盘，将工件翻转，h 与 H 换位，划针尖高度不动，摇动中拖板，再将对拼线 A—B 校成水平。如果工件翻身后，对拼线 A—B 与划针尖高度不一致，可用卡盘夹脚调正。第二步将工件侧面对拼线 C—D 校成水平，校正方法是将划针盘放在床鞍上，划针尖对准对拼

线 C，摇动床鞍，划针向 D 方向移动，对拼线如高低不一致，应设法调正。第三步车螺纹，车削方法参阅第 6 章。

8）加工模孔成型部分（捏手部分和装刷部分）。加工方法：首先将左、右拼块与垫板用螺钉固定在一起，连接板配入拼块槽内，用螺钉固定，用定位销定位，如图 8-54 所示。型腔采用电火花成型加工，加工方法参阅第 6 章。

9）型腔电火花加工后砂头，在头部穿刷小孔位置划线，然后将拼块 13 与 11、垫板 15、钉子固定板 16 放在一起，用导柱 8 定位，用压板压紧在钻床的台面上，钻穿刷小孔。

10）最后进行总装配。

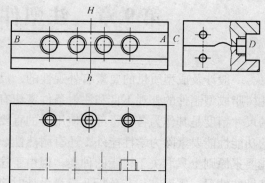

图 8-59 动模左拼块和定模左拼块车螺孔

第 9 章　注塑件缺陷分析及对策

一般涉及成型质量的要素有外观性的、尺寸精确度性的、技能性的内容等。首先，热塑性树脂成型制件的外观不良和注射条件密切有关，也和其制件的用途密切相关。其次，制件的尺寸精度是其作为各种零部件使用时的重要品质要素，外观性的要素更为重要。而成型品的功能性能要素除力学性能外，还有耐热性、耐化学药品性、电气特性等。成型品的力学性能要素原则上只取决于树脂的种类，但由于这些树脂进行成型时，有时会发生破坏或阻碍其特性的情况，因而在工艺分析及模具设计时应加注意。

在注塑成型工艺过程中，主要发生如下现象：

1）塑料的化学变质。

2）力学状态变化。

3）物料状态变化。

4）几何结构或尺寸上的变化。

9.1　常见的缺陷种类

1. 分类

（1）外观问题　凹痕、银纹、变色、黑斑、流痕、焦痕、熔接痕、泛白、表面气泡、分层、龟裂、外观浑浊等。

（2）工艺问题　充填不满、分型面飞边过大、流道粘模、不正常推出。

（3）性能问题　变脆、翘曲、应力集中、超重欠重（密度不均匀）等。

2. 常见缺陷

（1）充填不足　充填不足是指型腔充填不满，不能得到设计的制件形状，制件有缩瘪的倾向。

（2）凹痕（缩瘪）　表面下凹，边缘平滑，容易出现在远离浇口位置，以及制件厚壁、肋、凸台及内嵌件处。收缩性较大的结晶性塑料容易产生凹痕。

（3）气穴　型腔中的空气被熔体包围，无法从型腔中排出而形成的。气穴的形成属于成型加工的问题，容易形成焦痕、缩孔、缩坑等制件质量问题。

（4）银纹　在塑件表面出现的微小的流动花纹，明显的流痕，是成型物表面沿流动方向出现的银白色的流线现象。

（5）黑斑及黑条纹　属于表面质量问题，在制件表面有黑点或黑条，在浇口附近顺着流动方向出现黑色流线的现象。

（6）焦痕　通常在流程末端产生烧焦的外观，主要是型腔中残留的气体引起的。

（7）剥离（分层）　制件像云母那样发生层状剥离的现象，有明显分层，属于表面质量问题。不相容的材料混炼在一起时，容易发生剥离现象。

（8）乱流痕　在制件表面以浇口为中心出现不规则流线的现象。

（9）熔接线和熔合痕　指分流熔体汇合处的细纹，它是由两股相向或平行的熔体前沿相遇而形成的，可以根据两股熔体间的角度来区分（见图9-1）。成型制件中有洞、嵌件、制件厚度变化引起的滞留和跑道效应都可能形成熔接线和熔合痕。

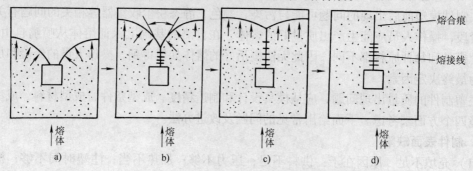

图 9-1　熔接线和熔合痕示意图
a）熔体前锋面接触　b）熔体间的夹角　c）形成熔接线　d）形成熔合痕

（10）喷射痕　在制件的浇口处出现的蚯蚓状的流线，多在模具为侧浇口时出现，如图9-2 所示。

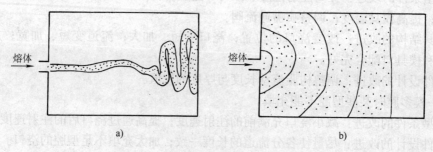

图 9-2　喷射痕与法向流动充填模式的比较
a）浇口处　b）法向充填模式

（11）表面气泡　有未融化的材料与流动熔体一起充填型腔，在制件表面形成的缺陷。

（12）变脆（脆化）　韧性不够或耐冲击性能差。主要原因在于发生水解或热分解，相对分子质量降低（如 PC、聚酯等）；熔接痕的存在。

（13）尺寸变形及收缩过大　制件尺寸误差超出允许误差，如图9-3 所示。

（14）飞边　模具分型面上的溢料（见图9-4），可能是由于锁模力偏小、合模精度不高、模具变形、融料过热等造成的。

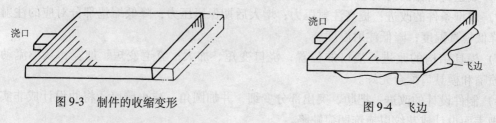

图 9-3　制件的收缩变形

图 9-4　飞边

9.2　缺陷的原因分析及对策

有缺陷的制件通常由下面一个或几个原因造成：

1）模塑前，原材料的处理和贮存。

2）模塑阶段，成型周期内的成型条件。

3）模塑之后，制件的处理和修饰。

在制件模塑前后出现的问题可能与污染、颜色、静态粉尘收集器等相关的问题有关。在模塑阶段，操作人员应能生产出质量好的熔体，在自测的基础上保证熔体从喷嘴自由流出。每一套模具和每种原料都不同，因此无法概括好的熔体如何得到，操作人员的经验和加工需要成为最终决定因素。

注塑制件的质量出现问题，应从模具设计和制造精度、成型条件、成型材料、成型前后的环境四个方面来考虑。下面给出常见的问题及改进办法。

1. 制件表面缺陷

（1）充填不足　原因在于：供料不足；压力不够；加热不当；注塑时间不够；模具温度过低；夹入空气造成反压；多型腔中，各型腔的流道不平衡。

1）制件整体有塌瘪倾向的充填不足。

①成型材料方面的改进：选用流动性好的材料。

②成型条件的改进：提高注射温度、压力、速度；提高保压压力，加大从注射到保压的变换时间；提高模具温度；调整喷嘴逆流阀。

③模具结构的改进：改变浇口的位置；浇口变短、加大；流道变短、加宽；加大冷料穴；喷嘴和模具口配合完好。

④制件设计的改进：调整树脂流动长度与厚度的比值。

2）一模多腔时某些型腔不能充填。

①成型条件的改进：减小浇口充满前的注射速度；提高通过浇口后的注射速度。

②制件设计的改进：尽量使各分流道的长度一致；加大充填不足型腔的浇口。

3）制件形状完整但某特定部分充填不足。

①成型材料方面的改进：选用不易分解的材料。

②成型条件的改进：降低最后一级注射速度；降低注射温度。

③模具结构的改进：改变浇口的位置，增加排气槽。

④制件设计的改进：在推杆上开斜口等。

（2）缩瘪（凹坑、凹痕）　原因在于：浇口固结时料温过高；保压时间不够；进入模具型腔的物料不够。

1）成型材料方面的改进：选用收缩率小的材料。

2）成型条件的改进：提高注射压力；增大后期保压压力；降低缩瘪部分对应的注射速度；降低模具温度；降低注射温度。

3）模具结构的改进：浇口的位置；浇口变短、加大；流道变短、加宽；减小流动阻力；喷嘴和模具口配合完好。

4）制件设计的改进：把肋、突出部分变细，并加圆角；减小壁厚；将肋设计成非实心的；把表面设计成花纹以掩饰凹痕缺陷。

（3）表面无光泽、光泽不均　原因在于：材料的分解；脱模剂过量；模具表面粗糙度差。

1）成型材料方面的改进：选用稳定性好的材料。

2）成型条件的改进：降低注射温度；提高模具温度；减少滞留时间；不用脱模剂。

3）模具结构的改进：进一步抛光，降低模具表面粗糙度值。

（4）银纹　原因在于：原料中有水分；原料分解。

1）成型材料的改进：使原材料干燥更充分；选用热稳定性好的材料。

2）成型条件的改进：不让料斗有水分；降低注射温度；减少滞留时间。

（5）黑条纹、焦痕

1）产生黑条纹的原因在于：材料的分解；添加剂（如阻燃剂）的分解；机筒表面有损伤引起物料滞留。

①成型材料方面的改进：选用热稳定性好、润滑性好的材料；不用回收料。

②成型条件的改进：降低注射温度；减少注塑机机筒内的滞留时间；改用小容量的注塑机；使注塑机处于良好的状态。

③模具结构的改进：浇口加大、改短。

2）焦痕主要由模具型腔内的残留气体所致。

①成型材料方面的改进：选用热稳定性好的材料；不用回收料。

②成型条件的改进：降低注射温度；降低注射压力；降低最后一级注射速度。

③模具结构的改进：浇口加大、改短；加排气槽。

（6）乱流痕　原因在于：注入型腔的材料时而与模壁接触、时而脱离造成的不均匀冷却所致，或者是由于流动过程中，熔体前锋冷料卷入形成流动波纹。

1）成型材料方面的改进：选用流动性好的材料。

2）成型条件的改进：提高注射温度；提高模具温度；适当降低乱流痕部分所对应的注射速度。

3）模具结构的改进：改变浇口位置；加大冷料穴。

（7）熔接痕

1）成型材料方面的改进：选用流动性好的材料。

2）成型条件的改进：提高注射温度；提高熔接痕所对应部分的注射速度；提高模具温度；提高注射压力；停止使用脱模剂。

3）模具结构的改进：浇口加大、改短；改变浇口位置；加大冷料穴；加设排气槽；在熔接痕前部分设护耳。

（8）喷射痕

1）成型材料方面的改进：选用流动性好的材料。

2）成型条件的改进：提高注射温度；提高模具温度；降低注射速度。

3）模具结构的改进：改变浇口位置；应用护耳浇口；加大冷料穴；让喷嘴和模具接触完全。

（9）表面色泽不均　原因在于：着色剂分解或分散不良；机筒中有别的残料；箔片状颜料（如铝箔）。

1）成型材料方面的改进：选用不易出现色斑的材料。

2）成型条件的改进：提高机筒温度；更换清洁机筒；提高模具温度；停止使用脱模剂。

3）模具结构的改进：改变浇口位置；改变浇口设计。

（10）气泡　原因在于：塑料收缩；材料分解、抗静电剂等添加剂分解产生的气体。

1）当气泡在制件壁厚部分出现时，应采取如下措施：

①成型材料方面的改进：选用流动性差的材料。

②成型条件的改进：提高注射压力；延长从注射到保压的切换时间；加大保压压力；提高模具温度。

③模具结构的改进：改变浇口的位置；加大主流道、分流道直径；加大浇口；使机筒喷嘴和模具结合良好。

④制件设计的改进：尽可能避免厚壁部分。

2）当整个制件发生细小的气泡时，应采取如下措施：

①成型材料方面的改进：改用热稳定性好的材料或添加剂；对材料进行充分的干燥。

②成型条件的改进：加大螺杆背压；降低注射温度；对机筒下部分进行冷却；缩短材料在机筒中的滞留时间。

2. 制件变形及尺寸变化

（1）翘曲、弯曲、扭曲　原因在于：收缩率各向异性；制件壁厚或温度引起的收缩率差；制件内部存在残余应力。

1）成型材料方面的改进：选用流动性好的材料；选择收缩率各向异性小的材料。

2）成型条件的改进：提高注射温度；降低注射压力；选用适当的模具温度；延长冷却时间；逐渐降低保压压力；改进冷却取出制件的机械手装置等。

3）模具结构的改进：改变浇口的位置；采用合适的冷却系统；降低模具表面粗糙度；改善推出方式。

4）制件设计的改进：设计上的改进，如增加加强肋等。

（2）尺寸稳定性差　原因在于：空气温度变化；模具变形；制件的保存过程中有结晶变化，引起尺寸变化；各生产批量间成型条件变化。

1）成型材料方面的改进：选用线胀系数小的材料；改用不因吸湿而尺寸变化大的材料；选用流动性差的材料。

2）成型条件的改进：提高注射压力；提高保压压力；延长冷却时间；提高锁模力；适当调整模具温度；合理设置机械手装置。

3）模具结构的改进：改进浇口位置；改进浇口设计；加大模具硬度。

4）制件设计的改进：适当降低制件精度。

（3）变形及收缩过大

1）成型材料方面的改进：选用相对分子质量大的材料；适当使用改性材料。

2）成型条件的改进：降低注射温度；增大总周期；降低模具温度；升高注射压力；增加注塑量。

3）模具结构的改进：增大注射孔直径；扩展模具流道；扩大浇口。

4）制件设计的改进：制件的厚度应合理。

3. 制件出现裂纹、开裂

（1）开裂、表面龟裂　原因在于：模具上有咬边的地方；推出力不足使之不平衡；推杆数目不够，特别是对有格条的制件，其开裂和推出有关。

1）成型材料方面的改进：改用相对分子质量大的材料；改用强度大的材料；不用或少

用回料。

2）成型条件的改进：降低注射压力；降低最后一级的注射速度；降低保压压力；降低推出速度；延长冷却时间。

3）模具结构的改进：改进浇口设计；改变浇口位置；加大脱模斜度；除掉模具上有咬边（即易挂件）的地方；加大推出面积；增加推杆数目。

4）制件设计的改进：加大脱模斜度。

（2）白化 白化的现象是推杆痕上出现白浊，常见于 ABS 树脂这类共混物或接枝共聚物改进冲击性的材料中。

1）成型条件的改进：降低注射压力；降低最后一级的注射速度；降低保压压力；降低推出速度；延长冷却时间。

2）模具结构的改进：改进浇口位置；改进浇口设计；加大脱模斜度；除掉模具上有咬边（即易挂件）的地方；增加推出面积；增加推杆数目。

3）制件设计的改进：加大脱模斜度。

（3）分离、分层现象（剥离） 原因在于：勉强地把不相容的材料混炼在一起。

1）成型材料方面的改进：不使用不相容的材料。

2）成型条件的改进：置换机筒；提高注射温度；提高模具温度。

（4）脆化 原因在于：干燥不良；物料的性能下降；其他料的污染；模温过低；有熔接痕的存在。

1）成型材料方面的改进：选用强度高的材料；改用相对分子质量大的材料；对材料进行充分干燥；对尼龙等材料在成型后，适当地吸水。

2）成型条件的改进：提高注射温度、速度；提高模具温度；减少材料在机筒内中的滞留时间；不使用脱模剂。

3）模具结构的改进：改进浇口位置；改进浇口设计；设计排气槽；在熔接部分设计护耳。

4）制件设计的改进：设加强肋。

4. 其他成型不良现象

（1）塑化中发生噪声 原因在于螺杆旋转阻力大，易在压缩段和其前部发生噪声。

1）成型材料方面的改进：改用流动性好的材料，改用润滑性好的材料。

2）成型条件的改进：降低螺杆背压；降低螺杆转速；提高螺杆压缩段的温度。

（2）主流道容易残留物料 原因在于：主流道表面粗糙度太高；机筒上喷嘴和模具配合不良。

1）成型材料方面的改进：选用强度高的材料。

2）成型条件的改进：延长冷却时间；提高模具温度。

3）模具结构的改进：改用主流道前端直径大于机筒喷嘴直径的模具；降低主流道表面粗糙度值；调整喷嘴 R 角；在主推出杆上加 Z 形斜口。

（3）制件和推杆或滑块粘在一起 原因在于材料流进推杆或滑块间隙中固化。

1）成型材料方面的改进：选用流动性差的材料。

2）成型条件的改进：降低注射压力；降低注射速度；降低保压压力。

第 10 章　特种注塑模

无流道凝料注塑、反应注塑和气体辅助注塑等工艺，对于热固性塑料、橡胶、泡沫塑料等材料，都对应有专门结构的注塑模。在了解注塑的制件、材料、工艺和设备的基础上，不难掌握这些特种注塑模的设计。

10.1　热流道注塑模

前面介绍的浇注系统是一般注塑模常用的，具有各部分的典型结构及作用，故也称普通浇注系统。这类浇注系统的特点是塑件脱模后有浇注系统凝料连接在塑件上，要用人工或机械的方法另行切除（点浇口与潜伏浇口可自动切除），降低了生产率。切除下来的浇注系统凝料需再经烦琐的处理（粉碎、染色、造粒）后才能回用，且加入过多的浇注系统回收料会明显降低塑件质量。因此，如何减少浇注系统凝料或无浇注系统凝料便成为浇注系统改进、革新和发展的重要方向。目前已出现了多种形式的热流道浇注系统。这类浇注系统在塑件脱模后只有塑件本身而无浇注系统凝料，故这类浇注系统也称无流道浇注系统。实际上仍有流道，只是无凝料而已。

这种浇注系统的主要原理是在每次注塑完毕后，浇注系统中的塑料不凝固，塑件脱模时就不必同时将浇注系统脱出。由于浇注系统中的塑料没有凝固，在下一次注射时浇注系统通道仍然畅通，熔融塑料继续注入型腔。

热流道注塑模是无流道凝料注塑模中常见的一种。因此，下面先介绍无流道凝料注塑模的特征。

10.1.1　无流道凝料注塑成型

浇注系统凝料的存在不仅浪费原材料和增加注塑机的能耗，而且也增加了流道赘物处理工序。采用无流道凝料的注塑成型方法，可降低生产总成本。

1. 无流道凝料注塑

热塑性塑料的无流道凝料注塑成型，是对模具的浇注系统采用绝热或加热方法，使其塑料熔体始终保持熔融状态，从而避免产生浇注系统凝料的。热塑性塑料无流道凝料注塑成型模具分为绝热流道注塑模和热流道注塑模两大类。热固性塑料的无流道凝料注塑成型与热塑性塑料成型相仿，也是使浇注系统塑料熔体不固化，维持可流动状态。热固性塑料的无流道凝料注塑主要是温流道注塑模。

（1）适合无流道凝料注塑的塑料应具有的性能　无流道注塑成型由于在注塑中无须取流道凝料，结构均为两板模，所需开模行程较一般模具短，也无须固化和取出流道凝料的时间，缩短了注射周期。这种成型方法也较容易实现自动化生产。但是无流道凝料注塑成型存在对塑料品种的适用问题，具有下述性能的塑料较适合此种成型方法：

1）熔融温度范围宽，黏度变化小，热稳定性好。即使在较低温度下也有较好的流动

性，不固化；在较高温度下，不流延，不分解。熔体能较容易进行温度控制。

2）熔体黏度对压力敏感，在低温低压下也能有效控制流动。

3）物料的热变形温度高，固化快。

4）塑料的比热容低，易于熔化和固化。

因此，采用无流道成型最多的是聚乙烯、聚丙烯、聚苯乙烯和 ABS。低黏度聚酰胺和高黏度聚碳酸酯就较为困难。热稳定性差的聚甲醛和聚氯乙烯也很少有成功的例子。

（2）阻碍无流道凝料注塑技术发展的因素　无流道凝料注塑成型是项综合性强、难度较高的技术。长期稳定地投产涉及模具设计和制造水平、严格的注射工艺规范、热工仪表的自动控制可靠等多方面因素。以下几个原因使得目前尚不能普遍采用无流道凝料注塑成型：

1）模具设计、制造和维护要有较高技术。无流道凝料注塑模不同于一般注塑模，既要保证流道和浇口的绝热和加热，又有塑料件的冷却问题。流道和型腔各位置的压力和温度控制不当，就会影响连续生产。

2）在成型生产前需很长的调试时间。

3）模具成本高，不适合小批量生产。

4）不适用某些塑料品种和注塑周期长的塑料件。

2. 绝热流道注塑模

绝热流道注塑模的流道截面相当粗大。流道壁面附近的塑料冷凝成一个完全或半熔化的固化层。塑料的导热性差，以致流道中心部位塑料在连续注塑时保持熔融状态。由于不进行流道的辅助加热，其中的塑料容易固化。要求注塑成型周期短，且仅限于聚乙烯和聚丙烯的小型制件。当注塑机停止生产时，要清除凝料才能再次开机。

（1）井坑式喷嘴　井坑式喷嘴又称绝热主流道，是一种结构最简单、单型腔的绝热流道注塑模。它仅适合注射周期小于 20s 的制件。

井坑式喷嘴结构如图 10-1 所示。在注塑机喷嘴头部和浇口之间，设置了一个主流道杯。杯内有一个截面较大的锥形贮料井，容积约取制件体积的 0.3 ~ 0.5 倍。井壁四周塑料皮层为绝热层，使中部熔体在压力下注入型腔。图 10-1a 所示结构中主流道杯与定模板之间的空气隙，也起绝热层作用。

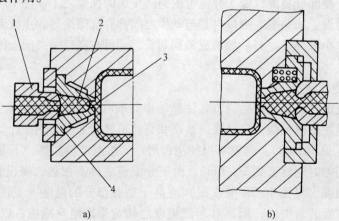

图 10-1　井坑式喷嘴

1—注塑机喷嘴　2—贮料井　3—点浇口　4—主流道杯

注塑机的喷嘴工作时伸进主流道杯中，两者应很好地贴合。贮料井直径不能太大，要防止熔体反压使喷嘴后退产生漏料。图 10-1b 所示为一种浮动式主流道杯。弹簧使流道杯压在喷嘴上又可随其后退，保证贮料井中的塑料得到喷嘴的供热。

（2）多型腔绝热流道注塑模　其分流道为圆截面，直径常取 16～32mm。成型周期越长，直径越大。在分流道板与动模板之间设置气隙，也减小了接触面，如图 10-2 所示。在停车后流道内塑料全部凝结。应在分流道的中心线上设置能启闭的分型面，以便下次注塑时彻底清理流道凝料。流道转弯和交会处都应该是圆滑过渡，可减小流动阻力。

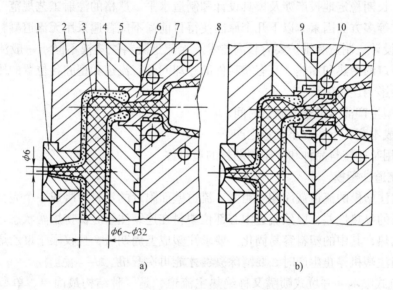

图 10-2　主流道式浇口多腔热流道注塑模
1—主流道衬套　2—热流道板　3—分流道　4—固化绝热层　5—分流道板
6—直接浇口衬套　7—动模　8—型芯　9—加热圈　10—冷却水管

图 10-2 所示为主流道式直接浇口的多腔绝热流道注塑模。图 10-2a 所示结构，浇口的始端突入分流道中，使部分直浇口处于分流道的绝热皮层的保温之下。图 10-2b 所示结构，直接浇口衬套四周增设了加热圈，浇口衬套与动模之间都有气隙绝热。主流道式浇口的塑料制件脱模后，带有一小段浇口凝料。如果成型周期长，则可在浇口中央插入棒状加热器，需要时通电加热。

3. 半绝热流道注塑模

采用绝热分流道时，为了避免浇口在注射动作间歇时凝结，可采用半绝热流道注塑模。其结构与绝热流道注塑模相似，只是浇口始端和分流道之间加设加热探针。并使该探针尖端伸到点浇口中心（见图 10-3）。这就可以使浇口附近的熔融塑料加热，不发生固化，如设计合理，可将注射间隙时间延长到 2～3min。由于分流道主体不加热，需设置分流道分型面，模具流道部分的温度（见图 10-3a 中 A 段）应高于型腔部分的温度（见图 10-3a 中 B 段）。三角形的翼片可改善其对中性，但翼片与流道壁之间应采取绝热措施，以提高热效率（见图 10-3b 探针放大图）。对多型腔模具，应设置相应数量的探针和加热系统，以保证各浇口处的塑料熔体既不凝结也不因温度过高而流延。

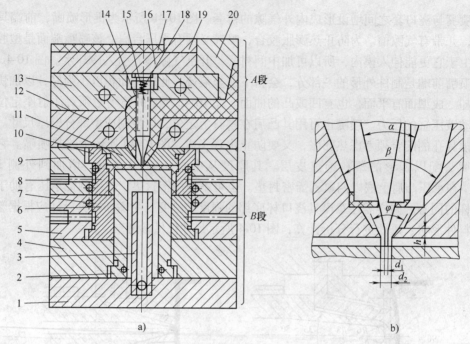

图 10-3　带加热探针的半绝热流道注塑模

1—支承板　2—型芯　3—型芯冷却水管　4—动模板　5—推件板　6—动模镶件
7—密封环　8—型腔冷却水管　9—定模板　10—凹模镶件　11—浇口衬套
12—流道板温度控制管　13—流道板　14—加热探针体　15—加热器
16—定模座板　17—绝热层　18—碟形弹簧　19—定位圈　20—主流道衬套

10.1.2　热流道注塑模的设计

　　设置加热器使浇注系统内塑料保持熔融状态的热流道注塑模，由于能有效维护流道温度恒定，使流道中的压力能良好传递，压力损失小。这样可适当降低注射温度和压力，减小塑料制件内残余应力。比起绝热流道注塑模，它所适用的塑料品种较广，也适用于多个点浇口的较大制件。但是，由于热流道模具同时具有加热、测温、绝热和冷却等装置，模具结构更复杂，厚度增加且成本更高。热流道模具对温度控制精度要求高，防止热平衡失调是个难题。在生产中不允许塑料中有异物将点浇口堵死。

　　1. 延伸式喷嘴

　　延伸式喷嘴的注塑模是热流道的单型腔模。它适用于能采用点浇口的各种塑料和单个点浇口的塑料制件。

　　图 10-4 所示为各种延伸式喷嘴，它们有共同的特点。首先，喷嘴本身用电热圈加热，应有温度测量和单独的调温系统。通常要求喷嘴温度稍高于机筒温度 5 ~ 20℃。其次，高温的喷嘴邻接或直接成型塑料件，故须对模具绝热以免妨碍塑料件的固化，并在注射保压后喷嘴脱离模具。尽量减小喷嘴与模具的接触面积，常用气隙和塑料皮层绝热。再次，喷嘴的口径实为型腔的浇口，是直径为 0.8 ~ 1.2mm 的点浇口。喷嘴通常是为模具专门设计的，并用优质淬火钢制造。

　　图 10-4a 所示为球形喷嘴伸入模具的点浇口套。浇口处型腔壁厚达 1.6mm，呈倒锥出口。为防止该处在喷嘴冲撞下强度不足，喷嘴有凸肩定位并承受大部分压力。为增大绝热效

果，在喷嘴与浇口套之间增设形成内外气隙的衬套。图 10-4b 所示为锥形喷嘴，前端具有较大锥度，并带有气隙槽。为防止热膨胀咬合，喷嘴必须有承压台肩。该喷嘴端面是型腔的一部分。由于它更能伸入模内，所以可加中间衬套，开割气隙槽并引入冷却水。图 10-4c 所示的成型喷嘴前端是制件外形的一部分，会留下明显痕迹。此成型面积以小为好，以加快塑料件的冷却。成型面有平面，也有凹或凸的曲面。图 10-4c 所示的喷嘴必须对注射座定位，承受其驱动液压缸的压力。喷嘴也可用其凸肩在模具上定位，以控制成型部分壁厚尺寸。喷嘴前端与模具孔的配合须考虑热膨胀，又要防止出现飞边。图 10-4d 所示为绝热喷嘴。它以球形的喷嘴头配以碗形的塑料绝热皮层。其厚度从中心 0.4 ~ 0.5mm，增加到外侧 1.2 ~ 1.5mm。在承压凸肩上嵌以四氟乙烯密封垫。也可不使用密封垫，改用倒锥承压有助于喷嘴与浇口杯的同心。同样需注意模具浇口杯底部的强度和刚度。喷嘴和模具设计应根据塑料性能和塑料件形状、尺寸进行分析计算，图 10-4 所示尺寸仅供参考。

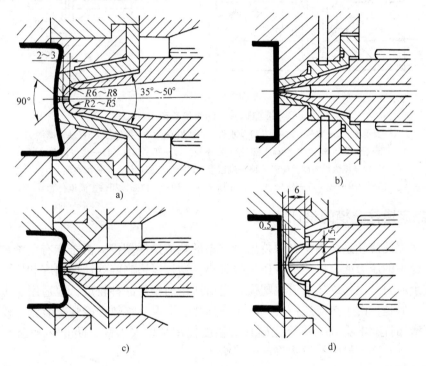

图 10-4　延伸式喷嘴
a）球形喷嘴　b）锥形喷嘴　c）成型喷嘴　d）绝热喷嘴

2. 热流道主浇口

上述延伸式喷嘴需专门设计制造，要替换原注塑机上喷嘴，生产和管理有诸多不便。现热流道喷嘴已经系列化和标准化，有专业厂生产。给注塑模主流道加热的热流道喷嘴，称热流道主浇口，如图 10-5 所示。热流道主浇口安装在定模内，并有与注塑机定模板上定位孔相配的定位圈。它的结构如图 10-6 所示，热流道主浇口替代原注塑模的主流道杯，有个与注塑机喷嘴球头相配的凹坑，其半径大于凸球头，而且主流道直径须大于注塑机喷嘴直径约1mm。鱼雷状的分流棱是可供熔料通过的导热零件，以保证喷嘴前端的温度。喷嘴头是标准化系列化的零件，有各种口径，有平端或凸起球头等结构，均可选用并置换。在热流道主浇

口下游，可以是单型腔的成型塑料件，也可以是多型腔的流道板，如图 10-7 所示。图 10-7 中的热流道浇口有应用在双分型面的有流道推板的注塑模上的，还有应用在多型腔的热流道注塑模上的，如图 10-8 所示。

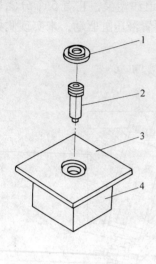

图 10-5　热流道主浇口的应用
1—定位圈　2—热流道主浇口喷嘴
3—定模固定板　4—定模座板

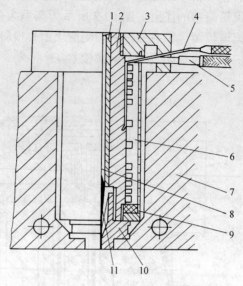

图 10-6　热流道主浇口的结构
1—衬套　2—芯体　3—定位圈　4—热电偶
5—电加热圈　6—隔热罩　7—定模　8—主流道
9—绝热垫　10—喷嘴头　11—分流梭

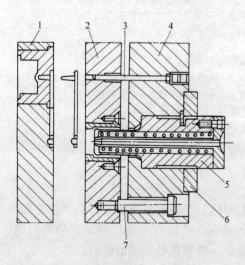

图 10-7　热流道主浇口用于多型
腔的双分型面的注塑模
1—型腔板　2—流道推板　3—分流道拉杆销
4—定模座板　5—热流道主浇口
6—定位圈　7—限位螺钉

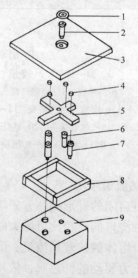

图 10-8　热流道注塑模安装
1—定位圈　2—热流道主浇口　3—定模固定板
4—隔热垫块　5—热流道板　6—密封圈
7—分浇口喷嘴　8—垫块　9—定模座板

3. 热流道注塑模结构

这类模具结构形式多，使用最广。图 10-8 所示为热流道注塑模的系统安装图。在上游

有热流道主浇口，是被加热的主流道，而且具有一块由加热器供热的流道板，设有分流道和多个分浇口喷嘴。被注塑成型的可以是一模多腔塑料件，也可以是多浇口的大型注塑件。注塑大型周转箱、轿车保险杠等长流程比的塑料件，加热熔融的流道物料有利于压力的传递，更需要无流道凝料的注射。图 10-9 所示为典型大型周转箱热流道注塑模，它有 6 个分浇口喷嘴。主流道较短，没有加热。四侧滑块由 8 根斜导柱和两组斜置液压缸驱动，来实现侧抽动作。滑块由定模和动模双重斜楔锁紧。

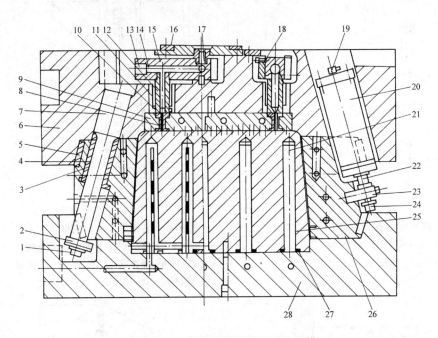

图 10-9　大型周转箱的热流道注塑模

1、24—螺钉　2—垫圈　3—长滑块　4—导套　5—斜楔垫块　6—定模座板
7—斜导柱　8—分浇口套　9—型板　10—热电偶　11—加热圈　12—分浇口喷嘴
13—螺塞　14—堵头　15—热流道板　16—定位圈　17—主流道套　18—加热板
19—油管接头　20—液压缸组件　21—隔水片　22—液压缸轴　23—连接板
25—型芯　26—短滑块　27—密封圈　28—动模座板（图中导柱导套略）

4. 阀式热流道喷嘴

用一根可启闭的针形阀芯置于喷嘴中使浇口成为阀门，在注射保压阶段开启，在冷却阶段关闭。这种浇口的口径比可增大些，能避免异物的堵塞，也没有小浇口凝结迟早的问题，更可防止浇口熔体的拉丝和流延，因此适用于各种黏度，特别是低黏度的塑料。

用熔体压力驱动的针芯阀，依靠注射压力传递到针阀芯前端，克服弹簧力而打开浇口，但由于可靠性差，使用得不多。工作可靠并已商品化的是液压驱动的阀式热流道喷嘴，其结构如图 10-10 所示。阀芯即为驱动液压缸的活塞杆。它直接利用注塑机上液压油和程序控制信号对针芯阀进行开闭。图 10-11 所示为多个液压缸控制的阀式热流道喷嘴，用于分浇口，主流道采用加热喷嘴。另一种由液压马达驱动的齿轮齿条传动，控制针阀芯的热流道喷嘴，如图 10-12 所示。它用于主流道喷嘴的针阀控制。此种机械传动也能同时驱动几个针芯阀的启闭。

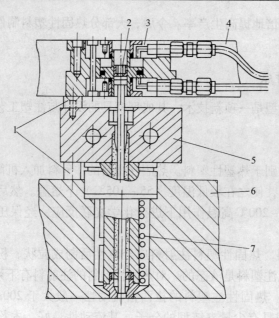

图 10-10　液压缸驱动的阀式热流道喷嘴
1—支承块　2—阀芯（活塞杆）　3—液压缸　4—定模固定板
5—热流道板　6—定模座板　7—加热线圈或加热带

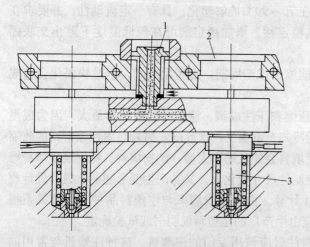

图 10-11　液压阀式热流道的应用
1—热流道主浇口　2—驱动液压缸
3—液压阀式热流道分浇口

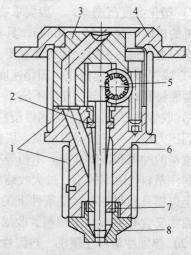

图 10-12　液压马达驱动的阀式热流道喷嘴
1—加热带　2—密封套　3—喷嘴体　4—定位圈
5—齿轮轴　6—齿条针阀芯　7—导向环　8—喷嘴头

10.2　热固性塑料注塑模

　　热固性塑料可用于注塑的种类有酚醛塑料、氨基塑料、不饱和聚酯、DAP 塑料、环氧树脂、有机硅、聚酰亚胺和聚丁二烯等。它们都是塑料工业的重要材料。与热塑性塑料相比，它们通常有优良的耐热和阻燃性、耐化学性、抗蠕变等性能，且价格低廉。曾长期采用传统的压缩成型和压注成型方法制造热固性塑料产品，手工操作繁重，成型周期又长。用先

进的注塑成型方法可成倍地提高生产率。今后，大部分热固性塑料制件将用注塑成型方法生产。

10.2.1 注塑工艺特点

热固性塑料注塑成型是一项新技术，其成型模具的设计与注塑工艺、注塑物料和注塑设备密切相关。

1. 工艺特点

热固性塑料注射有别于热塑性塑料。热固性塑料的注射料加入机筒，通过螺杆旋转产生剪切热和机筒的外加热，使之在较低温度（55～105℃）下熔融。然后在高压下将稠胶状的物料注入模具，在150～200℃高温作用下进行化学交联反应，经保压后固化成型。最后开模顶出取得成型制件。

（1）热固性注塑料 热固性塑料注射料应经改性后制成粒状、粉状或液态等供应。大多以粒状供应，仅环氧注塑料是液态的。对热固性塑料的注射料有下列要求：

1）合适的流动性。热固性注塑料的拉西格流动性一般大于200mm。相对分子质量在1000以内的线型分子或具有少量支链型的分子，其流动性最好。木粉作填料的注塑料流动性最好，无机填料的流动性较差，玻璃纤维和纺织填料的塑料流动性最差。添加润滑剂可提高流动性，过多固化剂会降低流动性。

2）塑化温度范围宽。一般要求物料在70～90℃能够塑化，具有一定流动性，并要求在注塑机的机筒中存留15～30min，具有热稳定性。添加稳定剂可在较低温度下阻止交联固化。这对温流道注射模成型尤其重要。

3）高温下能快速固化。固化速度快能缩短成型周期，提高生产率，但过快固化会造成局部型腔特别是细小部位充填不满。

4）收缩率要小。比起热固性塑料的压缩和压注成型，注塑料的收缩率最大，因为成型中受到压力最小，且模具温度高，脱模后冷却至室温又再次收缩。另外热固性注塑料的收缩率与填料的种类和含量有关。木粉等有机填料会使收缩率大增。矿物填料，特别是玻璃纤维充填的注塑料收缩率较小。过大收缩率使制件尺寸变化大，又易产生变形翘曲。模具设计收缩率仍以模具和制件在室温条件下的尺寸计算。由于该收缩率与注塑料品种和配方关系很大，通常又含有40%以上填料，收缩率应由生产厂的注塑料说明书或试验确定。

（2）热固性塑料注塑机 热固性塑料注射应该用专门的注塑机。这种注塑机与常用的热塑性塑料注塑机主要有两方面的区别：

1）机筒加热方式。热固性塑料的塑化热量主要来源是螺杆旋转的剪切热。机筒的外加热主要起预热作用，并对机筒温度进行调节。单一的电热方式易使物料过热固化，因此常用水或油加热机筒，也有电加热水结构的机筒。另一种是油电加热机筒，电热仅用于预热，塑化时调节油温来控制机筒温度，所以机筒温度控制精度较高。

2）塑化螺杆的压缩比。压缩比由对热塑性注塑料的（2～3.5）:1减小至1:1；长径比由（15～20）:1减小为（12～15）:1，从而减小对物料的剪切和摩擦作用。

（3）注塑工艺

1）工艺要点。热固性塑料注塑过程中，物料在机筒中处于黏度最低的熔融状态。塑料熔体的黏度及其流动阻力与填料品种、比例和形状尺寸关系很大，需有相适应的注射压力。

必须综合考虑摩擦热的因素。一般采用较高注射速度，以获得较高的摩擦热，有利于固化。热固性塑料在模具中进行固化反应，会产生缩合水和低分子挥发物。模具型腔必须设有畅通的排气系统，否则会在塑料件表面留下气泡和残缺。固化成型时间按最大壁厚计算，一般为8～12s/mm，快速固化的注塑料为5～7s/mm。

2）存在的问题。目前热固性塑料注射品种已有一百多种，但国内生产品种尚少，还需提高材料性能。热固性塑料中的填料，如玻璃纤维在螺杆剪切作用中会受损，而布屑、纸片等大颗粒填料难以进料。不但物料的流动性差，而且对螺杆和模具等磨损作用大，又使注塑件取向较严重，产品易翘曲变形。塑料件中嵌件的安放受成型速度等限制，不能过多和过慢。应看到热固性注射的设备和模具费用比其他加工工艺方法高几倍，而且耗能也大，单模具加热就占耗能1/4。最突出的问题是浇注系统凝料只能作废料处理，尤其是一模多腔小制件浪费率达15%～25%，甚至更高，故采用无浇注系统凝料的流道模具有重大意义。这种模具称为热固性塑料的温流道注塑模。此种温流道注射要使流道内物料始终保持熔融状态，为此对模具的温流道部分单独设置一个低温区，温度大致为105～110℃。此温流道板用热水或热油循环保温，而型腔部分是高温区。

2. 模内流动和固化

热塑性塑料熔料充模时模壁温度低于熔体温度，使靠近模壁处的熔体迅速冷却生成冻结皮层。靠近冻结层处熔体黏度高于中心层，流速沿断面呈抛物线分布，如图10-13a所示。热固性塑料熔料充模时，模壁温度高于熔体温度，不会产生冻结层。接触模壁处熔体因受到加热反而使黏度降低。除紧邻模壁薄层因摩擦阻力流速较低外，整个断面流速分布相近，形成"活塞流"，如图10-13b所示。

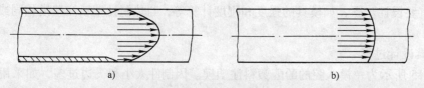

图10-13 熔体充模流速分布比较
a）热塑性塑料 b）热固性塑料

热固性塑料熔体的充模流速分布特性，与粉状料压制成型相比，型腔中充模终止时的塑料熔体温度均匀一致，没有明显的内外层，固化程度不易区别。因此，注射充模塑料件在整个断面上有较均匀一致的力学和电绝缘性能。但是这种充模流动，在模具高温模壁外的流速很高，对模壁产生很大摩擦、磨损。特别是在流道和型腔的狭窄通道处，壁面磨损更甚。

热固性塑料充模后固化交联成三维网状结构，不会出现大分子链的取向，也很少产生熔体破裂现象。但是纤维状的填料在充模流动中会出现流动取向，使制件在流动方向的力学性能和收缩率高于垂直流动方向。

热固性塑料熔体在充模过程中，近模壁处的流速高且速度梯度大，与型腔面的传热系数高，又会产生不容忽视的摩擦热。这使充模熔体很快达到固化温度。与其他成型方法比较，同样厚度制件固化反应时间最短；若制件较厚，固化时间缩短更明显。这使模具温度控制较为困难。模温偏低会延长固化周期，或使固化不完全，致使塑料件性能下降。倘若模温偏高，低黏度熔体会到处钻模形成飞边。靠近模壁的熔体黏度迅速越过最低点而过早固化，会

使塑料件表层发暗出现流痕和粘模。局部熔体过早固化，还会使塑料件某些部分缺料。模内熔体受热时，一方面由于分子链活动性增大使黏度降低；但另一方面因固化反应而使黏度大增。图 10-14 所示为两个相反的综合影响结果。

综上所述，热固性塑料注塑模具的总体结构设计时必须考虑如下特点：

1）制件尚未固化前树脂黏度比热塑性塑料低，对于 0.01 ~ 0.02mm 缝隙也会溢出。

2）制件成型后硬而脆。其分型面上的飞边和钻入缝隙的溢料使清理困难。易破碎的小片会磨损模具表面。

3）热固性塑料的摩擦因数和收缩率较小。塑料件对型芯包紧力较小，开模时易滞留在型腔的一侧。

4）塑料熔体对模具成型表面有较严重的磨蚀磨损。

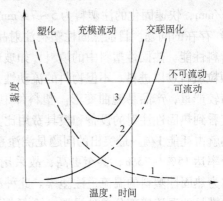

图 10-14　热固性塑料黏度与加热温度、时间的关系
1—物料黏度的物理变化　2—化学交联使黏度增加
3—热固性塑料综合黏度曲线

5）模具工作温度远高于室温，使室温下的装配间隙很难控制。室温下过小间隙会使工作时的运动零件产生咬死和拉毛现象。

10.2.2　模具设计要点

许多重要设计步骤，如模具的强度和刚度计算等，与热塑性塑料注塑模相同或相似，这里从简。

1. 模具设计过程

图 10-15 所示为一模八腔的酚醛塑料注塑模。因制件太小和飞边过多，如采用压制模生产则效率太低，现用单分型面的结构和侧浇口。因为过细的流道容易被推出杆推破并破裂，浇注系统的用料只能多些。

（1）型腔数目确定　应以保证足够大的锁模力，防止分型面上出现飞边来确定型腔数。型腔数目为

$$n = \frac{1}{A}\left(\frac{(0.6 \sim 0.8)\, F}{p_c} - A' \right) \tag{10-1}$$

式中　n——由锁模力决定的型腔数；

　　　F——注塑机的锁模力（N）；

　　　p_c——型腔内塑料熔体的压力（MPa）；

　　　A'——流道和浇口在分型面上的投影面积（mm^2）；

　　　A——每个制件在分型面上的投影面积（mm^2）。

根据经验，酚醛塑料成型时型腔压力 p_c 为 30 ~ 40MPa，氨基塑料的 p_c 为 40 ~ 60MPa，不饱和聚酯的 p_c 为 10 ~ 20MPa。

还需校核塑料熔体在机筒中的存留时间 t_b，使 t_b 不得超过熔体状态的维持时间。目前，该允许维持时间 $[t_b] = 4 \sim 6min$，即

$$t_b = \frac{m_b}{m_g} t < [t_b] \qquad (10\text{-}2)$$

式中　t_b——熔体在机筒中的存留时间（min）；

　　　t——注塑成型周期（min）；

　　　m_b——塑料在机筒中（包括螺杆槽中）的存料总量（g）；

　　　m_g——每次注射用量（g）。

　　因此，每次实际注射量 m_g 为注射后机筒中存料 m_b 的 0.7 ~ 0.8 倍较为合适。倘若注射量 m_g 过少，会造成塑料件上有过早固化硬块，甚至必须经常对空喷射，以防止塑料在机筒中固化。

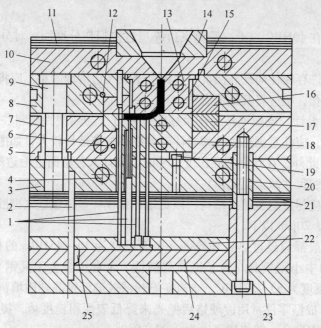

图 10-15　一模八腔酚醛塑料注塑模

1—推出杆　2、9—导柱　3—动模支承板　4—加热器　5—动模板　6、12—热电偶
7、25—导套　8—定模板　10—定模座板　11、21—绝热板　13、18—加热块
14—定位圈　15—绝热空气隙　16—定模镶件　17—动模镶件　19—支承销
20—定位套筒　22—推出固定板　23—动模座板　24—推出板

　　（2）嵌件和安装　热固性塑料制件中若要安放嵌件，首先要防止熔体钻料，其次要求安装快速。因此，通常在模外将嵌件装在嵌件杆或嵌件套上，然后整体装入。

　　防止钻料的方法，其一是采用台肩式嵌件杆，如图 10-16a 所示。该台肩有时也制成锥面并与圆柱组合，如图 10-16b 所示。金属嵌件旋入嵌件杆后置于模内，还要防止嵌件杆与嵌件接触端面间被钻料。其二是提高嵌件杆和模具上插孔的配合精度，它们之间单边间隙为 0.01 ~ 0.02mm。应先加上孔，然后配磨和配研成型杆，再镀铬抛光，并保证多个嵌件杆的互换性。

　　（3）分型面设计　为增大锁模力以减薄甚至避免飞边，应减小分型面的实际接触面积，如图 10-15 所示。一般在型腔周围的 10 ~ 20mm 之外部分削去 0.5 ~ 1mm。但也需注意到过

大锁模力会使型腔塌陷。分型面上作用40～70MPa的锁模压力为好，流动性好的物料应取其大值进行验算。

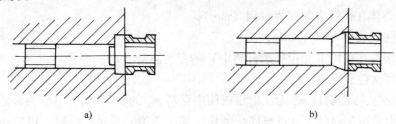

a)　　　　　　　　　　　　　　　　　　　b)

图 10-16　嵌件与嵌件杆

分型面硬度应在40HRC以上，避免飞边碎屑过快损伤分型面。对分型面镀铬处理，可减小飞边的黏附力。

分型面上不允许存在任何孔和凹坑，否则会造成飞边清理困难。应将模板上螺孔等设计成不通孔。若有通孔，也应将其镶填磨平。

（4）成型零件设计　成型零件工作尺寸的计算方法与热塑性塑料注塑模具相同。但在确定成型收缩率时，应注意到热固性塑料注塑收缩率的离散性较大，如酚醛塑料注塑收缩率为0.7%～1.2%。此外，在计算型腔深度尺寸时，要计入分型面上毛边厚度0.05～0.1mm，即将计算的模具型腔尺寸减去毛边值。

成型零件设计应尽量避免镶拼结构，以免熔体钻模。整体镶嵌式型腔常被采用。型腔表面粗糙度 Ra 应在0.20μm以下。

型腔和型芯一般都应经过热处理淬硬。表面硬度为40～45HRC的析出硬化钢SM2和PMS用于高精度的中小型模具。为了提高耐磨性，也常用合金工具钢9Mn2V、5CrMnMo、9CrWMn，其表面硬度为53～57HRC。含有矿石粉或玻璃纤维等硬质填料时，要求其表面硬度为58～62HRC。成型零件常用镀硬铬后抛光来降低表面粗糙度值，提高耐磨性并防腐和防锈，延长模具使用寿命。镀铬层厚度为0.03～0.08mm。

（5）脱模机构设计　由于热固性塑料熔体有0.02mm以上单边间隙，就会钻模产生飞边，给脱模机构设计带来很大难度，所以应尽量避免采用推管和推板脱模元件。推管的内外柱面均有间隙配合。推板与型芯的配合间隙有时很难均匀一致，在高温下的实际间隙很难控制。倘若要使用推板，则脱模行程要增大到足以使推板脱出型芯。这样，便于清除飞边及碎片。

采用推杆比较容易使单边间隙达到0.01～0.02mm的要求。0.03mm以下间隙会产生极薄一层半透明的飞边，尚不妨碍相对滑动。但间隙小于0.005mm时，在约160℃左右模温下易产生配合面的胀咬故障。如图10-17a所示，在推杆的中间滑动段制成三棱带，可减小与高温孔壁的摩擦面。棱带应有足够长度和精度，每棱应有1.5mm的支承接触宽度。如图10-17b所示，推杆在推出位置，动模底面与推杆三棱段应留有足够位置 A，以允许碎屑从槽中自由脱落，而上部圆柱段要全部推出塑件成型面。这种推杆直径通常大于5mm。棱带数可视直径增大而增多。

（6）排气系统设计　热固性塑料注塑模不但要排出型腔中的空气，还要排出固化反应所产生的挥发性气体，因此排气量大。在浇口前的分流道就应该开始排气。排气槽宽度就等

于分流道宽度，在分型面上深度取 0.12mm 左右。一般在型腔四周均应当排气，在料流末端更应保证排气畅通。分型面上排气槽宽度为 3 ~ 8mm，深度为 0.06 ~ 0.18mm，如图 10-18a 所示，排气槽相互间隔至少 25mm。排气槽允许物料溢出，并有与型腔表面相同的表面粗糙度和硬度。但遇到小型板件，排气量又不大，则用约深度 0.06mm 的浅排气槽，使飞边去除容易，也可以在芯柱上开设排气隙，如图 10-18b 所示。在芯柱外圆上磨出 3 个或 4 个深 0.05 ~ 0.075mm 的平面，然后经中心引气孔导出气体。在大多数场合，顶杆上也磨出类似的几个导气平面。加工时需注意，磨痕应沿着轴线方向，排气面端角上要磨出 0.12mm 左右的倒角。这样在有飞边形成时会粘连在制件上。最后一种有效的可靠方法是利用多孔的烧结块，如图 10-18c 所示。

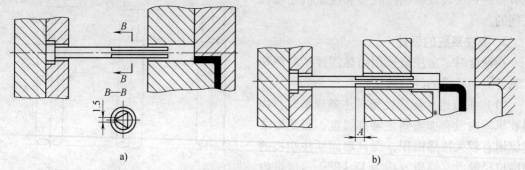

a)   b)

图 10-17 热固性注塑模推杆

a) 闭模位置 b) 推出位置

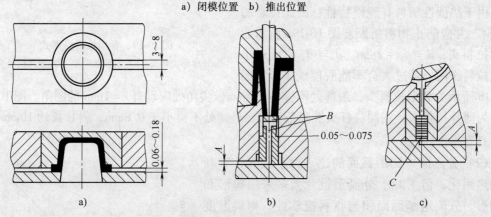

a)   b)   c)

图 10-18 排气系统设计

a) 分型面上排气槽 b) 排气芯柱 c) 多孔烧结块排气

A—排气槽 B—排气孔 C—烧结块

（7）加热和绝热考虑 热固性塑料注塑模加热系统使用最多的是电热棒，也有用电热板的。其加热功率应该根据两绝热板之间的模具总质量计算。也有一个专用经验公式，即

$$P = 0.2V \tag{10-3}$$

式中 P——加热器功率（W）；

V——被加热模具体积（cm^3）。

如图 10-15 所示，动模和定模分别设置测温热电偶，以自动控制模具温度，使成型表面温差在 ±2.5℃ 之内。表 10-1 为部分热固性塑料注塑成型模具温度提供了参考。

表 10-1　部分热固性塑料注塑模模温

塑料	模温/℃	塑料	模温/℃	塑料	模温/℃
酚醛	160 ~ 190	不饱和聚酯	170 ~ 190	有机硅	170 ~ 216
脲甲醛	140 ~ 160	环氧	150 ~ 170	聚酰亚胺	170 ~ 200
三聚氰胺	150 ~ 190	DAP	160 ~ 175	聚丁二烯	230

为防止高温模具向注塑机的两块模板传热，需设置两个绝热垫层，常用石棉水泥板或环氧玻璃钢板等。如图 10-15 所示，绝热层设置在动模支承板和垫铁之间，需加设定位套筒，也有将绝热层设置在动模底板和注塑机动模板之间的。

2. 浇注系统的设计

在设计时，应注意采用由热固性塑料注塑工艺特点而获得的经验数据。

（1）主流道　热固性塑料注塑成型时，物料在机筒内没有加热到足够高温度，因此要求主流道有较大传热面积，而且热固性注塑机的喷嘴口径较大，锥角 α 应为 $1° ~ 2°$。主流道内壁的表面粗糙度 $Ra \leqslant 0.8\mu m$。

由于热固性塑料有脆硬特性，因此拉料的"冷料"井应防止物料折断。图 10-19a 所示为球形拉料头，$d = d_1 + 2mm$。d 与 d_1 之差过小则无拉料作用，若过大会不能脱模或破裂。图

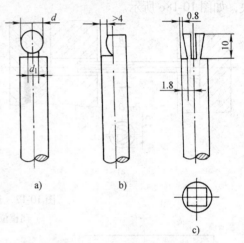

图 10-19　常用拉料头形式
a）球形拉料头　b）Z形拉料头　c）薄片拉料头

10-19b 所示为 Z 形拉料头，最薄处不得小于 4mm，尖角处应设有 $r = 1mm$ 的圆角。图 10-19c 所示为薄片拉料头，在圆柱杆头铣四条斜边，最薄处不得小于 0.8mm，斜片长约 10mm，使薄片具有弹性。

（2）分流道　圆形截面的比表面积最大，有利于传热固化，但实际上分流道设计大多采用梯形和半圆形。分流道断面面积与物料流动性、物料温度和分流道长度等因素有关，但主要取决于流经分流道的物料量。对于酚醛类塑料，分流道截面积可按式（10-4）估算：

$$A_r = am_r + 20mm^2 \qquad (10\text{-}4)$$

式中　A_r——分流道截面积（mm^2）；

$\quad a$——系数，取 $0.26mm^2/g$；

$\quad m_r$——流经分流道的塑料量（g）。

也可按图 10-20 的曲线 1 估算。生产中梯形截面厚度，对于中小型塑料件可取 2 ~ 4mm；对于较大塑料件可取 4 ~ 8mm。

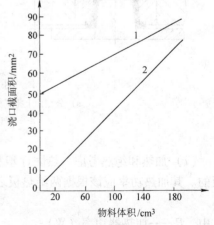

图 10-20　酚醛塑料的分流道和浇口断面积、流过物料体积的关系

1—分流道　2—浇口

　　为了减小物料流动阻力，主流道与分流道、各分流道转向处，都应取较大的转角半径。转角半径应不小于分流道直径或宽度。分流道的表面粗糙度 Ra 在 0.4μm 以下，并镀铬。

　　（3）浇口　如图 10-21 ~ 图 10-23 所示，热固性塑料注塑模的浇口形式有直浇口、侧浇口、盘形浇口、外环形浇口、内环形浇口、扇形浇口、平缝形浇口、点浇口和潜伏浇口等。物料流经浇口时摩擦磨损大，固化了的浇口凝料质脆易断，故与热塑性塑料注射的浇口有所差异。下面介绍其中三种：

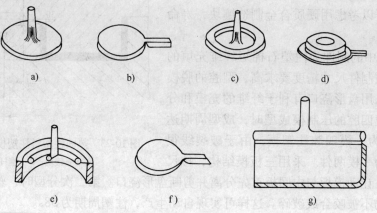

图 10-21　热固性塑料注塑模的浇口类型

a）直浇口　b）侧浇口　c）盘形浇口　d）外环形浇口

e）内环形浇口　f）扇形浇口　g）平缝形浇口

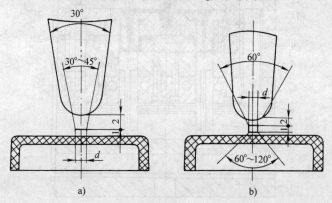

图 10-22　热固性塑料注塑的点浇口

　　1）侧浇口。侧浇口长度为 0.8 ~ 1.5mm。宽度应比分流道稍窄，中小制件为 2 ~ 4mm，大制件为 4 ~ 8mm。其深度是浇口截面积的修模调节尺寸，根据经验常取 0.5mm 左右。对于纤维填料取 0.8 ~ 1.0mm，或取塑料件壁厚的 1/2 左右。对酚醛塑料的侧浇口截面积，可参考图 10-20 中的线 2。

　　2）点浇口。填料粒度大的热固性塑料不能用点浇口。点浇口处磨损剧烈，直径比热塑性塑料模大得多，常取 $d = 1.2 ~ 2.5$mm，可根据塑料件大小和壁厚选取。浇口形式如图 10-22 所示。浇口带有锥度可减小摩擦。

　　3）潜伏浇口。倘若采用点浇口就要用如图 10-24 所示的三板模结构，而潜伏浇口可简

化模具。该种浇口成功设计取决于浇口位置、浇口的两个角度、推杆位置、塑料件在脱模温度下是否具有柔性。如图 10-23 所示，浇口中心线与开模方向的夹角 α 为 25°~30°较适宜。浇口本身锥角在 25°~35°为好。推杆距浇口太近，推出时浇口凝料不能产生充分的挠曲，易剪切折断；但推杆太远，则固化浇口没有足够的推出力。

浇口部位最好做成可换镶块。特别在大批量生产时，镶件的镀铬层磨去后，可重新镀铬或更新镶件。也可以考虑用硬质合金制造镶块，寿命可提高数倍。

图 10-24 中的制件为注塑石棉短纤维充填的酚醛环刷。该制件尺寸精度要求高，型腔的脱模斜度很小，采用盘形浇口有利于纤维的充模和分布。在用一模四腔的压制模成型时，成型周期达 2.75min。改为一模四腔注塑模，由于破裂线很难控制，现为一模两件。采用三板模结构，拉尺

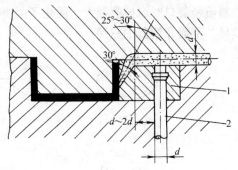

图 10-23　热固性塑料注塑模的潜伏浇口
1—镶块　2—推杆

被仔细设计，让动模板与中间板首先分离并剪断盘形浇口。第二次分型时，塑料件中心引导流道的固化物不被咬合或破碎。这样可实现自动生产，注塑周期为 58s。

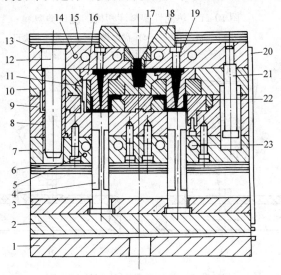

图 10-24　一模两腔石棉短纤维充填酚醛塑料的双分型面注塑模
1—动模座板　2—推出板　3—推杆固定板　4—推杆　5、14—热电偶
6、15—绝热层　7—动模垫板　8—导套　9—动模板　10—中间板
11—凸模　12—导柱　13—定模固定板　16—流道浇口套　17—主流道环
18—定位圈　19—拉料杆　20—拉尺　21—带肩定距螺钉　22—凹模　23—加热器

10.3　气体辅助注塑模

气体辅助注塑成型工艺是由德国的 Battenfeld 公司最先提出的。该工艺是当型腔中注射了部分聚合物熔体以后，紧接着通过喷嘴、流道将压缩空气（通常为 N_2）注入熔体中形成

中空塑件的特殊工艺，即表层是连续结实的实体，而塑件的心部存在空气空间。这样的塑件有高的强度质量比，所以在汽车、建材及日用品中有着十分诱人的发展前景。

图 10-25 所示为 Battenfeld 公司的气体辅助注塑装置。图 10-26 所示为气体辅助注塑成型过程。

气体的压力、流量、体积是决定塑件中空气夹芯方位、大小等的重要因素。另外，模具结构和工艺参数（如注射速度、熔料温度、模具温度、注射压力、保压时间等）也对气体夹芯产生重要影响。

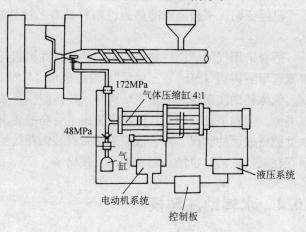

图 10-25 气体辅助注塑装置

1. 气体辅助注塑成型的优点

1）在塑件厚壁处，肋、凸台等部位表面不会出现缩痕，提高了塑件质量。一般气体辅助注塑成型制件的截面形状如图 10-27 所示。

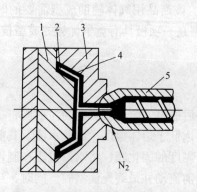

图 10-26 气体辅助注塑成型过程
1—动模型芯板 2—塑件 3—定模型腔板
4—气层夹心 5—注塑机喷嘴

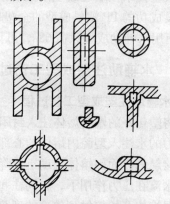

图 10-27 一般气体辅助注塑
成型制件的截面形状

2）所需锁模力为一般注塑成型的 1/10 ~ 1/5，可大幅度降低设备成本。

3）因成型时注射压力低，故塑件中的残余应力极小，塑件不易出现翘曲和应力碎裂，可大幅度降低废品率。

4）可减轻塑件的质量，减少原材料的费用，使塑件适应工业产品轻型化的要求。

5）所需冷却时间短，可缩短成型周期，提高注塑成型的生产率。

6）可成型各种复杂形状的塑件。

2. 热固性树脂材料

根据 Battenfeld 公司的研究，对不同热固性塑料使用气体辅助注塑成型的可能性取决于注射阶段熔料的流动行为（流动曲线），且必须满足下列先决条件：

1）熔料对模壁腔的黏合性（熔料无低黏度润滑层）。

2）熔料前沿沿型腔壁流动的平板流动曲线。

3）压缩流动前沿（熔料的任一部分未被压缩）。

已经证明，平板流动的热固性塑料具有上述性能，因此非常适合气体辅助注塑成型技术。

适合采用气体辅助注塑成型系统的热固性树脂有酚醛树脂（PF）、脲醛树脂（UF）、三聚氰胺甲醛树脂（MF）、三聚氰胺-酚醛树脂（MP）、不饱和聚酯树脂、环氧树脂（EP）。

气体辅助注塑模具的基本结构与一般注塑模具相同。由于采用低压成型，有利于提高模具寿命，但对型腔表面的几何精度提出了更高的要求。这是因为这种成型方法能较逼真地反映型腔壁表面的状况，对于成型表面带有装饰花纹的塑件有好处；但另一方面，如果模具表面存在某些缺陷，也能从塑件表面反映出来。

10.4　水辅助注塑模

德国还开发出基于同样原理的新的注塑成型技术——水辅助注塑成型技术，它比气体辅助注塑成型技术在缩短成型周期、减小制件厚度与质量等方面更具有吸引力。如德国 Sulo 公司开发成功的 PP 塑料成型的全塑超市购物手推车。该产品用气体辅助成型需要的时间是 280s，而用水辅助成型只需 68s，可见水辅助注塑成型是一项极具有竞争优势的成型技术。

10.4.1　水辅助注塑成型工艺过程与方法

1. 水辅助注塑成型工艺过程

先将塑化好的塑料熔体注入封闭的模具型腔，然后通过安装于模具上的注射器将一定温度与压力的水注入型腔内熔体的心部。由于水的温度远低于熔体温度，因此水流及其前锋面与熔体接触的界面因熔体温度迅速降低而形成一层高黏度的固化膜，将水流包裹在制件壁厚中心。水流在压力作用下，如同柱塞一样推动熔体向前流动并最终充满型腔。同时，当型腔内的高温熔体开始接触到较冷的型腔壁时，也会在模壁处产生一定厚度的凝固层，使得制件心部的水流不致穿透固化膜与模壁接触。经过一定时间的冷却固化，便可排空制件心部的水，开模获得空心的制件。

水辅助注塑成型工艺过程可分为四个阶段：熔体注射→水的注射→水的排空→塑件脱模

2. 水辅助注塑成型方法

按照具体成型工艺过程的不同，目前水辅助注塑成型有四种工艺方法。

（1）短射（欠量注射）法　这种方法也称为吹胀法，它是通过对封闭型腔进行经过准确计量的熔体欠量注射，然后迅速切换到向型腔内的熔体心部注入高压水而实现的。水在熔体心部流动如同柱塞一样推动熔体向前并充满型腔，同时实施保压，如图 10-28 所示。来自注塑机机筒的熔体和供水系统的水，由专门的控制阀门分别控制。制件固化后，打开控水阀门，借助水的重力或外界压缩空气的压力可将水排净。这种方法在熔体欠量注射结束而切换到水的注入时，会因熔体流短暂的停滞而在制件表面形成滞留痕，影响外观质量。它适合壁厚较大的制件成型，但应严格控制熔体注入的量。若注入的熔体量太少，可能导致水流前锋面的熔体膜被穿透，使水进入型腔而损伤模具。

（2）返流法　该方法是注入熔体时，型腔先被熔体完全充满，然后通过安装于模具上

且位于熔体充模流动末端或附近的水注射器向型腔内熔体心部注入水。水的压力高于熔体压力，因此型腔心部的熔体受水的排挤被迫向注塑机机筒的头部空间返流，如图 10-29 所示。这种方法避免了短射法在由注入熔体后向注水切换时在制件表面上形成的滞留痕迹，可获得表面优质的制件，但需要特殊的喷嘴和阻逆环控制返流回注塑机机筒的熔体量，且不允许水穿透到注塑机机筒前端。同时返流回来的熔体与注塑机机筒原有的熔体存在温度和压力的差异，这将会影响下一次注射的制件质量。

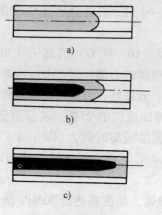

图 10-28　短射法

a) 型腔部分填充　b) 注入水　c) 保持压力

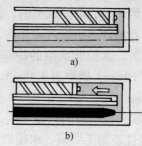

图 10-29　返流方法

a) 型腔充满熔体　b) 注入水与熔体回流

（3）溢流法　这种工艺方法的模具需用两个型腔，一个为成型制件的主型腔，另一个是与其连通的溢流腔。主型腔通过安装在其末端的控制阀与溢流腔隔开形成两个封闭型腔。开始注入熔体时主型腔被完全充满，然后由水注射器向主型腔内的熔体心部注水，并打开主型腔末端的控制阀，使主型腔内被水排挤出来的熔体通过阀门通道流入溢流腔。关闭主型腔阀门可对制件实施保压，如图 10-30 所示。这种方法同样可获得表面优质的制件，但脱模后制件及溢流腔需增加修整、清理与切除多余材料的工序。

（4）流动法　这种方法是短射法与溢流法的结合。成型时先对型腔进行欠量的熔体注射，然后向型腔内的熔体心部注入水，水推动熔体向前流动充满型腔，打开型腔端部的控制阀，水流穿透熔体前锋面的固化膜，通过型腔末端的控制阀，流回到供水系统回路，如图 10-31 所示。这种方法节省材料，同时水从制件心部流向循环回路，增加冷却速率，但制件的出水口处会产生缺陷。

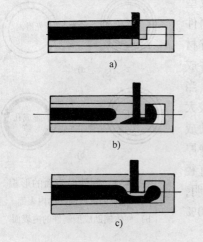

图 10-30　溢流方法

a) 熔体充满型腔　b) 注入水　c) 保持压力

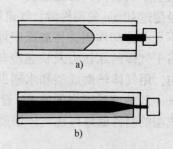

图 10-31　流动方法

a) 型腔部分填充　b) 注入水和保压

10.4.2　水辅助注塑成型技术的主要特点

水辅助注塑成型技术与气体辅助注塑成型技术相比较，其根本差别在于两者使用的辅助成型介质的性质不同：一种是液态的水，另一种是气态的氮气。水是不可压缩的，而气体则可以。水不但黏度高于气体，而且水的热导率比气体大40倍，其比热容也比气体高3倍。由于水的流体特性，使水辅助注塑成型具有如下特点：

（1）缩短循环时间　水辅助注塑成型是将一定温度（10~80℃）的高压（30MPa）水注入型腔内熔体的心部而成型的，因此水可直接从制件壁厚的心部对制件进行冷却，而且这种冷却是随着制件形状由内到外均匀作用的，冷却充分，效果好，可大大缩短制件的成型周期。研究表明，水辅助成型的冷却循环时间只有气体辅助成型的25%，甚至更低。例如，成型直径为10mm、壁厚为1.0~1.5mm的制件，气体辅助成型时间为60s，而水辅助成型时间只需10s；成型直径为30mm、壁厚为2.5~3.0mm的制件，气体辅助成型时间需要180s，而水辅助成型时间只需40s。

（2）制件表面无缩痕　水辅助成型中注入型腔的熔体，是在高达近30MPa的水压力作用下紧贴型腔壁流动与冷却固化的，制件的整个成型收缩与冷却定型过程始终受到来自制件心部的水压力作用。制件壁厚密度高，冷却均匀，收缩一致，表面平整无缩痕，没有翘曲与扭曲变形，外观质量好。

（3）可成型薄壁和内表面光滑的制件　由于水辅助成型所用的水温度远低于熔体温度，因此注入型腔的水与高温熔体接触的界面，会因熔体温度迅速降低而立即形成一层光滑的高黏度固化膜。固化膜内侧的水在压力作用下向外均匀施压，使尚未凝固的制件壁厚受压而减薄，但水不会穿透固化膜进入壁厚，同时水流前锋面的熔体在水压力作用下向前推移，使更多的熔体向前流动，从而获得壁厚较小且内表面光滑的制件。图10-32所示为水辅助成型与气体辅助成型制件内表面的比较。水的黏度高于气体，加上熔体固化膜的作用，使水不会像气体那样容易渗入到熔体内，因此可获得内表面光滑的制件。而气体则容易渗透到制件内表面，并产生气泡或形成空隙，致使制件内表面粗糙。

（4）节省材料　水辅助成型可成型比气体辅助成型所能达到的壁厚更小的制件，因而节省材料，减轻制件质量，降低成本。研究表明，水辅助注塑成型可节省材料30%~40%。气体辅助成型在用于直径较大的制件成型时，其壁厚仍较大，易造成制件内表面产生气泡。当成型直径超过40mm的制件时，气道形成后，因壁厚较大及气体不具有冷却作用，易造成壁厚不均。而水辅助成型具有高于气体的水压力及快速冷却的作用，可使壁厚小而均匀。用气体辅助成型和水辅助成型分别成型直径为6~8mm的玻璃纤维增强的PA管状制件，试验表明，水辅助成型的制件壁厚可比气体辅助成型的壁厚小50%以上。

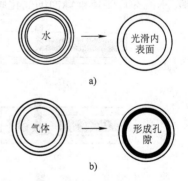

图10-32　制件内表面的形貌
a）水辅助成型制件的内表面
b）气体辅助成型制件的内表面

（5）水介质可重复利用且易于控制与获得　水辅助成型方法中，制件中排出的水，可回流到供水系统循环使用。同时水的温度、压力、流量等易于准确控制，有利于保证成型制

件的质量。水比气体辅助成型用的氮气方便易得，经济有效。

（6）增加排水工序 水辅助成型的制件冷却固化后，需排空排净制件心部的水，然后脱模。目前有两种排水方法：一是靠水的重力排空；二是借助外界压缩空气的压力将水排出。后者排水干净，但需增加供气装置。

此外，水的密封问题是关系到水辅助成型技术能否获得广泛应用的关键。一旦发生水的泄漏或溅射到模具上，会影响制件的成型质量。因此，应有可靠的密封或防漏措施。

10.4.3 水辅助注塑成型的应用范围

水辅助注塑成型的应用范围与气体辅助成型基本一致，但它可成型比气体辅助成型具有更大更长的内部空间或更小壁厚，以及内表面光滑的制件，既适用于小型制件的成型，也适用于大型制件的成型。

（1）复杂形状的管状制件 这类制件用水辅助成型可获得更大的截面空间和较小的壁厚，节省材料，缩短成型周期，如各种手柄、扶手、家具腿、门把手和汽车上的冷却管路等。对于超过 180°弯曲的管状制件，用水辅助成型获得的制件可比气体辅助成型具有更均匀的壁厚和更光滑的内表面，如图 10-33所示。

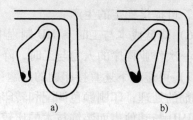

图 10-33 不同弯曲度的管状制件水辅助成型与气体辅助成型壁厚的比较
a）气体辅助成型 b）水辅助成型

（2）厚壁制件 对壁厚或直径较大的制件，用水辅助成型可获得合理的结构刚度与较小的壁厚，大大减轻制件的质量，节省原材料，同时降低了成型制件对注塑机能力的要求。

（3）壁厚不均的复杂结构制件 这类制件的厚壁部分可通过水辅助成型，避免传统注塑成型工艺中因收缩不均而引起的翘曲、扭曲及表面缩痕等缺陷，从而获得表面平整光滑的制件，提高了制件设计的灵活性和自由度。

10.5 模内装饰注塑模

10.5.1 模内装饰的原理及特点

传统的塑料器件表面印上不同的图案，而这些图案往往会因长时间摩擦（尤其是接触按键）而消失，且不耐划伤，容易产生划痕。即使印在透明按键材料上，这些图案也不会透光，并且对于表面不平整的材料，只能用移印的办法印上图案，给批量生产带来了不便。随着社会的进步，人们对表面装饰的要求也在不断提高，为满足社会的需要，人们研制和开发了新的表面装饰技术——IMD（In-Mold Decoration，模内装饰）技术。

IMD，就是将已印刷成型好的装饰片材放入注塑模内，然后将树脂注射在成型片材的背面，使树脂与片材接合成一体固化成型的技术。IMD 是在注塑成型的同时进行镶件加饰的技术，产品是和装饰承印材料覆合成为一体，对立体状的成型品全体可进行加饰印刷，使产品达到装饰性与功能性于一身的效果。采用该方法可同时获得镀金和印刷等效果，并可在三维曲面上同时表现 6 种色相，适合于大批量生产。利用可成型膜进行模内涂装是一种经济、耐

用和环保的 IMD 方式，正取代成型后上漆、印制、热冲压和镀铬等工艺，广泛应用于家电、电子、汽车、计算机、通信等行业，通常手机显示屏、键盘装饰多采用这种工艺。IMD 工艺特点如下：

1）产品稳定性。使产品产生一致性与标准化的正确套色。

2）产品耐久性。透过特殊处理的 COATING 薄膜的保护，可提供产品更优良的表面耐磨与耐化学特性。

3）3D 复杂形状设计。应用薄膜优良的伸展性，可顺利达成所需的产品复杂性外形设计需求。

4）多样化风格。可依客户需求创造金属电镀或天然材质特殊式样亮银的金属图案和印刷图案结合，可以进行更为广泛的图案设计。

5）制程简化。经由一次注塑成型的方法，将成型与装饰同时完成，可有效降低成本与工时，可提供稳定的生产。

6）降低成本与工时。IMD 制程中只需要一套模具，不像其他制程需开多套模具，可以去除一次作业程序的人力与工时，降低系统成本与库存成本。

7）可避免下述直接印刷的问题：印刷机器、制版等设备；印刷技术的学习；油墨、有机溶剂的处理；印刷颜色调配和转印的初期工序。

IMD 与其他表面装饰技术的比较见表 10-2。

表 10-2　IMD 与其他表面装饰技术的比较

项　　目	喷　涂	热　转　印	IMD
摩擦性能	差	差	好
能否综合多种标记	能	能	不能
透光性能	差	差	好
图像清晰度	好	好	好
着色效果	差	差	好
金属外观	差	好	好
能否自动化加工	不能	能	能
加工速度	慢	快	快
小批量生产效益	好	差	好
能否加工三维曲面	能	不能	能

10.5.2　模内装饰的工艺流程及分类

日本写真印刷株式会社（Nissha）在装饰膜设计、印刷以及模内装饰研究、设计、生产领域处于全球领先地位。Nissha 将模内覆膜分为 IMD Type-TR（transfer，油墨转移型模内装饰，见图 10-34）、IMD Type-S（simulforming，模压型模内装饰，见图 10-35）、IMD Type-P（preforming，预压成型模内装饰，见图 10-36）。IMD Type-TR 就是常说的模内装饰（IMD），IMD Type-S、IMD Type-P 是模内贴标签（IML）。它们之间的比较见表 10-3。

表 10-3　模内装饰油墨转移型、模压型、预压成型工艺特性对比

IMD Type-TR	IMD Type-S	IMD Type-P
送料机构推进承载膜	送料机构推进装饰膜	预成型装饰膜
如果设计精确合理，可实现高档次装饰（设计变化灵活）	图案成型变形小，拉伸深度大	图案成型变形小，凸模预成型可实现最大拉伸深度
无须后续切边（装饰类型：木纹、金属、工艺图案、商标）	图案丰富，表层亚克力使产品表面耐磨（可成型非光滑面）	图案丰富，表层亚克力使产品表面耐磨（可成型非光滑面）
一次成型无须前/后工序（可自动化生产）	注射过程中直接吸入装饰膜，一次成型（可自动化生产）	分模线包进也可成型
抗划伤。有硬化处理：2H；无硬化处理：F	抗划伤：H	抗划伤：H
适用注射材料：ABS、PMMA、ABS-PC	适用注射材料：ABS、PMMA、PP、ABS-PC	适用注射材料：ABS、PP、ABS-PC

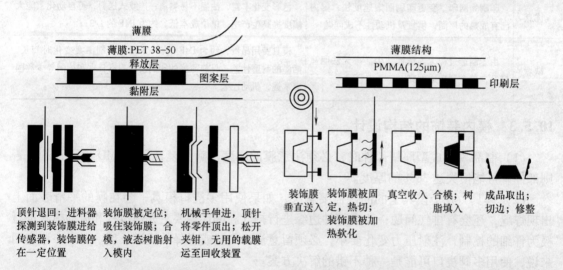

图 10-34　油墨转移型模内装饰薄膜
结构和注塑过程

图 10-35　模压型模内装饰薄膜结构和注塑过程

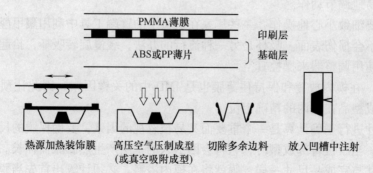

图 10-36　预压成型模内装饰薄膜结构和注塑过程

（1）IMD Type-TR 的特点　广泛应用于弱电、办公自动化、化妆品、汽车等领域；注塑、装饰可以由一个工艺完成，并可以实现自动化；需要专用的模具；可以实现图案的定位注塑。

（2）IMD Type-S 的特点　注塑、图案装饰在同一工序内实现（可实现自动化）；需使用专用的注塑成型模具；注塑成型后需要加工。

（3）IMD Type-P 的特点　由于是凸成型，不易造成上部图案的拉伸；可以超过分型面装饰。

目前 IMD 按制造过程的不同可分为薄膜式模内转印（IMF）及滚筒式模内转印（IMR）两种。IMF 法是先将油墨印刷在一层厚度约 0.18mm 的薄膜［材料为聚碳酸酯（PC）或聚对苯二甲酸乙二醇酯］上，经过成型之后，置于注塑机台上，依靠模具定位机构定位，在模内与基材一同成型。IMR 法是先以滚筒印刷的方式将薄膜印制成卷再以滚筒方式运送。IMF 与 IMR 的优缺点比较见表 10-4。

表 10-4　IMF 与 IMR 的优缺点比较

项目	IMF	IMR
优点	印刷为网印，变更印刷图案速度快；国内已有成熟的厂商，供货及机动性不成问题	色彩变化丰富，油墨不易剥离；连续式送料，可自动化，能大幅度提高生产率，单位成本低，约为 IMF 的 1/2
缺点	由于制造过程无连续性，生产率无法明显提升，单个制造成本高	模具费用昂贵，约为 IMF 的 2~3 倍；印刷图案变化时间长，油墨的耐磨性差；目前薄膜的印刷技术只有日本和德国等少数国家掌握，机动性差

10.5.3　模内装饰的结构设计

（1）制品　在成型厚壁部件时，必须注意膜的厚度，确保模具是为 IMD 而设计的，否则部件有可能损失达 30% 的厚度。

（2）模具　几个模具上的问题需要解决，如果使用多浇口模具，会在膜的平滑表面上出现焊缝，还会有排气问题，要在部件边缘进行排气。IMD 需要对充模过程和流动模式进行极为仔细的控制，注射压力变化要小，必须留意浇口位置或者降低流道长度。对于一些应用来说，使用多阀浇口可能是一种不错的解决方案。

（3）机械手　传统横动机械手已经被用于 IMD。有专业人士指出，相比气动或液动伺服混合型机械手，全伺服机械手可能是一种更佳的选择，因为伺服定位更为精确，可重复性更高，可更容易地调节动作。

IMD 膜需要细致小心地操作，一些厂家在机械手的臂端工具中利用聚甲醛或氟聚合物材料的抓爪，而不会损伤表面。吸杯是另一种流行的办法，缓慢旋转吸杯，拾起嵌膜，而不会损伤膜，可以使用调整器来操控真空。

（4）嵌膜　在模内放置和保持住薄膜也是 IMD 中的关键因素，因此让预成型嵌膜带上静电有助于预成型品在模内的精确定位。

对嵌膜尺寸进行正确计算是一个重要而又易被忽视的因素，要确保膜的尺寸略微小于最终部件的尺寸。当膜被背部成型时，它将会因引入的基层产生热膨胀而伸长。如果在背部成型之前膜的尺寸与完成品尺寸一样，膜就将在模内溢料。必须计算出首先当膜受热至模温时会如何膨胀，然后当注入基层时会如何膨胀。

10.5.4 IMD 油墨

（1）溶剂型油墨 采用溶剂型油墨网印 IMD 的 PC 片后，需在隧道式且具有良好通风的三级干燥机中烘干。三级的最后一级干燥，建议在 90℃恒温烘干 3～5h。因此，溶剂型油墨的生产周期长，且一旦油墨的干燥程度掌握不好，就会给最后的注塑成品率带来非常大的影响。因为溶剂型油墨印后干燥不彻底，在油墨中残留溶剂，此溶剂在注塑模内受热的条件下无法跑掉，就会向油墨内外散发，在溶剂蒸气压力大的情况下，油墨就会向四周扩散而造成"飞油"现象，使图文周边模糊，严重者印刷的图文全部扩散，飞溅形成向四周散射性的"花纹"。

（2）光固化油墨在 IMD 技术的应用特点

1）可实行自动化印刷，生产率高。

2）UV 油墨光固化只需几秒或十几秒，固化速度非常快。

3）可网印更精细的线条，分辨率高，且墨层较薄，印刷面积大。

4）注塑前，UV 墨印迹若不覆膜，也不会产生印迹油墨"飞油"现象。

5）整个操作系统容易控制，UV 油墨因溶剂量较少，故不需长时间蒸发或烘干溶剂过程，因而注塑时油墨受热就不会产生"飞油"现象。

IMD 技术的出现，将会大大推进仪器仪表、计算机、键盘、面板、汽车表盘的网印技术的发展。在不久的将来，多种家用电器、汽车等超大型产品的外壳也将会使用 IMD 技术完成，使生产完全实行自动化，提高效率。因此，IMD 技术是集合特殊 PC 片材、注塑树脂、耐温油墨、彩色丝网印刷、冲压成型注塑模具的设计、制造及注塑工艺的综合技术，技术含量较高，涉及技术范围广。只要有合理的结构设计，再配上先进的器材和合理的工艺，IMD（IMS）将会得到广泛的应用。

10.6 其他注塑模

10.6.1 结构发泡注塑成型

1. 结构发泡成型工艺的实质及优缺点

结构发泡注塑成型的实质是把结构发泡塑料注射入型腔，再将氮气或发泡剂加入聚合物熔体，使其形成聚合物与气体的混合熔体。注入模具型腔后其气体膨胀，使熔体发泡而充满型腔。接触低温模壁的熔体中气体破裂，而在型腔中的熔体发泡膨大，从而形成表层致密、内部呈微孔泡沫结构的塑件。其工艺系统中有结构发泡塑料、结构发泡注塑机、结构发泡注塑模等。

结构发泡塑料又称低发泡塑料、硬质发泡体或合成木材。所谓结构发泡塑件就是指发泡倍数为 1～2 倍，在塑料中加入发泡剂，采用特殊要求的注塑机、模具和成型工艺所成型的塑件。

常用的注射结构发泡制品的材料有聚苯乙烯、聚乙烯、聚丙烯、聚氯乙烯、聚碳酸酯、聚酰胺和 ABS 等。此外，含玻璃纤维的聚氯乙烯、聚乙烯、聚丙烯和聚酰胺等，可用于制造增强的结构发泡塑料件。

与普通注塑一样，结构发泡塑件注塑成功与否主要取决于合适的注射速度（注塑时间）、注射压力、注射温度（熔体温度）、型腔温度以及模具结构等。除此之外，相关的因素是发泡剂的性质、发泡剂在熔体中分散的程度、发泡孔的最终尺寸及分布的均匀程度、气泡的增长过程、增长速率等，因为这些因素都将影响到皮层和心部的结构状态，最终会影响到塑件的力学性能。

泡孔的形成过程大致分为三个阶段：泡孔的形成→泡孔的增大→泡孔的结合或稳定（见图10-37）。

（1）结构发泡注塑模的种类　结构发泡注塑模有以下几种：

1）高压法结构发泡注塑模　包括以下两种类型：

①木纹化模塑法结构发泡注塑模。将塑料完全充满型腔，发泡率极低，一般为 1.1 ~ 1.2。用一般的注塑机稍加改进即可。模具设计和工艺要求比较复杂，如配合不当，不能得到良好的木质纹理塑件。

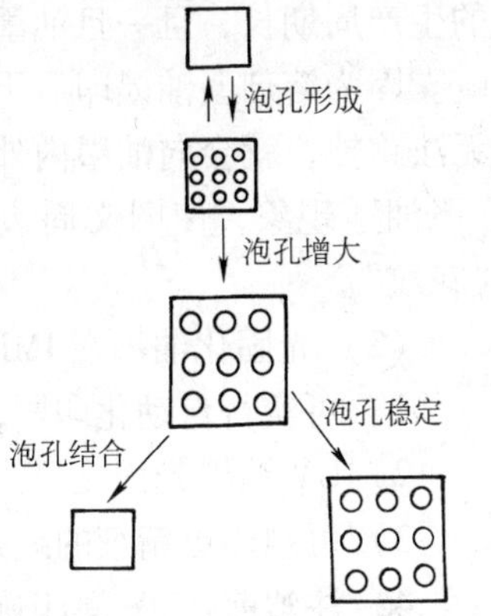

②二次开模法结构发泡注塑模。要求注塑机设有二次移动模板的机构，当熔融塑料注满型腔后，瞬间移动模板，模具开模一小段距离，使心层发泡，得到低发泡塑件，发泡率可调节。

图10-37　泡孔形成阶段

2）低压法结构发泡注塑模。塑料以高速高压注入整个型腔容积的75% ~ 80%，靠塑料在型腔内发泡而充满型腔。低压法要求注塑机喷嘴带有阀门并能够密封，才能达到较好的效果，低压法成型的塑件泡孔均匀，但是表面粗糙。

3）双组分（夹心）注塑法结构发泡注塑模　单组分发泡注塑（高压法、低压法）尽管可以节省20% ~ 30%的塑料，但是对于大型塑件价格还是很高。而采用双组分时塑件内心可以掺用下角料、填料、废料、纸、碳酸钙等，这样可以大大降低成本。此类注塑模的结构有相继注塑法结构发泡注塑模、同心流道注塑法结构发泡注塑模。

（2）结构发泡塑件的优点　结构发泡塑件有以下优点：

1）表面平整无凹陷和挠曲，无内应力。

2）具有一定的刚度和强度，外观近似木材，与木材相比具有耐潮湿、成型加工简便等优点。

3）密度小，比一般塑料的密度小15% ~ 50%。

因此，在国外，结构发泡塑件广泛地应用于家具、汽车、电器部件、建材、仪表外壳、工艺品框架、乐器和包装箱等方面。

（3）结构发泡塑件的缺点　结构发泡塑件有以下缺点：

1）表面粗糙。

2）颜色不鲜艳，为了得到理想的结构发泡塑件常需进行表面处理，如涂漆等。

2. 模具设计要点

结构发泡注塑模具的总体结构，与一般注塑模具并无显著差别。但设计此类模具时，以下几方面必须考虑：

（1）主流道　主流道应整体开设在主流道衬套内，并且比一般注塑模主流道的锥角大6° ~ 7°，小端直径比注塑机喷嘴孔径大 0.7 ~ 1.0mm，最大长度不超过60mm。出口端向分

流道接口处，应有较大的过渡圆角，常取出口端的半径。这种粗而短又有圆角过渡的主流道设计，有利于快速充模。

（2）分流道　分流道采用比塑料件壁厚大的圆形或梯形分流道，以尽可能减少熔体的压力损失和热散失。分流道直径应在 10~20mm 范围内选取，视塑料件体积和充模速率而定。

（3）浇口　最好采用直接浇口或侧浇口。潜伏浇口和其他小浇口，只限于小型塑料件。浇口断面尺寸不能太小，以免妨碍高速充模。但分流道直径为 20mm 时，浇口直径不得小于6.5mm，从分流道向浇口过渡应有 4.5~5.0mm 的大圆弧，以减小浇口对料流的节流作用。浇口长度应尽可能短，一般为 1.5~3.0mm。浇口断面尺寸随塑料件壁厚增加而增大，一般在塑料件壁厚的 0.3~0.5 倍范围内选取。对于表面易产生卷曲形纹理的发泡塑料件，其浇口位置的选择应尽可能使充模流动呈平行分布，为此采用平缝侧浇口或多点侧浇口。通常浇口应开设在塑料件壁最厚部位，并使熔料流至型腔最远处各点的距离大致相同。此外，浇口的开设应使塑料件的受载荷部位不形成熔合缝和卷入空气。

（4）型腔排气　结构泡沫注塑模的排气系统具有特别重要的意义。这不仅由于型腔容积大，而且还由于发泡剂分解释放大量残余气体。因此，这类模具须有更大的排气通道。沿着型腔的分型面的周边应均匀分布排气槽，它们之间相距 50mm。排气槽高度 0.07~0.08mm，必要时个别排气槽高度可增至 0.25~0.30mm，排气槽宽度 12mm 左右，气流方向的排气槽长度可达 6mm。

（5）模具温度　均匀且可控的模温，有利于获得良好的泡孔结构和均匀的皮层。由于结构泡沫件的厚度大，流道粗大，因此冷却系统设计要提高冷却效率。如果采用导热性能较好的铍铜模具，可保证冷却介质在管道内处于湍流状态。

10.6.2　共注塑成型（多色注塑成型）

共注塑成型是使用具有两个或两个以上注塑系统的注塑机，将不同品种或不同色泽的塑料同时或先后注塑进入一个或几个模具的成型方法，有多色多模的清色（分层）注塑成型、多色单模的清色（分层）注塑成型、多色单模的混色注塑成型。

1. 多色多模的清色（分层）注塑成型及模具

在一台注塑机上装有多副模具和多套注塑装置进行注塑，如双色双模的双清色注塑成型就是一种多色多模的清色注塑成型。双色双模的双清色注塑成型利用双色注塑机上的回转模具台，在一次注射头注射一次形成第一层，再到二次注射头注射一次形成第二层，最终得到双清色塑件。两次注射时型腔大小不一，且均是充满。不同品色的熔料之间的界面结合情况受到熔体温度、模具温度、注射压力、保压时间等因素的影响。

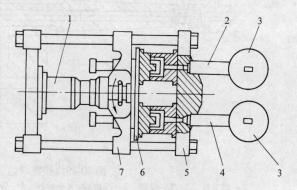

图 10-38　双色注塑成型设备
1—合模液压缸　2—注射系统　3—料斗　4—注射系统
5—固定模板　6—回转板　7—移动模板

图 10-38 所示为双色注塑成型的设备，两个注射系统（机筒）和两副模具共用一个合模系统。模具的定模安装在机

床固定模板上，动模安装在机床回转板 6 上。两副模具的型芯相同且具有两根互相垂直的对称轴，型腔一小一大。其中一个注射系统 2 向小型腔模内注入 A 种塑料。注塑成型后，开模，回转板转动 180°，将已成型的 A 种塑料零件（包在型芯上）作为嵌件送到大型腔所在的另外一个注射系统 4 的工作位置上。合模后注射系统 4 向大型腔模内注入 B 种塑料，对嵌件包覆或半包覆，经过注射、保压和冷却定型后脱模。用这种形式可以生产分色明显的混合塑料件。

双色双模方式的注塑模的设计要考虑以下几个方面：

1）成型部分。成型部分设计与通用型注塑模基本相同，不同的是要考虑两个位置上注塑模的凸模一致，凹模部分腔体大小不同，而且能与两个凸模都能配合得很好。一般这种模成型的塑件较小。

2）浇注系统。由于是双色注塑，浇注系统分一次注射的浇注系统和二次注射的浇注系统，分别来自两个注塑装置。

3）脱模机构。由于双清色塑件只在二次注射结束后才脱出，所以在一次注射位置的脱模机构不起作用。对于水平旋转的注塑机，脱模推出可用注塑机的顶出机构。而对于垂直旋转的注塑机，由于不能用注塑机的顶出机构，可用在回转台上设置液压推出的机构。

4）模体。由于这种成型方法特殊，两副模具导向装置的尺寸、精度一定要一致。对于水平旋转的注塑机，模具的闭合高度要一致，两副模具的中心应在同一回转半径上，且相差 180°；对于垂直回转的注塑机，两副模具要在同一条轴线上。

图 10-39 所示为按键双色注塑模结构。模具整体结构以模具中心为原点上下左右对称，只是字符嵌件型芯型腔与按键母体型芯型腔大小不同，流道也不对称。模具上分布有 4 个定模导柱、2 个回转板导柱。整副模具采用 1 模 12 个字符嵌件和 1 模 12 个按键的布局（见图 10-40）。

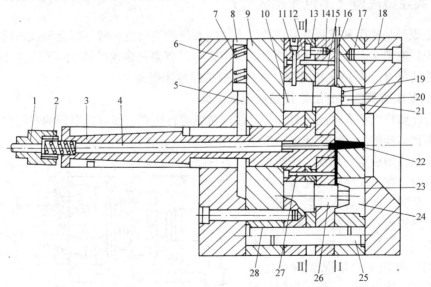

图 10-39　按键双色注塑模结构

1—调节杆　2、7—弹簧　3—螺旋轴　4—推杆　5—导滑销　6—动模座板　8—压块　9—支承板
10—字符型芯　11—定位销　12—动模固定板　13、14—回转板　15、27—拉料杆　16、22—主
流道　17—定模固定板　18—定模座板　19—字符嵌件　20—字符镶件　21—垫块　23—按键
24—按键母体镶件　25—定模导柱　26—按键型芯　28—回转板导柱

字符嵌件模具工作过程：字符嵌件型腔为第一型腔，按键母体型腔为第二型腔，合模第一次注射后，模具垂直上方的第一型腔的 12 个腔内注射了白色字符嵌件，模具水平下方的第二型腔的 12 个按键母体腔在第一模时注射无字符的深色塑料按键，从第二模开始才注射深色塑料，将字符嵌件包封而成为带字符的按键。

开模时动模部分后退，Ⅰ—Ⅰ 分型面首先分开。因为第一型腔成型字符嵌件部分，其浇口设计成潜伏浇口，此时潜伏浇口即与 12 个字符嵌件切断分离，但字符嵌件仍保留在动模部分中回转板 13、14 的型腔上，流道凝料由球形拉料杆 15 拉向动模一侧。第二型腔的浇口设计成侧浇口形式，成型的按键母体留在按键型芯 26 上，流道凝料由倒锥形冷料穴和球形拉料杆 27 拉向动模一侧。动模后退到使回转板全部脱离定模板上的导柱 25 后，动模继续后退，此时 Ⅱ—Ⅱ 分型面分开。依靠机床开合模装置推动螺旋轴 3 沿轴线向前移动一段距离，使回转板脱离回转板导柱 28 和按键型芯，同

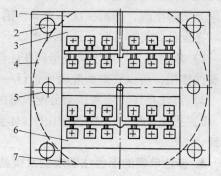

图 10-40 按键双色注塑模型腔布局
1、7—压板 2—定模导柱位置 3—字符嵌件型腔固定板 4—回转板轮廓 5—回转板导套位置 6—按键母体型腔固定板

时使成型字符嵌件的流道凝料及成型按键母体的流道凝料从球形拉料杆 15、27 上脱落，按键母体也从按键型芯上脱落。倒锥形冷料穴中的凝料在弹簧的作用下推出冷料穴，此时回转板起推件板的作用。动模继续后退，机床开合模机构继续推动螺旋轴前进。此时螺旋轴在导滑销的作用下，一边沿轴线向前移动，一边绕轴线旋转 180°后将第一型腔成型的字符嵌件旋转输送到第二型腔所在位置，第一次注射结束。

第二次注射过程：合模，定模将回转板压向动模，由于第二型腔尺寸大于第一型腔尺寸，通过回转板从第一型腔输送过来的字符嵌件套入第二型腔中，定模导柱首先导入动模导套，然后回转板导套导入动模上的回转板导柱，回转板上的 24 个型孔导入动模上的 24 个型芯，螺旋轴上的导滑销迫使螺旋轴在合模过程中沿轴向做直线运动而不发生旋转运动；注射合模后第一次注塑成型的 12 个字符嵌件由按键型芯正确压入按键型腔中的成型位置，然后进行第二次注射。

2. 多色单模的清色(分层)注塑成型及模具

在一台注塑机上装有一副注塑模和多副注塑装置进行注塑。如双色单模的双层注塑成型就是一种多色单模的分层注塑成型，它利用交叉分配喷嘴，分配式注入两种材料。这两种塑料由于注入型腔的顺序有先后，所以在型腔中分层凝固而形成双层塑件。

双组分的结构发泡注塑成型就是一种双色单模的双层注塑成型。第一次注射留出第二次注射充模的空间，即第一次不充满，第二次充满。

如图 10-41 所示，在三机筒中盛三种不同的物料，通过分配喷嘴可成型内、中、外不同物料

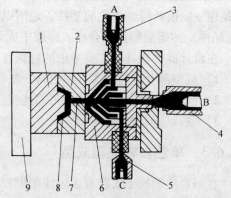

图 10-41 三注射头单模位注塑机
1—动模 2—定模 3—A 料注塑装置 4—B 料注塑装置 5—C 料注塑装置 6—熔料分配板 7—浇注系统 8—塑件 9—注塑机动模安装板

的制件，也可成型同种物料不同颜色花纹制件。

双层注塑模与通用型注塑模并没有什么大的不同，它是用一副模具得到双层的塑件。之所以能得到双层（双清色）的塑件，只是利用交叉分配喷嘴，分配式注射入两种材料。双组分的结构发泡注塑成型（夹芯注塑）也属于一种双层注塑成型。第一次注射留出第二次注射充填的空间，即第一次不充满，第二次充满。

在设计此类模具时，还要考虑以下几个特殊方面：

1）成型部分。由于某些塑料在注塑成型过程中，易产生挥发性气体，对腔体表面会产生腐蚀作用，所以要对型腔表面进行一些防护或强化处理，但模具的型腔结构比较简单。

2）浇注系统。要考虑与分配喷嘴的可靠连接。

3）排溢系统。由于型腔中的气体会对成型产生很多不良影响，故需在模具上设置排溢系统。

3. 多色单模的混色注塑成型及模具

在一台注塑机上装有一副注塑模和多套注塑装置。几套注塑装置按比例同时注入熔料并在混色喷嘴中进行混合，而后注入型腔成型。图 10-42a 所示的形式是在流道中设置了多孔板；图 10-42b 所示形式是将流道加工成弯曲状，以限制塑料流动，使它产生高度剪切的混合作用，从而达到颜料与塑料均匀混合的作用。

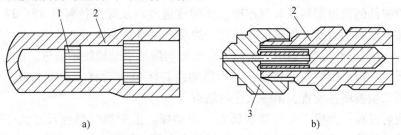

图 10-42　混色喷嘴

a）栅极型　b）迷宫型

1—多孔板　2—喷嘴体　3—喷嘴头

同双层注塑模（双色单模）一样，混色注塑模与通用型注塑模并没有什么大的不同。它是用一副模具得到混色的塑件，之所以能得到混色塑件，是因为利用混色喷嘴将多种颜料（或品种）的熔融塑料混合注入型腔中成型。

在设计此类模具时，要考虑的特殊方面如下所述：

1）成型部分应对型腔表面进行一些防护或强化处理。

2）浇注系统应和混色喷嘴可靠连接。

3）模具应设置排溢系统。

10.6.3　单色多模注塑成型

在一台注塑机上安装有多副注塑模和单一注塑装置，通过各副模具的运动或注塑装置的运动，依次对每副模具进行充填并成型。

单色多模注塑机是一种多工位的注塑机，它的注塑装置、合模装置与一般卧式注塑机相似，而合模装置采用了转盘式的结构（水平旋转、垂直旋转、直线运动）。

图 10-43 所示为多模水平旋转的转盘式注塑机。旋转台上可以装几副模具，随着旋转台

的定时控制间断旋转，依次与注塑装置的喷嘴相接触，接受注射后转一角度，离开喷嘴进行
冷却，然后再转一角度，启模取件。

　　图 10-44 所示为单色多模的立式旋转装
置。其特点是转盘的轴线与注塑装置的轴线
和安装基面垂直。图 10-45 所示为多模注射
头旋转装置，其模具转盘不动，而注射座绕
转盘中心旋转，在每一个模位上可完成注射
保压程序。

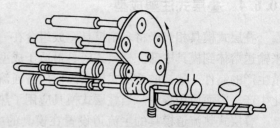

图 10-43　多模水平旋转的转盘式注塑机

　　这种注塑机的主要优点是可以充分利用
注塑装置的塑化效率，并使成型周期大大缩短，特别适用于大批量的塑件生产。其缺点是锁
模力较小，在注射压力大的情况下，塑件容易产生溢边。

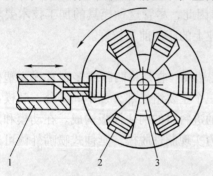

图 10-44　单色多模的立式旋转装置
1—注塑装置　2—模具　3—回转台

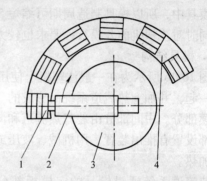

图 10-45　多模注射头旋转装置
1—模具　2—注塑装置　3—回转台　4—模具安装台

　　单个模具的总体结构与一般注塑模相同，但这种成型方法在注塑机的合模装置之间有多
个注塑模。在设计时还要考虑以下一些特点：

　　（1）成型部分　在合模装置之间的多副注塑模可以是同种塑件的注塑模，也可以是不
同品种塑件的注塑模。应尽量使各个模位的塑件质量和投影面积相近，以使各个模位的受力
和注塑量均衡。另外，这种注塑成型的塑件一般较小。在每一个模位，注塑模都有单独的动
模和定模部分。

　　（2）浇注系统　每一个模位的注塑模均有自己的浇注系统，轮到注射充模时，其都要
与注塑机喷嘴接触。

　　（3）脱模机构　对于每一个模位的模具都有自己的脱模机构。当注塑机喷嘴不动、注
塑模在旋转或运动时，注塑模位的模具完成注塑成型后，转到或运动到下一个模位而进行脱
模。合模装置的开模行程要满足脱出并取出塑件和浇注系统的空间要求。开模时，合模装置
间所有模位模具的动定模都要分开。在注塑机喷嘴转动或运动，而注塑模不动的情况下，在
喷嘴转到或运动到下一个模位时，刚完成注塑成型的注塑模进行脱模。

　　（4）模体　对于水平旋转的注塑机，各副模具的中心应在喷嘴中心所在的回转半径上，
且模位之间的相位角均等。对于立式旋转的注塑机，各副模具的中心应在同一回转半径上，
且模位之间的相位角均等。另外，喷嘴应能与模具很好地接触，喷嘴中心线应与模具中心线
在一条直线上。对于注射头旋转的注塑机，注射间的回转中心应在各模位的注塑模所在圆的

圆心上，各注塑模应以等圆心角布置。

10.6.4　叠层式注塑成型

叠层式模具相当于将多副模具叠放组合在一起。这种模具往往需要有一个较长的主流道来输送熔体到模具中部。叠层式模具最适于成型大型扁平制件、小型多腔薄壁制件和需大批量生产的制件。最初的叠层式模具因使用普通流道，每次注射都要去除流道，不能实现自动化生产，因而应用较少。当叠层式模具应用了热流道技术后，其应用才得到了较大的提高。

叠层式热流道模具的主流道设置在模具的中心部分。由于叠层式模具型腔有多个分型面，这意味着需要有一个机构使这些分型面能同时分型。与常规模具相比，这种模具锁模力只提高了5% ~ 10%，但产量增加了90% ~ 95%，可以极大地提高设备利用率和生产率，节约成本。此外，由于模具制造要求基本上与常规模具相同，主要是将两副或多副型腔组合在一副模具中，所以模具制造周期可缩短5% ~ 10%。因此，尽管这种模具的加工技术要求较高，同时对注塑机的开模行程要求也较大，但在工业上的应用前景较好。

1. 模具结构

图10-46所示为在一般注塑机上使用的叠层式注塑模。它是将两副或多副常规注塑模组合在一起，并加上热流道系统而形成的。该模具有三个主要组成部分，中间部分、动模部分及定模部分。中间部分由装有热流道和向两侧供料的进料口的两块模板构成。在动模和定模部分都设置有推出装置，用机械、液压或气压等动力实现制件脱模。延伸式喷嘴外侧可用电阻丝加热。

热流道系统通过模具的定模板部分进行延伸，当模具闭合时与注塑机喷嘴相连接。这一因素在安排型腔的排列时应考虑进去，推出零件决不能穿过热流道伸展区域。模具部分安装在动模板上，在脱模过程中，中间板沿注塑机轴向运动，将延伸部分同喷嘴脱开。流道的延伸部分必须足够长，这样在开模过程中，可避免因熔料泄漏黏于导柱、导套而影响模具的运转。

2. 热流道系统

叠层式模具的热流道系统主要由喷嘴、歧管、热流道板（集流板）、加热装置等组成。喷嘴的形式有多种，常用的喷嘴有开式喷嘴、鱼雷梭式喷嘴和针阀式喷嘴。在使用开式喷嘴时往往会引起

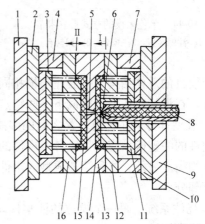

图10-46　叠层式注塑模
1—注塑机动模安装板　2—动模座板　3—塑件B推出机构
4、7—垫块　5—塑件　6—塑件A浇口　8—延伸式喷嘴
9—注塑机定模安装板　10—定模座板　11—塑件A推出
机构　12—塑件A型芯板　13—型腔板（中间流道板）
14—塑件A　15—塑件B　16—塑件B型芯板

流延，除了在塑件表面造成疵点外，成型塑件的性能也会因此而降低，形成的冷料甚至可能堵塞浇口。通常新式机器都具有熔体减压（在模具打开之前注塑机螺杆后退）功能，或在热流道歧管的浇口衬套里设有一个膨胀腔来解决这个问题。然而必须注意的是，减压总是要保持在最低限度，以免在主流道、流道系统或浇口附近吸入空气。因此，叠式热流道系统一

般多采用阀式热喷嘴。

3. 温控系统

叠层式热流道模具中的温控系统包括加热系统和冷却系统。加热系统的作用是保持流道中的塑料呈熔融状态，冷却系统的作用则是完成塑料和模具之间的热量交换。

加热系统中温度不能过低或过高。温度过低，塑料会在流道中形成较厚的固化层，影响实现连续注射；温度过高，可能导致塑料分解变色，在塑件上形成缺陷乃至报废。因此，应严格控温，特别是新型高分子材料不断出现，温控要求的敏感度越来越高。设计冷却回路时，应考虑塑件的形状，冷却介质种类、温度、流速及冷却管道的布置等因素。

4. 开模机构

叠层式模具在开模时，不仅动模部分移动，中间部分也同时移动，即应同时打开两个分型面，并由两侧的推出机构使塑件脱模。目前，叠层式模具的开模方式一般是由铰接杠杆或齿条驱动来同步开模，也可使用液压系统（见图10-47）。采用杠杆传动装置的模具运动平稳，中间板和推出机构的运动能在较长时间内加速，受力较小且磨损少。齿条开模机构在模具的两边各有一根齿条，两根齿条与安装在中间部分的齿轮相啮合，通过导轨及齿条控制系统使模具在两个分型面同时开启。与液压驱动和铰接杠杆驱动相比，齿轮齿条驱动机构性能较好，也较经济，但用铰接杠杆移动模具的灵活性则更大。采用液压辅助开模更易控制开模时间，但结构较大。

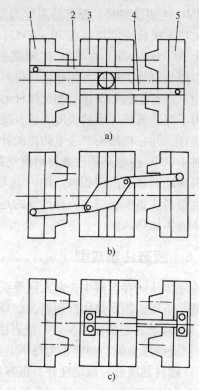

图 10-47　叠层式注塑模连锁机构

a）齿条驱动　b）铰接杠杆驱动　c）液压缸驱动
1—动模部分　2、4—齿轮齿条机构
3—中间流道板　5—定模部分

叠层式模具在开合模过程中需要平稳而有效的支承。有效的支承方式有导柱支承、上吊式横梁支承、下导轨架支承三种，支承的种类应按模具结构来确定。用导柱及上横梁支承有一定的作用，但是模具中央部分质量可能将导柱或横梁压弯，从而使分型面不能充分对齐。因此，这种支承常会产生相当的定量偏斜，使模量不能充分对齐，以及分型面不完全准确闭合。用下支承方式可以提供良好的支承，但这需要横梁有很好的地基支承。

用于直角式注塑机的叠层式模具，类似于在一般注塑机上使用的叠层式注塑模结构形式。由于这种注塑机垂直于模具安装方向进料，因而进料系统较为简单，只要将从侧向进料系统进入的熔料注入相对方向的型腔即可。不过这时模具有三个分型面，即图10-47中的型腔板（中间流道板）沿中间分开，增加一个分型面。

10. 6. 5　BMC 注塑成型

BMC 注塑成型是将由不饱和聚酯、苯乙烯树脂、矿物填料、着色剂和 10% ~ 30%（质

量分数）的玻璃纤维增强材料等组成的块状塑料（命名为 BMC，属增强热固性塑料），通过液压活塞压入机筒内，在螺杆旋转作用下进行输送和塑化，并注塑。BMC 制件具有很高的电阻值、耐湿性和优良的力学性能以及较小的收缩率。因此，BMC 注塑成型可用来生产广泛应用于电子工业、家用电器方面的厚截面制件，如各种壳体和小零件等。

BMC 注塑成型时，模具的温度为 140 ~ 170℃；注塑机筒温度需严格控制，一般用循环液体加热，机筒温度控制在 30 ~ 60℃；注射压力一般为 151MPa；注塑时间为 2 ~ 3s；螺杆转速为 30 ~ 60r/min。在 BMC 注塑机上装有特殊形式的料斗和供料装置。机筒开设有侧入口，以便与自动加料装置相连接。供料装置有液压活塞，可把模塑料压入塑化机筒内，在螺杆作用下进行输送和塑化。塑化螺杆的长径比一般为 20：1。

为了保持玻璃纤维的长度，以及准确地计量稳定塑化系统的压力，常采用深螺槽无压缩段的螺杆，并在机筒头部装上防流的针阀。

对于 BMC 注塑必须注意材料流动路线、流道结构尺寸，考虑尽量小的阻力或死角，防止材料流动困难或出现积料。BMC 注塑模属于一种热固性塑料注塑模，其结构设计与一般热固性塑料注塑模相同。值得注意的是，BMC 注塑模的温度在注塑时应加热到 140 ~ 170℃，用循环液体加热。

10.6.6　液态注塑成型

将液体从储存容器中先泵入混合头的混合室进行混合，然后再注入型腔，并经加热而固化成型。所用树脂属热固性塑料，如环氧树脂、低黏度的硅橡胶等。

（1）液态注塑成型的优点　液态注塑成型具有如下优点：

1）成型压力低，型腔压力每平方厘米仅有几十牛顿或几百牛顿。

2）物料黏度低，流动性好，很容易渗入封装件的狭小缝隙中。

3）在液态注塑机上不需要专用的塑化驱动装置。

4）容易看色、混合和填料。

（2）液态注塑成型的缺点　其缺点如下：

1）由于原料的黏度低，在运输和生产过程中容易混入空气产生气泡，使用时需要脱气泡。

2）原料由主体树脂和固化剂组成，使用时才进行混合，当操作中断和结束时要清洗接触这些混合液的混合器部件、装置。

3）使用的原料受限制。为了在型腔内固化，要求固化速度与注塑周期相匹配，原料不生成气体和水分等副产物。这使得液态注塑成型所用的原料价格比一般树脂高很多。

液态注塑机可认为是一种广义的混色注塑机。如图 10-48 所示，设备的主要部分由供料部分、定量及注塑部分、混合及喷嘴部分组成。

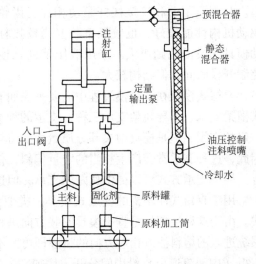

图 10-48　液态注塑成型设备工作原理

供料部分由原料罐和原料、加压筒等组成。在原料罐内装有加压板，通过压缩空气或液压泵作用向加压筒中的液体施压，使主料和固化剂经过入口阀门输送给定量注塑装置。定量注塑

装置由两个往复式定量输出泵和注射缸组成。当主料和固化剂进入定量泵后，就经过出口阀和单向阀泵入预混合器装置内，然后在注射缸作用下，推动螺杆或柱塞将混合液料加压，并经过预混器、静态混合器和开关式喷嘴注入模具型腔。混合装置由机筒和静态混合器组成。另外在充满型腔后，模具加热进而固化成型。

液态注塑模与一般热固性塑料注塑模基本相同，是一种热固性塑料注塑模。在注射充模结束后，需要对模具进行加热，使液态料固化定型。

10.6.7　反应注塑成型

反应注塑成型的实质是使能够起反应的两种液料进行混合注塑，并在模具中进行反应固化成型的一种方法。因此，反应注塑一般都包括两组液料的供给系统和液料泵出、混合及注塑系统。反应注塑可用来成型发泡制件和增强制件。目前开发的应用领域已十分广泛。如用聚氨酯零部件，在汽车制造业用来成型转向盘、坐垫、头部靠垫、手臂靠垫、阻流板、缓冲器、防振垫、遮光板，以及冷藏车、冷藏库等的夹芯板；在电器中用来成型电视机、扩音器、计算机、控制台外壳等；在民用建筑方面用来成型家具、仿木制品、管道、冷藏器、热水锅炉、冰箱等的隔热材料。用反应注塑还可以成型玻璃纤维增强聚氨酯发泡制品，用来成型汽车厢的内壁材料或地板材料，以及汽车的仪表面板等。

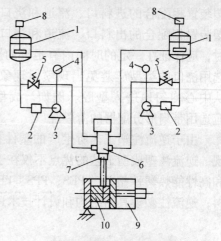

反应注塑机可认为是一种广义的混色注塑机。如图 10-49 所示，首先将储罐内不同物料按配比要求，经过计量泵送入混合头。各组分的料在混合头内流动过程中进行充分混合，混合后的料大约在 10 ~ 20MPa 的压力下注入模内，入模后立即进行化学反应。当一次计量完毕立即关闭混合头，各组分自行循环。

图 10-49　反应注塑原理
1—原料储罐　2—过滤器　3—计量表
4—压力表　5—安全阀　6—注塑器
7—混合头（能自清洗）　8—搅拌器
9—合模装置　10—模具

对反应注塑机的要求有以下两点：

1）流量及混合比率要准确。

2）能快速加热或冷却原料，节省能源。

反应注塑模属于一种热固性塑料注塑模，其结构与一般热固性塑料注塑模一样。在设计时，还要考虑由于在型腔中发生显著的化学变化，所以要对成型表面进行特殊设计，如防护、强化等。此外，也要考虑模具的排气设计。

10.6.8　逆流注塑成型

为了用塑件代替轻金属合金材料制件，研制出了一种液晶聚合物注塑材料。这种液晶聚合物的棒状分子呈现一种特殊化学结构，其密度比轻金属小，而成分中的纤维使材料强度接近于轻金属。与增强纤维的塑料相比，液晶聚合物的黏度低，因而可利用复杂流道成型薄壁塑件。但这种材料在成型时，必须使型腔内熔料的流动方向对液晶聚合物的纤维取向，为此开发出了专门的逆流注塑成型技术。

逆流注塑成型是由具有适当电子控制装置的多喷嘴注塑机与模具相配合进行成型的，如

图 10-50 所示。注塑机上相互垂直排布的主注塑装置 5 和副注塑装置 1 分别与模具上的进料口和出料口相对应。模具上除开设进料道及进料薄膜浇口 4 外，还开设了流出熔料的薄膜浇口 3。在注塑时，熔料由主注塑装置 5 注入型腔中，而副注塑装置 1 倒转，使型腔中的熔料进入其中。这种熔料流过型腔的充填过程使熔料处于限定和规定的压力之下。此压力可利用作用于两个螺杆上的液压差精确地加以控制。用调换方向和压力数据的方法可以使流动熔料适合于特殊要求，即形成特定的纤维取向和整齐排列。充填之后，每个螺杆的轴向运动停止，对主、副螺杆所施加的压力产生保压，以消除收缩。塑件冷却固化后，即可脱模。

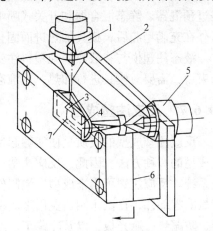

图 10-50　成型板形塑件的逆流注塑模
1—副注塑装置　2—定模座板　3—流出熔料的薄膜浇口　4—薄膜浇口　5—主注塑装置　6—分型面　7—流过型腔的熔料

　　逆流注塑模的主要特点是每一型腔都具有与注塑装置相配合的进料口、流道和浇口，以及与副注塑装置相配合的出料口、流道和浇口。在设计模具时，应保证在一定的时间内有足够的熔料流过型腔。选用浇口的类型应避免出现喷射现象，并使熔料能从中心均匀地进入型腔。例如，成型板类塑件时，应选用带扇形分配器的薄膜浇口。

　　由于逆流注塑工艺所生产的塑件在航空航天领域中显示了巨大的应用潜力，且现已发现，逆流注塑成型工艺的优点不仅在于能成型工业液晶聚合物，而且还可用于难加工的高温和高性能热塑性塑料（PES、PPS、PEK、PEEK、PAI、PE 等），因而针对不同的塑料原材料，逆流注塑模的结构和设计技术还将不断丰富和完善。

附　　录

附录 A　塑料及树脂缩写代号

缩写代号	英 文 名 称	中 文 名 称
ABS	Acrylonitrile-butadiene-styrene copolymer	丙烯腈-丁二烯-苯乙烯共聚物
AS	Acrylonitrile-styrene copolymer	丙烯腈-苯乙烯共聚物
AMMA	Acrylonitrile-methylmethacrylate copolymer	丙烯腈-甲基丙烯酸甲酯共聚物
ASA	Acrylonitrile-styrene-acrylate copolymer	丙烯腈-苯乙烯-丙烯酸酯共聚物
CA	Cellulose acetate	醋酸纤维素
CAB	Cellulose acetate butyrate	醋酸-丁酸纤维素
CAP	Cellulose acetate propionate	醋酸-丙酸纤维素
CF	Cresol-formaldehyde resin	甲酚-甲醛树脂
CMC	Carboxymethyl cellulose	羧甲基纤维素
CN	Cellulose nitrate	硝酸纤维素
CP	Cellulose propionate	丙酸纤维素
CS	Casein plastics	酪素塑料
CTA	Cellulose triacetate	三乙酸纤维素
EC	Ethyl cellulose	乙基纤维素
EP	Epoxide resin	环氧树脂
EP	Ethylene-propylene copolymer	乙烯-丙烯共聚物
EPD	Ethylene-propylene-diene terpolymer	乙烯-丙烯-二烯三元共聚物
ETFE	Ethylene-tetrafluoroethylene copolymer	乙烯-四氟乙烯共聚物
EVAC	Ethylene-vinylacetate copolymer	乙烯-乙酸乙烯酯共聚物
EVAL	Ethylene-vinylalcohol copolymer	乙烯-乙烯醇共聚物
FEP	Ferfluorinated ethylene-propyleme copolymer	全氟（乙烯-丙烯）共聚物
GPS	Gencral polystyrene	通用聚苯乙烯
GRP	Glassfibre reinforced plastics	玻璃纤维增强塑料
HDPE	High density polyethylene	高密度聚乙烯
HIPS	High impact polystyrene	高冲击强度聚苯乙烯
LDPE	Low density polyethylene	低密度聚乙烯

（续）

缩写代号	英　文　名　称	中　文　名　称
MC	Methl cellulose	甲基纤维素
MDPE	Middle density polyethylene	中密度聚乙烯
MF	Melamine-formaldehyde resin	三聚氰胺-甲醛树脂
MPF	Melamine-phenol-formaldehyde resin	三聚氰胺-酚甲醛树脂
PA	Polyamide	聚酰胺（尼龙）
PAA	Poly（acrylic acid）	聚丙烯酸
PAN	Polyacrylonitrile	聚丙烯腈
PB	Polybutene-1	聚丁烯-1
PBT	Poly（butylene terephthalate）	聚对苯二甲酸丁二（醇）酯
PC	Polycarbonate	聚碳酸酯
PCTFE	Polychlorotrifluoroethylene	聚三氟氯乙烯
PDAP	Poly（diallyl phthalate）	聚邻苯二甲酸二烯丙酯
PDAIP	Poly（diallyl isophthalate）	聚间苯二甲酸二烯丙酯
PE	Polyethylene	聚乙烯
PEC	Chlorinated Polyethylene	氯化聚乙烯
PEOX	Poly（ethylene oxide）	聚环氧乙烷，聚氧化乙烯
PET	Poly（ethylene terephthalate）	聚对苯二甲酸乙二（醇）酯
PF	Phenol-formaldehyde resin	酚醛树脂
PI	Polyimide	聚酰亚胺
PMCA	Poly（methyl-α-chloroacrylate）	聚-α-氯代丙烯酸甲酯
PMI	Polymethacrylimide	聚甲基丙烯酰亚胺
PMMA	Poly（mathyl methacrylate）	聚甲基丙烯酸甲酯（有机玻璃）
POM	Polyoxymethylene（polyformaldehyde）	聚甲醛
PP	Polypropylene	聚丙烯
PPC	Chlorinated Polypropylene	氯化聚丙烯
PPO	Poly（phenylene oxide）	聚苯醚（聚 2，6 二甲基苯醚）；聚苯撑氧
PPOX	Poly（propylene oxide）	聚环氧丙烷，聚氧化丙烯
PPS	Poly（phenylene sulfide）	聚苯硫醚
PPSU	Poly（phenylene sulfone）	聚苯砜
PS	Polystyrene	聚苯乙烯

（续）

缩写代号	英文名称	中文名称
PSF	Polysulfone	聚砜
PTFE	Polytetrafluoroethylene	聚四氟乙烯
PUR	Polyurethane	聚氨酯
PVAC	Poly（vinyl acetate）	聚乙酸乙烯酯
PVAL	Poly（vinyl alcohol）	聚乙烯醇
PVB	Poly（vinyl butyral）	聚乙烯醇缩丁醛
PVC	Poly（vinyl chloride）	聚氯乙烯
PVCA	Poly（vinyl chloride-acetate）	氯乙烯-乙酸乙烯酯共聚物
PVCC	Chlorimated Poly（vinyl chloride）	氯化聚氯乙烯
PVDC	Poly（vinylidene chloride）	聚偏二氯乙烯
PVDF	Poly（vinylidene fluoride）	聚偏二氟乙烯
PVF	Poly（vinyl fluoride）	聚氟乙烯
PVFM	Poly（vinyl formal）	聚乙烯醇缩甲醛
PVK	Poly（vinyl carbazole）	聚乙烯基咔唑
PVP	Poly（vinyl pyrrolilone）	聚乙烯基吡咯烷酮
RP	Reinforced plastics	增强塑料
RF	Resorcinol-formaldehyde resin	间苯二酚-甲醛树脂
SAN	Styrene-acrylonitrile copolymer	苯乙烯-丙烯腈共聚物
SI	Silicone	聚硅氧烷
SMS	Styrene-α-methystyrene copolymer	苯乙烯-α-甲基苯乙烯共聚物
UF	Urea-formaldehyde resin	脲醛树脂
UHMWPE	Ultra-high molecular weight polyethylene	超高分子量聚乙烯
UP	Unsaturated polyester	不饱和聚酯
VCE	Vinylchloride-ethylene copolymer	氯乙烯-乙烯共聚物
VCEMA	Vinylchloride-ethylene-methylacrylate copolymer	氯乙烯-乙烯-丙烯酸甲酯共聚物
VCEVAC	Vinylchloride-ethylene-vinylacetate copolymer	氯乙烯-乙烯-乙酸乙烯酯共聚物
VCMA	Vinylchloride-methylacrylate copolymer	氯乙烯-丙烯酸甲酯共聚物
VCMMA	Vinylchloride-methyl methacrylate copolymer	氯乙烯-甲基丙烯酸甲酯共聚物
VCOA	Vinylchloride-octylacrylate copolymer	氯乙烯-丙烯酸辛酯共聚物
VCVAC	Vinylchloride-vinylacetate copolymer	氯乙烯-醋酸乙烯酯共聚物
VCVDC	Vinylchloride-vinylidene chloride copolymer	氯乙烯-偏二氯乙烯共聚物

附录 B　热塑性塑料的性能与应用

材料名称	特　　征		应用分类	应 用 情 况
	优　点	缺　点		
丙烯腈-丁二烯-苯乙烯（ABS）	1）力学性能和热性能均好，硬度高，表面易镀金属 2）耐疲劳和抗应力开裂、冲击强度高 3）耐酸碱等化学性腐蚀 4）价格较低 5）加工成型、修饰容易	1）耐候性差 2）耐热性不够理想	一般结构零件	机器盖、罩，仪表壳、手电钻壳、风扇叶轮，收音机、电话和电视机等壳体，部分电器零件、汽车零件、机械及常规武器的零部件
聚苯乙烯(PS)	1）透明 2）刚硬 3）易于成型 4）成本低	1）易破裂 2）易刮伤 3）在紫外线下易老化	一般结构零件	电器及指示灯罩、盖、手柄，建筑装饰品，日用品
有机玻璃(PM-MA)	1）光学性极好 2）耐候性好；能耐紫外线和耐日光老化	1）比无机玻璃易划伤 2）不耐有机溶剂	一般结构零件	仪表透明外罩，大型透明屋顶、墙板、灯罩，汽车、机器及建筑物安全玻璃，航空、航海装饰材料等
聚4-甲基戊烯-1（TPX）	1）密度很小 2）可在146°C下长期使用	1）拉伸强度低 2）耐候性差	一般结构零件	用于仪表罩壳、部分零件及电器零件等
高密度聚乙烯（HDPE）	1）密度小，在 –70°C 下保持软质 2）耐酸碱及有机溶剂 3）介电性能很好 4）成本低，成型加工方便	1）胶结和印刷困难 2）自熄性差	一般结构零件	机器罩、盖、手柄，机床低速导轨、滑道，工具箱，日用品及周转箱
聚丙烯(PP)	1）刚硬有韧性。抗弯强度高，抗疲劳、抗应力开裂 2）质轻 3）在高温下仍保持其力学性能	1）在 0°C 以下易变脆 2）耐候性差	一般结构零件	化工容器、管道、片材，泵叶轮、法兰、接头，绳索、打包带，纺织器材，电器零件，汽车配件
聚丁烯(PB)	1）密度小 2）可在105°C下长期使用 3）抗冲击强度高 4）耐化学腐蚀性好	1）耐候性差 2）自熄性差	一般结构零件	化工管道、化工散热器衬里、接头、容器，仪器仪表壳等

（续）

材料名称	特征		应用分类	应用情况
	优　点	缺　点		
尼龙6（PA6）	1）具有高强度和良好的冲击强度 2）耐蠕变性好和疲劳强度高 3）耐石油、润滑油和许多化学溶剂与试剂 4）耐磨性优良	1）吸水性大，饱和吸水率在11%左右，影响尺寸稳定，并使一些力学性能下降 2）在干燥环境下冲击强度降低	耐磨传动受力零件及减摩自润滑零件	各种轴套、轴承、密封圈、垫片、联轴器、管道等
尼龙66（PA66）	1）强度高于一切聚酰胺品种 2）比尼龙6和尼龙610的屈服强度大，刚硬 3）在较宽的温度范围内仍有较高的强度、韧性、刚性和低摩擦因数 4）耐油和许多化学试剂和溶剂 5）耐磨性好	1）吸湿性高 2）在干燥环境下冲击强度降低 3）成型加工工艺不易控制	耐磨传动受力零件及减摩自润滑零件	各种齿轮、凸轮、蜗轮、轴套、轴瓦等耐磨零件
尼龙610（PA610）	1）力学性能介于尼龙6和尼龙66之间 2）吸水性较小，尺寸稳定 3）比尼龙66稍硬且韧	拉伸强度及伸长率比尼龙6低	耐磨传动受力零件及减摩自润滑零件	齿轮、轴套、机器零部件等
尼龙1010（PA1010）	1）半透明，韧而硬 2）吸水性比尼龙6和尼龙66小 3）力学性能与尼龙6相似 4）耐磨性好 5）耐油类性能突出	1）完全干燥条件下变脆 2）受气候影响强度下降	耐磨传动受力零件及减摩自润滑零件	泵叶轮、齿轮、保持架、凸轮、蜗轮、轴套等 机械零件，汽车、拖拉机零件等
MC尼龙	1）吸水性小，尺寸稳定 2）机械强度高，拉伸强度可达90MPa以上 3）减摩、耐磨性能优于其他尼龙品种 4）适应大型铸件成型	冲击强度差	耐磨传动受力零件及减摩自润滑零件	蜗轮、蜗杆、轴承、齿轮、轴瓦等大型受力部件
聚甲醛（POM）	1）拉伸强度较一般尼龙高，耐疲劳，耐蠕变 2）尺寸稳定性好 3）吸水性比尼龙小 4）介电性好 5）可在120℃正常使用 6）摩擦因数小 7）弹性极好，类似弹簧作用	1）没有自熄性 2）成型收缩率大	耐磨传动受力零件及减摩自润滑零件	各种齿轮、轴承、轴套、保持架，汽车、农机、水暖零件等

（续）

材料名称	特 征		应用分类	应用情况
	优 点	缺 点		
PTFE 填充聚甲醛（POM）	1）除保持聚甲醛特性外并改善了抗蠕变性能 2）提高了耐磨性能 3）具有润滑性	冲击强度差	耐磨传动受力零件及减摩自润滑零件	制造各种要求高的轴承、齿轮、凸轮等
聚碳酸酯(PC)	1）抗冲击强度高，抗蠕变性能好 2）耐热性好，脆化温度低（−130℃），能抵制日光、雨淋和气温变化的影响 3）化学性能好，透明度高 4）介电性能好 5）尺寸稳定性好	1）耐溶剂性差 2）有应力开裂现象 3）长期浸在沸水中易水解 4）疲劳强度差	一般结构零件	使用温度范围宽的仪器仪表罩壳、飞机、汽车、电子工业中的零件，纺织卷丝管，化油器，计时器部件，小模数齿轮，电器零件，安全帽，耐冲击的航空玻璃等。也常用于日用品方面
玻璃纤维增强聚碳酸酯（FRPC）	1）部分机械强度成倍提高 2）应力开裂现象减少 3）耐燃性提高 4）质刚硬 5）成型收缩率小 6）有较大的耐疲劳强度	1）失去透明性 2）冲击强度下降	耐磨传动受力零件及减摩自润滑零件	电动机集电环、刷杆，接线板，插接件，齿轮、凸轮、齿条，电器、电子等其他零件
玻璃纤维增强尼龙（FRPA）	1）机械强度成倍提高，冲击强度也相应提高 2）线胀系数小 3）热性能提高1倍以上 4）吸水性小，尺寸稳定 5）质硬而韧	表面光泽差	耐磨传动受力零件及减摩自润滑零件	泵叶轮，螺旋桨，机床零件，螺母、轴瓦，电动机风扇，手电钻壳体，齿轮、凸轮，以及要求耐高温的机械零部件
聚四氟乙烯（PTFE）	1）在高温下仍具有特殊的耐化学性能 2）耐太阳光和耐候性极好 3）耐高温到350℃能长期使用 4）摩擦因数比任何固体材料低 5）介电性能很好	1）蠕变性大 2）强度低 3）成本较高	减摩自润滑零部件	在高温下或腐蚀介质中的各种无油润滑活塞环，填料密封圈，低转速摩擦轴承
填充聚四氟乙烯（用玻璃纤维，二硫化钼、石墨、青铜粉、铝粉、氧化铝等填充）	1）承载能力较强，且刚度大 2）PV 极限值提高	—	减摩自润滑零部件	应用场合同 PTFE，并具有较高的承受载荷能力

（续）

材料名称	特征		应用分类	应用情况
	优点	缺点		
聚全氟乙丙烯（FEP 或 F46）	1）在高温下有极好的耐化学性 2）摩擦因数略高于 PTFE 3）耐太阳光和耐候性好 4）在 200°C 能连续使用 5）与热塑性塑料一样加工	1）成本很高 2）强度低	减摩自润滑零部件	要求大批量生产或外形较复杂的零件。可以注射或挤出成型，以代替 PTFE 冷压烧结成型
聚三氟氯乙烯（PCTFE 或 F3）	1）耐各种强酸、强碱和强氧化剂 2）耐太阳光和耐候性极好 3）比 PTFE 或 PEP 强韧和刚硬 4）能用一般塑料的加工方法成型 5）压缩强度大，耐蠕变性能好 6）具有比铝和陶瓷更优的阻气性 7）透明性稳定	1）成本很高 2）介电性能不如 PEP 或 PTFE 好	耐化学腐蚀塑料	各种耐酸泵壳体、叶轮、阀瓣，化工测量仪表，各种化工设备的防腐涂层，结构材料及高真空中的密封填料，光学窗等
超高分子量聚乙烯（UHM-WPE）	1）密度小、耐磨 2）耐冲击性优良 3）摩擦因数很小，自润滑性优良 4）耐候性优良	1）胶黏性差 2）流动性差	减摩自润滑零部件，耐冲击、耐化学药品部件	小载荷、低速度、低温下工作的摩擦零件，如衬套、密封圈、导轨、轴、偏心块、轴瓦轴套、垫片，还可作涂层用
聚苯醚（PPO）	1）综合性能优良，耐水蒸气及尺寸稳定性优异并有优良的电绝缘性能 2）硬度比尼龙、聚碳酸酯、聚甲醛高，蠕变性小 3）对酸碱几乎不起作用	1）成型流动性差 2）价格高	用于潮湿、有负荷以及电绝缘的场合	电子仪表、汽车、机械设备零件
聚苯硫醚（PPS）	1）长期使用温度在 180°C 以上 2）耐化学药品性好，与 PTFE 近似 3）有特殊的刚度 4）加工时一般不需要干燥	1）韧性较差 2）冲击强度较低 3）熔体黏度不够稳定	减摩自润滑零部件	用于电器材料、结构材料、防腐蚀材料。作为电器构件用量约占60%

（续）

材料名称	特　征		应用分类	应　用　情　况
	优　点	缺　点		
氯化聚醚（CPT）	1）高温下有良好的耐化学性和耐溶剂的侵蚀 2）吸水性很小 3）耐磨性优于尼龙6、尼龙66 4）尺寸稳定性好 5）有自熄性	1）成本高 2）冲击强度低	耐化学腐蚀塑料	化工摩擦传动件，管道，塔衬里，设备涂层
聚砜（PSF）	1）工程性能好，包括蠕变尺寸稳定性 2）能在160℃条件下长期使用 3）高温下介电性能好 4）耐化学性好和在湿热条件下尺寸稳定性好	耐有机溶剂欠佳	耐热塑料	电子电器零件，如断路元件、恒温容器、绝缘电刷、开关、插头，汽车零件、排气阀、加水器插管，以及高温下的结构零件
聚芳砜（PP-SU）	1）能在240~260℃保持结构强度良好的电性能 2）在316℃下短期使用 3）耐蠕变，抗疲劳，尺寸稳定性好 4）耐化学性能好	成本高	耐热塑料	喷气飞机上的零件，线圈芯子，印制电路板，高温电器材料，高温高负荷轴承，齿轮垫片等
聚酰亚胺（PI）	1）能在260℃下长期工作或间歇使用 2）耐磨性优良 3）能在高温下保持良好的电绝缘性能 4）质硬而韧，耐蠕变性能好	1）加工困难 2）成本高	耐热塑料	高温下工作的轴承、活塞环，电器元件和薄膜，辐射条件下工作的零部件
聚对苯二甲酸丁二醇酯(PBT)	1）能在较高温度下长期使用 2）综合性能好 3）机械强度高，在长时间高负荷下变形小 4）阻燃性好，耐化学药品性优良	1）翘曲变形 2）冲击强度较低	电绝缘性塑料	电子电器、汽车和机械零件、插接器开关、电动机罩盖
聚对苯二甲酸乙二醇酯(PET)	1）耐磨性好，吸水性小 2）尺寸稳定性好 3）刚度好，硬度高 4）抗疲劳性能好	1）冲击性能较差 2）成型加工性差 3）脱模性差	耐热塑料	包装材料、电容器、磁带、工程塑料、汽车零件、熔断器开关、电视机和电动机零件、齿轮、叶轮、泵体等

（续）

材料名称	特　征		应用分类	应　用　情　况
	优　点	缺　点		
聚醚醚酮（PEEK）	1）能在240°C以上长期使用 2）有较高的结晶性 3）耐化学腐蚀性能好 4）有优良的耐蠕变和耐疲劳性能 5）可在200°C蒸汽中长期使用	1）加工困难 2）应用范围窄	高绝缘、耐热性、耐化学性塑料	磁导线、接线板、活塞环、传感器及飞机零件等
聚苯酯（Ekonol）	1）与金属性能十分接近 2）热导率和在空气中的热稳定性最高 3）在高温下还呈现与金属相似的非黏性流动	1）加工困难 2）工艺条件不易控制	新型耐热工程塑料	活塞环、耐高温高速摩擦零部件
聚芳酯（PAR）	1）优良的耐热性能 2）耐蠕变性、耐磨性优良 3）抗冲击性优异 4）阻燃、焊接性好 5）在潮湿环境中电性能稳定 6）具有优良的耐紫外线辐射性	1）成型困难 2）耐应力、耐药品性较差	电子、电器、汽车、机械设备零件	汽车灯光反射器灯座，各种塑料泵接头，光学零件，叶轮，二极管、继电器外壳，日用梳子、镜框等

附录C　热固性塑料的性能与应用

材料名称	特　征		应用分类	应　用　情　况
	优　点	缺　点		
酚醛树脂（PF）	1）机械强度高，坚硬耐磨 2）尺寸稳定 3）耐热、阻燃、耐腐蚀 4）电绝缘性能优良 5）价格低廉	1）脆性大 2）色深，难以着色 3）成型时需排气	电器、电热、机械零件	插座、接线器、开关、基板、灯头、绝缘配件、仪表壳体，手柄、滚轮、外壳、制动器块、齿轮、凸轮、支架、骨架、厨房用具、水壶把柄、勺柄
脲醛树脂（UF）	1）原料易得，成本低，用途广泛 2）色泽呈玉色，有"电玉"之称 3）硬度较高 4）耐电弧性好 5）能耐弱酸、弱碱	1）吸湿性强 2）耐水性较差	电器、日用品零件	旋钮、开关、插塞、电话机壳、文具、计时器、瓶盖、纽扣、手把、装饰件

(续)

材料名称	特　征		应用分类	应　用　情　况
	优　点	缺　点		
三聚氰胺甲醛树脂（MF）	1）耐冲击性优于 UF 2）电绝缘性能优良 3）制件表面光滑，与瓷器相当 4）硬度高，超过 PF 5）耐热性、耐水性高于 UF	成本较高	电器、日用品、厨房用具零件	防爆电器、电信器材、耐电弧器件、厨房用具、食具、桌、化妆品容器、耐热电器零件、照明器材、日用品
环氧树脂（EP）	1）耐磨损，韧性优异 2）耐热、耐候性好 3）电性能优异 4）黏结性能极佳，黏结强度高	—	机械零件，黏结材料	槽、管、船体、机体、贮罐、气瓶、简易模具、汽车构件、电容器及电阻等塑封件、各种构件黏结剂、防腐涂料
不饱和聚酯（UP）	1）固化后硬度高，刚度大 2）抗电弧性极优 3）高温下力学及电性能不变 4）可用多种方法成型，亦可在常温下成型 5）填充玻璃纤维后，机械强度十分优异	交联剂的成分会影响其性能	交通运输设备、电器、日用品类零件、涂料	电弧隔栅、大功率开关、电视调频器、电容器塑封、火车坐椅与卧铺床、汽车车身、燃料箱、仪表板、渔艇、浮体、管道、浴盆、净化槽、化工罐、钓竿、琴弓、滑雪板、高尔夫球、涂料
邻苯二甲酸二丙烯酯（DAP）	1）电性能优良，高湿度下亦下降很少 2）耐热性、耐候性、耐药品性优 3）色泽鲜艳，在干湿交替的环境中仍能保持 4）制件尺寸稳定	需加入增强剂（如玻璃纤维）方能提高强度	电器、机械、装饰零件	接线器、配电盘、印制电路板、仪表板、线圈骨架，泵叶轮、化工槽、食品柜、家具、装饰板、箱柜

附录 D　常用塑料的近似密度

材　　料	密　度 $\rho/(g/cm^3)$	材　　料	密　度 $\rho/(g/cm^3)$
硅橡胶(可用二氧化硅填充到1.25)	0.8	天然橡胶	0.92 ~ 1.0
聚甲基戊烯	0.83	低压(高密度)聚乙烯	0.94 ~ 0.98
聚丙烯	0.85 ~ 0.90	尼龙12	1.01 ~ 1.04
高压(低密度)聚乙烯	0.89 ~ 0.93	尼龙11	1.03 ~ 1.05
聚丁烯-1	0.91 ~ 0.92	丙烯腈-丁二烯-苯乙烯共聚物(ABS)	1.04 ~ 1.06
聚异丁烯	0.91 ~ 0.93	聚苯乙烯	1.04 ~ 1.08

（续）

材　料	密　度 $\rho/(g/cm^3)$	材　料	密　度 $\rho/(g/cm^3)$
聚苯醚	1.05 ~ 1.07	聚乙烯醇	1.21 ~ 1.31
苯乙烯-丙烯腈共聚物	1.06 ~ 1.10	醋酸纤维素	1.25 ~ 1.35
尼龙610	1.07 ~ 1.09	苯酚甲醛树脂（填充有机材料：纸、织物）	1.30 ~ 1.41
尼龙6	1.12 ~ 1.15	聚氟乙烯	1.3 ~ 1.4
尼龙66	1.13 ~ 1.16	赛璐珞	1.34 ~ 1.40
环氧树脂,不饱和聚脂树脂	1.1 ~ 1.4	聚对苯二甲酸乙二醇酯	1.38 ~ 1.41
聚丙烯腈	1.14 ~ 1.17	硬质PVC	1.38 ~ 1.41
乙酰丁酸纤维素	1.15 ~ 1.25	聚氧化甲烯（聚甲醛）	1.41 ~ 1.43
聚甲基丙烯酸甲酯	1.16 ~ 1.20	脲-三聚氰胺树脂（加有机填料）	1.47 ~ 1.52
聚醋酸乙烯酯	1.17 ~ 1.20	氯化聚氯乙烯	1.47 ~ 1.55
丙酸纤维素	1.18 ~ 1.24	酚醛塑料和氨基塑料（加无机填料）	1.5 ~ 2.0
增塑聚氯乙烯（大约合40%增塑剂）	1.19 ~ 1.35	聚偏二氟乙烯	1.7 ~ 1.8
		聚酯和环氧树脂（加玻璃纤维）	1.8 ~ 2.8
聚碳酸酯（以双酚A为基础）	1.20 ~ 1.22	聚偏二氯乙烯	1.86 ~ 1.88
交联聚氨酯	1.20 ~ 1.26	聚三氟一氯乙烯	2.1 ~ 2.2
苯酚甲醛树脂（没有填充）	1.26 ~ 1.28	聚四氟乙烯	2.1 ~ 2.3

附录E　注塑模零件技术条件

GB/T 4170—2006《塑料注射模零件技术条件》规定的对注塑模零件的要求如下：

1）图样中线性尺寸的一般公差应符合 GB/T 1804—2000 中 m 的规定。

2）图样中未注形状和位置公差应符合 GB/T 1184—1996 中 H 的规定。

3）零件均应去毛刺。

4）图样中螺纹的基本尺寸应符合 GB/T 196—2003 的规定，其偏差应符合 GB/T 197—2003 中 6 级的规定。

5）图样中砂轮越程槽的尺寸应符合 GB/T 6403.5——2008 的规定。

6）模具零件所选用材料应符合相应牌号的技术标准。

7）零件经热处理后硬度应均匀，不允许有裂纹、脱碳、氧化斑点等缺陷。

8）质量超过 25kg 的板类零件应设置吊装用螺孔。

9）图样上未注公差角度的极限偏差应符合 GB/T 1804—2000 中 c 的规定。

10）图样中未注尺寸的中心孔应符合 GB/T 145—2001 的规定。

11）模板的侧向基准面上应作明显的基准标记。

附录 F　注塑模技术条件

GB/T 12554—2006《塑料注射模技术条件》标准规定了注塑模的要求、验收、标志、包装、运输和储存，适用于注塑模的设计、制造和验收。

1. 零件要求

GB/T 12554—2006《塑料注射模技术条件》规定的对注塑模零件的要求见表 F-1，其余零件要求见表 F-2 ~ 表 F-5。

表 F-1　塑料注射模的零件要求

序号	内　容
1	设计注塑模宜选用 GB/T 12555—2006、GB/T 4169.1 ~ 4169.23—2006 规定的注塑模标准模架和注塑模零件
2	模具成型零件和浇注系统零件所选用材料应符合相应牌号的技术标准
3	模具成型零件和浇注系统零件推荐材料和热处理硬度见表 F-2，允许质量和性能高于表 F-2 推荐的材料
4	成型对模具易腐蚀的塑料时，成型零件应采用耐腐蚀材料制作，或其成型面应采取防腐蚀措施
5	成型对模具易磨损的塑料时，成型零件硬度应不低于 50HRC，否则成型表面应进行表面硬化处理，硬度应高于 600HV
6	模具零件的几何形状、尺寸、表面粗糙度应符合图样要求
7	模具零件不允许有裂纹，成型表面不允许有划痕、压伤、锈蚀等缺陷
8	成型部位未注公差尺寸的极限偏差应符合 GB/T 1804—2000 中 f 的规定
9	成型部位转接圆弧未注公差尺寸的极限偏差应符合表 F-3 的规定
10	成型部位未注角度和锥度公差尺寸的极限偏差应符合表 F-4 的规定。锥度公差按锥体母线长度决定值，角度公差按角度短边长度决定
11	当成型部位未注脱模斜度时，除下面 1) ~ 5) 的要求外，单边脱模斜度应不大于表 F-5 的规定值，未注脱模斜度方向时，按减小塑件壁厚并符合脱模要求的方向制造 1) 文字、符号的单边脱模斜度应为 10° ~ 15° 2) 成型部位有装饰纹时，单边脱模斜度允许大于表 F-5 的规定值 3) 塑件上凸起或加强肋单边脱模斜度应大于 2° 4) 塑件上有数个并列圆孔或格状栅孔时，其单边脱模斜度应大于表 F-5 的规定值 5) 对于表 F-5 中所列的塑料若填充玻璃纤维等增强材质后，其脱模斜度应增加 1°
12	非成型部位未注公差尺寸的极限偏差应符合 GB/T 1804—2000 中的 m 的规定
13	成型零件表面应避免有焊接熔痕
14	螺钉安装孔、推杆孔、复位杆孔等未注孔距公差的极限偏差应符合 GB/T 1804—2000 中的 f 的规定
15	模具零件图中螺纹的基本尺寸应符合 GB/T 196—2003，选用的公差与配合应符合 GB/T 197—2003
16	模具零件图中未注几何公差应符合 GB/T 1184—1996 中的 H 的规定
17	非成型零件外形棱边均应倒角或倒圆。与型芯、推杆相配合的孔在成型面和分型面的交接边缘不允许倒角或倒圆

表 F-2　模具成型零件和浇注系统零件推荐材料和热处理硬度

零件名称	材　料	硬度　HRC	零件名称	材　料	硬度　HRC
型芯、定模镶块、动模镶块、活动镶块、分流锥、推杆、浇口套	45Cr、40Cr	40~45	型芯、定模镶块、动模镶块、活动镶块、分流锥、推杆、浇口套	3Cr2Mo	预硬态35~45
	CrWMn、9Mn2V	48~52		4Cr5MoSiV1	45~55
	Cr12、Cr12MoV	52~58		30Cr13	45~55

表 F-3　成型部位转接圆弧未注公差尺寸的极限偏差　　　　　　（单位：mm）

转接圆弧半径		≤6	6~18	18~30	30~120	>120
极限偏差值	凸圆弧	0 −0.15	0 −0.20	0 −0.30	0 −0.45	0 −0.60
	凹圆弧	+0.15 0	+0.20 0	+0.30 0	+0.45 0	+0.60 0

表 F-4　成型部位未注角度和锥度公差尺寸的极限偏差

锥体母线或角度短边长度/mm	≤6	6~18	18~30	30~120	>120
极限偏差值	±1°	±30′	±20′	±10′	±5′

表 F-5　成型部位未注脱模斜度时的单边脱模斜度

	脱模高度/mm	≤6	6~10	10~18	10~18	10~18	10~18	10~18	10~18	10~18
塑料类别	自润性好的塑料（聚甲醛、聚酰胺等）	1°45′	1°30′	1°15′	1°	45′	30′	20′	15′	10′
	软质塑料（聚乙烯、聚丙烯等）	2°	1°45′	1°30′	1°15′	1°	45′	30′	20′	15′
	硬质塑料（聚乙烯、聚甲基丙烯酸甲酯、丙烯腈-丁二烯-苯乙烯共聚物、聚碳酸酯、酚醛塑料等）	2°30′	2°15′	2°	1°45′	1°30′	1°15′	1°	45′	30′

2. 装配要求

GB/T 12554—2006《塑料注射模技术条件》规定的对注塑模的装配要求见表 F-6。

表 F-6　塑料注射模的装配要求

序号	内　容
1	定模座板与动模座板安装平面的平行度应符合 GB/T 12556—2006 中的规定
2	导柱、导套对模板的垂直度应符合 GB/T 12556—2006 的规定
3	在合模位置，复位杆端面应与其接触面贴合，允许有不大于 0.05mm 的间隙
4	模具所有活动部分应保证位置准确，动作可靠，不得有歪斜和卡滞现象，要求固定的零件，不得相对窜动
5	塑件的嵌件或机外脱模的成型零件在模具上安装位置应定位准确、安放可靠，应有防错位措施
6	流道转接处圆弧连接应平滑，镶接处应密合，未注拔模斜度不小于 5°，表面粗糙度值 $Ra \le 0.8\mu m$
7	热流道模具，其浇注系统不允许有塑料渗漏现象

（续）

序号	内　　容
8	滑块运动应平稳，合模后滑块与楔紧块应压紧，接触面积不小于设计值的 75%，开模后限位应准确可靠
9	合模后分型面应紧密贴合。除排气槽外，成型部分固定镶件的拼合间隙应小于塑料的溢料间隙，详见表 F-7 的规定
10	通介质的冷却或加热系统应通畅，不应有介质渗漏现象
11	气动或液压系统应畅通，不应有介质渗漏现象
12	电气系统应绝缘可靠，不允许有漏电或短路现象
13	模具应设吊环螺钉，确保安全吊装。起吊时模具应平稳，便于装模。吊环螺钉应符合 GB/T 825—1988 的规定
14	分型面上应尽可能避免有螺钉或销钉的通孔，以免积存溢料

表 F-7　塑料的溢料间隙

塑料流动性	好	一般	较差
溢料间隙/mm	<0.03	<0.05	<0.08

附录 G　注塑模常用材料及其热处理

塑料模具常用钢材的基本性能及应用见表 G-1。注塑模零件常用材料及热处理见表 G-2。注塑模零件的热处理工艺见表 G-3。注塑模主要零件热处理工序安排见表 G-4。注塑模热处理工艺规范见表 G-5。塑料模常用表面处理方法见表 G-6。

表 G-1　塑料模具常用钢材的基本性能及应用

原钢种	钢种 国别	牌　　号	基本特性	应　　用
优质碳素结构钢	中国	45、50、55	价格低廉，切削加工性能良好，表面耐磨有韧性，抗弯曲，不易折断，但热处理变形大，抛光性不好	适用于制造尺寸精度、表面粗糙度和耐磨性要求不高的塑料模具零件
碳素工具钢	中国	T7、T8、T9、T10、T10A、T12、T12A	有较好韧性，经淬火后有一定硬度	适用于制件结构形状简单、尺寸不大的塑料模具
合金结构钢	中国	12Cr、20Cr、40Cr、12CrNi2、12CrNi3、12CrNi4、30CrNi3A、37CrNi3A、20CrMnTi	使用性能比优质碳素结构钢好，强度高，耐磨性好，热处理变形小，有时还耐腐蚀	容易切削加工，适用于制件批量生产的热塑性塑料成型模具的成型零部件
低合金工具钢	中国	9CrSi、CrW、CCr15、9Mn2V、MnC₄WV、CrWMn、9CrWMn	淬透性、耐磨性、淬火变形均比碳素工具钢要好	适用于制件生产批量大、强度、耐磨性要求高的塑料模具
高合金工具钢	中国	Cr12、Cr6WV、Cr12MoV、4Cr5MoSiV、4Cr5MoSiV1、3Cr2W8V、Cr4W2MoV、5CrMnMo、5CrNiMo、4Cr5MoSiV1、Cr2Mn2SiWMoV	具有高的韧性和导热性，较好的淬透性、耐磨性和具有一定耐蚀性，但产生热龟裂	适用于制件生产批量大、强度、耐磨性要求比较高，但热处理变形小，抛光性能较好的模具

（续）

钢 种			基本特性	应 用
原钢种	国别	牌 号		
不锈钢	中国	40Cr13、95Cr18、13Cr13Mo、14Cr17Ni2	在一定温度和腐蚀条件下长期工作，但价格高，加工性能比较差	适用于容易挥发腐蚀性气体塑料的成型零部件，或其他一些与塑料熔体相接触的零件
新钢种 预硬钢	中国	5NiSCa	预硬，不用热处理	用于成型热塑性塑料的长寿命塑料模具，同 SNiSCa 一样要求具有高韧性和高镜面的精密塑料模具
	日本	SCM445（改进）		
	日本	SKD61（改进）		
	日本	NAK55		
新 钢 种 新型淬火回火钢	日本	SKD11（改进）	热处理变形小，切削性能、镜面抛光性能、表面雕刻性能及硬度、韧性和耐磨性等均较好	用于成型热塑性塑料的模具，以及要求高硬度、高镜面、长寿命的塑料模具，也可用于增强塑料或热固性塑料模具的成型零部件
	美国	H13 + S		
	美国	P20 + S		
马氏体时效钢	中国	18Ni（300）	具有良好的切削性能，热处理变形及热膨胀系数均比较小，还具有较高的强度和韧性，良好的耐磨性和镜面抛光性能	用于成型热塑性塑料的模具，要求高硬度、高韧性、长寿命的精度塑料模具，以及大批量生产的热塑性，增强塑料制件的模具的成型零部件
	日本	MASIC		
	日本	YAG		
	美国	18MAR300		
析出硬化钢	中国	PMS	切削加工后，（500～550℃）×（6～10h）时效处理，空冷切削加工成塑模零件之后再时效处理，可获高硬度	用于成型中小型、精密、复杂的热塑性和热固性塑料的长寿命模具，以及透明塑料制件塑料模具
	日本	NSM		
	日本	N5M		
耐腐蚀钢	中国	PCR	耐蚀性好，强度也好	用于各种具有耐蚀性要求高、强度好，以及切削性能、抛光及热处理性能要求均好的塑料模具零部件
	日本	NAK101	预硬，不需热处理	
	日本	STAVAX	调质	

表 G-2 注塑模零件常用材料及热处理

零件类型	零件名称	材料牌号	热处理方法	硬度 HRC	说 明
成型零件	凹模、凸模、成型镶件、成型推杆等	T8A、T10A	淬火	54～58	用于形状简单的小型腔、型芯
		CrWMn、CrNiMo、Cr12MoV、Cr12、Cr4Mn2SiWMoV	淬火	54～58	用于形状复杂、要求热处理变形小的型腔、型芯或镶件和增强塑料的成型模具
		Î8CrMnTi、15CrMnMo	渗碳、淬火	54～58	

（续）

零件类型	零件名称	材料牌号	热处理方法	硬度　HRC	说　明
成型零件	凹模、凸模、成型镶件、成型推杆等	40CrMnMo	淬火	54～58	用于高耐磨、高强度和高韧性的大型型芯、型腔等
		38CrMoAlA	调质氮化	1000HV	用于形状复杂、要求耐腐蚀的高精度型腔、型芯
		45	调质	22～26	用于形状简单、要求不高的型腔、型芯
			淬火	43～48	
模体零件	垫板、浇口板、锥模套	45	淬火	43～48	—
	动、定模板，动、定模座板	45	调质	230～270HBW	—
	固定板	45、Q235	调质	230～270HBW	—
	推件板	T8A、T10A	淬火	54～58HRC	—
		45	调质	230～270HBW	
浇注系统零件	主流道衬套、拉料杆、拉料套、分流锥	T8A、T10A	淬火	50～55	—
导向零件	导柱	20	渗碳、淬火	56～60	—
		T8、T10	淬火		
	导套	T8A、T10A	淬火	50～55	—
	限位导柱、推板导柱、推板导套、导钉	T8A、T10A	淬火	50～55	—
抽芯机构零件	斜导柱、滑块、斜滑块	T8A、T10A	淬火	54～58	—
	楔块	T8A、T10A	淬火	54～58	—
		45		43～48	
推出机构零件	推杆、推管	T8A、T10A	淬火	54～58	—
	推块、复位杆	45	淬火	43～48	
推出机构零件	挡块	45	淬火	43～48	—
	推杆固定板、卸模杆固定板	45、Q235	—	—	
定位零件	圆锥定位件	T10A	淬火	58～62	—
	定位圈	45、Q235	—	—	
	定位螺钉、限位钉、限制块	45	淬火	43～48	

（续）

零件类型	零件名称	材料牌号	热处理方法	硬度　HRC	说　明
支承零件	支承柱	45	淬火	43~48	—
	垫块	45、Q235	—	—	—
其他零件	加料圈、柱塞	T8A、T10A	淬火	50~55	—
	手柄、套筒	Q235	—	—	—
	喷嘴、水嘴	黄铜	—	—	—
	吊钩	45、Q235	—	—	—

表 G-3　注塑模零件的热处理工艺

名称	定　义	目　的	方　法	应　用
正火	把钢加热到临界温度以上，保温一段时间，随后在空气中进行冷却，从而得到珠光体型转变产物的操作过程	代替低碳钢的完全退火，提高其韧性，改善加工性能，提高表面粗糙度等级	1）加热到临界温度以上，加热时随炉加热给定温度并均匀烧透 2）保温一段时间（一段为加热时间的1/3~1/2） 3）在静止的空气中冷却	作为预备热处理和随后热处理，为其他热处理做准备
退火	把钢加热到临界点以上某一温度，烧透后保温一段时间，然后使工件随炉冷却的操作过程	1）消除表面硬化现象 2）消除金属内的残余应力，便于以后的机械、电加工	1）将钢件加热到临界点以上温度 2）烧透后保温一段时间 3）随炉冷却或在土灰、石英砂中缓慢冷却	用于模具的铸钢件、锻件或冷压件，改变由于锻造产生的内应力，降低由于冷作硬化而形成的硬度，便于机械加工及电加工成形
淬火	将钢件加热到临界点以上（淬火温度），保温一段时间，烧透后置入水中（油中或碱液中）冷却的操作过程	为了提高零件的硬度及耐磨性	1）将零件加热到淬火温度，烧透 2）保温一段时间 3）出炉放在水中或油中冷却	淬火是模具制造不可缺少的工序，如凸、凹模经淬火后，提高了表面硬度和耐磨性，增加了模具的使用寿命及耐用度
回火	将淬火后的零件，加热到临界点以下的一定温度，在该温度下停留一段时间，然后冷却下来的操作过程	消除淬火后的内应力，适当降低钢的硬度，以提高钢的韧性	将零件淬火后紧接着放在炉内加热到临界点以下一定温度（回火温度），保温一段时间后，冷却	模具零件淬火后马上进行回火处理，以提高钢的韧性，提高模具的寿命
调质	将淬火后的钢制零件，进行高温回火，这种双重热处理的操作称为调质	细化晶粒，以提高零件的加工性能和冲击韧度	把淬过火的钢件加热到500~600℃，保温一段时间，随后冷却下来	作为模具零件淬火及软氮化前的中间热处理
渗碳	将钢件放在含碳的介质中（气体、固体、液体），使其加热到一定温度，将碳渗入到钢表面的操作过程	提高零件表面的含碳量，继续热处理后，得到高硬度而耐磨的表面及韧性良好的心部	1）在盐浴内进行渗碳处理，主要成分是碳化硅 2）在气体炉中利用烷气体作主要原料进行渗碳处理 3）采用固体渗碳	渗碳后，提高了零件表面的含碳量，淬火后提高了表面硬度及耐磨性，故在模具制造中常对导柱、导套进行渗碳处理

表 G-4　注塑模主要零件热处理工序安排

零件加工方法	材料	工序安排
采用冷挤压成型模具	10、20、20Cr	锻造→正火或退火→粗加工→冷挤压型腔(多次挤压时,中间需退火)→机械加工成形→渗碳或碳氮共渗→淬火及回火→钳修抛光→镀铬→钳工装配
直接淬硬	T7A、T10A、CrWMn、5CrMnMo	锻造→退火→机械粗加工→调质或高温回火→精加工→淬火及回火→钳修抛光→镀铬→钳工装配
精加工在调质后进行	各种钢材	锻造→退火→机械粗加工→调质→精加工成形→钳修、抛光→镀铬(或其他表面硬化处理)→钳工装配
采用合金渗碳钢制作模具	12CrNi3A、18CrMnTi	锻造→正火 + 高温回火→精加工成形→渗碳→淬火及回火→钳修抛光→镀铬→钳工装配

表 G-5　注塑模热处理工艺规范

工序安排	工艺规范	钢材型号					
		20	20Cr	45	12CrNi7	CrWMn	18CrMnTi
正火	加热温度/℃	890~920	870~900	—	885~940	—	950~970
	加热时间/h	烧透	烧透	—	烧透		烧透
	冷却方法	空冷	空冷		空冷		风冷
退火	加热温度/℃	880~900	860~890	820~840	870~900	—	
	保温时间/h	2~4	2~4	2~4	2~4		
	冷却速度/(℃/h)	≤100	≤80	≤100	≤50		
高温回火	加热温度/℃	680~720	700~720	680~720	650~680	—	
	加热时间/h	1~2	1~2	1~2	2~3		
	冷却方法	炉冷、空冷	炉冷、空冷	炉冷、空冷	空冷		
淬火	渗碳温度/℃	920~930	—	—	920~930		920~930
	淬火温度/℃	810~830	—	—	830~860	850~870	860~880
	冷却方法	水冷			油冷	油冷	油冷
回火	回火温度/℃　50~55HRC	300~340	—	—	—	300~340	—
	45~50HRC	360~380				380~400	
	40~45HRC	400~420				400~440	

表 G-6　塑料模常用表面处理方法

分类	常用方法	所达硬度 HV	说明
电化学方法(电镀)	镀铬	≈1000	提高塑料模表面的硬度、耐磨性、耐腐蚀性和耐热性
化学方法	渗碳	1000~1200	淬火后,表层硬度大大提高,其耐磨性极好
	渗氮		模具变形小,耐磨性比渗碳淬火还好
	碳氮共渗		
	氮碳共渗		

（续）

分　类	常用方法	所达硬度　HV	说　　明
真空镀与气相镀	PVD（物理气相沉积）	>2000	主要在塑料模表层被氮化钛、碳化钛、碳氮化钛，可使镀层附着力强，不易剥落，镀层致密，厚度均匀
	CVD（化学气相沉积）		形成的镀层更不易剥落，目前主要用在硬质合金塑料模的处理
	PCVD（等离子化学气相沉积）		处理温度比 CVD 低而与 PVD 相当，所形成的硬质膜与基体的结合力大大高于 PVD

附录 H　模具加工方法及加工方案的选择

模具加工方法见表 H-1。外圆表面加工方案的选择见表 H-2。孔加工方案的选择见表 H-3。平面加工方案的选择见表 H-4。

表 H-1　模具加工方法

类别	加工方法	机床与使用的工具	适 用 范 围
切削加工	平面加工	龙门刨床（刨刀）、牛头刨床（刨刀）、龙门铣床（端面铣刀）	对模具坯料进行六面加工
	车削加工	车床（车刀）、NC 车床（车刀）、立式车床（车刀）	加工内外圆柱面、内外圆锥面、端面、沟槽、螺纹、成型表面以及滚花、钻孔、铰孔和镗孔等
	钻孔加工	钻床（钻头、铰刀）、横臂钻床（钻头、铰刀）、铣床（钻头、铰刀）、数控铣床和加工中心（钻头、铰刀）	加工模具零件的各种孔
		深孔钻（深孔钻）	加工注射模冷却水孔
	镗孔加工	卧式镗床（镗刀）、加工中心（镗刀）、铣床（镗刀）	镗削模具中的各种孔
		坐标镗床（镗刀）	镗削高精度孔
	铣削加工	铣床（立铣刀、端面铣刀）、NC 铣床（立铣刀、端面铣刀）、加工中心（立铣刀、端面铣刀）	铣削模具各种零件
		仿形铣床（球头铣刀）	进行仿形加工
		雕刻机（小直径立铣刀）	雕刻图案
	磨削加工	平面磨床（砂轮）	模板各平面
		成型磨床、NC 磨床和光学曲线磨床（均砂轮）	各种形状模具零件的表面
		坐标磨床（砂轮）	精密模具型孔
		内、外圆磨床（砂轮）	圆形零件的内、外表面
		万能磨床（砂轮）	可实施锥度磨削

（续）

类别	加工方法	机床与使用的工具	适用范围
切削加工	电加工	型腔电加工（电极）	用上述切削方法难以加工的部位
		线切割（线电极）	精密轮廓加工
		电解加工（电极）	型腔和平面加工
	抛光加工	手持抛光工具（各种砂轮）	去除铣削痕迹
		抛光机或手工（锉刀、砂纸、磨石、抛光剂）	对模具零件进行抛光
非切削加工	挤压加工	压力机（挤压凸模）	难以进行切削加工的型腔
	铸造加工	铍铜压力铸造（铸造设备） 精密铸造（石膏模型、铸造设备）	铸造塑料模型腔
	电铸加工	电铸设备（电铸母型）	精密注射模型腔
	表面装饰加工	蚀刻装置（装饰纹样板）	加工塑料模型腔

表 H-2　外圆表面加工方案的选择

序号	加 工 方 案	经济精度级	表面粗糙度 $Ra/\mu m$	适 用 范 围
1	粗车	IT11 以下	12.5 ~ 50	适用于淬火钢以外的各种金属
2	粗车—半精车	IT8 ~ IT10	3.2 ~ 6.3	
3	粗车—半精车—精车	IT8	0.8 ~ 1.6	
4	粗车—半精车—精车—滚压（或抛光）	IT8	0.025 ~ 0.2	
5	粗车—半精车—磨削	IT7 ~ IT8	0.4 ~ 0.8	主要用于淬火钢，也可用于未淬火钢，但不宜加工有色金属
6	粗车—半精车—粗磨—精磨	IT6 ~ IT7	0.1 ~ 0.4	
7	粗车—半精车—粗磨—精磨—超精加工	IT5	0.1	
8	粗车—半精车—精车—金刚石车	IT6 ~ IT7	0.025 ~ 0.4	主要用于有色金属加工
9	粗车—半精车—粗磨—精磨—研磨	IT5 ~ IT6	0.08 ~ 0.16	极高精度的外圆加工
10	粗车—半精车—粗磨—精磨—超精磨或镜面磨	IT5 以上	<0.025 （Rz 为 $0.05\mu m$）	

表 H-3　孔加工方案的选择

序号	加 工 方 案	经济精度级	表面粗糙度 $Ra/\mu m$	适 用 范 围
1	钻	IT11 ~ IT12	12.5	加工未淬火钢及铸铁，也可用于加工有色金属
2	钻—铰	IT9	1.6 ~ 3.2	
3	钻—铰—精铰	IT7 ~ IT8	0.8 ~ 1.6	
4	钻—扩	IT10 ~ IT11	6.3 ~ 12.5	加工材料同上，孔径可大于 15 ~ 20mm
5	钻—扩—铰	IT8 ~ IT9	1.6 ~ 3.2	
6	钻—扩—粗铰—精铰	IT7	0.8 ~ 1.6	
7	钻—扩—机铰—手铰	IT6 ~ IT7	0.1 ~ 0.4	

（续）

序号	加 工 方 案	经济精度级	表面粗糙度 $Ra/\mu m$	适 用 范 围
8	钻—扩—拉	IT7 ~ IT9	0.1 ~ 1.6	大批量生产（精度由拉刀的精度确定）
9	粗镗（或扩孔）	IT11 ~ IT12	6.3 ~ 12.5	除淬火钢以外的各种材料,毛坯有铸出孔或锻出孔
10	粗镗（粗扩）—半精镗（精扩）	IT8 ~ IT9	1.6 ~ 3.2	
11	粗镗（扩）—半精镗（精扩）—精镗（铰）	IT7 ~ IT8	0.8 ~ 1.6	
12	粗镗（扩）—半精镗（精扩）—精镗—浮动镗刀精镗	IT6 ~ IT7	0.8 ~ 0.4	
13	粗镗（扩）—半精镗磨孔	IT7 ~ IT8	0.2 ~ 0.8	主要用于淬火钢,也可用于未淬火钢,但不宜用于有色金属
14	粗镗（扩）—半精镗—精镗—金刚镗	IT6 ~ IT7	0.1 ~ 0.2	
15	粗镗—半精镗—精镗—金刚镗	IT6 ~ IT7	0.05 ~ 0.4	—
16	钻—（扩）—粗铰—精铰—珩磨 钻—（扩）—拉—珩磨 粗镗—半精镗—精镗—珩磨	IT6 ~ IT7	0.025 ~ 0.2	主要用于精度要求很高的孔
17	以研磨代替上述方案中的珩磨	IT6 以上	0.025 ~ 0.2	

表 H-4　平面加工方案的选择

序号	加 工 方 案	经济精度级	表面粗糙度 $Ra/\mu m$	适 用 范 围
1	粗车—半精车	IT9	3.2 ~ 6.3	主要用于端面加工
2	粗车—半精车—精车	IT7 ~ IT8	0.8 ~ 1.6	
3	粗车—半精车—磨削	IT8 ~ IT9	0.2 ~ 0.8	
4	粗刨（或粗铣）—精刨（或精铣）	IT9 ~ IT10	1.6 ~ 6.3	一般不淬硬平面
5	粗刨（或粗铣）—精刨（或精铣）—刮研	IT6 ~ IT7	0.1 ~ 0.8	精度要求较高的不淬硬平面,批量较大时宜采用宽刃精刨
6	以宽刃刨削代替上述方案中的刮研	IT7	0.2 ~ 0.8	
7	粗刨（或粗铣）—精刨（或精铣）—磨削	IT7	0.2 ~ 0.8	精度要求高的淬硬平面或未淬硬平面
8	粗刨（或粗铣）—精刨（或精铣）—粗磨—精磨	IT6 ~ IT7	0.2 ~ 0.4	
9	粗铣—拉削	IT7 ~ IT9	0.2 ~ 0.8	大量生产,较小的平面（精度由拉刀精度而定）
10	粗铣—精铣—磨削—研磨	IT6 以上	<0.1 （Rz 为 0.05 μm）	高精度的平面

参 考 文 献

[1]   模具实用技术编委会. 塑料模具设计制造与应用实例[M]. 北京：机械工业出版社，2002.

[2]   中国模具设计大典编委会. 中国模具设计大典：第2卷[M]. 南昌：江西科学技术出版社，2003.

[3]   邹继强. 塑料模具设计参考资料汇编[M]. 北京：清华大学出版社，2005.

[4]   齐卫东. 注塑模具图集[M]. 北京：北京理工大学出版社，2007.

[5]   杨卫民，丁玉梅，谢鹏程，等. 注射成型新技术[M]. 北京：化学工业出版社，2008.

[6]   洪慎章. 典型塑料模具设计图集[M]. 北京：机械工业出版社，2009.

[7]   洪慎章. 实用注塑模具结构图集[M]. 北京：化学工业出版社，2009.

[8]   洪慎章. 注塑加工速查手册[M]. 北京：机械工业出版社，2009.

[9]   杨占尧. 最新模具标准应用手册[M]. 北京：机械工业出版社，2011.

[10]   张维合，刘志相. 注射成型实用技术[M]. 化学工业出版社，2012.

[11]   齐卫东. 简明塑料模具设计手册[M]. 北京：北京理工大学出版社，2012.

[12]   于保敏. 塑料模具设计与制造[M]. 北京：电子工业出版社，2012.

[13]   刘朝福. 注塑成型实用手册[M]. 北京：化学工业出版社，2013.

[14]   黄晓燕，许强. 注塑模具应用技术[M]. 北京：电子工业出版社，2014.

[15]   洪慎章. 实用注塑成型及模具设计[M]. 2版. 北京：机械工业出版社，2014.

[16]   洪慎章. 注塑成型设计数据速查手册[M]. 北京：化学工业出版社，2014.

[17]   洪慎章. 精密注塑成型与模具设计的因素[J]. 模具技术，2005(4)：40-43.

[18]   洪慎章. 21世纪模具动态[J]. 现代模具，2008(8)：41-42.

[19]   洪慎章. 21世纪模具技术的现状及发展方向[J]. 模具工程，2008(8)：50-55.

[20]   洪慎章. 模内装饰技术在国内外的应用[C]//2009模内装饰(IMD)国际研讨会论文集. 上海：2009.

[21]   洪慎章. 有机结合的新工艺——模内装饰[J]. 上海模具工业，2009(11)：16-18.

[22]   洪慎章. 装饰技术在塑料模内的应用[J]. 模具制造，2009(12)：48-50.

[23]   洪慎章. 模内装饰技术在轿车中的应用[J]. 中国机械与金属，2010(12)：44-45.